Virtualizing Hadoop

How to Install, Deploy, and Optimize Hadoop in a Virtualized Architecture

Hadoop虚拟化

[美] 乔治 · 特鲁希略（George Trujillo）
[美] 查尔斯 · 吉姆（Charles Kim）
[美] 史蒂夫 · 琼斯（Steven Jones）　／著
[美] 隆美尔 · 加西亚（Rommel Garcia）
[美] 贾斯汀 · 默里（Justin Murray）

陈鹏 肖明兴／译

人 民 邮 电 出 版 社
北 京

图书在版编目（C I P）数据

Hadoop虚拟化 / (美) 乔治·特鲁希略 (George Trujillo) 等著 ; 陈鹏, 肖明兴译. -- 北京 : 人民邮电出版社, 2019.2
ISBN 978-7-115-49754-3

Ⅰ. ①H… Ⅱ. ①乔… ②陈… ③肖… Ⅲ. ①数据处理软件 Ⅳ. ①TP274

中国版本图书馆CIP数据核字(2019)第020496号

版权声明

◆ 著 [美] 乔治·特鲁希略（George Trujillo）
[美] 查尔斯·吉姆（Charles Kim）
[美] 史蒂夫·琼斯（Steven Jones）
[美] 隆美尔·加西亚（Rommel Garcia）
[美] 贾斯汀·默里（Justin Murray）
译 陈 鹏 肖明兴
责任编辑 罗子超
责任印制 焦志炜
◆ 人民邮电出版社出版发行 北京市丰台区成寿寺路 11 号
邮编 100164 电子邮件 315@ptpress.com.cn
网址 http://www.ptpress.com.cn
山东百润本色印刷有限公司印刷
◆ 开本：800×1000 1/16
印张：23.75
字数：480 千字 2019 年 2 月第 1 版
印数：1 – 2 400 册 2019 年 2 月山东第 1 次印刷
著作权合同登记号 图字：01-2016-2074 号

定价：89.00 元

读者服务热线：(010)81055410 印装质量热线：(010)81055316
反盗版热线：(010)81055315
广告经营许可证：京东工商广登字 20170147 号

内容提要

本书旨在帮助读者了解和掌握 Hadoop 虚拟化不同选择的优缺点、Hadoop 虚拟化的配置及其注意事项。

本书共分 15 章，主要内容包括 Hadoop 平台在企业转型中扮演的重要角色、Hadoop 基础概念、YARN 与 HDFS、现代数据平台、数据提取、Hadoop SQL 引擎、Hadoop 多租户、虚拟化基础、Hadoop 虚拟化最佳实践、Hadoop 虚拟化、Hadoop 虚拟化主服务器、Hadoop 虚拟化工作节点、私有云中部署 Hadoop 即服务、Hadoop 的安装以及为 Hadoop 配置 Linux，还提供了附录“Hadoop 集群创建：先决条件检查表”。

本书适合需要了解 Hadoop 虚拟化基础知识的 Hadoop 管理员、虚拟化管理员、Linux 管理员、架构师、管理人员和开发人员阅读。

致谢

致我的妻子卡伦，你为我们的家庭带来了力量和稳定，让我毫无顾虑地去追求充满风险的机遇。如果没有你的智慧和支持，我连所做的一半都不可能完成。你总是能够让一切的不可能成为可能。谢谢你相信我。

——George J. Trujillo, Jr.

感谢我美丽的妻子梅丽莎，无论我的职业追求是多么疯狂，你总是给予我最大的支持。同时，我也要感谢我的 3 个宝贝儿子：Isaiah、Jeremiah 和 Noah。你们总是让我备感温馨。

非常感谢 Ellie Bru 协助完成本书。

——Charles Kim

我要感谢我的妻子伊丽莎白，她给了我信心和力量，让我能够享受工作和取得成就的过程。

非常感谢 Hadoop 平台的所有开发人员，是他们的努力推动 Hadoop 不断进步。

感谢 George Trujillo，他是一名很好的导师，给我提供了不同的观点，让我能以有趣的方式写这本书的几章内容。

非常感谢 Ellie Bru、Tonya Simpson 和 Erin Cizina 为本书提供了大量的意见和反馈。由衷地感谢 Mary Beth Ray 和她在培生的团队为我提供需要的所有帮助，尤其是使写作尽可能顺利。

——Rommel Garcia

感谢我的妻子 Chris，谢谢她的爱、鼓舞和支持。

还要感谢我在 VMware 的同事、VMware 出版社和培生出版集团的团队，他们的帮助促成了本书的完成。

——Justin Murray

作者简介

George J. Trujillo, Jr. 是一名经验丰富且具有出色沟通能力的企业高管。他是变革管理专家，具备强大的领导力、批判性思维，并且善于用数据驱动决策。George 在大数据和云解决方案领域是国际公认的数据架构师、领导者和讲师。他涉足的领域包括大数据架构、Hadoop（Hortonworks、Cloudera）、数据治理、数据库模式设计、元数据管理、安全、NoSQL 和商业智能（BI）。他拥有众多的行业认证，其中包括 Oracle 双 ACE 认证、Sun 微系统应用中间平台 Sun 大使、VMware 认可 vExpert、VMware 认证讲师、MySQL 苏格拉底奖获得者和 MySQL 认证数据库管理员（DBA）。同时，他在用户社区中的职位包括 Independent Oracle Users Group（IOUG）董事会成员、IOUG Cloud SIG 主席、RMOUG Big Data SIG 主席、OracleFusion Council 和 Oracle BetaOracle Beta Leadership Council 委员，并被 IOUG 推选加入“Oracles of Oracle”圈子，同时也是 IOUG's Master Series 演讲大师。George 的工作职位包含金融服务行业大数据架构副总裁、Hortonworks 大数据专家、VMware Center of Excellence 以及专业服务和培训组织的 CEO。

Charles Kim 是 Viscosity North America 公司总裁。该公司是一家专门从事大数据、Oracle Exadata/RAC 和虚拟化的利基咨询机构。Charles 是 Hadoop 大数据、Linux 基础架构、云计算、虚拟化、工程化系统和 Oracle 集群技术方面的架构师。同时，Charles 也是 Oracle 出版社、培生出版集团和 Apress 出版社 Oracle、Hadoop 和 Linux 技术领域的作者。他有 Oracle、VMware、Red Hat Linux 和 Microsoft 认证，在关键任务和关键业务系统上有超过 23 年的 IT 从业经历。

Charles 经常在 VMworld、Oracle OpenWorld、IOUG 和各种本地/地区用户组会议上演讲。 他是 Oracle ACE 总监、VMware vExpert、Oracle 认证 DBA、Exadata 认证专家和 RAC 认证专家。Charles 所著的书如下。

- *Oracle Database 11g New Features for DBA and Developers*。
- *Linux Recipes for Oracle DBAs*。
- *Oracle Data Guard 11g Handbook*。
- *Virtualizing Business Critical Oracle Databases: Database as a Service*。
- *Oracle ASM 12c Pocket Reference Guide*。
- *Expert Exadata Handbook*。

Charles 是 Oracle 独立用户组织的云计算（和虚拟化）特别兴趣小组主席。他的博客定期在 DBAExpert.com/网站更新。

他的 Twitter 标签是@racdba。

Steven Jones 是一个在 UNIX、网络、数据库技术、虚拟化和大数据方面拥有 16 年技术培训经验的老手。Steven 目前在 VMware 担任 VMware Certified Instructor，包括 VCA、VCP 4、VCP 5、VCP 6 和 vExpert 2014、vExpert2015。2014 年，他同 Charles Kim、George Trujillo、Steven Jones 和 Sudhir Balasubramanian 共同编写了 *Virtualize Oracle Business Critical Databases: Database Infrastructure as a Service* 一书。他曾在旧金山和巴塞罗那 VMworld 2013 上做了题为"*Virtualizing Mission Critical Oracle RAC with vC Ops*"的演讲，也是 Vmware 教育部门 SDDC（软件定义数据存储）强化培训班的全球讲师。Steven 致力于将创新、类比和叙述用于理解和掌握信息技术，并将此作为一种服务（ITaaS）。

Rommel Garcia 是 Hortonworks 的高级解决方案工程师。Hortonworks 是一家致力于推动 Hadoop 发展的开源公司。Rommel 在过去几年中一直专注于大规模 Hadoop 生态系统的设计、安装和部署。他已经帮助众多机构进行了 Hadoop 平台的安全最佳实践和指导原则。他还帮助众多公司进行了 Hadoop 集群性能调优，其中既包括快速成长的初创公司也包括《财富》100 强企业。同时，Rommel 在美国是 Hadoop 和大数据会议上被全国认可的演讲者。他同样也因在 Java 应用程序和中间平台的性能调优专业知识而闻名。他拥有电子工程学士学位和计算机科学硕士学位。Rommel 目前与他的妻子 Elizabeth 及他的孩子 Mila 和 Braden 住在亚特兰大。

Justin Murray 是 VMware 的高级技术营销架构师。他拥有爱尔兰科克大学计算机科学学士学位和研究生文凭。Justin 曾在英国和美国的多家公司从事软件工程、技术培训和咨询工作。自 2007 年以来，他一直同 VMware 的合作伙伴公司合作，致力于验证和优化大数据以及其他下一代应用程序在 VMware vSphere 上的工作负载。

贡献者

Leonid Fedotov 拥有 25 年 IT 从业经验。他毕业于莫斯科国立科技大学，获得了电气工程硕士学位。在职业生涯早期，他曾是一名软件工程师（Assembly、Pascal 和 C）。1993 年，他转向 UNIX 系统管理。1997 年，他开始学习 Oracle 管理和开发，并作为 UNIX 系统管理员和 Oracle 数据库管理员工作了大约 15 年。他从 2011 年开始接触 Hadoop，并担任技术支持工程师，后来担任了 Hadoop 平台系统架构师和安全架构师。同时，他也是在苹果 iBook 商店中发行的几本 Hadoop 相关书籍的作者。

序

你是否曾被一个诱人的想法吸引过？本书有两个关键词：虚拟化和Hadoop。我们认为无论你熟悉哪一个词，都可能会对解答这两个词合起来产生的问题充满兴趣，例如，“我可以虚拟化 Hadoop 吗？”“为什么要 Hadoop 虚拟化？”“如何 Hadoop 虚拟化？”这些问题对于如何在企业里定义一种高效运行 Hadoop 的策略至关重要。本书作者希望帮助读者理解如何用 Hadoop 虚拟化来成功地构建企业数据平台。

对于企业，特别是大型企业，Hadoop 已经必不可少。Hadoop 是一门让企业以负担得起的方式从大规模和高可变的数据获取洞察力的技术。越来越多的企业用 Hadoop 构建数据驱动的业务。这对于那些没有用过 Hadoop 的企业来说非常困难。一个非常重要的因素是需要理解如何将开发高效的软件解决方案、管理企业基础设施平台和使用数据科学生成高质量的洞见有机地结合在一起。

企业对 Hadoop 的使用通常始于一个业务部门的概念验证（PoC）项目。运行 Hadoop 的策略非常简单：只选择你能获得的最便捷的资源，这个资源可以是中央机房外的一台物理服务器，也可以是 IT 部门创建的虚拟机，甚至可以是公有云上的虚拟机，因为当前阶段快速通过业务生成洞见才是关键。这意味着在最开始，Hadoop 项目通常以提供业务洞见或者以数据持续变现为目标。然后，随着项目的成长才回答关于软件开发和管理的许多“how-to”的问题。

企业在将第一个使用案例部署到生产环境时必须定义一套运行 Hadoop 的策略，因为通常 Hadoop 服务器会快速增至几百台。而我们经常会发现很多部门直至看到成功案例才开始排队申请 Hadoop 集群。IT 部门在满足业务部门需求的同时开始承担起高效运维 Hadoop 集群的任务。一个好的策略必须能降低成本，保证集群高可用性和业务的可持续性，提高敏捷性，同时能给公司快速带来高质量的业务洞见。这才是 Hadoop 和虚拟化这两个想法的美妙之处。

虚拟化已被企业广泛采用，且已经证明虚拟化可帮助企业降低 IT 费用、提高效率和敏捷性。越来越多的企业决定虚拟化所有的应用，但是对于在虚拟化平台上运行 Hadoop 仍然存在很多争议。有人说“虚拟化会显著增加开销”“Hadoop 第三方厂商不支持虚拟化实现”“Hadoop 需要本地磁盘，但是虚拟化使用的是共享存储”，等等。这些都是对 Hadoop 虚拟化的误解。企业将发现在大多数情况下虚拟化的基础设施是运行 Hadoop 的最佳场所。越来越多的 Hadoop 厂商意识到 Hadoop 虚拟化集群是一个可行的解决方案，必须支持客户用虚拟机来构建 Hadoop 集群。

本书的作者是大数据基础设施、VMware 软件和数据架构方面的专家，拥有多年构建企业级数据解决方案的行业经验。在本书中，你可以了解关于 Hadoop 和虚拟化的相关知识、经验和洞察，同时可以找到有关 Hadoop 虚拟化的问题的答案。Hadoop 虚拟化将帮助你开启一段旅程，寻找决定成功或失败的关键问题的答案。

——Bo Dong，VMware 产品线高级经理

前言

Hadoop 和大数据的关键目标是能够以更低的风险和更高的准确度快速获得洞见。商界、政府、学校和科研机构都在探索关于大数据和快数据的数据驱动决策。众多组织也在寻找减少数据处理成本以及提高数据处理效率的方法。这就需要一个平台，以用来快速构建用于开发、测试、概念验证或价值验证的集群。该平台必须具有敏捷性和灵活性的特点，以适应大数据生态系统的不断变化，应用程序速度和数量的不断变化，以及基于 Hadoop 的框架和产品的不断发展。虚拟化和云平台为实现 Hadoop 平台所需的速度、灵活性以及不断发展的工作负载所需的弹性方面提供了额外的选择。虽然对于云平台来说虚拟化不是必需的，但它通常是一个关键组件。

本书旨在帮助读者了解 Hadoop 虚拟化平台的选择特点和注意事项。基于虚拟化的 Hadoop 汇集了一群作者，他们职业生涯的大部分时间都在专注于设计和构建优秀的数据平台。这些章节被组织成知识流，将有助于理解大数据和 Hadoop 概念，以及虚拟化的基础和 Hadoop 虚拟化。虚拟化可以在高适应性的平台上实现更快的部署，从而更快地提供基于市场的决策。这本书将告诉你如何做到这一点。

第一部分是针对 Hadoop 的初学者。本部分将带你了解大数据带来的一些挑战、Hadoop 的驱动因素、Hadoop 的入门概念，以及详细了解 YARN、HDFS、Tez、Map Reduce、数据抽取框架、数据预留、管理、监控的框架和数据处理、转化的框架。其中，重点理解 Hadoop SQL 引擎，以及 Hadoop 生态系统中基于多租户的一些关键领域。

第二部分是针对熟悉 Hadoop 但需要了解虚拟化的个人。本部分的内容是“虚拟化基础”和“Hadoop 虚拟化的最佳实践”。

第三部分将 Hadoop 的概念和虚拟化结合在一起。最后这些章节介绍 Hadoop 虚拟化的一些取舍、虚拟化主结点的关键因素和在私有云中虚拟工作（数据）节点。这些部分还会包括安装 Linux、安装 Hadoop、正确的设置配置工具（大数据扩展）以及在 VMware 上形成你的第一个 Hadoop 集群的所有先决条件。

很多组织都在问这个问题：“我们可以 Hadoop 虚拟化吗？”简单的答案是将它留在物理服务器中。然而在许多环境中，使用物理服务器不是正确的答案。今天，越来越多的新服务器选择放在虚拟服务器而不是物理服务器上。这个趋势没有改变，原因是虚拟机比物理机拥有更多优点。最明显的就是能够按需创建新的 Hadoop 集群用于开发和测试。然而，这些优点同样是我们需要深思熟虑的事情，比如基于虚拟基础设施的 Hadoop 的运行时特性，

Hadoop 虚拟拓扑的自动感知，在虚拟基础架构中运行 Hadoop 的复杂性，以及如何提供弹性的 Hadoop 服务。随着 Hadoop 的日益普及，越来越多的组织开始关注两个关键问题。第一个是他们是否应该虚拟化 Hadoop，如果是，虚拟化到什么级别，虚拟化也是云的基石。第二个问题是他们是否应该将 Hadoop 部署至云中。这本书解决了这两个问题。Hadoop 的虚拟化不是一个互斥的解决方案，而是一个混合的解决方案。

本书的目标是分享有关 Hadoop 虚拟化的知识，以及解决 Hadoop SQL 引擎、多租户、安全性和企业可操作性等关键领域的一些问题。通过 Hadoop 虚拟化可以了解到大数据的基本原理、组织转型所需的文化变革，以及在私有云中部署 Hadoop 的关键因素，并强调了成功实施的最佳实践。

写这本书的动机

Hadoop 和大数据生态系统正以惊人的速度飞快发展。这给机构带来了许多挑战，包括如何构建一个可靠、灵活且敏捷的平台，该平台如何使机构能够更快地获得业务洞察力，更快地实现业务价值，并且能够提供大数据平台让机构能够应对不同的需求。虚拟化和企业云平台为企业提供了更多功能，可以将需要协同工作的许多框架和产品进行聚合。编写本书的动机是向读者展示虚拟化 Hadoop 的配置和优缺点。在未来几年中，更多的 Hadoop 平台将在云平台中实现虚拟化。本书的一个主要目的是可以将 Hadoop 介绍给虚拟化专家，将虚拟化介绍给 Hadoop 专家，然后探讨 Hadoop 虚拟化的注意事项。因此，我们研究了谁正在构建世界上最大的 Hadoop 集群，正是这些人专注于 Hadoop 部署和虚拟化基础架构，并且他们也是部署数据平台的行业领导者和虚拟化数据基础架构专家。这就是这群作者的由来。所有作者和贡献者都是 Hadoop 知识专家，也有用户社区的个人。

预备知识

本书专为需要了解 Hadoop 虚拟化基础知识的 Hadoop 管理员、虚拟管理员、Linux 管理员、架构师、管理人员和开发人员而设计。读者应具备基础的技术架构和数据平台背景。

本书受众

本书专为想打破成规并希望了解 Hadoop 不同虚拟化方案的优缺点的读者而设计。

如何使用本书

本书分为 15 章，大致内容如下。

第 1 章围绕 Hadoop 和大数据的驱动因素进行讨论，重点讲解了在传统平台面临的数据挑战以及如何使用 Hadoop 生态解决相关问题。本章讨论 Hadoop 平台在企业转型中扮演的重要角色。

第 2 章帮助读者理解 Hadoop 并不是一个单一的实体。Hadoop 发行版由多个框架和产品组成。Hadoop 平台对于不同的使用场景支持不同类型的配置，之后讨论了 Hadoop 发布版。本章结尾探讨了 Hadoop 生态中的不同角色。

第 3 章 YARN 和 HDFS 是组成 Hadoop 的两个核心框架。YARN 为所有的处理任务解决资源管理的问题，HDFS 管理存储与输入/输出。本章希望读者能理解 Hadoop 平台的两个核心框架功能和特性。

第 4 章讨论用于解决当今数据挑战的企业数据平台的设计准则，包含 Hadoop 平台中的数据移动与数据组织。

第 5 章介绍了一些用于将数据采集至 Hadoop 平台的关键框架。任何大型企业数据平台的一个关键部分就是数据采集。

第 6 章讨论不同 SQL 引擎的关键指标和能力。当使用 Hadoop 时，企业面临的最大挑战之一是定义符合 SLAs 的 SQL 引擎策略。

第 7 章从安全，数据隔离和调度的视角介绍多租户。多租户是 Hadoop 中另一个重要的领域。

第 8 章介绍了虚拟化的重要特征与功能，包括术语、概念与虚拟化能力。

第 9 章介绍虚拟化基础设施的最佳实践、指南和关键指标。这些虚拟化基础设施必须正确设置。

第 10 章讲解了如何管理并且将多个不同的框架与产品整合至一个系统共同协作的问题，Hadoop 虚拟化的优点与注意事项，还讨论了 Hadoop 虚拟化的不同方式。

第 11 章讨论 Hadoop 虚拟化集群的主守护进程的注意事项与可选方式。配置 Hadoop 主守护进程的一个目标是高可用性。

第 12 章讲解在 Hadoop 虚拟化工作节点（计算与存储）守护进程的不同的部署模型。

第 13 章介绍配置 Hadoop 即服务的步骤。

第 14 章介绍 Hadoop 手动安装，读者可以了解 Hadoop 安装的底层知识。许多工具都支持 Hadoop 集群自动化安装，比如 Ambari、Cloudera Manager 和 VMware 大数据扩展。

第 15 章侧重于为 Hadoop 环境配置 Linux 的最佳实践和指南。Hadoop 可以运行在 Linux 和 Window 平台之上。

附录列出了 Hadoop 集群的先决条件检查表。

资源与支持

本书由异步社区出品，社区（https://www.epubit.com/）为您提供相关资源和后续服务。

配套资源

本书提供如下资源：

- 本书源代码；
- 书中彩图文件。

要获得以上配套资源，请在异步社区本书页面中点击 配套资源，跳转到下载界面，按提示进行操作即可。注意：为保证购书读者的权益，该操作会给出相关提示，要求输入提取码进行验证。

如果您是教师，希望获得教学配套资源，请在社区本书页面中直接联系本书的责任编辑。

提交勘误

作者和编辑尽最大努力来确保书中内容的准确性，但难免会存在疏漏。欢迎您将发现的问题反馈给我们，帮助我们提升图书的质量。

当您发现错误时，请登录异步社区，按书名搜索，进入本书页面，点击“提交勘误”，输入勘误信息，点击“提交”按钮即可。本书的作者和编辑会对您提交的勘误进行审核，确认并接受后，您将获赠异步社区的 100 积分。积分可用于在异步社区兑换优惠券、样书或奖品。

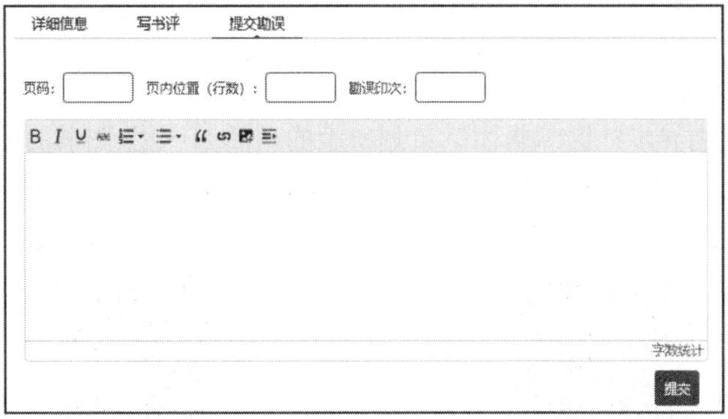

扫码关注本书

扫描下方二维码，您将会在异步社区微信服务号中看到本书信息及相关的服务提示。

与我们联系

我们的联系邮箱是 contact@epubit.com.cn。

如果您对本书有任何疑问或建议，请您发邮件给我们，并请在邮件标题中注明本书书名，以便我们更高效地做出反馈。

如果您有兴趣出版图书、录制教学视频，或者参与图书翻译、技术审校等工作，可以发邮件给我们；有意出版图书的作者也可以到异步社区在线提交投稿（直接访问 www.epubit.com/selfpublish/submission 即可）。

如果您是学校、培训机构或企业，想批量购买本书或异步社区出版的其他图书，也可以发邮件给我们。

如果您在网上发现有针对异步社区出品图书的各种形式的盗版行为，包括对图书全部或部分内容的非授权传播，请您将怀疑有侵权行为的链接发邮件给我们。您的这一举动是对作者权益的保护，也是我们持续为您提供有价值的内容的动力之源。

关于异步社区和异步图书

“异步社区”是人民邮电出版社旗下 IT 专业图书社区，致力于出版精品 IT 技术图书和相关学习产品，为作译者提供优质出版服务。异步社区创办于 2015 年 8 月，提供大量精品 IT 技术图书和电子书，以及高品质技术文章和视频课程。更多详情请访问异步社区官网 https://www.epubit.com。

“异步图书”是由异步社区编辑团队策划出版的精品 IT 专业图书的品牌，依托于人民邮电出版社近 30 年的计算机图书出版积累和专业编辑团队，相关图书在封面上印有异步图书的 LOGO。异步图书的出版领域包括软件开发、大数据、AI、测试、前端、网络技术等。

异步社区

微信服务号

目录

第1章 了解大数据的世界

智能TIR基础设施——物联网——将在无缝网络中连接人和一切事物。人、机器、自然资源、生产线、物流网络、消费习惯、回收流程以及经济和社会生活中的几乎所有方面都将通过传感器和软件连接至TIR平台，并不断向每个节点提供实时的瞬时大数据——企业、家庭、车辆等。对大数据进行高级分析，转换为预测算法，并编程到自动化系统，可以提高热力效率，大幅度提高生产力；甚至在整个经济中将生产和交付全系列产品以及服务的边际成本降至接近0。

——Jeremy Rifkin

大数据已成为当今数据混杂问题的首选解决方案。社交媒体、传感器、GPS、Renaissance Place ID（RPID）、点击流、服务器日志等都将产生海量数据。个性化和全方位的体验越来越需要更快的商业决策。一场真正的数据风暴正在商业界上演。众多企业都在寻找大数据平台，以帮助他们制定战略，不仅是要渡过难关，更要充分利用其数据的积累来获得竞争优势。

1.1 数据革命

有几个全球性的变革是如此的重要，以至于它们被称为革命。这在每个人心中都有不同的分类和分级标准。其中一种观点认为全球性变革包括第一次（工业）、第二次（技术/互联网）、第三次（可再生能源）和第四次（数据）。机构收集、使用、管理和利用数据正在改变他们做出决策的方式，同样也在改变着我们的生活方式，而且已经超出了我们的想象。

Hadoop 平台能够以极高的容量和性价比存储不同来源的各种数据，从而使预测、分析、关联和业务洞察能够达到新的水平。了解产品和服务如何适应客户的情绪（数字个性化），并更详细地了解人类行为有助于机构了解消费水平，从而针对消费者制定方案。制订方案和行动取决于客户将来要购买的产品以及他们为什么购买。传感器无处不在，并能够处理来自汽车、烤面包机、苏打机、喷气发动机，甚至孩子衣服的传感器带来的大量数据，这重新定义了人们对产品认识、公司竞争力以及客户群的认识。机构需要更多的信息，并且需要了解“厚”数据和“薄”数据。厚数据可以帮助人们理解个人或组织可能采取的行动的动机、意图、意义、背景和发展。薄数据提供了相关操作或已发生事实的详细信息，更侧重于因果关系。数据仓库在这方面已经做了很多年，这并不是一个新鲜的概念。在分布式高并行系统上使用本地磁盘的成本极低，从而允许机构存储极大量的详细数据，这正是这种新数据环境的催化剂。

高度并行系统和分布式平台已经出现了很多年。Hadoop 软件使低成本的本地存储能够更容易地存储大量的数据，获得令人难以置信的高效率数据，并能够轻松地处理所有类型的数据，包括半结构化和非结构化数据。Hadoop 也被视为新一代的提取、转换、加载（ETL）以及数据保管的平台。因为每 TB 的成本更低，Hadoop 可以用作企业数据仓库（EDW）的 ETL 卸载优化。由于总体实现成本更低，数据可以在 Hadoop 集群中存储比 EDW 更长的时间。

Hadoop 使机构能够非常详细地查看“厚”和“瘦”数据，并以成本高效的方式管理极大规模的数据。这使企业能够获得以前不可能得到的信息。需要注意，Hadoop 不是一种新型的数据仓库。虽然在功能和目标方面存在重叠，但 Hadoop 和数据仓库都是从头开始设计的，以解决不同类型的问题。值得注意的是，数据专家的所有技能和专长都可以在 Hadoop 中使用，因为 Hadoop 仍然在解决数据的业务问题。Hadoop 软件分发和 NoSQL 数据库提供了解决当前数据挑战的新方法。随着 Hadoop 环境使关系数据库和数据仓库之间的数据流变更成熟，Hadoop 也将不断发展。我们将在后面更详细地讨论 Hadoop 和 EDWs 之间的区别。

消费者正通过社交媒体活动、网站上的点击事件、电子邮件和手机发送大量的信息。这种数字信息可以提供对个人和群体行为模式超乎想象的见解。数字个性化提供了更深入的理解，从而能够围绕所有相关和动态的数字渠道（计算机、智能手机、平板电脑、手表等）提供关于价值取向的定制服务。将该数字信息与客户的交易历史和具有类似特征的其他客户或团体的外部数据组合，能够更清晰地预估客户或团体下一步的行动。了解了客户下一步可能的行为，不仅能影响这个行为，而且可以影响客户。这提供了独特的竞争优势。

数字革命正在通过巨大的转型影响商业世界，这需要竞争组织比竞争对手更快地做出准确的业务决策。数字革命已经带来了全球性竞争。企业面临着新的挑战，小企业能够在数字空间中同大型企业竞争。客户对使用的不同数字渠道的期望越来越高。未来的行业领导者将是能够以更准、更自信以及更低的风险来适应和做出比竞争对手更快的商业决策的公司。这种转变将影响每个人的环境和行为。每个企业都必须更好地了解客户，并通过推断客户的下一个最有可能的行为来进行前瞻性思考。这就需要更好、更快的分析。

售卖昂贵的苏格兰威士忌或葡萄酒的商店可能通过外部数据了解到，当雪茄店或奶酪店做促销或有新品上架时，一些活跃客户（high-profile customer）会更频繁地访问自己的商店。汽车传感器可以收集关于汽车用途的数据以及汽车的位置。这些信息将影响下一代汽车、高速公路、交通灯的设计，以及邻里和城市规划。结合医院和社交媒体的数据以及历史模型，可以确定病毒是从几周到几天甚至几个小时爆发的。现在就非常明了为什么分析师会预测，在企业需要查看的数据中，高达 80%的数据将在企业之外产生。分析专家们还能够将内部数据与外部数据源相关联，以提高分析的洞察力和准确性。

机构可以具有数百或数千个不同关系的数据库、操作型数据存储和企业数据仓库。数据源不断地从点击流、应用服务器、机器、社交媒体、GPS、RFID 等渠道流入，数量不断增加。用来解决这些数据挑战的新企业数据平台正是大数据。本章介绍大数据背后的驱动力，以及大数据是恰当时机下的解决方案。

1.2 传统数据系统

传统的数据系统，如关系数据库和数据仓库，一直是企业和机构在过去 30～40 年内存储和分析数据的主要方式。虽然存在其他的数据存储器和技术，但是这些传统数据系统可以提供大部分的业务数据。传统数据系统是从头开始设计的，以处理结构化数据为主。结构化数据的特征如下。

- 明确定义记录中的组成字段；记录通常存储在表中；字段具有名称，并且在不同字段之间定义了关联。
- 写入模式需要根据模型验证数据才能将其写入磁盘。大量的需求分析、设计和前期工作将涉及的数据放在清晰定义的结构化格式中。这无疑增加了从数据到实现业务价值的时间。
- 从磁盘获取数据并将数据加载到内存以供应用程序处理的设计。以这种方式处理大量数据的架构效率极低。数据非常大，但处理能力很弱，大组件必须被移动到小组件进行处理。

- 使用结构化查询语言（SQL）来管理和访问数据。
- 数据仓库和相关的数据库系统通常以 8KB 或 16KB 块大小读取数据，这些数据块将被加载到存储器中，然后由应用程序进行处理。当处理大量数据时，读取这些数据块是非常低效的。
- 当今的机构拥有大量信息，但这些信息包含的内容不可操作或不可利用。
- 订单管理系统的目的是接收订单，Web 应用程序是为了提高运营效率，客户系统用于管理客户的信息。来自这些系统的数据通常驻留在单独的数据孤岛中。然而，将这些信息结合在一起并与其他数据相关联可以帮助建立客户的详细模型。
- 在许多传统的孤岛环境中，数据学家需要花 80%的时间去寻找正确的数据，只有 20%的时间去做分析。数据驱动的环境必须让数据学家能在分析上花更多的时间。

企业每年需要花很长时间来保存越来越详细的信息。在诸如医疗和金融领域，因监管的加强，存储的数据量正显著增长。由于这些数据十分重要，通常需要使用昂贵的共享存储系统来进行存储。共享存储阵列提供了条带化（性能）和镜像（可靠性）功能。使用传统存储系统来管理这些不断增长的数据，所需的容量和费用常常让 IT 组织备受压力。例如企业资源规划（ERP）、客户资源管理（CRM）、金融、零售和客户信息数据通常都存储在结构化表单中。

原子性、一致性、隔离性和持久性（ACID）的兼容系统和策略在运行业务时依旧很重要。过去几年间，企业搭建了许多这样的系统来支撑业务决策，使得企业运营至今。关系型数据库和数据仓库可以存储数 PB 的信息，然而这些系统并没有从底层向上设计，不能解决许多当今面临的数据挑战。使用这些传统的系统来解决新的数据挑战时，所需的成本、速度和复杂性将非常高。

1.2.1 半结构化和非结构化数据

半结构化数据没有遵从结构化数据的有序表单，但使用了标签、标记或者其他方法来组织数据。非结构化数据通常没有一个预先定义的数据模型或规则。比如，IP 语音电话（VoIP）、社交媒体数据结构（Twitter、Facebook）、应用程序服务器日志、视频、音频、数据通信、RFID、GPS 坐标、机械传感器等都是非结构化数据。这种非结构化数据使正在生成的结构化数据的体积缩小了。机构发现，存储在关系数据库中的外部非结构化数据通常与内部结构化数据一样重要。关于产品和服务的外部数据可能同其他数据一样重要。每次使用社交媒体或使用智能设备时，你可能正在透露如表 1.1 所示或更多的信息。事实上，智能手机正在产生大量电信公司必须处理的数据。

表 1.1 社交媒体数据可用于建立模式

环 境	个 人
正在做什么	怎么想的
将要去哪里	觉得怎么样
在哪里	喜欢什么不喜欢什么
去了哪儿	怎么来的
在哪个社区	付款方式是什么
正在逛哪个商店	
在上班吗	
在度假吗	
在看什么产品	
在哪条路上	

这些信息可以与其他数据源相关联，并且具有很高的精准度，并可以预测表 1.2 所示的一些信息。

表 1.2 来自社交媒体的模式示例

健康状况	消费情况	个人信息	基础设施
检测疾病或疫情	可疑的交易	能否安全驾驶	机器组件是否磨损或有可能破裂
活动和成长模式	信用卡诈骗	是否有绯闻	设计道路以反映不同地区的交通模式
心脏病发作或中风的概率	识别流程缺陷和安全漏洞	将投票给谁	活动和成长模式
你是否是酗酒者	花钱方式	家里已有的产品	识别流程缺陷和安全漏洞
病毒爆发	赚多少钱	有可能犯罪吗	在城市的行驶工况
	购买模式	怎样放松自己	放置商店或商业的合适位置
	可能会购买的产品	访问网站的方式	品牌忠诚度以及切换品牌的原因
	贷款违约概率	可能会购买的产品	
	品牌忠诚度以及切换品牌的原因	联系的人的类型	
		喜欢的活动	

在竞争激烈的世界里，人们意识到他们需要使用这些信息，并挖掘它的“业务洞察力”。在某些方面，业务洞察或洞察生成可能是比大数据更好的术语，因为洞察是大数据平台的关键目标之一。这类数据提高了企业做出竞争性商业决策时所需信息的最低标准。

1.2.2 因果关系

在共享存储系统中存储大量数据的成本非常昂贵。因此，对于我们谈到的大多数关键数据，企业没有能力保存、组织和分析它的成本，或者出于存储成本考虑而没能利用其优势。我们生活在一个因果关系的世界。通过因果关系来过滤、聚合和平均详细信息，然后用于尝试找出“导致”结果的原因。数据以这种方式处理后，大多数的重要秘密已经揭开。详细记录的原始信息可以比聚合和过滤处理后的数据提供更多的洞见。数据量的不断增长，全球数据无可阻挡的增长速度，以及使用非结构化数据的复杂性和成本使企业不能利用详尽的数据。这影响了在不断变化的竞争环境中做出良好商业决策的能力。

当你关注大型公司时，通常会看到数百甚至数千个不同类型的关系数据库和多个数据仓库。机构必须能够将来自数据库、数据仓库、应用程序服务器、机器传感器、社交媒体等的数据结合起来进行分析。数据可以放入仓库，仓库可以存储不同类型以及数据工厂和数据湖中不同来源的数据。将这类数据用于同更多的数据点关联，从而提高其商业价值。通过将不同来源的数据合并处理，企业可以做出更多的描述和预测分析。企业不仅希望做出高准确度的预测，也希望减少预测的风险。

企业想集中大量的数据以进行改善分析，并减少数据迁移的成本。这些集中式数据储存库有不同的术语，例如数据工厂和数据湖。

- 数据工厂是一个仓库，用于摄取、处理和将分离的多结构数据转换为可用的格式。数据工厂类似于一个炼油厂。炼油厂，可以将原油变为汽油和煤油。数据工厂对接收的数据更加严格。其中一个关键点是确保垃圾数据不进入数据工厂。数据工厂可以高效地同任何格式的大数据集工作。

- 数据湖是一个新的概念，其中结构化、半结构化和非结构化数据可以汇集在同一个仓库中，企业用户可以使用多种方式，交互使用这些数据以进行分析。数据湖是使用不同类型软件的企业数据平台，如 Hadoop 和 NoSQL。数据湖可以运行不同运行时特征的应用程序。一个湖泊是没有硬性边界的，因为边界线经过一段时间就会改变。数据湖的设计具有类似的灵活性，以支持新类型和组合的数据，因此它可以作为分析洞察的新来源。但这并不意味着一个数据湖应该允许存放任何数据，这就成了一个难题。必须严格把控，以确保高质量的数据或有潜在新洞见的数据被保存在数据湖中。数据湖不能让自身被任何类型的数据所淹没。

1.2.3 数据挑战

俗话说，需求是所有发明之母。这句话非常适用于数据。银行、政府、保险公司、制造企业、医疗机构和零售企业都意识到了处理这些大量数据的问题。然而，过去是互联网公司不得不去解决它。Google、雅虎、Facebook 和 eBay 这类公司每天摄入规模和速度与日俱增的海量数据，为了业务的运行，它们必须解决这个问题。Google 希望能够将互联网进行分级，它知道数据量很大，且每天都在变得更大。传统的数据库和存储供应商看来，使用它们的软件证书和存储技术的成本十分高昂，以致完全不能考虑。因此，Google 意识到它需要一种新技术和途径来处理这个数据挑战。

1. 回到根本

Google 意识到，如果希望能够对互联网进行分级，那么必须设计一个新的途径来解决这个问题。它开始寻找需要的是什么。

- 高效地存储海量数据的廉价存储。
- 要有效地控制成本随着数据量持续增加。
- 要非常快速地分析大量数据。
- 要能够使用现有的结构化数据关联半结构化和非结构化数据。
- 要能处理有可能频繁更改并具备多种形式的非结构化数据；例如机构的数据结构可以定期更改，如 Twitter。

Google 发现的问题如下：

- 传统存储厂商的解决方案都过于昂贵。
- 当处理数百 TB 和 PB 级别的数据时，基于“块级共享存储”的技术太慢，无法有效地降低成本。关系数据库和数据仓库并非针对新的规模级别所需的数据采集、存储和处理进行设计。今天的数据规模需要一个可以按成本进行扩展的高性能超级计算机平台。
- 以 8KB 和 16KB 增量读取数据，然后将数据加载到内存中由软件程序进行访问的关系数据库的处理模型，对于处理大量数据来说效率太低。
- 传统的关系数据库和数据仓库软件证书，对于 Google 所需的数据规模来说过于昂贵。
- 关系数据库和数据仓库的架构和处理模型是用来处理 30 年前那个时代的事务的。这些架构和处理模型没有被设计用来处理来自社交媒体、机器传感器、GPS 坐标和 RFID 的半结构化和非结构化数据。解决这些问题的方案十分昂贵，企业希望有其他选择。
- 需要减少业务数据延迟。业务数据延迟是数据存储和用数据分析解决业务问题时的时间的差值。

- Google 需要一个大型的单一数据存储库来存储所有数据。大型企业通常有成千上万的关系数据库以及许多不同的数据仓库和业务分析解决方案。所有这些数据平台都将数据孤立地存储在其中。数据需要与不同的数据集结合以进行相关的分析，以最大化业务价值。在数据孤岛间迁移数据非常昂贵，需要大量资源，并且显著减慢了业务洞察的时间。

解决方法如下。

- 廉价存储。最便宜的存储是现成的本地磁盘。
- 一个可以处理大量数据的数据平台，并且在成本和性能方面可以线性扩展。
- 一个高度分布的并行处理模型，能够快速访问和处理数据。
- 一个数据存储库，可以去除孤岛并存储结构化、半结构化和非结构化数据，以便关联和分析数据。

推荐阅读解决方案的关键白皮书起源，如下所示。因为它们为 Hadoop 的运算和存储打下了基础。这些文章也很有见地，定义了 Google 希望解决的业务驱动和技术挑战。

- Google 关于 MapReduce 的文章：*Simplified Data Processing on Large Clusters*
- Yahoo！关于 Hadoop 分布式文件系统的。
- Google 的“*Bigtable: A Distributed Storage System for Structured Data*”。
- Yahoo！白皮书：*The Hadoop Distributed File System Whitepaper*，作者是 Shvachko, Kuang, Radia 和 Chansler，发表在 2010 年 IEEE 第 26 届大容量存储系统和技术研讨会（MSST）的会议记录中。

2．解决数据问题

必要性可能是所有发明之源。新事物的创造和成长，需要一种支持、鼓励和提供养分的文化环境。意大利文艺复兴是艺术史上的伟大时期。当时，在欧洲一个人口密集的地区，许多艺术家年仅 7 岁就开始学习，作为那些大艺术家的学徒，当时的国王和贵族会向艺术家的工作付酬。文艺复兴时期出现了许多伟大的艺术家，因为当时的文化允许有天赋的人将他们的一生用在学习和同其他伟大的艺术家合作上。

在第一次工业革命期间，非常需要更结实的材料，以在狭小的空间修建更高大的建筑；需要更快速和更有效的运输，以能够为飞速增长的人口创造产品。当时，钢铁制造和运输几乎在一夜间飞速发展。

Hadoop 的成长也具备了必要性。当今的数据挑战已经创造了对一个新平台的需求，同时，开源文化可以通过让来自世界各地的人才协作努力以实现巨大的创新。以更快的速度存储、处理和分析信息的能力将改变企业、组织和政府的运作方式；改变人们的思考方式；并改变我们创造的世界的本质。

3．解决数据问题的必要性和环境

解决数据问题的地域环境是加利福尼亚的硅谷，文化环境是开源。在硅谷，许多互联网公司为了生存不得不解决同样的问题，它们需要同那些能够添加额外组件的专家分享和交流。硅谷的独特之处在于它拥有一大批以创新为本质、坚信开源、积极分享交流的初创互联网公司。开源是一种思想交流，一种和世界各地的人和公司共同编写软件的文化。比较大的私企可能有成百上千的工程师和客户，但开源拥有成千上万乃至百万的用户，他们可以编写、下载和测试软件。

来自 Google、Yahoo！和开源社区的人为这个数据问题创建了一个叫作 Hadoop 的解决方案。Hadoop 被创造的重要原因是——生存。互联网公司需要解决这个数据问题以保留业务并不断成长。

4．给数据问题起一个名字

这个数据问题是能快速提取（速度）、成本有效（容量）地存储大量数据，并且数据可以是不同的类型和结构（多样化）。这些数据必须能够为组织提供价值（真实性）。这种类型的数据被称为大数据。然而，大数据不仅仅是容量、速度或多样化，它是数据上下文或环境的一个名称。当数据环境难以使用时，传统的关系数据库和数据仓库解决起来太慢或太贵。

5．大数据处理的是什么

纵观全球，行业分析机构不断报告数据正以超乎想象的规模增长。在关系数据库和数据仓库中的传统数据也以超乎想象的速度增长。传统数据的增长是企业需要解决的一个重大挑战。仅仅是将增长的传统数据存储在昂贵的存储阵列上就耗光了 IT 部门的预算。

VoIP、社交媒体和机器数据正以指数级的速度增长，而传统存储系统的数据增长显得微不足道。大多数企业发现，在做出业务决策时，这些数据同传统数据一样至关重要。这种非传统数据通常是半结构化和非结构化数据，如网络日志、移动网络、点击流、空间和 GPS 坐标、传感器数据、RFID、视频、音频和图像数据。

从行业角度来看大数据：

- 所有行业分析师和专家都预测大数据市场极为广阔。公司的首要任务之一就是对大数据进行预测分析，以更好地了解他们的客户，了解企业自身以及所处的行业。

- 供应商的机会将存在于大数据技术栈的各个方面，包括基础设施、软件和服务。
- 已经开始拥抱大数据技术和方法的组织表明，通过及时、相关、完整和准确的信息取代猜测来采取行动，能够获得竞争优势。

当数据的体积、速度和（或）多样性达到传统系统难以处理或处理成本太昂贵的程度时，数据就变成了大数据。大数据不是指数据达到了一定量、一定读取速度或类型。指数级的数据增长是数据革命的驱动因素。

6．开源

开源是一种文化，人们用其发起和解决问题。许多具备创新精神的个人常常帮助公司设计和开发开源软件。在开源许可结构下创建的软件，任何人都可以免费使用和查看源码。要知道，开源许可有不同的类型。开源文化提供了一个允许快速创新、软件免费以及相对便宜的硬件环境，因为开源使用 x86 硬件。MySQL、Linux、Apache HTTP Server、Ganglia、Nagios、Tomcat、Java、Python 和 JavaScript 都在大型企业中被广泛使用。快速创新的一个例子是，私有企业每两到三年就会发布一个大版本。然而，Hadoop 最近在一年内发布了 3 个新的大版本。

Hadoop 周边的生态系统同样正在快速创新。例如，Spark、Storm 和 Kafka 等框架显著地增加了 Hadoop 的功能。开源解决方案可以非常创新，因为源码来自世界各地和不同组织。大型公司越来越多地参与到开源中，大型企业的软件团队也在开发开源软件。EMC、HP、Hitachi、Oracle、VMware 和 IBM 等大公司现在提供大数据解决方案。由开源驱动的创新彻底改变了软件行业的格局。通过 Hadoop 和大数据，我们看到开源正在定义平台和生态系统，而不仅仅是软件框架或工具。

7．为什么传统系统难以应对大数据

为什么传统系统难以应对大数据究其原因，传统系统不是为大数据设计的。

- **问题—写时模式**：传统系统使用写时模式。写时模式需要在写入时验证数据，这就意味着在使用新数据源之前必须进行大量工作。这里有一个例子：假设一个公司想要分析来自非结构化或半结构化来源的新数据，那么，公司通常会花费数月时间（3～6 个月）设计模型或其他工作以将数据存储在数据仓库中。这就使公司在 3 到 6 个月内不能使用数据做出业务决策。然而，当数据仓库 6 个月之后设计完成时，往往该数据结构又变了。如果分析社交媒体的数据结构，就会发现它们会定期改变。写时模式架构太慢而且僵硬，无法处理在一段时间内动态变化的半结构化和非结构

化数据。非结构化数据存在的另一个问题是，传统系统通常使用大对象字节（LOB）类型来处理非结构化数据，这非常不方便和难以使用。

- **解决方案—读时模式：** Hadoop 系统是读时模式，这意味着任何数据都可以立即写入存储系统，且在读取之前，不会进行数据验证。这使 Hadoop 系统能够加载任何类型的数据并快速开始分析。与传统系统相比，Hadoop 系统具有极短的业务延迟。传统系统的写时模式是 50 年前设计的。许多公司需要实时处理数据和客户模型，这些数据和客户模型是在几个小时或几天内生成的，而不是几个星期或几个月。物联网（IoT）正在加速来自不同类型的设备和物理对象的数据流，而数字个性化则促进了实时决策的需求。读时模式使 Hadoop 在最重要的领域中比传统系统具有更大的优势，能够更快地分析数据以做出业务决策。当使用半结构化或非结构化的复杂数据结构时，读时模式能够比写时模式系统更快地访问数据。
- **问题—存储成本：** 传统系统使用共享存储。随着企业获取大量数据，共享存储成本过高。
- **解决方案—本地存储：** Hadoop 可以使用 Hadoop 分布式文件系统（HDFS），这是一种利用商用服务器本地磁盘的分布式文件系统。共享存储大约是 1.20 美元/GB，而本地存储大约是 0.04 美元/GB。Hadoop 的 HDFS 默认创建 3 个副本以实现高可用性。因此，0.12 美元/GB 仍然是传统共享存储成本的一小部分。
- **问题—专有硬件的成本：** 当处理极大量的数据部署时，大型专有硬件解决方案可能成本过高。企业花费数百万美元的硬件和软件以支持大数据环境，但通常还需增加百万美元的硬件以处理不断增长的数据。传统供应商系统扩容至 PB 级规模且具备良好性能的新技术要非常昂贵的代价。
- **解决方案—通用硬件：** 可以使用 Hadoop 构建高性能超级计算机环境。当向专有硬件供应商寻求解决方案时，他们给出的解决方案是 120 万美元的硬件和 300 万美元的软件许可。对于相同的处理能力，Hadoop 解决方案的硬件成本仅 40 万美元，且软件是免费的，还包含了赞助成本。因为数据量将不断增加，传统解决方案还需要增加 500 万美元和 100 万美元的成本，而 Hadoop 解决方案只需增加 10 000 或 100 000 美元的成本。
- **问题—复杂性：** 当你查看任何传统的专有解决方案时，系统管理员、DBA、应用程序服务器团队、存储团队和网络团队之间充满了极其复杂的信息孤岛，通常每 40 到 50 个数据库服务器就有一个 DBA。任何有传统系统经验的人都知道复杂系统运行失败的原因也很复杂。
- **解决方案—简单化：** 由于 Hadoop 使用通用硬件并遵循“无共享”架构，因此它是一个非常容易理解的平台。许多运行 Hadoop 的组织每 1 000 个数据节点才有一个管理员。使用通用硬件，一个人可以了解整个技术栈。

- **问题—因果关系**：由于在传统系统中数据存储非常昂贵，因此数据会被过滤和聚合，高昂的存储成本导致大量数据被丢弃。最小化要分析的数据降低了结果的准确性和可信度，这不仅对所产生的数据的准确性和可信度产生影响，而且限制了企业识别商业机会的能力。原子数据可以比聚合数据产生更多的数据洞察。
- **解决方案—相关性**：由于 Hadoop 存储成本相对较低，详细的记录会存储在 Hadoop 的 HDFS 存储系统中，然后可以使用 Hadoop 中的非传统数据来分析传统数据，以找到可以提供更高数据分析精度的相关点。我们正在转向一个关联的世界，因为结果的准确性和可信度是高于传统系统的因素。企业将大数据视为转型。为客户建立预测模型的公司将花费数周或数月来构建新的配置文件。现在，这些公司在几天内就可建立新的配置文件和模型。一个公司需要 20 小时来加载数据，这是很不理想的。使用 Hadoop 可以使数据加载时间从 20 小时缩短至 3 小时。
- **问题—将数据带到程序**：在关系型数据库和数据仓库中，数据从数据中心其他地方的共享存储中加载。数据必须通过有带宽限制的网线和交换机，然后才能够被程序进行处理。对于许多类型的分析来说，处理 10TB、100TB 和 1 000TB，计算侧处理数据的能力大大超过了可用的存储带宽。
- **解决方案—将程序带到数据**：使用 Hadoop，可以将程序移动到数据的位置。Hadoop 数据分布在组成 Hadoop 集群的本地服务器的所有磁盘上，通常为 64MB 或 128MB 的块大小。单个程序（每个块一个）在集群中并行运行（达到可用节点数量或更多），提供性能非常高的并行每秒输入/输出操作（IOPS）。这意味着 Hadoop 系统可以比传统系统更快地处理极大量的数据，并且由于架构模型的原因，其成本很低。将程序（小组件）移动到数据（大组件）是一种支持极快处理大量数据的体系结构。

成功利用大数据正在改变企业分析数据和做出业务决策的方式。大数据带来的“价值”使得大多数公司竞相构建 Hadoop 解决方案以进行数据分析。通常，客户选择咨询公司，并希望通过 Hadoop 淘汰他们的竞争对手。Hadoop 不仅仅是一种转型技术，它也成为当下现代分析型世界成功与失败的战略关键。

8. Hadoop 的框架结构

Hadoop 是一种软件解决方案，其中所有组件都从头设计，使其成为高并行、高性能的平台，可以成本高效地存储大量信息。它能提供非常高的读取速度，易于使用结构化、半结构化和非结构化数据；并消除了业务数据延迟问题。与传统系统相比成本极低，Hadoop

具有非常低的初始成本，并且可以在成本有效增量中线性缩放。

Hadoop 的分布式系统是由多个单独的框架组成的，旨在协同工作。同 Hadoop 框架平台一样，该框架是可扩展的。Hadoop 已经发展到支持快速数据以及大数据。大数据最初是有关数据的大批量处理。现在，企业还需要在数据到达时，实时或接近实时地做出业务决策。快速数据涉及在数据到达时对数据采取行动的能力。Hadoop 的灵活架构支持处理具有不同运行时特性的数据。

9. NoSQL 数据库

NoSQL 数据库也是从头开始设计，以便能够处理不同类型的大型数据集，并对该数据执行快速分析。传统数据库被设计为存储关系记录和处理事务。NoSQL 数据库都是非关系的，当需要分析数据时，它包含了重要的信息的列表。NoSQL 数据库可能意味着数据通过以下方式存取：

- 没有使用 SQL，使用 API（“无” SQL）。
- 使用 SQL 或其他访问方法（“不只是” SQL）。

当使用 Apache Hive（Hadoop 框架）在 NoSQL 数据库中运行 SQL 时，这些查询将转换为 MapReduce（2），并作为批处理操作运行，以并行处理大量数据。API 还可用于访问 NoSQL 中的数据，以处理交互式和实时查询。

使用广泛的 NoSQL 数据库包括 HBase、Accumulo、MongoDB 和 Cassandra。它们能够非常快速地分析列数据。Accumulo 是由美国国家安全局（NSA）设计的 NoSQL 数据库，因此它具有 HBase 中不可用的附加安全功能。

NoSQL 数据库有不同的特点和功能。例如，它可以基于键值、基于列、基于文档或基于图表。每个 NoSQL 数据库可以强调 Cap 定理的不同领域（Brewer 定理）。Cap 定理指出，数据库只能在以下两个领域中表现卓越：一致性（所有数据节点同时查看相同的数据），可用性（每个数据请求都将获得成功或失败的响应）和隔离容限（即使系统的某些部分不可用，数据平台仍将继续运行）。NoSQL 数据库通常通过键索引，但不是都支持二级索引。NoSQL 数据库中的数据通常分布在不同服务器的本地磁盘上，使用扇出查询访问数据。使用支持最终一致性的 NoSQL 系统，数据可以存储在不同的地理位置。在第 2 章中将对 NoSQL 进行更详细的讨论。

RDBMS 系统实施架构，遵从 ACID，并支持关系模型。NoSQL 数据库结构较少（非关系型），且表的结构是自由的（每个行的结构可以不同），也通常是开源的，并可以在集群中水平分布。一些 NoSQL 数据库正在发展以支持 ACID。比如 Apache 的 Phoenix 项目，它在 HBase 之上有一个关系数据库层。结构表结构可以非常灵活和简单（例如存储来自不同国家的不同格式地址的订单表）。当许多客户需要使用大量非结构化或半结构化数据时，或者由于数据的量或速度而导致性能或数据提取问题时，他们便开始关注 NoSQL。

10. 内存框架

快速数据驱动内存分布式数据系统的采用。诸如 Apache Spark 和 Cloudera 的 Impala 等框架提供的内存分布式数据集在 Hadoop 集群中被广泛使用。Apache Drill 和 Hortonworks Tez 是作为快速数据的附加解决方案而出现的额外框架。

1.3 现代数据架构

现有的数据架构正被大量的数据、数据提取速度以及它们需要处理和存储的各种数据推向崩溃的边缘。行业分析师预测，高达 80%的新数据（视频、图片、音频、文档、电子邮件等）将是来自点击流、情感/社交媒体、机器传感器、服务器日志、RFID 和 GPS（地理）的半结构化和非结构化数据。2013 年的数据超过了 3ZB，到 2020 年保守估计将达到 40ZB。

现代数据架构（MDA）将 Hadoop 添加到已有的企业数据平台，以解决这一数据压力问题。Hadoop 集群可以集提取、存储和计算于一体。Hadoop、NoSQL 和内存解决方案正成为构成大数据平台的新组件。企业的数据格局正在发展，以支持关系数据库、企业数据仓库、NoSQL 数据库、内存和 Hadoop。企业正混合使用这些解决方案，以利用每个平台的优点。

将数据组织成单个数据源或几个数据源，从而能够对数据设置更丰富的问题集。能够添加相关的附加源增加了置信度并降低了风险。许多术语同这些单一源平台相关联，常见的有数据工厂、企业数据中心和数据湖。这些平台均类似，它们都使用 Hadoop、NoSQL 和不同的 Apache 框架来提供数据解决方案。数据工厂、数据湖和企业数据中心被不同的企业用来指代利用 Hadoop 进行软件分发的单一源大数据平台。这些术语交叉影响并变化，同时，新的术语也在出现，例如数据编组场。它们的共同点是从所有类型的数据源中获取数据，具备数据快速移动以及快速灵活使用读时模式处理无架构数据的能力。

数据仓库更加严格，具有写模式、ACID 兼容性和更少的数据移动。数据仓库通常使用定义好的格式在数据输入前进行转换。而大数据平台先加载数据，然后根据分析和数据使用情况，基于需求转换数据。理解这一点很重要。数据分析师和科学家经常花 80%的时间来查看数据，只有 20%的时间来分析数据。大数据平台可以显著改变这一比率，从而使数据洞察的速度更快。这里介绍了数据工厂和数据湖，但我们应该将所有定义放在一起来描述。简而言之，将数据集中到单一源中，只是重点在不同的领域。

- 大型数据工厂是可以存储、转换和处理多结构化数据源的数据平台。利用不同类型的数据源提炼数据以创造新的见解。数据工厂需要更严格地控制所摄取的数据。
- **数据湖**是以其本机格式存储和处理数据的一种方式。数据湖是一个单一存放数据和分析数据的地方，且不关心工具集，它将来自不同源的数据放在一起并允许数据聚合和关联。数据湖允许新类型的数据加入以进行探索，在这方面具有更大的灵活性，但这并不意味着任何数据都可以进入其中，以致它被淹没和丧失真实性。**数据湖**这个术语在 Hortonworks 发行版中更受欢迎，但它只是一个概念，并不与任何发行版相关。
- 企业数据中心（也称为数据湖）是一个概念，其中，在一个类中心架构中，Hadoop 是其他数据平台数据流入和流出的中心平台。企业数据中心在 Cloudera 发布版中更受欢迎；再次强调，这只是一个概念，并不与任何发行版相关。
- 数据编组场描述了一个强调数据移动的大数据平台——类似于火车在枢纽位置进出的铁路编组场。

组织需要花费大量的时间将数据存储、转换、分析，这个过程非常痛苦、低效和昂贵。数据湖可以用作数据提取、分析和（或）计算。数据湖可以通过数据仓库完成大量的 ETL 处理，并用于从数据仓库卸载数据。这使得数据仓库的大小适中，并保持固定的大小。如果数据仓库可以存储的数据只有 6 个月，并且数据量不断增长，那么将数据移动到数据湖可以减少数据仓库的增长压力。这让大数据平台处理数据采集释放了大量计算能力，以用于数据分析。

数据湖使业务部门能够在一个地方访问数据。备份、分析、连接、安全性、下游报告、数据科学和数据采集都可以在一个系统中执行。Hadoop 的分布式文件系统使其能够以任何形式存储数据，因此可以以原始数据形式存储。由于 Hadoop 是一个读时模式平台，因此不需要立即将格式应用于新数据，数据可以在需要时进行集成。数据湖使数据科学进入一个新的水平。数据混搭给客户提供了 720°视图，客户的 360°视图是一个旧术语，指的是对客户的完整视图。720°视图是指使用客户非结构化和半结构化数据提供的额外 360°视图。这提供了跨孤岛和跨渠道分析的能力，诸如银行、信用卡公司、保险、零售、医疗保健、金融服务、电信、游戏和互联网公司等企业都需要这种能力。

1.4 组织转型

组织转型非常困难。转型包括引入供应商和外部顾问，推荐不同的软件、工具和方法来构建大型数据环境。内部员工必须学习新方法和新技术。业务部门必须找到正确的使用场景，并能够提出他们想要问的问题，以及他们正在寻求解决业务挑战的见解。业务部门必须坚信将数据移入大数据平台是正确的选择。公司必须学会如何成为学习型组织，适应开源创新的速度；必须找到数据分析师和数据学家，他们能够提出恰当的数据问题，以找到新的见解。平衡开放和封闭软件是非常重要的。需要时间和努力来最大限度地减少数年来建立的政治、区域和技术孤岛。同时，公司间将在为数不多的人才资源上发生竞争。而优秀人才的增加速度满足不了需求。在当今数字环境中竞争，公司需要将数据当作企业资产和竞争的优势。

成功的数据驱动型 IT 机构需要一个优秀的团队，具有相当于能够在飞行时修复和更换飞机的技能和能力。Hadoop 正在快速成长和发展，这表明了开源创新的力量。每个人都明白需要改变，但大多数人并没有为这个变化的速度做好准备。这考验了机构能否吸收和适应这种变化速度。Hadoop 的成功需要一种新的思维方式和紧迫感。企业现在希望通过大数据平台进行批处理和交互式实时查询，这需要构建一个适合 Hadoop 的软件框架、工具、内存软件、分布式搜索和 NoSQL 数据库的恰当组合，并利用专有软件公司的现有软件。

组织需要大大减少数据孤岛，更有效地集中数据，以实现更好的关联和分析。最大化业务价值的分析系统是允许数据来自不同类型源的数据存储库，以找到能显著增加准确性的新数据模式。由于存储成本高昂，就需要关系型数据库和数据仓库能够删除、忽略、聚合和汇总数据，这是描述性和预测性分析的一个失败原因。只有详细的数据才包含了通往成功的黄金信息（见解）。大数据平台汇集了快速、准确分析所需的一些非常重要的组件，这些组件包括低成本存储、读时模式、线性可扩展平台、利用大量通用硬件磁盘的超级计算平台，以及高度并行处理的框架。Hadoop 是一个平台，可以让所有这些重要组件的优点汇聚入一个数据存储库。

以下是关于大数据的一些关键目标。

- 能够使你的业务决策比竞争对手更快、更自信，风险更小。
- 可以通过数据获得更多的信息，以获得更多的业务洞察和价值。
- 提高组织的效率和竞争力水平。
- 创建一个通过数据获取新业务洞察的环境。

通过使用通用硬件节省资金也很重要，但确保业务成果的实现应该具有更高的优先级。成功实现大数据的关键是转变为学习型组织。这需要投入时间来让业务部门了解大量数据以及大数据如何使业务部门和公司受益。大多数公司在这方面不会做得很好，他们最终会将业务部门拖延至最后时限。更重要的是，企业能够在几个月甚至几年内大幅顺延项目，坚定实现大数据带来的好处。有很多大数据平台，比如 Hadoop、NoSQL 以及同它们相关的系统。技术团队必须接受新思想，这方面的问题是，组织所使用的传统培训并不总是能够建立内部团队所需的知识、技能、理解和专业知识。要关注大数据的发展和成长以及所需要的技能，而不是看你的团队能够采取什么样的培训课程。使用传统的训练课并不是最有效的方法，关注如何在企业内部建立技能，以及大数据技术的飞速发展更为重要。

1.5 行业转型

Hadoop 具有如此大的能量和动力，具备改变相关行业的能力。与 AIX、Solaris、HP-UX 和 Dynix 操作系统相似，开源 Linux 成为许多组织转变的标准，这消除了许多不同版本的 UNIX。GE、Hortonworks、IBM、Infosys、Pivotal、SAS、Altiscale、Capgemini、CenturyLink、PLDT、Splunk、Teradata、VMware、Wandisco、EMC 和 Verizon 等行业领导者已经创建了一个名为开放数据平台（ODP）的行业协会。ODP 将直接与 Apache Software Foundation 项目一起工作，目标是从 Apache Hadoop 2.6 开始，创建一个标准版本的 Hadoop。项目组的目标是直接从开源 Apache 项目创建一个经过测试的 Apache Hadoop 参考版本，这个标准版本的 Hadoop 将使软件公司和供应商更容易认证和验证其产品。Apache Hadoop 2.6 的核心包括 HDFS、YARN 和 Ambari。但并非所有 Hadoop 发行版都将加入 ODP，Cloudera 和 MapR 就决定暂不加入。ODP 将开始对 Hadoop 进行标准化，同时也可能扩展到大数据生态系统的其他领域。虽然推断 ODP 的潜力或行业衍生还为时过早，但很显然，Hadoop 有改变行业的能力。

1.6 小结

数据量、速率、多样性以及需要对多个来源的数据执行分析的需求常常使业务中断。大数据解决方案，如 Hadoop、内存、分布式搜索和 NoSQL 是数据中断的解决方案。数据中断的程度要求组织不仅要改变业务决策，还要改变 IT 组织的构建方式。同时，技术发展的速度、规模和变化速率要求组织能够快速响应和适应。

不要只关注于大数据技术，更需要专注于业务目标以及数据战略目标。记住，这一切都同数据相关。对于整个企业来说，大数据用于提供额外的功能，但也具有利用现有资源和平台的能力。企业的重要目标是成为一个解决方案和速度驱动的组织，而不仅仅是数据驱动的组织。但速度并不意味着牺牲质量或灵活性。使用大数据平台来显著提高公司如何使用数据的效率，其主要目标是能够以更准确和更自信的方式更快地做出业务决策，同时降低风险。

第 2 章

Hadoop 基础概念

缺乏大数据分析，企业是盲目的，像高速公路上的鹿一样在互联网上徘徊。

——Geoffrey Moore

本节的主要目的是介绍 Hadoop 集群的主要组件，对新手来说非常重要的一点是，在深入理解 Hadoop 细节之前先总体了解 Hadoop 是什么以及它包括哪些主要组件。我们还会介绍若干 Hadoop 发行版。在本章结束时，你将了解主要的 Hadoop 软件进程和 Hadoop 硬件配置文件。本章结尾会介绍 Hadoop 生态中几种不同的团队角色。

2.1 Hadoop 中的数据类型

Hadoop 可以存储来自不同数据源的不同类型的数据。那么让我们先看看 Hadoop 中的几种不同的内置数据类型。下面列出了几种企业希望迁移至 Hadoop 中的数据样本。Hadoop 平台的主要候选数据是大数据及非结构化数据。

- **点击流数据**是用户在浏览网页的时候执行的点击流。此信息可用于路径优化、未来产品的购买分析、客户细分和洞察客户。点击流用于衡量访问者的活动及其在网站中的行为。企业希望能够快速识别网站访问者的意图，并动态调整界面以影响和触发客户的操作。点击流数据是横跨不同渠道（智能手机、电脑、平板电脑、电子邮件、目录、电视、收音机、烟雾信号等）的数字个性化的关键。

- 来自社交媒体的**情感数据**与服务器日志数据、客户文本数据相结合，可用于理解如何影响网站上的行为。在线零售商可以降低跳出率（Bounce rate）并提高销售额。情感数据使企业能够响应来自客户和竞争对手的情绪，不管是积极的还是消极的。客户通常在社交媒体上讨论他们喜欢和不喜欢的产品。这些信息对于衡量品牌忠诚度和品牌认知度非常重要。
- **传感器/机器信息**是零部件以及其环境条件的详细信息。此信息可用于改进设计，减少故障，并在零部件可能磨损或即将断裂时发出通知。冰箱、汽车、喷气发动机、洗衣机、汽水喷射机以及任何可损坏的部件都可以对其传感器数据进行预测性维护分析。
- 来自全球定位系统、射频识别（RFID）、移动电话和平板电脑的**地理数据**提供的人和物体的位置信息（它们在哪里移动、什么时间移动和移动距离）。这些信息可用于设计高速公路、斜坡、停车标志、街区、城市和快速公交系统。该信息也可用于确定最佳路线，以及哪些驾驶员具有最安全或最不安全的行为。地理信息可以用于确定在何处放置基站，在网络高峰期给哪些客户提供带宽，在高速公路应该动态放置什么样的广告牌，或者评估某人的车险应该收取多少保费等。像 OnStar 之类的软件可以追踪驾驶员的行为以及他们的位置。OnStar 用于碰撞自动响应、找回被盗车辆、车辆诊断等。此信息可用于识别这些事件中的模式。商店也在探索在手机中使用 Wi-Fi 来跟踪客户在商店中的行为，以改善商店布局。RFID 正被用于医院、制造工厂、办公室和商场等地，以优化布局设计。
- **服务器日志**收集用户登录网站的详细信息。重要的是收集用户的登录时间、登录位置以及登录时长，同时收集哪些外部事件（比如销售广告、商业广告、电台广告、天气、假期和其他活动等）会影响用户在何时登录网站。服务器日志的监控与分析是安全取证的首要步骤之一。通过挖掘服务器日志中的一些模式，还可以识别后期服务器或软件环境的组件故障。服务器日志还可以帮助识别在出现问题导致停机之前问题发生的模式。
- **非结构化数据**（文本、视频、图片等）可以跟踪活动和行为并识别模式。新式的安全手段通过追踪视频上的模式来识别可能发生的活动。这种方法可用于预测犯罪活动、交通问题、暴力模式或个人行为，以此训练对现实线索的反应。面部识别技术可用于在商场、机场和城市街道发现丢失的孩子、重复的客户或潜在的犯罪活动。

2.2 使用案例

Hadoop 正在改变企业开展业务的方式。企业将会越来越快、越来越精准地制定决策。数学模型正用于预测病毒、流行病和传染病的爆发，快速识别这些情况也将对公共卫生应对带来重大影响。同时将内部数据与社交媒体数据相结合将大大提高准确性并缩短探索时间，探索爆发的时间周期会从几周缩短至几天。

一家在线营销公司需要花费 5 天才能获得在线市场的关键报告。之后它将数据从 IBM 大型机移动到 Hadoop 集群，让 Hadoop 处理数据，然后将数据聚合后移回大型机进行分析，让广告活动的市场分析时间从 5 天减少至 5 小时。这种类型的变化正促使企业转型。

零售企业通过品牌分析、情绪分析和购物篮分析（Market Basket Analysis）来执行日志分析、网站优化和客户忠诚度计划。分析结果可用于动态定价、网站实时定制和产品推荐。金融业正在使用大数据进行欺诈模式检测，并对金融诈骗、风险建模和贸易趋势进行分析。这既能提高他们对客户的风险评估和欺诈检测能力，也能帮助设计实时销售计划和交叉营销优惠计划。能源业正在做网格故障分析、土壤分析、机械故障预测、化学分析和智能电表分析等。制造业正在做供应链分析、客户流失分析和零部件更换，以及制造厂和工厂的布局设计。通信企业正在使用大数据信息进行客户分析、基站分析、优化用户体验、监控设备状态和网络分析。这些信息可用于提高硬件可维护性、产品推荐和基于地理位置投放广告。医疗保健业使用电子医疗记录（EMR）和 RFID 来进行医院设计、患者治疗、临床决策支持、临床试验分析、实时仪器和患者监测分析。政府正有使用大数据进行威胁识别、政府项目分析和嫌疑人侦查等。它是打通业务领域和 IT 领域的数据力量。

开始使用大数据时理解正确的使用场景至关重要。你想咨询哪些数据问题？你想解决哪些业务问题？你想寻找哪些业务洞察？更早地关注于如何使用新的数据做数据分析，致力于成为一个以事实驱动的企业。

2.3 什么是 Hadoop

人们看建筑物时，看到什么取决于自己的视角。建筑可以从不同的视角观看。当你从广场的一边看时，大西人寿（Great West Life）在丹佛市西南区有很多圆柱形建筑，如图 2.1 所示。如果你从另一边看，可以从结构、电气、管道或功能的角度来看建筑物。像建筑师一样思考，就是使用这些视角来掌握功能与美丽并存的“建筑”的本质。

图 2.1 大西人寿（Great West Life）建筑，丹佛，科罗拉多州

必须从多方面去理解 Hadoop 的设计和优点。让我们从最终的目的开始。Hadoop 在架构层面是一个水平可扩展的数据平台，用于快速地存储和处理非

常大的数据集。Hadoop 使用商业硬件和本地磁盘来实现低成本的弹性扩展。为获得高可用性，本地机器的磁盘中拥有多个数据副本并允许高并发操作。简单来说，为了存储更多数据，增大 IOPS 或增多数据处理，需要的仅仅是增加服务器。每个新服务器都会增加更多的并行处理能力（CPU 和内存）、更多的 IOPS 和更多的存储容量。这不需要昂贵的专用硬件或存储区域网络，同时也大大降低了运行 Hadoop 分布式集群所带来的复杂性。因为使用商业硬件，所以一个人可以理解整个硬件技术栈。

Hadoop 采用开源分布式设计，旨在从根源上解决大数据带来的问题。作为一个开源的 Apache 项目，它借助集群的智慧实现最优思想，同时它的特征和功能也在不断进化。开源让 Google、Facebook、Yahoo!、LinkedIn、UC Berkeley、eBay、Hortonworks、Cloudera、MapR、Pivotal、RedHat、IBM、HP、Intel、WanDisco、Microsoft、Teradata、VMware 等企业的专业技能汇聚在一起。全球开源社区拥有世界上最丰富的 Hadoop 和高性能计算（HPC）环境的专业知识，同时也拥有硬件、CPU 内核、内存和软硬件工程等专业知识。任何人都可以查看其开放的源代码。

开源所带来的大量的下载和测试是私有系统无法比拟的。这种开源创新和社区用户正通过 Hadoop 推动下一代数据平台创新。开源也有企业级并已得到更完整的测试。开源可以让数千个企业以及数百万个体同时测试 alpha 和 beta 版本。例如，Hortonworks 数据平台（HDP）2.0 在 2013 年 10 月普遍可用（GA）。HDP 2.0 在发布到 GA 之前，在有数千个节点的生产环境集群上运行了 10 个月。另一个例子是 Falcon 框架，它于 2014 年 4 月引入 HDP 2.1 平台。InMobi 在将 Falcon 转向 Apache 基金会之前已经开发和使用了很多年，拥有开放源代码社区使其成为企业级，并通过开源进行测试和修补。

Hadoop 发行版由多个软件框架组成，每个框架都有不同的目的并承担不同的角色，如图 2.2 所示。Hadoop 和各框架都具有高可扩展性。一个 Hadoop 发行版可被视为一曲交响乐。交响乐是由不同部分组成的，例如弦乐、木管乐器、黄铜和打击乐器。Hadoop 平台同样也包含许多标准框架，这些标准框架也是发行版的不同部分。乐团可以添加不同的部分，例如钢琴、钟琴、键盘乐器或电子乐器。类似的，Hadoop 发行版也可以添加额外的框架，例如 Storm、Spark、Kafka 和 Giraph。大数据生态可包含不同类型的 NoSQL 数据库，例如 HBase、Accumulo、Cassandra、MongoDB 和 CouchDB。随着时间的推移，一个乐队可能会成长为独立的单元，并同时作为整体的一部分存在。更改独立单元可以更改音乐的声音。同样，Hadoop 发行版可能会将其他框架或 NoSQL 数据库作为其未来发行版的一部分。如果一个乐队并不符合它想要播放的音乐类型，那么它听起来并不会那么优美。对于 Hadoop 发行版也是如此，作为企业数据平台，它必须被合理的设计与构建以满足企业的使用场景的需要。

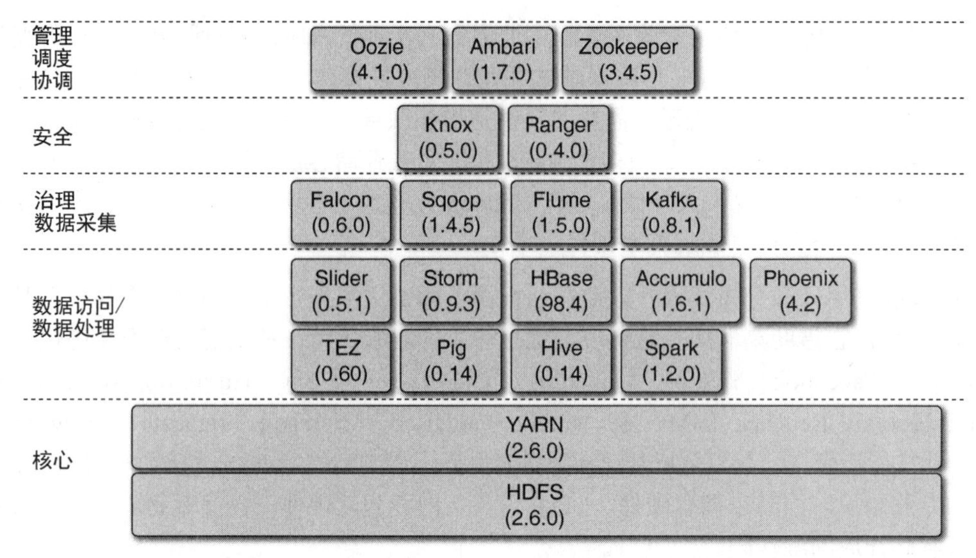

图 2.2　HDP 2.2（Hadoop 2.4.0）：Hadoop 发行版由很多框架组成

理解 Hadoop 必须学习不同的框架，并理解每个框架在整个“建筑”或“乐队”中具有什么基本目的，我们称之为 Hadoop 平台基础设施。要理解 Hadoop 的新版本，必须理解每个框架组件的新特性，并掌握它如何改进 Hadoop 的清单和功能。Hadoop 设计之初侧重于大型批处理任务（Hadoop 1）。随着越来越多的数据存储至 Hadoop 数据仓库和数据湖中，客户希望平台具备交互式响应、实时查询和数据缓存的能力，还有执行插入、更新和删除操作的能力。Hadoop 现在可以用于分析多种类型的数据，它们具有不同类型的 SLA（服务等级协议）和不同的运行时特性，并且都在同一个 Hadoop 集群中。这种灵活性是以增加新的框架来实现的，这些框架对进入 Hadoop 之前的数据进行存储、移动、消费和产生洞察。软件框架如 Impala（Cloudera）、Tez（Hortonworks）和 Spark 支持在 Hadoop 中进行交互式和实时查询。Hive 框架将在 Hive .14 版本中支持插入、更新和删除操作。重点是 Hadoop 逐渐支持越来越多的功能，它将不再仅仅是一个批处理系统。NoSQL 数据库还提供实时查询功能。

Hadoop 框架很多，企业很难掌握各框架之间的差异。但是企业又希望能确保选择合适的工具做合适的事情，这就跟框架的熟悉程度有关。例如，很多人认为 MapReduce 已死，但它是一个久经考验的数据批处理框架，可以扩展到 PB 级别。有的数据集非常之大，不能通过加载到内存处理，所以需要批量处理技术，这就是适合 MapReduce 的场景。另一方面，Tez 的设计思想是在内存中运行 DAG 有向无环图，特别适合用于 Hive 中。随着 HDP 2.2 的发布，Pig 也可以基于 Tez 运行，使 ETL 的处理过程更快。Spark 提供了极其高效的编码和在组件间重用弹性分布式数据集；这两个非常具有吸引力的特性和处理过程都在内存中执行。Spark 可以与 Hive 集成，并支持混合使用 SQL 查询和 Spark 的 API 编程模型。例如，你可以在 Spark ML 中编写一行代码来调用一个 Hive 查询，该查询返回一个弹性分布式数据集（RDD），然后可以在 Spark ML 中进行数学计算。在写这本书的时候，Hive 可以运行在 MapReduce 和 Tez 上。但是社区正在积极地构建运行在 Spark 上的 Hive。

为了帮助统一 Hadoop 的正式定义和相关计算机科学术语，请参考 hadoop.apache.org 中的单词。

> Apache Hadoop 项目开发用于进行可靠的、可扩展的、分布式计算的开源软件。
>
> Apache Hadoop 软件库是一个框架，允许使用简单的编程模型进行跨计算机集群的分布式计算来处理大型数据集。它被设计为可从单台服务器扩展到数千个机器，每台服务器都提供本地计算和存储。软件库并不是依靠硬件提供高可用性服务，而是用于在应用层检测和处理故障，以此提供基于计算机集群的高可用服务，它假设每台计算节点都可能出现故障。

Hadoop 软件发行版由不同的框架组成。以下是来自 wikipedia.org 的对于软件框架的定义。

> 在计算机编程中，软件框架是一个抽象概念，其提供的通用功能可以由用户编写的扩展代码进行选择性地改变，从而提供特定于应用的软件。软件框架是用于开发应用程序、产品和解决方案的通用的、可重用的软件平台。软件框架包括支持程序、编译器、代码库、工具集和应用程序编程接口（API），通过汇集所有不同的组件，以实现项目或解决方案的开发。
>
> 框架包含一些区别于普通类库的关键特性。
>
> - 控制反转：框架跟其他的库或普通用户应用不同的是，整个程序的控制流并不属于调用者，而是属于框架本身。
> - 默认行为：框架应该具有默认行为，这些默认行为应该是一些有用的行为，而不是一系列的错误操作。
> - 可扩展性：框架可扩展性强，应该可以被用户选择性的重载或通过提供特殊的代码来实现特殊的功能。
> - 不可改变的框架代码：框架的代码通常是不可更改的，除了扩展。用户可以扩展框架，但不能更改框架的代码。

你可能会问为什么是这些规则？对于你未来的成长来说，了解 Hadoop 和大数据的一些正式词汇很重要。Hadoop 是由不同的软件框架组成的软件发行版，每个软件框架都被设计为可扩展的。Hadoop 框架的主守护进程是运行在 JVM 中的 Java 应用程序，还有一些单独的框架虽不是标准发行版的一部分，但可以被添加至 Hadoop 以扩展附加功能。流行的开源框架也可以被添加至新的 Hadoop 发行版中。

使用 Java 来写这些核心功能的优美之处在于只写一次，即可在其他任何地方运行！Java 所支持的可移植性，让每个人都可能加入社区。当前的 Hadoop 发行版是 Linux 和 Windows 合并版的 Java 代码。Hadoop 包含 3 种不同类型的进程。

- 主（master）服务器：主要负责协调主管理守护进程与从属服务器。
- 从（slave）服务器：响应所有数据存储和计算活动，响应发生在数据节点上的 I/O 操作，数据节点运行从属服务器进程。
- 客户端：负责启动应用程序。

理解 Hadoop 的守护程序、文件和命令将为 Hadoop 部署的日常管理提供重要支持。同时，还可配置许多管理工具，用以监控和管理 Hadoop 集群。Ambari 是一个开源管理框架。Serengeti 是一个开源管理项目。Cloudera Manager 可与 Hadoop 的 Cloudera 发行版配合使用。同时还有一些独立公司正在开发相关管理和配置工具。众所周知，要使 Hadoop 的市场增长，它必须易于使用。Hadoop 的管理工具极大地简化了 Hadoop 集群的管理。过去需要花费几个小时到几天并且需要很多深入技能才能完成的操作，现在通过点击按钮就可以完成。强烈建议通过 Hadoop 管理培训学习管理基础知识，以及这些 Hadoop 管理工具如何简化 Hadoop 集群的管理。

本书从技术和框架的角度重点介绍 Hadoop 平台。注意，大数据平台需要“全都跟数据相关”。一辆汽车有轮胎、点火器、制动器、皮革座椅甚至可能有一个很酷的立体声系统，然而它的用途就是让你从一个地方安全地到达另一个地方。Hadoop 有各种酷炫的框架，它们类似于汽车有很多酷炫的零部件。这些零部件包括 PB 级分布式存储框架（HDFS）、高度并行计算框架（MapReduce2）、分布式内存数据集（RDD）、SQL 接口（Hive）等。

对于一个企业来说，将所有 Hadoop 组件结合在一起构建出一个高性能超级计算平台是非常激动人心的。然而，重视 Hadoop 的关键目标可提升企业竞争力，帮助企业更快速、更准确地制订决策。数据分析是使 Hadoop 平台成功的关键因素。如果世界上的数据不能流动，那么它将不会发挥作用。企业需要在独立团体、业务部门、部门级别和应用级别培养专业知识和构建高级分析技能。企业应该形成一套统一的数据管理策略并合理地实施它们。IT 运营部门必须构建一个生产级别的 Hadoop 基础设施，可以应对集群的增长和对 Hadoop 进行大规模的优化。对于集群中数据的可管理性和可消费性而言，数据治理至关重要。数据生命周期管理、数据沿袭和影响分析是数据治理方案中非常重要的组成部分。必须从不同的维度和级别解决安全问题。另一个重要的 Hadoop 秘决是使用正确的工具回答正确的问题。这就像 $E=mc^2$（平衡），平衡、协调和协作也必须存在于业务部门、管理、基础设施团队、数据科学家和分析师以及应用程序开发人员和用户之间。

2.4 Hadoop 发行版本

Hadoop 有很多不同的发行版本。下面列出了一些比较重要的发行版。每一个发行版都通过提供技术支持、额外工具、功能或者关注于特定痛点来增加客户价值。每个 Hadoop 发行版的供应商选择合适的 Hadoop 框架的版本，并将其融入自己的发行版中。Hadoop 供应商通常会在自己的发行版中添加补丁和增强功能，同时会将额外的框架和产品纳入自己的发行版中。

- Apache 软件基金会的开源 Apache Hadoop 发行版本可供下载。这个版本的 Hadoop 也更加前沿。
- Horonworks 数据平台（HDP）是 100%的开源平台，开发的每一行代码都贡献回了 Apache Hadoop。
- Cloudera 发行版包含 Apache Hadoop（CDH）并提供了免费的核心功能以及可购买的其他框架，例如 Cloudera Search、Impala、Cloudera Navigator 和 Cloudera Manager。
- MapR 的 Hadoop 发行版支持网络附加存储（NAS）。MapR 新增了额外的功能并对不同的框架进行了优化。
- Pivotal HD 的 Hadoop 发行版包括一系列的 Pivotal 软件产品。如 HAWQ（SQL 引擎）、GemFire、XD（分析）、大数据扩展程序和 USS（逻辑存储）。BDE 是 VMware Sphere 的一部分。Pivotal 支持构建多虚拟集群的物理平台，支持基于 Hadoop 和 RabbitMQ 平台即服务。
- IBM InfoSphere BigInsights 在 Apache Hadoop 发行版的基础上构建，包括虚拟化和资源动态发现、高级分析、安全和运维等功能。

2.5 Hadoop 框架

每一个 Hadoop 发行版都具有不同的优点，它们都取决于发行版供应商在选择和构建时的动机。Hortonworks 数据平台（HDP）将在本书中介绍，因为它是企业级 Hadoop 发行版并且 100%开源和免费。Hortonworks 将其 100%的代码都贡献回 Apache Hadoop。Hortonworks 的构建策略是创新核心框架（Hadoop、YARN、Stringer、Tez、Knox、Falcon），并让 Hadoop 生态能方便地与自己的平台进行适配和扩展。这将允许大的软硬件厂商，如 Microsoft、

Teradata、SAS、SAP 等关注于为自己的产品和服务增加扩展功能，让 Hortoworks 关注在基础设施层面。这跟 Linux（开源）开始引领 UNIX 操作系统市场类似。AIX、HP-UX 和 Solaris 都是非常出色的产品，但让诸如 RedHat 和 SUSE 等企业关注在核心功能，可帮助类似于 IBM、HP 和其他企业减少最高 75%的研究和开发操作系统的成本。那么像 IBM、HP 和其他企业便能在 Linux 上贡献更多的资源以加快企业级操作系统的发展进度。由于 HDP 将所有重点都放在了核心基础设施上，我们会发现 HDP 已成为这一市场中的领导者。同时我们也发现全球的大型企业也对 Hadoop 进行了大量的创新，以加快 Hadoop 的发展进程。其他的发行版也新添加了一个额外的框架和软件，为 Hadoop 相关的创新做出了贡献。

Hadoop 生态系统每天都在跨越式发展。亚马逊、微软、AT&T、Rackspace、CSC、HP 等提供云和托管解决方案。每年都有越来越多的企业提供主机托管 Hadoop 和 Hadoop 即服务。当前正在研究的一个架构平台是基于数据湖的 Hadoop 共享服务。诸如 Teradata、SAP、Vertica、Microsoft（SQL Server）、IBM、Oracle 和 SAS 等数据企业正在将其产品和服务集成到 Hadoop 中或提供连接程序。诸如 Microsoft、RedHat、HP 和 Netapp 等基础设施企业都深入地参与到了 Hadoop 中。基于 Hadoop 的分析领域竞争激烈。SAP、PowerPivot、SAS、Datameer、Talend、IBM、Microstrategy 等企业都在探索 Hadoop 分析的解决方案。

因为 HDP 专注于开源发行版，用于管理和维护“建筑本质”。如果你懂 HDP，那么你就能学到其他发行版本的优点与缺点。HDP 框架被拆分成不同的部分：Core、Common、Scheduling/Security/Data Lifecycle Management（数据生命周期管理）和 management（预留、管理和监控）。我们先介绍主要框架，然后在后续章节详细讨论框架细节。下面列出的框架并不一定都属于 HDP 的默认发行版。Cassandra 并不是 HDP 的一部分，但它被选择作为平台的 NoSQL 数据库，而不是使用 HBase 或 Accumulo。Ganglia 和 Nagios 的功能将会被集成至 Ambari 的未来发布版本中。图 2.3 的主要目的是列出 Hadoop 一些不同类型的框架、NoSQL 数据库和 Hadoop 生态系统中的部分软件。许多框架可随着 Hadoop 发行版一同安装。其他的软件如 Kerberos 可作为 Hadoop 发行版的一部分提供认证服务。Hadoop 安装版同样可安装不同的 NoSQL 数据库（如 Cassandra）和其他一些不属于发布版的框架（如 Giraph），也可以安装不同的机器学习库，如 Mahout。

Hadoop 的基础是两个核心框架——YARN 和 HDFS。这两个框架分别做数据处理和数据存储。YARN（Yet Another Resource Negotiator）是 Hadoop 中分布式处理的基础。YARN 可以被视为一个分布式数据操作系统，因为它负责控制跨 Hadoop 平台的计算资源分配。YARN 允许具有不同运行时特性的应用程序运行，同时运行时使用分布式集群的单一资源管理模型，极大提高了 Hadoop 的扩展能力。

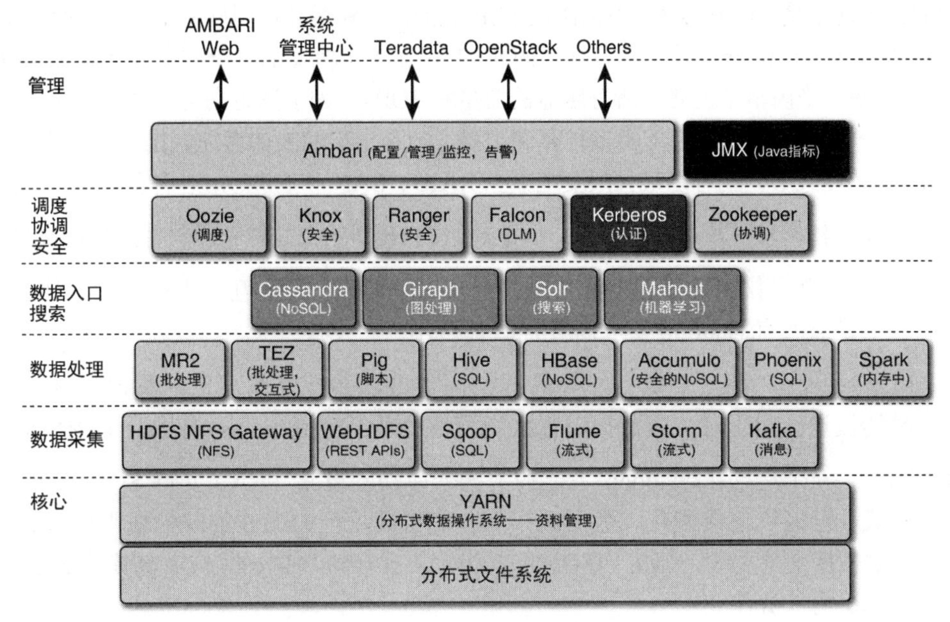

图 2.3 HDP 发行版的一些框架示例

Hadoop 中提供了不同的计算框架和资源管理解决方案。本书只关注 YARN。没有单一资源管理模型就不可能控制具有不同运行时特性的应用程序合理的使用硬件资源。结果就是通常需要为 Hadoop、NoSQL、Spark 等设置单独的集群。用户不希望大的批处理进程占据需要立即返回数据的进程的资源。YARN 允许不同的框架（如 Hadoop、NoSQL 和 Spark）在单一资源管理模型下运行。许多框架正在准备在未来的版本中被 YARN 认可。

- Hadoop 集群可扩展至 5 000+节点并且潜在可扩展能力是 1 0000+的结点集群。
- YARN 的目标是在同一集群中支持不同类型的工作负载，例如批处理和交互式查询、流式处理、图形数据、内存处理、消息传递系统、视频流、列式数据库等。你可以将 YARN 视为高度可扩展和分布式的数据操作系统，支持具有不同运行时特性的工作负载。YARN 还支持多租户。

硬件的最优点（价格/性能）正在不断地发生变化。几年前，数据节点支持 24GB、48GB 和 64GB RAM。今天，拥有 12 个 CPU、256RAM、124TB 磁盘和 10GB 网卡的数据节点都很常见。由于硬件最优点的变化，我们会发现集群的布局和设计也在发生改变。客户可能会采用具备 40GB 网卡的硬件配置，以管理较少的数据节点。但目标始终是尝试平衡内存、CPU、存储和网络，并最大限度地减少瓶颈以让集群随时间水平增长。

Hadoop 分布式文件系统（HDFS）是一个数据块跨 Hadoop 集群存储区的分布式文件系统。

数据块的大小通常是64MB或者128MB至1GB之间。为获得高可用性每个数据块会拥有3个备份（默认）。Hadoop 分布式文件系统（HDFS）可在单个机器的多个磁盘间传播块文件。此功能可让HDFS平衡单个机器中所有磁盘的流量和IOPS。为了满足高可用性，每个数据块都会有3个备份（默认）。HDFS支持多种存储类型，但是出于性能的考虑，推荐使用本地磁盘。只需一堆磁盘（JBOD）就可以最大限度地减少RAID、SAN和NFS系统可能出现的开销。

让我们将视线转移至核心框架之上。以下是组成HDP的公共框架和软件组件的高度概述。

- Tez：一个优化的批处理框架，同时提供对Hadoop的交互式查询能力。注意：Tez并不是对所有Hadoop供应商发行版都可用。
- MapReduce(2)：一个执行任务的框架，它可以并行处理大量的数据。MapReduce最初被设计用于对文本数据进行大规模批处理。MapReduce(2)基于YARN运行。
- Hive：一个运行在Hadoop之上的数据仓库基础设施。Hive支持SQL查询、星型模式、分区、连接优化、数据缓存等。底层数据至HDFS的映射使用抽象表定义，底层数据支持文本、XML、JSON和二进制格式存储。Hive将SQL转换为MapReduce或Tez的任务作业。
- Pig：一个分布式处理Hadoop数据的脚本语言。pig脚本被转化为MapReduce任务或者Tez任务运行。
- HBase：一个NoSQL列式存储数据库，为数据分析提供列式数据的快速扫描。
- Accumulo：一个使用Key/Value分布式数据平台的NoSQL列式存储数据库，支持单元格级别安全。
- Scoop：可用来在SQL平台和Hadoop之间传输数据的工具。
- Flume：一个抽取流式数据到Hadoop中的工具。
- WebHDFS：支持通过REST API接口从HDFS集群外部进行HDFS操作的协议。
- Oozie：工作流管理和调度引擎。
- ZooKeeper：针对高可用性和HBase所使用的基础设施协调器。
- Knox：用于进行认证和访问的Hadoop单点网关。
- Falcon：Hadoop的数据生命周期管理工具。
- Storm：用于支持实时流式处理的对象关系映射库。
- Mahout：用于支持推荐、聚类、分类和频度数据挖掘的机器学习库。
- Ganglia：支持实时收集信息的开源系统。Ganglia在功能上是Ambari的一部分。每一个 Hadoop 发行版都有自己监控和告警的方式。

- Nagios：用于管理告警的开源系统。Nagios 在功能上是 Ambari 的一部分。每一个 Hadoop 发行版都有自己监控和告警的方式。
- Ambari：用于安装、监控和管理 Hadoop 集群的开源管理接口。Ambari 也被选择用于 OpenStack 的 Hadoop 管理接口。
- Giraph：一个图形框架，当前默认情况下，Giraph 并不是 HDP 发行版的一部分，但可被单独引入。
- Spark：一个支持迭代式和交互式内存计算的分布式计算框架。当前默认情况下，Spark 并不是 HDP 发行版的一部分，但可被单独引入。
- Hue：包含 HDFS 文件浏览器、YARN 的作业浏览器、HBase 浏览器、Hive、Pig 与 Sqoop 的查询编辑器和 Zookeeper 浏览器的 Web 界面。当前默认情况下，Hue 并不是 HDP 发行版的一部分，但可单独添加。
- Kafka：一个消息队列框架，最初由 LinkedIn 构建，用于处理大量的实时数据流。通常跟 Storm 配合为 Hadoop 提供流式处理应用。
- Phoenix：最初由 SalesForce.com 开发，为提升通过 SQL 查询 HBase 数据时的性能。可以在 10s 内查询 1 万亿行 HBase 数据。
- Solr：索引巨量文件并提供全文索引搜索。
- Ranger：以前的 XA Secure，后被 Hortonworks 收购，后捐赠给 Apache。它通过浏览器轻松地为 Hadoop 中的所有应用数据提供访问策略。
- Slider：构建于 YARN 之上的新框架，专门用于长期运行的应用程序或 YARN 中的作业。
- Cascading：一个允许开发者创建复杂数据管道的框架，基于 Tez 构建。

大量的通用框架和软件组件相互配合协调，使平台架构师能够制订合理的管理 Hadoop “管弦乐队”的解决方案，同时确保选择正确的框架共同协作，为企业谱写美妙的数据音乐。Hadoop 是可扩展的，如果需要为不同类型的数据、应用程序或使用方式提供额外的功能，则可以添加不同的框架。

2.6 NoSQL 数据库

对于企业级业务来说，关系型数据库和数据仓库是必不可少的。它们在特定的功能上拥有卓越的设计。Hadoop 并不是用来替代它们。Hadoop 新增加的额外功能和特性与关系型数据库和数据仓库共同定义了下一个企业数据平台的变革。

关系型数据库基于关系模型提供在线事务处理（OLTP）、写模式和 SQL。数据仓库基于关系模型提供在线分析处理（OLAP）。数据仓库旨在优化数据分析、提供报告和做数据挖掘。数据可从其他的数据源提取、转换和加载（ETL）至数据仓库。然而，当今的数据环境需要速度更快、可扩展更高、成本更经济的创新技术，并且可以轻松地使用结构化、半结构化和非结构化数据。Hadoop 和 NoSQL 数据库可简单、方便地使用结构化，半结构化和非结构化数据。Hadoop、关系数据库和数据仓库提高了利用数据进行业务决策的准确性和速度，在现代数据架构中起着重要作用。企业可以利用关系数据库、数据仓库、Hadoop 和所有可用数据源的能力来提升自己的竞争优势。

当访问大数据时，通常需要能支持半结构化、非结构化和结构化数据的非关系型数据库。非关系型数据库支持弹性数据模型、布局和格式。NoSQL 数据库不需要预定义模式。NoSQL 数据库通常是指分布式的非关系型数据库，并且大小可扩展。NoSQL 数据库旨在解决大数据带来的挑战。

什么是 NoSQL

NoSQL 是一个数据库管理系统，它采用传统数据库无法支持的特点和能力来解决大数据问题。NoSQL 的意思是非关系型。NoSQL 解决方案通常拥有以下功能或特征。

- 大数据的可扩展性（百秒 TB 级到 PB 级）。使用 X64 商业硬件进行水平扩展。
- 写模式（对比传统的数据库写模式）让处理半结构化和非结构化数据变得更简单。
- 数据通过分布式文件副本的方式传播。
- 具有高可用性和自我修复能力。
- 可支持 SQL、Thrift、REST、JavaScript、API 等进行连接。

在写作本书时，维基百科给出的 NoSQL 的定义如下。

NoSQL 数据库提供了一种用于存储和检索数据的机制，它采用比传统关系型数据库更少约束的一致性模型。这种模型可使设计更简单，可水平缩放和对可用性做更精细的控制。NoSQL 数据库是高度优化的键值对存储，通常用于简单检索和添加操作，目的在于在延迟和吞吐量方面具有显著的性能优势。在大数据和实时 Web 应用程序中，NoSQL 数据库正在探索重要并不断增长的行业应用场景。NoSQL 系统也被称为“不仅仅是 SQL”，用来强调它们实际上可以允许使用类似 SQL 的查询语言。

NoSQL 不仅是一套严格的定义，更是一种解决数据管理问题的方式。有许多不同类型的 NoSQL 数据库，它们通常共享特定的特性，但又针对具有不同的特点和能力的数据类型进行优化。NoSQL 可能意味着不仅仅是 SQL，或者意味着“非”SQL。相比传统 SQL 而言，NoSQL 数据库使用 API 或者 JavaScript 访问数据。NoSQL 数据库可能针对键/值、列、文件对象、XML、图和对象结构进行优化。NoSQL 数据库可扩展性强、可用性高，并且为快速处理大量的数据提供高层次的并行支持。NoSQL 解决方案正在不断地发展。

NoSQL 数据库之间有很多不同点，具体如下。

- 规模（小规模如 MongoDB 和 Hypertable）。
- 价格。
- 管理的复杂性。
- 数据中心复制（Cassandra）。
- 快速写（Cassandra）等特性。
- 语言（C++和 Java）。
- 细粒度安全（Accumulo）。
- 实时分析（HBase、Accumulo 和 Cassandra）。
- 基于 BigTable（HBase、Accumulo、Cassandra 和 Hypertable）。
- 图数据库（Neo4j-支持节点和关系）。
- 协议（HTTP/REST、基于 HTTP 的 JSON、memcached、专用）。
- 支持的关系模型（VoltDB）。
- 许可（Apache、GPL 和 BSD）。
- 双向复制（CouchDB）。
- 面向文档（ElasticSearch）。
- 内存（Redis）。

许多 NoSQL 数据库都将 Google 的 BigTable 设计思想作为参考，包括 HBase、Cassandra、Hypertable 和 Accumulo。Bigtable 是针对具有极高扩展性的结构化数据的分布式存储系统。Google BigTable 的特点如下。

- 设计可支持几十到几百 PB 的大规模可扩展性。
- 旨在将程序移动至数据端，而不是像关系型数据库那样将数据移动至程序端（内存）。
- 使用行键对数据排序。

- 设计部署在使用 x64 商业硬件构建的集群环境中。
- 支持压缩算法。
- 将数据分布式存储在商业硬件的本地磁盘中，以支持大规模的 IOPS。
- 支持基于数据备份的高可用性。
- 使用如 MapReduce 或者类似可提供高并发能力的并行执行框架。
- 支持行键、列键和时间戳的 NoSQL 数据库，比如(row:string, column:string, time:int64)-> string。

基于 BigTable 的表是分布式多维度持久化存储映射。以集合形式存储的列键称为列簇。同一列簇中的数据通常拥有同样的时间范围。列簇在物理上将数据存储在一起，支持快速的列访问和高压缩比。列簇被设计用于极速访问列数据，而不像关系型表那样访问行。访问控制及磁盘和内存处理都是在列簇级别处理。单元格可使用时间戳记录单元格中的多个值，它是 64 位整型并可存储微秒级的时间。对于只有单个行键的数据可支持单行事务。存储在映射表中的值是未经转译过的二进制码数据。

Hortonworks 数据平台（HDP）支持的两个主要的 NoSQL 数据库是 HBase 和 Accumulo。

- HBase（列式）：设计用于优化扫描列数据。
- Accumulo：键/值对数据存储，可管理 PB 级的数据一致性以使数据读写接近实时，同时也包含单元格级别安全。Accumulo 由美国国家安全局开发。

下面列出了市场上其他的一些 NoSQL 数据库：

- Cassandra：一个高可扩展的实时数据库。使用对等分布式系统并支持数据中心复制。支持主从数据库。它面向键并且使用列簇，同时使用 CSQL 作为 SQL 语言。
- MongoDB（面向文档）：一个使用 JavaScript 运行 MapReduce 任务的高可扩展性数据库。它并不是运行在 HDFS 之上的文档存储库。
- CouchDB（面向文档）：一个可存储任何数据的高可扩展性数据库。使用 JavaScript 访问数据。
- Terracotta：一个使用内存数据管理的方式提供快速、高可扩展性的系统。
- Voldemort：一个使用键/值对的方式存储数据的分布式存储系统。
- MarkLogic：一个基于 XML 的高用可用数据库管理系统。
- Neo3j（面向图形）：可以通过图的方式访问数据的图数据库。让用户能快速地访问以节点和关联关系组合的信息。

- VMware vFabric GemFire（对象入口）：一个使用键/值对做内存数据管理的分布式网格数据库。
- Redis：一个以键/值对缓存数据的内存数据库。面向字符串的键可以是哈希、列表或集合。整个数据集在进行磁盘持久化的情况下缓存在内存中。
- Riak：一个使用键/值数据缓存的分布式数据库。基于 AWS DynamoDB 的面向文本的可扩展系统。

NoSQL 数据库并不能完全替代传统的 RDBMS 或者数据仓库。非常重要的一点是 Hadoop 并不是数据库，而是一个数据平台。关系型数据库和数据仓库以关系型模型为基础，使用读模式并且拥有一些跟 Hadoop 或者 NoSQL 数据库操作类型不同的功能、工具和生态。非关系型数据库、数据仓库、Hadoop 和 NoSQL 数据库之间不能有重叠，特别是随着 Hadoop 和 NoSQL 的发展，但每个都是为了一个特定的核心目的而设计。NoSQL 数据库正逐渐成为企业级数据平台的一部分，并提供因数据大小、复杂性和数据量而导致传统数据库无法正确处理的功能。

NoSQL 是围绕新的大数据创新的自然产物，是大数据平台价值越大化的又一件武器。一些 NoSQL 数据库可以是 Hadoop 平台（HBase）的一部分，也可以作为单独的集群来部署。

相信你以前可以获得速度、可靠性和价格，但三者却不能兼得。但是随着 Hadoop 所带来的变化，你可以在使用 Hadoop 的同时兼顾速度、可靠性和价格（商业硬件）。

根据 CAP 定理，分布式数据库可拥有一致性（consistency）、可用性（availability）和分区（partition），但三者不能同时兼得。在选择 NoSQL 数据库时需要考虑到 CAP 优先级。如果数据是分存式存储并且有副本，同时节点和节点间的网络欠佳，那么在做决定的时候需要在数据一致性（存储当前版本的数据）和可用性之间做权衡。NoSQL 数据库可以通过最终一致性模型（cassandra）解决此问题。最终一致性意味着 DataNode 会持续处理请求，但是数据在某个时间点上可能不一致，但最终数据会是准确的。NoSQL 数据库会根据 CAP 的容忍情况选择优先级。Neo4j 是一致并可用的。HBase 和 Accumulo 是一致的并允许分区。CouchDB 是可用的并允许分区。

选择正确的 NoSQL 数据库需要理解需求、SLAs（延迟）、起始大小、增长预测、成本、特点、功能和并发。需要掌握 NoSQL 数据库的默认设置和是否具备由于 CAP 改变相关优先级的能力。理解和掌握这些 NoSQL 数据的路线图同样非常重要，因为它们正在快速发展。

2.7 Hadoop 集群

Hadoop 集群由一组守护进程和软件程序共同协作，并为当今数据提供完整解决方案。

Hadoop 的主进程（master）和工作进程（worker）分别作为各自 JVM 中的 Java 进程执行。类似于其他的高性能计算环境，协调 JVM 和它们的垃圾回收非常重要。

就好比在交响乐中，指挥者力求协调一系列相关领域顶尖专业人士表演专业乐器，并为追求完美音乐体验的伟大目标而共同协作。最后是音乐串联整个交响乐。所有复杂性都是为输出音乐而服务。我们拥抱这种复杂性、规则和协作，以实现 Hadoop 之前无法实现的数据洞见与价值。那么让我们看一看这些演奏者。典型 Hadoop 集群的软件进程和组件如图 2.4 所示。

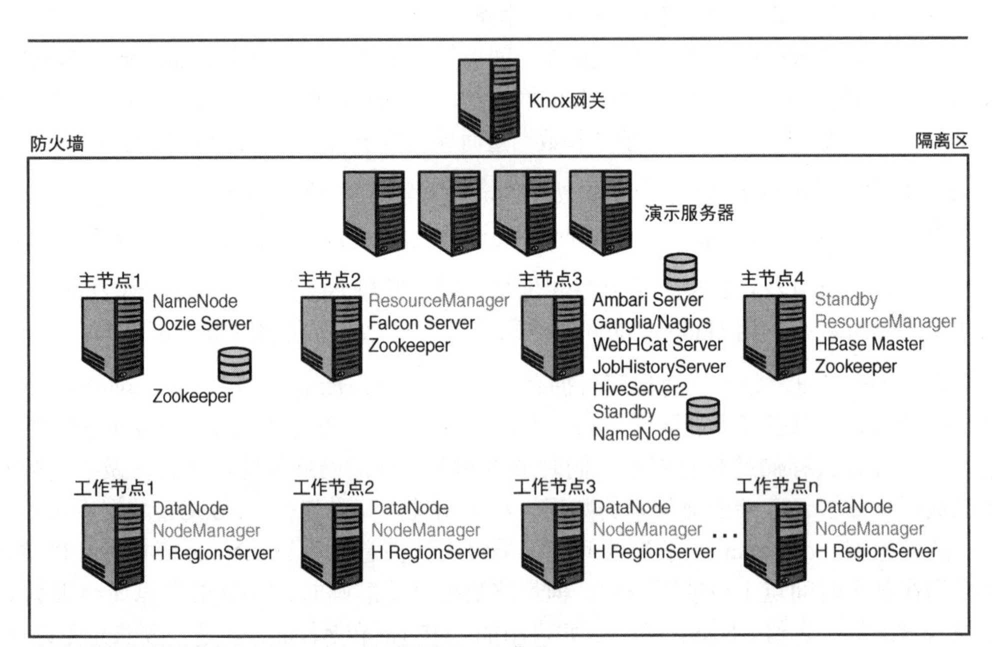

图 2.4 典型 Hadoop 集群的软件进程和组件

Master 服务进程管理 Hadoop 服务/框架。DataNode 服务进程处理所有 HDFS 存储行为。NodeManager 服务进程处理所有计算任务。传统上来说，每个工作（数据）节点运行一个 DataNode 进程和一个 NodeManager 进程。如果 HBase 是运行在 Hadoop 集群中，那么还会运行 RegionServer 进程。客户端进程负责加载应用，例如 Hadoop、Pig 和 Hive 等客户端。第三方的软件也可运行于客户端节点之上。Master 服务进程和 Slave 服务进程是守护进程，并会持续运行。客户端进程一直运行到其启动的作业完成，但是由虚拟化支持的新式架构支持将这些功能分离到同一物理主机上的不同虚拟机中。这样可实现安全多租户和更高效的弹性扩展。

- 除非已配置足够的网络带宽，否则 Hadoop 集群不应共享网络流量。通常需要配置防火墙保护 Hadoop 集群。
- 用于认证的 Knox 网关应该配置在数据中心的 Hadoop 集群中。Knox 网关通常运行在 DMZ 区中。这是第 2 章中唯一的基本概念，目的是在网络层保护 Hadoop 集群。它已经与单点登录框架集成（SSO），比如 SiteMinder。Apache 社区正在积极寻找另一种安全框架与 Knox 集成，以简化用户认证的管理。
- Falcon 服务器管理数据生命周期（DLM）和数据沿袭。
- 通常使用身份目录（AD）或者轻量级目录访问协议（LDAP）服务器管理用户的目录服务。可以与 Knox 集成。
- 网关、边缘节点或者演示服务器运行在 Hadoop 集群中，以便于访问 Hadoop 集群并提供 ETL 服务。这些服务器包括 Hadoop 客户端、Flume 代理、Sqoop 客户端和 HDFS NFS 客户端。
- Ambari 和 Ganglia 代理运行在被监控的节点上。

主服务器管理它所负责的框架，主服务器包含以下内容。

- NameNode：负责所有 I/O 和元数据存储。
- ResourceManager：所有处理任务的调度器。
- Zookeeper 进程：提供协调服务。
- Standby NameNode：为 NameNode 提供容错能力。
- Secondary NameNode：当未使用 Standby NameNode 时，可使用-Secondary NameNode 清理 NameNodes 元数据的编辑日志。集群可以拥有一个 Standby NameNode（HA）或者一个 Secondary NameNode（清理 edit.log），但不能两者同时拥有。如果已存在一个 Standby NameNode（它可以清理 edit.log），便没有必要再加一个 Secondary NameNode。
- Backup NameNode：跟 Secondary NameNode 类似，但它从 NameNode 接收文件系统编辑的日志流，而不是下载 fsimage/edit 文件。这些日志流会马上被持久化至磁盘和内存中。
- Secondary ResourceManager：为 ResourceManager 提供容错能力。
- Oozie 服务器：调度任务并管理提交任务的工作流。
- HiveServer2：为 Hive 查询提供 JDBC/ODBC 接口。

- HBase Master(s)：管理 HBase 环境。
- Ambari 服务器：用于配置、管理和监控 Hadoop 集群。
- Ganglia 服务器：管理收集的 Ganglia 环境。
- Nagios 服务器：收集信息用于告警。
- JobHistoryServer：收集和管理 MapReduce 任务的历史信息。
- WebHCatServer：处理正在运行的 YARN 应用的 HTTP 请求，如 MapReduce、Hive、Pig 和 HCatalog DDL 命令。

所有数据都存储在工作节点上（slave 服务器）。数据处理通常发生在工作节点上。工作节点服务器也叫作 slave 服务器或者数据节点。通常使用数据节点。一台 slave 服务器可以包含 DataNode 或者 NodeManager，抑或两者都包含。

Slave 服务器包括以下部分。

- DataNodes：在本地节点处理所有 I/O 请求。它是 NameNodes 的 Slave 服务器。
- NodeManagers：管理所有运行在 Slave 服务器上的 YARN 进程。它是 ResourceManager 的 Slave 服务器。
- HBase 区域服务器：负责 HBase 的所有本地处理。它们是 HBase 主节点的从属服务器。此进程运行在数据节点之上。例如 Storm、Kafka、Spark、Accumulo、Cassandra 等框架——这些框架需要在 Hadoop 集群中运行不同的进程，或者可运行在单独的集群中。每一个框架都对应不同的操作进程。

运行集群应用的客户端包括以下内容。

- Hadoop 客户端加载 Tez 和 MapReduce 应用。
- Pig 客户端加载 Pig 脚本，并转换为 Tez 或 MapReduce。
- Hive 客户端加载 Hive SQL 语句，并转换为 Tez 或 MapReduce。

Hadoop 集群需要处理输入和输出集群的大量数据。具有内外网多重地址的边缘节点或者管理服务器可以用于加载数据提取任务。此种服务器可以被配置用于存储和处理不同大小和速率的数据。服务器应该支持数十 GB 的网卡。

2.8 Hadoop 软件进程

Hortonworks 数据平台（HDP）是一个开源软件发行版。使用此软件唯一的花费是技术支持费用，因为它是免费的。开源 MySQL 数据库服务器可以作为元数据仓库。Apache HTTP 服务器可为 Hadoop 提供 Web 服务和内容。谁不喜欢开源的软件呢？特别是企业级软件。Hadoop 已成为《财富》500 强企业的首选数据平台。安装 Hadoop 所需的软件要求见表 2.1。

表 2.1 安装 Hadoop 所需的软件要求

种类	软件
64 位操作系统	Red Hat Enterprise Linux（RHEL）5.x 或 6.x CentOS 5.x 或 6.x Oracle Linux 5.x 或 6.x Windows 2008 R2 或 Windows Server 2012 R2 Ubuntu SLES 11, SP1
Java	推荐使用 JDK 1.7 或 OpenJDK 7 （The Oracle JDK 1.6.0_31 已不再支持）
工具	yum, rpm, wget, curl, scp, ssh, python
自动化工具	不是必需的，但非常有用

Hadoop 软件进程可以安装在不同的服务器上，也可以安装在单个服务器中，甚至是单个虚拟机（VM）中。Hortonworks 沙箱（Sandbox）是一个运行在单个 VM 中的完整的 Hadoop 集群，可以从 http://hortonworks.com/products/hortonworks-sandbox/下载。Sandbox 虚拟机可以是 VMware、VirtualBox 或者 Hyper-V。Hadoop 主进程既可以运行在单个机器中，也可以跨多个机器运行。如果是小型集群（小于 20 个数据节点），主进程可根据负载情况或者用途（开发，测试或者生产）选择运行在一个或者二个节点上。随着 Hadoop 集群不断增长或者移动至生产环境，推荐将主服务进程跨节点部署。最终目标是没有任何守护进程和服务进程竞争资源。HDP 沙箱是最好的入门 Hadoop 最新发行版的方式之一，它包含了 5 分钟入门教程和运行程序。

Hadoop 进程的结构如下。

- HDFS 框架进程包括 NameNode(s)（主节点）和 DataNodes（从节点）。对于生产环境，推荐使用高可用的 NameNode。通过在受 VMware HA 或 FT 技术保护的虚拟机中运行它们，这样可以进一步增加 NameNode 和其他主守护程序的可用性。
- YARN 框架进程包括 ResouceManager（主节点）和运行在从服务器上的 NodeManagers。备用 ResourceManager 推荐用于生产环境。每一个启动的 YARN 任务都具有一个运行在从服务器上的专有 Application Master。Application Master 负责任务的生命周期管理。

- HBase 可以拥有多个 HBase 主节点。但只有一个 HBase Master 是主要的，其他的 HBase Master 都以备用模式运行。
- Zookeeper 程序管理集群协调服务，让 NameNode、ResouceManager 和 HBase 等服务具有高可用性。
- 类似于 Ambari、Oozie 和 HiveServer2 等服务都需要一个关系型数据库作为元数据仓库。关系型数据库可以是 Oracle、Postgres 或者 MySQL，这些数据库各自必须有相应的备份和恢复方案。推荐统一选择一种关系型数据库产品来简化元数据仓库的备份和灾难恢复。
- 监控基础设施是由 Ambari 服务端、Ganglia 服务端、Nagios 服务端和同它们相关联的代理组成的。
- 其他服务端类似于 WebHCat 服务端（REST APIs）、HiveServer2(JDBC/ODBC)、Falcon 服务端和 Ozzie 服务端可以跨多个主服务器分布。
- 网关、边缘节点和开发服务器可以暂存数据并启动数据摄取或应用程序。这些是从外部访问 Hadoop 集群的入口服务器。
- Hadoop 集群生成许多网络内部行为，故推荐不要与 Hadoop 集群外部的任何事物共享网络流量。推荐 Hadoop 集群使用防火墙。Knox 网关为 Hadoop 提供边界安全。Kerberos 提供认证标准。LDAP 或者 AD 服务器为用户提供目录服务。试想 Knox 是所有访问 Hadoop 集群的安全入口。当请求已经过认证并传输至集群后，Kerberos 将在 Hadoop 服务层提供认证服务。Knox 和 Kerberos 都可与 LDAP/AD 集成。
- 每一个 Hadoop 守护进程都拥有一个内嵌的 Netty 应用服务器。它可让每个守护进程具有 Web 接口。每个守护进程可通过一个已定义的端口使用 Web 用户接口访问信息。

Hadoop 硬件配置

Hadoop 集群可以通过使用商业 x64 硬件以相对较低的成本水平扩展成超级计算机。Hadoop 集群应该以大规模并行超级计算机的设计视角进行构建。Hadoop 集群跟其他专用垂直可扩展平台相比，可以减少资本投入（CAPEX）并且大大降低运营支出（OPEX）。Hadoop 并不简单，但是当它运行起来之后，它是可容错和自愈的，每 1 000～2 000 个节点只需要一个管理员。

多年前，由于当时硬件的价格/性能优势，从服务器的硬件配置文件可能见表 2.2。典型的使用方式是给 HDFS 提供 70%的磁盘，并将剩下 30%的磁盘分配给软件和日志文件转换器生成的中间数据。没有必要将 HDFS 和临时数据（由 map 和 reduce 任务生成）的磁盘进行分割。但软件和日志文件可位于不同的磁盘或位置。

表 2.2 传统 DataNode 硬件配置（多年前，不再推荐）

硬件	软件
Two Xeon Quad Cores @ 2.x GHz	Red Hat Enterprise Linux 5.1
24GB 内存	Sun JDK v1.6
4 个 1TB SATA 硬盘	
双网卡	

表 2.3 反映了由硬件价格/性能最优点的变化所带动的硬件配置趋势。Dell、HP、IBM、Cisco、Quanta、SuperMicro 以及提供 Hadoop 设备的硬件供应商均提供类似的硬件配置。无论使用 Xeon 还是 Dual Ivy Bridge 等，更快、更新的内核都会使价格大幅提升。公司将考虑不使用最新的内核，并在更多的内存、存储或 slave 服务器上节省价格。Hadoop 硬件一直是购买最优价格/性能的硬件。关键是要获得优质的商业硬件。

一个数据节点的硬盘仍然是接近 70%用于 HDFS，剩下的 30%用于软件、日志文件、Tez 溢出文件和映射器生成的临时数据。当在性能和存储上有日益增加的需求时，可以更改硬件配置。主节点的配置受运行于单台服务器上的 Hadoop 主进程数据影响。如果数据节点运行 HBase 区域服务程序、HBase、Storm 和类似于 YARN 的计算程序，那么配置可以更改。当 Hadoop 虚拟化时，硬件配置文件会更改以便每个 ESXi 主机中可以运行多个 VM 虚拟机。

随着 SSD 磁盘价格逐渐降低，我们期待能看到更多的混合存储解决方案。期待随着 Hadoop 在每个发行版引入新的组件以及硬件组件，硬件配置也能持续提升。在购买硬件时，你仍然需要考虑数据中心空间、电力、制冷等成本。表 2.3 和表 2.4 列出了主服务器和数据节点各自典型的硬件配置。

表 2.3 主服务器的典型硬件配置

硬件	软件
Four 12 Xeon Dual/Quad Cores @ 2.x GHz	Red Hat Enterprise Linux 6.5
64～256GB 内存	Oracle/Open JDK v1.7
4 个 1TB 或者 2TB SAS/SATA 硬盘，RAID10+ 包括一个备用磁盘	
2 个 1G 绑定的网卡或者两个磁盘驱动器，RAI（旧配置）	
企业服务器配置将包含额外电力供应和减少单点故障的可能性	

表 2.4　　从服务器（数据节点）的典型硬件配置

硬件	软件
双核处理器，拥有 10～12 个 Xeon 双核/四核处理核心@ 2.x GHz	Red Hat Enterprise Linux 6.5
64～256GB 内存	Oracle/Open JDK v1.7
10 个 10～20 SATA 驱动器	vSphere 5.5
双 1G 网卡或 1 个 6.5xGH 网卡	

Hadoop 采用一种“无共享”架构。数据横跨多个分布式服务器存储。数据处理发生在本地节点管理器（NodeManager）的服务器中。I/O 负载在多个数据节点间并行处理。每个数据节点拥有独立的 CPU、内存、磁盘和网络。主进程可以跨多个主节点分布以提供高可用性和高性能。将主服务器和从属服务器的处理过程分开非常重要。如果一个从属服务器死机，将会在其他从属服务器中使用一个备份块来启动一个新的进程以完成任务。

如上所述，Hadoop 旨在运行于低成本的 x64 商业硬件上。Hadoop 供应商销售 Hadoop 设备。一些设备具有非常适合于保护一级数据库的企业级功能特性。Hadoop 主服务器可以利用这些企业级功能。然而 Hadoop 设备的一些企业级特性由于太昂贵而未在 Hadoop 数据节点中使用。

Hadoop 容忍节点和磁盘故障。在中型或大型集群中很难注意到节点或磁盘丢失。需要注意的是 CPU 核心数和磁盘主轴数等同于吞吐量。内存和网络带宽也将影响吞吐量。关注预计的增长，并了解未来的增长如何影响硬件设计。对于主服务器，建议使用诸如双电源（理想情况下，每个电源使用不同的配电单元[PDU]）和双内存模块（DIMM）等企业功能与 RAID 共同保护磁盘。DIMM 备份需要两倍的内存量。例如，使用 DIMM 备份，128GB 内存被设置为两个镜像的 64GB 内存。

主服务器节点可以使用商业硬件；但是，建议使用 RAID10 的企业级服务器。企业级服务器的设计是将故障概率降至最低。数据节点服务器建议使用商业级服务器。请记住，商业级并不意味着廉价和低质量。当前 Master 和 DataNode 服务器硬件价格/性能的内存容量都在 128～256GB，CPU 数量的范围在 8～12 个。主节点通常具有 1～2TB 存储容量，数据节点具有 3～4TB 存储容量。硬件供应商都为 Hadoop 集群提供类似的配置、考虑到主节点和数据节点在硬件配置、协议支持和管理需要等方面承担不同的角色。

Hadoop 集群的关键点在于理解公式 $E=mc^2$。这是一个关于在生活中寻找幸福的古希腊哲学问题，必须保持平衡。这个平衡公式不仅适用于能源和生活，也适用于 Hadoop 集群。集群必须通过平衡磁盘/网络、可调度的内核（利用线程）和内存来最大限度地减少瓶颈。

内存和 CPU 的处理能力需要合适的存储和网络带宽。不建议使用基于奇偶校验的 RAID。对于高可用性优先的主服务器，建议使用 RAID 10（镜像和条带化）。Hadoop 环境为从服务器提供高可用性，因此从服务器的配置需因性能而定。

CPU、内存、存储和网络的成本必须与处理能力、吞吐量和平台可用性达到平衡。因为 Hadoop 集群通过新增从服务器进行水平增长，在集群增长的同时必须保证可靠性、效率、灵活性和性价比。平衡式设计需要考虑如总体 Hadoop 集群、从服务器、CPU 和内存与磁盘 I/O 和网络和管理/演示/边缘节点等方面。

主服务器的硬件配置需要首先考虑可用性，其次才是性能。从主服务器的硬件配置最佳实践角度，你应该考虑以下几点。

- 双电源。
- 双网卡。推荐使用双 GbE 卡。Hadoop 将利用全双工。随着价格的下降，可以使用 10Gbit/s 的网卡，并且未来应该考虑防护。
- RAID 10（RAID1+0）用于保护磁盘失效。也可以使用企业级 NFS 服务器。RAID 1 可作为主节点数据的镜像。
- 磁盘驱动器应至少为 7 200r/min。SATA-II 驱动器提供更低的价格，但 NL-SAS 驱动器具有更高的吞吐量。
- 服务器应至少配置 12 个端口控制器。如果端口速率是 6Gbit/s，现代的 8 端口控制器也可使用。
- 对于内存，高级保护的优先级应该高于性能优化。建议使用纠错码（ECC）内存。NameNode 将元数据存储在内存中的每个目录、文件和块上。64GB 的 RAM 可以支持大约 1 亿个文件。NameNode 不需要很多内存。通常 1PB 的数据在 NameNode 内存中被映射为 1GB 的元数据。但是常见配置中会在 NameNode 上运行其他进程。
- 2.x GHz 内存芯片是标准配置。如前所述，最新和最快的芯片通常会有不少的价格跳跃。NameNodes 和 ResourceManagers 与它们的从属进程进行了大量通信。更大的集群可能需要考虑使用 16～24 个内核。每个数据节点增加了集群的可扩展性，但也要求主服务器与更多的从服务器进行通信。

数据节点的硬件配置需要考虑性能。HDFS 和 YARN 为数据节点解决高可用性问题。站在最佳实践的角度，数据节点的硬件配置需要考虑如下方面。

- 如果使用双网卡，应该为其配置链路聚合以提升性能。推荐使用双 GbE 网卡。

Hadoop 将采用全双工。随着成本逐渐降低，未来也可以考虑采用 10GB 网卡。如果有更多的核心数和内存，10GB 网卡将变得更加重要。

- 推荐使用本地磁盘（JBOD）。HDFS 会考虑数据可用性。不推荐使用 RAID 作为数据节点。RAID 会增加成本、复杂性和性能开销。数据节点的优势在于其数量，所以盒子中的所有磁盘都必须用于 HDFS 存储。
- 磁盘驱动最小为 7 200r/min。虽然 SATA-II 驱动的价格更优，但是 NL-SAS 驱动的吞吐量更大。电源要求与磁盘数量成比例增长。为存储添加更多更大的磁盘，数据节点使用 Hadoop 软件和备份进行自愈。SATA 适用于存储密集型集群，NL-SAS 适用于平衡型集群，还有 SSD 适用于高性能集群。
- HDFS 使用备份保护数据（默认有 3 个副本）。每 1TB 的数据，需要 3TB 的存储空间。MapReduce 中使用的中间数据和日志（稍后介绍）可能需要 1～5TB 的存储空间。生产环境中使用 3 个副本是非常典型的示例，但是其他的环境稍有不同。比如，灾难恢复可能只需要 2 个副本而不是 3 个，开发集群可能只需要 1 个副本。灾难恢复的存储配置文件通常很密集。
- 对于内存应该优先考虑性能优化，推荐使用 ECC 内存，必须考虑用于流媒体作业的内存。

由于 Hadoop 集群是水平扩展的，因此硬件配置需要匹配本年的硬件价格/性能成本。几年前，Hadoop 集群数据节点的内存配置为 24～48GB。今天则更加流行 64～96GB 的配置。由于客户希望构建数据湖并运行具有不同运行时特性的应用程序，许多客户正在尝试 28～256GB 硬件配置。如果还需要在 Hadoop 集群中运行额外的框架，比如 Spark、Giraph 或者 Storm，对内存的需求将会增加。不同的框架有不同的内存需求。比如，集群中 RAM 非常高的一些机器，针对 Spark 内存处理需要更大的内存容量，针对 Storm 流式处理可能需要更多的 CPU 核心数。

记住，商业硬件并不意味着硬件质量差。应购买提供 ECC 内存、高质量 CPU 核心和低故障率的磁盘驱动器和网卡的商业硬件。硬件供应商根据推荐的参考架构提供硬件兼容性列表。购买硬件时请考虑以下几点。

- 数据节点数量。
- 每个数据节点的存储考量指标：磁盘数量、磁盘大小、平均故障间隔时间（MTBF）以及磁盘故障的复制成本。
- 每个节点的计算功率（套接字、内核和时钟速度）。
- 数据节点的内存。

- 网络吞吐量（端口速率）。

机架拓扑在 Hadoop 集群中广泛使用。当集群增长并新增更多的机架时，需要考虑集群的平衡。小集群一般只有 3 个机架甚至更少。中等规模的集群机架数在 3～30 个之间。所有大于 30 个机架的集群可以叫作大型集群。通过使用多个电源、双重 ToR（机架顶部）交换机和双聚合开关设计，可最大限度地减少机架故障概率。建议在核心、ToR 和聚合交换机之间建立绑定链路。热备件可用于主节点。注意，勿将 Hadoop 集群做得太复杂。过于复杂会产生特定的错误类型。

以下是在机架拓扑中配置 Hadoop 时要考虑的准则列表。

- 主机服务器进程应该横跨不同的机架。重要的是，确保具有 HA 功能的框架在不同的机架上运行主服务器和从服务器进程。
- 负载均衡需要考虑将数据加载的负载和 ETL 流量分散至不同机架的不同分段/边缘/网关。
- 高可用配置应该跨不同的机架区分主服务器进程和从服务器进程。不同的进程和框架对于高可用性的处理方式不一样，如 NameNode、ResourceManager、Oozie、HBase、Storm 等。
- 理解数据中心的需求以决定 ToR 和聚合开关的大小。
- 机架配置应该有自带冗余机制来降低机架失效的可能性。
- Hadoop 将始终尝试维护每个块的默认副本数（默认值为 3）。如果机架掉电，Hadoop 将尝试在其他机架上创建丢失块的新副本。这就是为什么 3 个或 4 个机架比 2 个大机架更好。你希望自己的机架平台具有弹性。所拥有的机架越多，拥有的数据节点（DataNode）越多，Hadoop 集群便可以更好地处理硬件失效。

双机架拓扑示例如图 2.5 所示。

硬件供应商为 Hadoop 提供了多种解决方案。确认集群时所讨论的很多问题都围绕从服务器，因为大部分的任务都在从服务器上执行。几年来，数据节点配置的内存通常在 24～48GB。CPU，存储和内存都是根据此种数据量内存进行配置。最近，数据节点可支持 48～64GB。今天，已经在考虑使用 96～256GB 的内存配置。因为 Hadoop 的水平增长，硬件通常是在最优性价比时期进行购买。

这些方案通常会提供强调性能、平衡或者存储的解决办法。不同解决方案示例应该包含以下方面。

- 性能型平台通常是 256GB 内存加 1～2TB 的驱动。

- 平衡型解决方案通常拥有 128MB（128GB）的内存。
- 存储型解决方案通常采用 4TB 的磁盘驱动器。

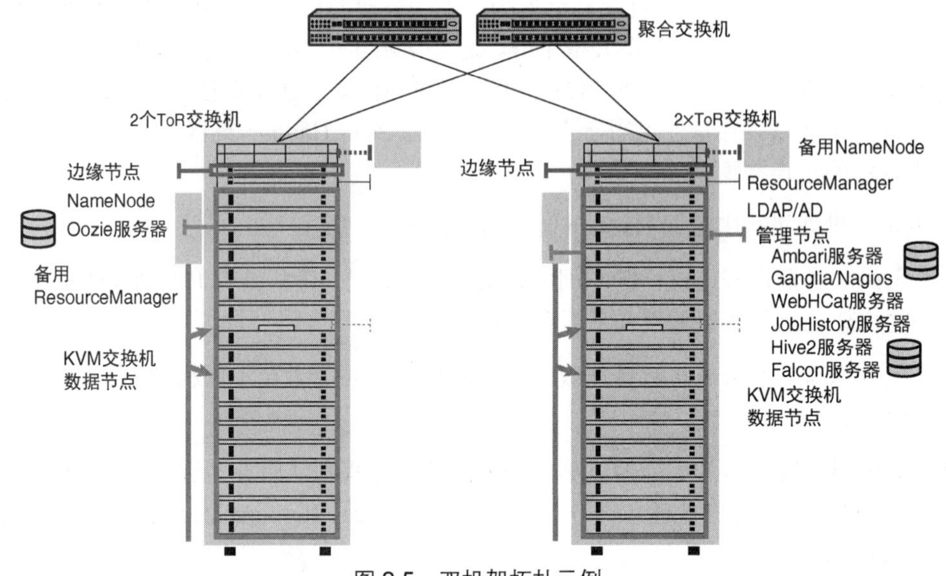

图 2.5　双机架拓扑示例

表 2.5 列出了来自不同硬件供应商的配置示例。比较流行的平台包括 IBM 的 X3650 M4 BD、思科的 C240、惠普的 DL380、戴尔的 R720、超微 6027R 和 Quanta OpenRack。大部分的硬件供应商都公开列出了推荐的配置。不同的供应商提供的配置都类似。硬件决策通常归结于可选择项、支持成本、合作关系和平台成本。注意，硬件供应商拥有专为 Hadoop 设计的型号和设备。不同的型号可以支持多达 26 个磁盘，这将增加内核的数量可达 20～24 个。

表 2.5　来自不同硬件供应商的配置示例

	性能	平衡	存储
处理器	双 Ivy 桥	双 Ivy 桥	双 Ivy 桥
每个处理器核心数	10～12	8	8
磁盘	12×1 TB, + 2×300GB	12×2TB	12×4TB
内存	256GB	128GB	128GB
网络	2×10GbE	2×10GbE	2×10GbE

选择硬件没有什么窍门，但是需要考虑一些关键因素。任何硬件配置都需要平衡 CPU 和内存的处理能力以及存储和网络的吞吐量。如果存储和网络无法处理吞吐量或存在其他瓶颈，那么高速 CPU 和大内存将无法被充分利用。此外，如果 CPU 和内存无法带动足够的

吞吐量，大量的存储和网络带宽也将无济于事。正如之前所说，这一切都是关于 $E = mc^2$。

注意，主节点和数据节点的运行时需求不一样。磁盘可以 12～24 个，即 1～4TB 的存储容量。CPU 可以运行 2～4 个套接字的四核、六核和八核处理器，通常是 2.xGHz。请注意芯片的赫兹数越高，成本、电能和热消耗都会显著增加。主节点通常拥有更少的磁盘数（4～6）即更小的容量（1～2TB）。数据节点通常拥有更多磁盘数（6～24）即更大的容量（3～4TB）。双插槽配置因为高性价比往往更受欢迎。四插槽配置需要更多的内存、存储和网络带宽以保持系统平衡，所以在价格和性能方面会有大的变化。

选择硬件配置的挑战在于理解运行在硬件之上的处理类型。ETL、数据转换、索引、数据挖掘、压缩、加密、批处理和交互式查询将产生不同的工作负载。像 Tez、Flume、Sqoop、Elastic Search、Solr、HDFS 命令、WebHDFS、Storm、Kafka 等框架同样会给 Hadoop 集群带来不同的工作负载。因此是否运行联合 NameNode 配置，是否将 Hadoop 集群与 NoSQL 平台分离，以及如何处理未来增长等决策都需要考虑在内。非常有帮助的一点是，YARN 是一个可根据不同的工作负载分配资源的分布式数据操作系统。同样困难的是，构建 Hadoop 集群的客户通常并不知道 Hadoop 集群需要的工作负载，也不清楚从不同的数据源加载新类型数据的速度。

IT 运营人员对于理解数据库、Web、App、LDAP、AD 以及类似于刀片机和 SAN 存储的运行时特征非常有经验。Hadoop 具有不同的运行性特征而不是多套不同的软件环境。Hadoop、机架拓扑和 JBOD 的使用很常见。因为 Hadoop 软件（HDFS 和 YARN）解决了可扩展性、高可用性和资源管理。从硬件供应商和 Hadoop 发行商获得帮助是设计正确的硬件配置的关键。

大企业通过特定的硬件供应商进行标准化，可以以相对较低的成本获得高性能的戴尔/IBM/HP/Oracle 服务器等。你应该标准化 Hadoop 集群的服务器配置。部署具有相同 CPU 和内存配置的服务器可以简化配置和维护工作。通过等式中的虚拟化，可以用于冷备和热备服务器进行架构设计，以实现可扩展性、可靠性和更高的可用性。

2.9 Hadoop 生态中的角色

Hadoop 项目成功的一个因素在于：可以很好地将软件和硬件团队进行整合。对于专有的垂直可扩展系统，在软件应用、存储、网络和操作系统等方面存在巨大的技术孤岛。每个孤岛都需要大量的专业知识和技术实践。使用商业硬件，任何人都有可能去了解整个技术栈。使用关系型数据库，一个 DBA 通常可以管理 30～50 个数据库服务器，具体取决于系统的类型和复杂性。使用 Hadoop，通常的目标是每 1 000～2 000 个从服务器配备一个管理员。然而在这种管理水平上，让相关知识和自动化变得成熟需要时间。

另一个成功的因素在于围绕 Hadoop 的训练有素的技术团队。下面列出了 Hadoop 生态中一些可能的角色。

（1）平台架构师。

- 理解基础设施需求，并深入参与到 Hadoop 集群的设计中。
- 与基础设施团队协作并确保采购正确的软硬件。
- 深入理解 x64 硬件、操作系统、存储和网络。
- 可协助调整 Hadoop 平台并解决 Hadoop 的一些挑战。

（2）系统架构师。

- 设计围绕配置和管理 Hadoop 集群架构的最佳实践。
- 对整个项目进行架构管理。
- 参与到概念证明（POC）项目并对性能进行优化。
- 可参与设计性能测试并对性能和能力计划做出决策。

（3）项目经理。

- 管理项目计划。
- 理解项目设计和范围并管理项目状态和更新。
- 为所有基础设施团队提供指导。

（4）数据工程师。

- 理解数据采集和抽取相关案例的数据流动方式。
- 能使用 ETL 工具，能选择最佳的数据采集方式。
- 在 Pig、Hive、Java、Python、Flume、WebHDFS、Sqoop、HDFS NFS、Storm 和 Kafka 等领域有非常强的技术技能。
- 理解数据架构、模式设计和 lambda 架构。
- 理解工作流并能协助调度数据的流动。
- 能够使用 Oozie 等调度器。
- 理解数据渲染、ETL 策略和压缩。
- 能够帮助数据在外部源、数据仓库和关系型数据库之间流动。
- 理解 JSON、XML、ORC 文件等数据格式。

- 具有 Thrift（一个接口定义语言和二进制通信协议）和 Avro（一个远程过程调用和数据序列化框架）。

（5）开发人员。

- 开发 Hadoop 应用程序。
- 具有 Hadoop 集群的设计和开发能力。
- 在 Java、Hive、Pig、Python、JavaScript 等语言方面具有非常强的编程技能。
- 了解 Thrift 和 Avro。

（6）数据科学家。

- 可与业务部门协作并创建使用案例。
- 拥有非常强的数学和统计学背景。
- 能够使用类似于 R 或者 Python 等编程语言编写算法以证明使用案例。
- 理解不同数据源的数据和数据集。
- 能够通过基于使用案例的算法准确性说服业务部门。
- 具有较强的计算机科学与应用背景。
- 在数学、分析、统计和建模领域提供实践。
- 能发现数据中的模式并为数据选择写模型。
- 拥有向别人解释和证明当前所采用的方式是解决问题的最佳方案的沟通技能。
- 具有测试算法和模型和编程技能。
- 能查看来自不同来源的数据，并找到使用数据提供洞见的不同方式。

（7）Hadoop 管理员。

- 具备非常强的 Linux 操作系统技能。
- 如果 Hadoop 运行在 Windows 之上，需要具备 Windows Server 的技能。
- 具备较强的 Shell、Awk 和/或 Python 等脚本能力。
- 具备较强的自动化技能，使用 Puppet 或者 Chef 等工具。
- 在系统管理、性能优化、能力规划、LDAP/AD/目录服务、灾难恢复等方面具有较强的知识技能，并能解决 x64 平台，包括存储和网络的相关问题。

（8）虚拟化管理员。

- 理解企业级虚拟化基础设施的 Hadoop 管理员。

（9）云平台管理员。

- 具备云基础设施、部署和协调等技能的管理员。

2.10　小结

Hadoop 使企业能够为多种用途设置集中式数据源。NoSQL、内存数据集和分布式搜索通常是一个大数据平台中的重要组成部分。Hadoop 是中央数据源，是高性能计算的下一代进化产品。没有其他平台可以轻松管理其基础架构、自我修复，并使用商用硬件以 1:1 000 的比例操作集群。Hadoop 是一个数据平台，旨在更快速、更低成本地进行持续的业务洞察。

Hadoop 大大降低了管理 TB 至 PB 数据的成本，并提供了一个可以通过使用商业硬件快速完成任务的分布式处理框架。它是大数据项目中的一把尖刀，为各种用户——分析师、数据科学家等提供了大量的数据访问工具。Hadoop 中的批处理虽然已经历了很长时间，但仍然非常重要。交互式和实时数据处理已成为现实，并对企业来说至关重要。允许近乎实时决策的快速数据与大数据能力一样重要。与专有的垂直可扩展平台相比，Hadoop 集群可以购买小型 CAPEX 并运行在成本大大降低的 OPEX 上。

Hadoop 集群是由许多主软件进程和从软件进程组成，它们共同协作以提供一个可支持批处理和交互式查询的大规模并行超级计算平台。主进程管理框架的基础设施。Hadoop 发行版中不同的框架共同协作以构成一个完整的平台。所有用户数据保存在数据节点中。程序移动至 Hadoop 集群的数据中，这就是为什么所有针对数据的处理和 I/O 操作都发生在数据节点中。后续章节会就 Hadoop 虚拟化和 Hadoop 即服务进行介绍。

第3章

YARN和HDFS

那些能够不断自我提升以获得更多新知识，并能够将这些知识用于工作和生活的人，将为社会带来无限的动力和可能。

——Brian Tracy

我们已经知道 Hadoop 由多个框架组成，并且，Hadoop 在不断地发展，其中不断融入新的框架。Hadoop 的成功，需要大数据团队保持以最快的速度、将更好结构的框架融入 Hadoop 生态系统。我们在前一章介绍了 YARN 和 HDFS 的核心框架。在本章中，我们将更详细地了解 YARN 和 HDFS。因为这是两个核心框架，所以了解它们显得尤为重要。

3.1 Hadoop 分布式集群

正如第 2 章所介绍的，在图 3.1 中，Hadoop 集群由许多软件进程组成，可以分布在不同服务器（物理或虚拟）上。此外，主服务器和从服务器进程通常在单独的物理服务器或虚拟机上运行。图 3.1 中的数据库和主服务器图标表示 Oozie 服务器、Ambari 服务器（包含 HDP）和 Hive 服务器的元数据存储库。

每个服务器都列出了关键的 Hadoop 软件进程。主服务器和从服务器进程作为守护进程运行在 JVM 中。以下是 Hadoop 集群中各层的典型特征。通过数据备份可以提高可用性，即使工作节点或磁盘出现故障，YARN 和 HDFS 也能够正常工作，以确保系统能够继续运行。工作节点表示运行节点管理器或数据节点守护进程的从服务器。一个典型的 Hadoop 集群包含以下组件。

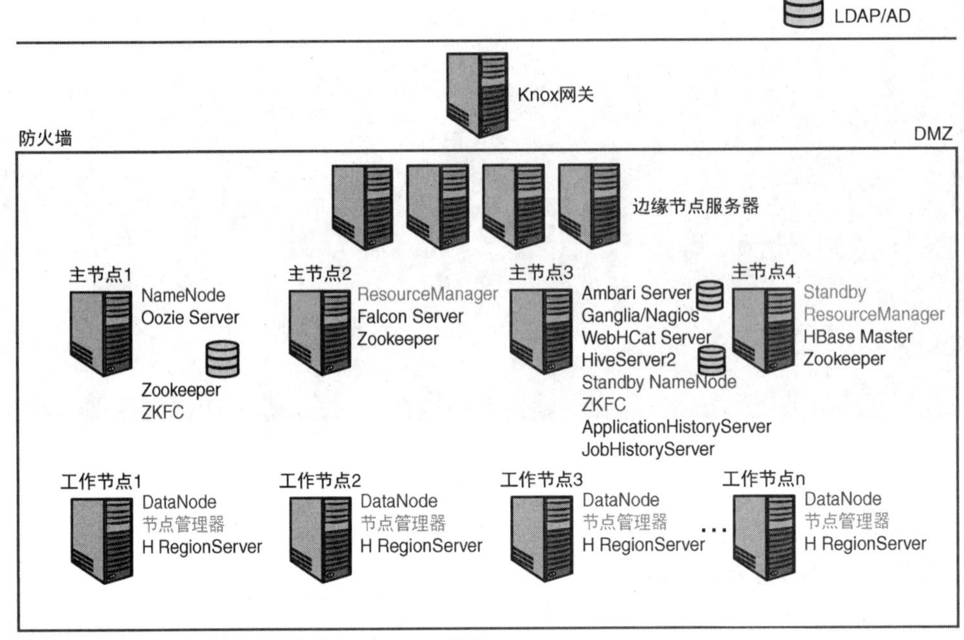

图 3.1　Hadoop 集群（硬件和软件配置）

- 用于用户身份验证的 LDAP 或 AD 服务器。
- HDP 使用 Knox 网关通过单点接入提供边界防护以进行身份验证和访问。尽管没有明确说明，但 Kerberos 是 Hadoop 集群中用户和服务认证的默认标准。
- Hadoop 集群将使用边缘节点或开发服务器作为 Hadoop 集群网络的接入点或将数据存储在暂存区。边缘节点同样用于运行程序，并且不同类型的数据集成和数据摄取软件也可以运行在边缘节点上。
- 将配置多个主节点以运行 Hadoop 群集中不同框架的主守护进程。
- 存储和计算守护进程（工作节点）处理 I/O 并计算要查询或分析的数据。DataNode 守护进程获取 I/O，NodeManager 守护进程再进行处理。如果正在运行 HBase，则 RegionServer 守护进程是处理本地 I/O 的工作节点。根据不同配置，可能会在 Hadoop 集群上安装其他框架，例如 Storm、Kafka、Spark、Solr 等。
- 不同框架的元数据存储库将其信息存储在关系数据库中。如 Ambari、Oozie 和 Hive

是需要元数据存储库的框架，必须对这些关系数据库进行备份，同时数据库失效方案也可以根据服务级别协议来部署。

对于生产环境，软件分布在不同的服务器上。因为将框架的主守护进程和同这些主进程相关联的从守护进程分离开非常重要，最后就会有两个处理层。主守护进程及其备用守护进程必须位于单独的物理平台上，以实现高可用性。这里对 NameNode 和 Resource-Manager 守护进程及其备用守护进程进行举例说明。如果你正在使用虚拟机，则必须制订规则以将主守护进程和备用守护进程保留在独立运行的 ESXi 主机中的虚拟机上。主服务器和从服务器的工作负载以及运行时特性不同，因此工作负载应从配置、管理和调优的角度分开考虑。主服务器守护进程不应该在生产环境中与从守护进程抢夺资源。主服务器节点应主要考虑可用性，从服务器应主要关注性能。运行 DataNode 守护进程的从服务器存储了所有用户数据，运行 NodeManager 守护进程的从服务器则负责处理所有数据。一般来说，从服务器可以同时运行 DataNode 和 NodeManager 进程，然而，将 DataNode（存储）和 NodeManager（计算）分离为单独的工作节点更为合理。

HDFS 和 YARN 框架从软件角度为计算和存储节点实现了高可用性和容错能力。通过横向扩展服务器，以增加并行处理能力、存储容量和吞吐量。Hadoop 1 可以支持大约 5 000 个数据节点，Hadoop 2.0 可以扩展到 10 000 多个节点。每个新版本的 Hadoop，可扩展性、性能、高可用性和易管理性都在显著提高，在新版本中还增加了额外的框架以提高可用性。随着硬件价格的变化，运行 Hadoop 的硬件也越来越快，包含更多的内存，使用更大的网卡和容量更大数量更多的磁盘。

几年前，从服务器的内存可能只有 24～48GB。现在，从 96～256GB 内存的服务器十分常见，甚至具有 512GB 内存的服务器也开始出现。随着 Kafka、Storm 和 Spark 等能够运行在 YARN（资源管理）框架下运行的框架，更高配置的服务器越来越受欢迎，因为更多的框架可以在从服务器上运行。一些框架，如 Kafka 和 Storm，通常只能在专有的服务器上运行。企业在单个集群上运行 Hadoop、NoSQL 数据库（HBase）和内存分布式数据集（Spark）。随着硬件成本的不断下降，这些类型的集群中很快会出现 512G～1TB 的内存。过去，从服务器可能只有 1GB 网卡，但现在，10GB 网卡在工作节点中被普遍使用。

许多框架（如 HDFS、YARN 和 HBase）都采用主从服务器架构进行设计。有一些框架，如 zookeeper，它们的协调服务配置在多个服务器之间，以提高可用性。Hadoop 集群是一个无共享的分布式处理环境。

诸如 Ambari（Hortonworks）和 Cloudera Manager（Cloudera）等软件工具可用于查看和搜集系统指标。本地操作系统工具也可用于查看依赖权限的操作。Java 虚拟机进程状态工具（jps）可查看当前服务器上运行的所有 Java 虚拟机（JVM）。jps 可以显示在主机上运行的本地 VM 标识符（lvmid）和 JVM。该工具仅显示具有访问权限的 JVM，但管理员可以登录运行 Hadoop 进程的任何主机，并查看其运行的 JVM。jps 命令使用初始大写字母显示 JVM，但进程为小写，因此在运行 Linux ps -ef 命令时使用小写。-l 选项将显示一个长列表，同时可以为非本地主机指定 remote.domain 和 port。以下是运行 jps 工具的示例。

```
-- The $JAVA_HOME/bin value must be defined in the PATH to run the jps command.
$ jps
$ jps -l
```

每个守护进程都有一个与它相关联的小型应用程序服务器来收集运行时的参数。只有指定了服务器名称和正确的端口号管理员才能够获取这些数据。有时需要列出完全限定域名（FQDN）或 URL 中的 IP 地址，因为 Hadoop 集群中列出的端口可能不同。可以通过查看 hdfs-site.xml、yarn-site.xml、core-site.xml 和 mapred-site.xml 文件获取定义的集群端口号。表 3.1 列出了关键的 Hadoop 守护进程、默认端口号及其对应的参数。

表 3.1　Hadoop 进程及其访问度量的 URL

Daemon	ServerName:Port	Parameter
NameNode	<namenode>:50070	dfs.http.address
DataNode	<datanode>:50075/blockScannerReport <datanode>:50075/blockScannerReport?listblocks <datanode>:50075/logs	dfs.datanode.http.address
Secondary NameNode	<snamennode>:50090	dfs.secondary.http.address
ResourceManager	<rmgr_node>:8088	yarn.resourcemanager.webapp.address
NodeManager	<nodemgr>:50090	yarn.nodemanager.webapp.address
HBase Master	<hmaster>:60010	hbase.master.info.port
Region Server	<rserver>:60030	hbase.regionserver.info.port
JobHistory	<JobHistoryServer>:19888	mapreduce.jobhistory.webapp.address
Hive	<hiveserver>:9999	hive.hwi.listen.port
JMX	http://node1:50070/jmx	The "/jmx" URL exists for all Hadoop daemons.

NameNode 配置的几个注意事项。

- 如果配置了 NameNode HA，NN 主机名将更改为 NameService ID。
- 如果启用 NameNode HA，则不需要从元数据节点（Secondary NameNode）。备用 NameNode 将配置为 NameNode HA。

3.2 Hadoop 目录结构

Hadoop 配置中有一些重要的目录，并且每个框架都有自己的目录，可以简单地从 Hadoop 配置中添加或删除框架。下面是一些常见的目录，管理团队可以对目录名和结构进行不同的配置。一些最重要的目录和默认位置如下。

- /etc/<framework>/conf：Hadoop 由多个框架构成，每个框架都在/etc（默认情况）下有一个配置目录。比如：

/etc/ambari-agent/conf	/etc/hadoop/conf	/etc/hue/conf	/etc/pig/conf
/etc/ambari-server/conf	/etc/hbase/conf	/etc/knox/conf	/etc/sqoop/conf
/etc/falcon/conf	/etc/hcatalog/conf	/etc/nagios/conf	/etc/yarn/conf
/etc/ganglia/conf	/etc/hive/conf	/etc/oozie/conf/	/etc/zookeeper/conf

- 目录结构（典型默认值）如下。
  - 配置文件：/etc/。
  - 数据：/hadoop/data。
  - 本地 yum 库：/yum/repos.d。
  - Hadoop 软件（二进制文档，函数库...）：/usr/lib。
  - 日志目录：/var/log。
  - 运行时（pid 文件）和维护文件：/var/run。
- 这些目录中的关键文件如下。
  - 主配置文件：<framework>-site.xml。
  - 环境参数：<framework>-env.sh。
  - 日志参数：log4j.properties。
- 一些重要的配置文件如下。
  - Hadoop 集群的环境变量：hadoop-env.sh。
  - 全局 Hadoop 配置文件：core-site.xml。
  - HDFS 配置（I/O）：hdfs-site.xml。
  - YARN 配置文件（dist.processing）：yarn-site.xml。

- MapReduce 配置文件：mapred-site.xml。

Hadoop 系统用户

安装 Hadoop 后，在/etc/passwd 文件中会创建一些系统用户。许多框架在/etc/passwd 文件中甚至创建了超级用户。这些 Hadoop 用户包含了 yarn、hdfs、ambari-qa、hbase、hive、oozie、hcat、mapred、zookeeper、rrdcached、apache、mysql、postgres 和 sqoop。

3.3 Hadoop 分布式文件系统

Hadoop 分布式文件系统（HDFS）是一种框架，用于存储非常庞大的数据并极快地处理 I/O。HDFS 可以配置为在单个服务器上或在具有超过 10 000 个数据节点的集群上运行。HDFS 现在可以处理艾字节存储级别的卷（1EB = 1 024PB）。随着时间的推移，节点数量或磁盘数量以及磁盘大小不断增加，存储卷的大小可能还会增加。因为磁盘数量和磁盘大小将决定总存储空间。

10 000 node × 24 disk × 4TB/disk = 960 000TB 或 960PB 或约等于 1EB。

10 000 node × 72 disk × 4TB/disk = 2 880 000TB 或 2 880PB 或约等于 3EB。

HDFS 基于 UNIX 文件系统，但并不包括某些用来强调性能的标准。HDFS 将文件系统元数据存储在主服务器上，并将应用程序数据存储在数据节点上。NameNode 守护进程使用基于 TCP 的协议与工作节点上的 DataNode 守护进程进行通信。HDFS 通过复制数据以确保数据的可靠性。

HDFS 通过将文件数据块分散后存储在各个相关的数据节点上。数据块大小通常为 64M～1GB，这与关系数据库和数据仓库有较大区别，后者数据块的大小通常在 8～16KB。HDP 的 HDFS 默认块大小为 128MB，但有一些发行版通常使用 64MB 块大小作为默认值。这个默认值是可以进行更改的，只需修改 HDFS 中的特定目录文件就可以重设默认块大小。HDFS 有一个复制级别，默认情况下设置为 3。当创建文件块时，文件块将分布在数据节点服务器上的不同磁盘中，且每个块都复制 3 次。同样，复制级别也可以在 HDFS 集群级别中设置，并且可以在目录或文件级别被重设。

当运行任务创建文件时，用户可以添加参数覆盖默认复制级别。如果运行开发或测试环境，则不需要 3 个副本。将复制级别设置在 3 以上会增加数据位置，并减少高速率访问数据块的瓶颈。即使数据节点服务器或磁盘出现故障无法使用，由于有数据备份，也还有其他副本可以使任务继续。数据集大小、访问、可用性和运行时的要求都会影响最佳块大小。较大的数据集块大小应大于 128MB。随着时间的推移，我们可以期待使用 SSD、SATA 等为 Hadoop 提供更多混合磁盘解决方案。实时数据框架（如 Spark）和缓存配置可能会开始考虑使用固态硬盘（SSD）来提升性能，主守护进程可能会使用 SAN 以获得高可用性。

HDP 2.2 为 HDFS 添加了异构存储。这是一个有趣的功能，可以使用程序定义 Hadoop 集群中的存储首选项，如机械硬盘（HDD）、SSD 或内存。对于 DataNode，这意味着它不再是一个存储单元，而是各类存储的集合。DataNodes 现在可以对 HDD、SSD 或内存区分。另一方面，NameNode 期望从其 DataNodes 中获取包含每种存储类型的统计信息。这是 YARN 的一个重要功能，因为 YARN 可以标记具有 SSD 的节点，或运行高时效要求应用程序的内存密集型机器。YARN 还可以划分一组数据节点来运行某类软件，以确保不违反软件许可。例如，有一个 100 DataNode 的集群，但某个软件只能运行在其中的 10 个 DataNodes（运行 DataNode 守护进程的节点）上。

从逻辑架构的角度来看，HDP 2.2 之前的 HDFS 存储架构看起来如图 3.2 所示。DataNode 可定义为一个独立存储逻辑单元。

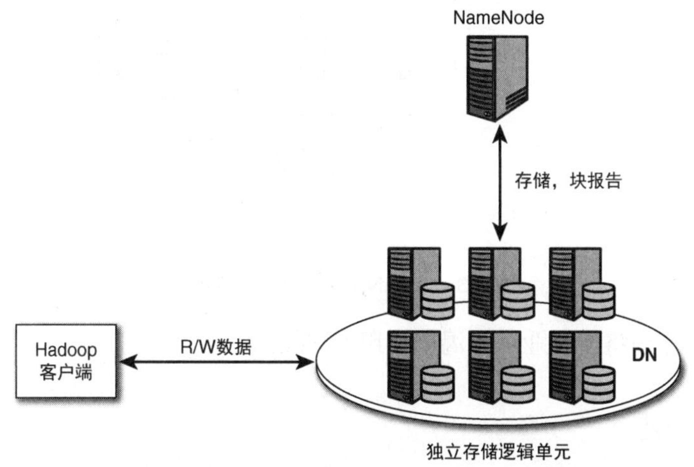

图 3.2 DataNode 作为一个独立的逻辑单元

DataNode 守护进程发送到其 NameNode 守护进程的每个心跳都包含容量和使用信息。对于异构存储，NameNode 和 DataNode 守护进程将区分存储类型，并根据存储类型发送存储和块报告，如图 3.3 所示。Hadoop 客户端现在可以选择与其存储要求相匹配的首选存储—归档、热数据位置和副本存放位置。当强制执行 HDFS 配额时，Hadoop 仍然检查写入数据目录上的配额，如果成功，则会继续检查存储空间。那么存储首选项此时就用于决定数据存放于 SSD、HDD、RAM 或者 HDD。

未来将有更多功能加入 HDFS，包括：

- 支持基于存储类型的副本强制过期功能。
- 支持混合和匹配存储类型的功能。

- 支持磁带机。
- 支持故障盘热插拔替换。

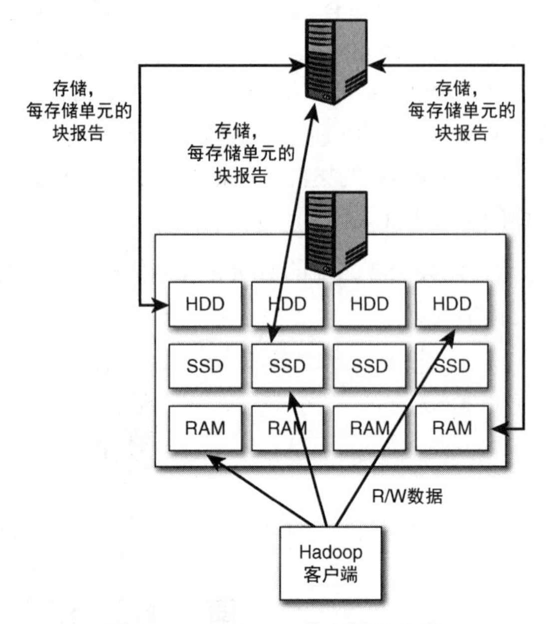

图 3.3 DataNode 使用异构存储

Hadoop 这些计划将使企业更加渴望使用 Hadoop。

3.3.1 YARN 日志

日志管理一直是管理的重要部分。调试应用程序、执行历史分析和评估程序中的各个任务均需要日志。YARN 能够将所有容器的日志聚合到统一配置的位置。程序运行结束后，将有一个程序级别的日志目录和节点日志，其中每个节点的日志包含了运行在该节点上的应用程序的所有容器的日志。可以通过 YARN 命令、Web UI 或存储日志的文件系统的目录来访问这些日志。MapReduce 中的 JobHistoryServer 是一个 **AggregatedLogDeletionService** 服务，它将定期删除聚合日志。YARN **logs** 命令用于显示日志信息，如清单 3.1 所示。

清单 3.1 YARN logs 命令

```
# yarn logs
检索所有 YARN 应用日志
用法：yarn logs -applicationId <application ID> [OPTIONS]
常用的 options 有：
  -appOwner <Application Owner>   AppOwner （如果未指定，则假定为当前用户）
```

```
  -containerId <Container ID>     ContainerId （必须指定节点地址）
  -nodeAddress <Node Address>     NodeAddress 的格式如下
  nodename:port （如果容器指定了 ID，则必须指定）
```

下面给出了 YARN 命令的语法。打印指定程序的日志：

```
$ yarn logs -applicationId <application_ID>
```

打印特定容器的日志：

```
$ yarn logs -applicationId <application_ID> -containerId <Container_ID>
  -nodeAddress <Node_Address>
```

3.3.2　NameNode

NameNode 是管理 HDFS 中存储的所有文件元数据的主进程（守护进程），其中包含了每个文件的层次结构和数据块位置。NameNode 术语可用于运行 NameNode 主守护进程的硬件服务器或叫作 NameNode 的主守护进程。

NameNode 守护进程拥有当前所有目录、文件和块在内存中的状态。磁盘上也保存了这个状态。

存储在内存中的 HDFS 命名空间包含了有层级的目录和文件。每个命名空间都有自己的 ID。此命名空间 ID 被存储在群集中的所有节点上。这确保命名空间 ID 不同的节点不会加入群集。NameNode 不处理和存储任何用户数据。NameNode 仅在 Hadoop 集群中的文件、目录和块上存储系统元数据。

NameNode 服务器可以通过 Linux 的 **ps** 命令列出 namemode 进程 ID。

```
# ps -ef | grep namenode
```

目录和文件信息以 inode 格式存储在 NameNode 上。Inode 记录了例如命名空间、权限、磁盘配额、修改和访问时间等信息。元数据将被存储在 fsimage 文件中，同时，用于维护暂留信息的检查点也被存储在 NameNode 本地文件系统上的 fsimage 文件中。检查点用于维护保留在磁盘上的暂留信息。此外，NameNode 还包含一个日志，用于在 NameNode 主机本机文件系统的 edits.log 文件中存储修改信息。日志是一个预先记录的文件，可以保持持久性。建议至少存储 3 份元数据，NameNode 自动镜像每个副本。建议在本地存储两个副本，NFS 上保留一个副本。

当 NameNode 主服务器启动时，将通过读取 fsimage 文件然后回放日志来恢复内存中的命名空间。可以通过一些机制（配置参数）使日志占用较小的空间。需要了解的一个关键点是 NameNode 负责将当前命名空间和块映射数据保存在内存中。NameNode 还存储所有元数据并管理元数据和日志，NameNode 不管理或存储任何应用程序数据。用户可以通过添加备用 NameNode 节点来配置 NameNode 高可用性。

3.3.3 DataNode

DataNode是一个运行在存储应用数据的HDFS集群中从服务器上的从守护进程。每个从服务器都有一个DataNode守护程序进程。DataNode可以特指运行DataNode从守护进程（这个进程称为datanode）的服务器，或DataNode守护进程本身。每个DataNode都有自己的存储ID，这个ID在首次与NameNode主进程通信时生成。在初始化期间，新的DataNode也将被分配NameNode的命名空间ID，这样，即使更改了服务器IP地址或端口，存储ID也将保持不变。

DataNode上的每个块副本都存储在两个文件中。第一个文件包含数据，第二个文件包含块的元数据。元数据包含块校验码和生成标记。每次读取或写入数据块时都会使用校验和，同时会定期执行块扫描，以确保所有数据块均有效。如果数据块被识别为损坏，则被删除，并从有效副本生成替换数据块。NameNode 负责维护数据块的完整性。数据块只占用它所需的空间大小。如果一个文件中的最后一个块只使用了一半，那么它只占用半个数据块大小。

可以使用Linux **ps** 命令列出DataNode进程ID。这可以快速验证DataNode守护程序是否正在运行，而不需要使用GUI。

```
# ps -ef | grep datanode
```

当 DataNode 守护进程启动时，会通过配置文件查找其 NameNode 的主守护进程。DataNode向NameNode发送心跳进行通信，传达的信息包括命名空间ID、软件版本等。如果信息与NameNode信息不匹配，则DataNode将自动关闭。DataNode守护程序还会发送有关其块状态的块映射信息。NameNode守护进程通过这些信息便可以维护群集中所有块的状态。

NameNode维护内存中所有块的状态。DataNodes将每3秒向NameNode发送一个块映射报告（可以配置此限制）。每个块都有唯一的块ID。块映射报告包括块ID、生成标记和其存储大小。如果数据集定义为具有3个副本，则当副本数量多于或少于3个时，NameNode将删除或添加副本，以保证副本数正确。如果NameNode在10分钟内（可配置）没有收到DataNode的心跳，则DataNode将被视为死机，存储在其上的块将不可用。心跳包含总存储、已使用的存储和当前状态等信息。NameNode通过这些信息对块进行管理。

DataNode会向NameNode发起心跳，NameNode响应心跳并将信息发送回DataNodes。信息包括块管理命令，如复制和块删除；以及系统管理命令，如关机或请求块映射报告。DataNodes更新NameNode的状态，因此DataNode始终包含Hadoop集群的最新数据状态。DataNodes负责生成副本，从而减少主NameNode的负担。

图3.4表示NameNodes和DataNodes每3秒（默认）一次的心跳过程。数据块由DataNodes进行复制。图中椭圆表示软件过程。

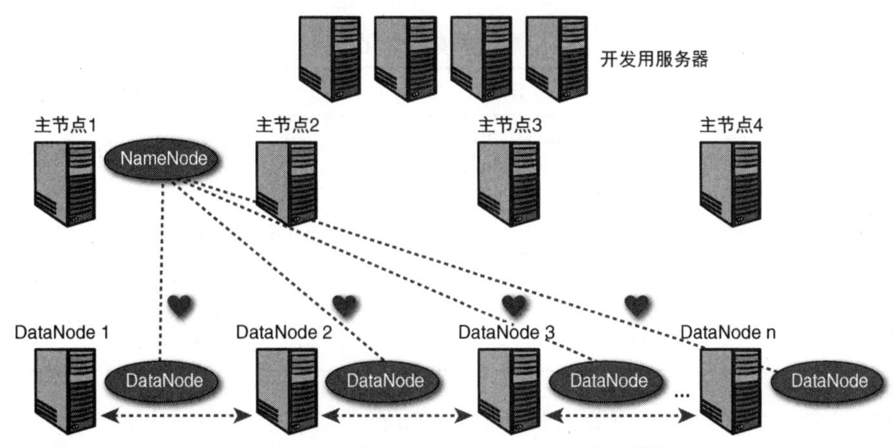

图 3.4 NameNodes 和 DataNodes 的心跳通信

Hadoop 数据目录结构

Hadoop 将其块存储在本机 OS 文件系统上。对于 Linux，可以使用 ext4 或 XFS 格式。HDFS 块存储在 Linux 目录中，Linux 管理员可以执行 Linux ls 命令查看构成 Hadoop 块的各个文件。hdfs-site.xml 文件包含 dfs.datanode.data.dir 参数，列出了所有存储 HDFS 目录、文件和块的 Linux 目录（以逗号分隔）。这些参数还定义了 HDFS 目录和 Linux 目录之间的映射。HDFS 在 Linux 中创建子目录，映射到 HDFS 子目录，以避免在单个 Linux 目录中放置过多的 HDFS 块。

Linux 文件系统存储 HDFS 块，但对它们进行管理。就 Linux 而言，HDFS 块及其元数据文件只是磁盘上的文件。当块存储在 HDFS 中时，因为 NameNode 主进程接收块的元数据信息。HDFS 有一套与 Linux 完全不同的文件管理命令。Linux 将单个 HDFS 块视为本地文件，而 HDFS 将文件看成由多个块组成，这些块副本分布在 Hadoop 集群中的本地磁盘上。

HDFS 文件管理命令遍历 NameNode，以便 NameNode 主进程可以保持集群中所有块的完整性。在 HDFS 文件上不要使用 Linux 文件管理命令，因为 NameNode 不使用 Linux 命令进行文件管理。请记住，HDFS 目录和块贯穿整个集群，HDFS 文件管理命令可以访问集群上的任意块。Linux 命令仅在执行该命令的本地服务器上运行。HDFS 将其块存储在 Linux 文件系统上，但 HDFS 对这些块进行完整的文件系统管理。所有 HDFS 文件管理命令都可以通过 NameNode，因此可以更新存储数据的元数据。由于 HDFS 通常将其存储视为一组磁盘（JBOD），并且因为每个磁盘都是 Hadoop 存储的一部分，所以使用 Linux **分区**比**目录**显得更为清晰。存储配置和参数优化的示例见表 3.2。

表 3.2　存储配置和参数优化

参数	示例	作用
dfs.datanode.data.dir	/hadoop/hdfs/data1, /hadoop/hdfs/data2, /hadoop/hdfs/data3, …	定义 Linux 分区以存储 HDFS 数据、文件和块
dfs.datanode.data.dir.perm	750	HDFS 的默认权限
dfs.blocksize	134217728	默认集群数据块大小（128MB）
dfs.namenode.handler.count	100	与 DataNodes 进行远程过程调用（RPC）通信的线程数

每个块包含两个文件——块数据及其关联的元数据文件。父目录中有一个包含元数据信息的 VERSION 文件，如 cluster_ID、storageType、layoutVersion 等。不应该对 HDFS 数据执行 Linux 文件管理命令，因为所有更改都必须通过 Hadoop，因此 NameNode 可以对元数据进行更新。清单 3.2 列出了一个目录结构示例。

清单 3.2　目录结构示例

```
${dfs.data.dir}/current/uniqueblockno_<id_1>
                         /uniqueblockno_<id_1>.meta
                         /uniqueblockno_<id_2>
                         /uniqueblockno_<id_2>.meta
                         /...
                         /subdirectory0/
                         /subdirectory1/
                         /...
                         VERSION
```

3.3.4　块分布

Hadoop 客户端可以读或写 Hadoop 数据块，也可以启动任务（Tez、MapReduce2 等）进行读写操作。在写文件时，Hadoop 客户端向 NameNode 发送一个用于存储文件块的 DataNodes 列表请求。NameNode 将返回一个列表给 Hadoop 客户端，用于指出块的存放位置。同 HDFS 相连的客户端如下。

- MapReduce2、Pig、Hive、流媒体应用。
- WebHDFS——REST APIs。
- Sqoop 和 Flume。

- HttpFS——REST 网关。
- HDFS 命令（fs、distcp、archive、balancer、fsck、dfsadmin 等）。
- Hue——包含 HDFS 文件浏览器。

写入操作发生在 NameNode 返回的列表中的第一个 DataNode。每个块的复制由 DataNodes 以流水线方式完成，减少了客户端和 NameNode 复制数据的压力。接收第一个块的 DataNode 负责向另一个 DataNode 发送指令以存放第二个副本，该 DataNode 然后将指令发送到第三个 DataNode 以写入第三个副本。在具有多个机架的大型集群中，第二和第三个副本放置在同一机架中，但不是第一个副本所在的机架。必须配置机架感知，以确保机架故障时的可用性。创建每个块的校验和序列，并同块一起写入磁盘，并存储在单独的文件中。验证后的校验和将发送回客户机确认，以便客户机验证该块是否被正确写入。DataNodes 也互相通信进行复制。

文件被打开以进行写入。文件被写入磁盘后，即被关闭。文件块以 128MB 大小进行增量填充（默认）。最后一个块可能只有一半被填充，所以这个块只有一半的大小。无法对文件进行更新，但可以进行追加。需要注意的是，其他 Hadoop 客户端也可以对待写入文件进行读操作。

当 Hadoop 客户端读取文件时，它将从 NameNode 获取一个块列表。块按照读取的先后顺序列出。

图 3.5 显示了 Hadoop 客户端将块写入 HDFS 的具体步骤。

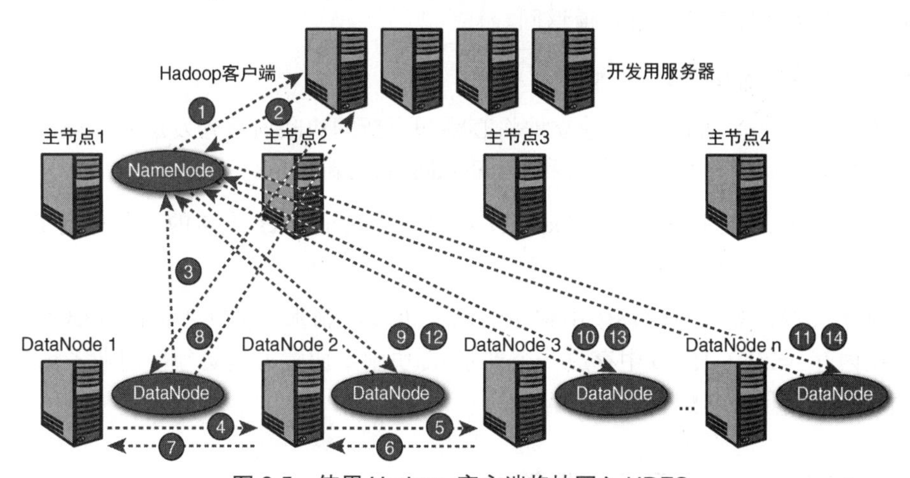

图 3.5 使用 Hadoop 客户端将块写入 HDFS

步骤 1：Hadoop 客户端发送 NameNode 文件的路径和名称。如果未指定路径，则使用默认路径。对于用户而言，默认为 HDFS 中用户的主目录。NameNode 将会返回存储副本的 DataNodes 列表，每个副本都有一个有序的列表。客户端接下来将块分发到所选的 DataNodes，块副本将在有序通道中处理。NameNode 具有内存中所有 HDFS 块的当前状态、命名空间（文件和目录）以及内存中每个 DataNode 的存储利用率。

步骤 2：NameNode 将块列表和有序副本列表发回 Hadoop 客户机。块信息被发送到 Hadoop 客户端。Hadoop 客户端使用临时目录来存储块信息。

步骤 3：Hadoop 客户端将第一个块发送到 DataNode。然后，DataNode 将第一个块副本写入磁盘。其他 DataNodes 的通道将用于块复制。

步骤 4：DataNode 将指令和块发送到第二个 DataNode。如果在 Hadoop 集群中设置了机架感知或虚拟认知（HVE），则将第二个副本发送到 HA 的另一个机架和（或）不同的节点组（如果从服务器是虚拟化的）。有序列表中的第二个 DataNode 会写入块的第二个副本。机架感知和 HVE 确保在某些硬件故障的情况下，所有副本不在同一物理服务器上。

步骤 5：有序列表中的第二个 DataNode 将指令和块发送到第三个 DataNode。第三个 DataNode 写入第三个块（假设默认为 3 个副本）。如果 Hadoop 集群处于机架拓扑中，则第三个 DataNode 将与写入第二个副本的 DataNode 位于同一机架中。在这个过程中，所有块写入都执行校验和。将第二个副本写入不同的机架或节点组可满足 HA 要求，这是默认的块放置策略。如果有 3 个以上的副本，这些块将分布在不同的机架或节点组中。

步骤 6：确认信息将通过管道发送回 Hadoop 客户端。

步骤 7：确认信息继续通过管道返回。

步骤 8：确认信息返回 Hadoop 客户端。

步骤 9～11：每个 DataNode 独立地将心跳和更新的块映射报告发送回 NameNode，因此 NameNode 始终具有集群中所有块和 DataNodes 的最新状态。

步骤 12～14：这些步骤显示了 NameNode 响应 DataNodes 发送的心跳并向 DataNodes 发送命令。

将块副本放置在异构存储环境中将更灵活，可以将副本分散在不同的存储类型中（例如，分别在内存、SSD、HDD 中存放一个副本）。块副本放置方案必须使用业务场景进行验证，以确保仍然满足最佳配置。

3.3.5　NameNode 配置和元数据管理

首次，添加 NameNode 时，NameNode 会读取当前的 fsimage 文件，将所有 inode 信息

加载到内存中。然后，NameNode 会读取 edits.log 文件；日志信息将被转换成 inode 信息并加载到内存中。此时会执行一个检查点。内存中的当前信息被写入一个新的 fsimage 文件。edits.log 将被写入以前的 edits.log 文件，并将创建一个新的空 edits.log 文件。每当 NameNode 启动时，都必须读取 edits.log 文件，同时，edits.log 文件的长度会影响 NameNode 的启动时间。edits.log 文件是所有数据更改的日志记录。NameNode 在启动时会清除 edits.log 文件，并且仅在启动时进行清除。当 Hadoop 集群长时间运行并处理数据时，edits.log 文件可能会变得很大。在很短的时间内写入大量数据也会导致 edit.log 文件变大。

有两种方法可使 edits.log 文件不占用过多空间：使用从 NameNode；使用备用 NameNode。

从 NameNode 只有一个目的：定期（默认每小时）清除 edits.log 文件并创建一个新的 fsimage 文件。fsimage 文件可以在 Hadoop 集群运行时进行替换，因为 NameNode 只在首次启动时才读取 fsimage。从服务器不用于故障切换，配置从 NameNode 的目的是避免 edits.log 文件过快增长而导致启动时间不断增加。当不使用备用 NameNode 保证 HA 时，将使用从 NameNode。创建新 fsimage 文件的步骤如下。

步骤 1：从 NameNode 以指定的时间间隔将 fsimage 和 edits.log 文件从 NameNode 复制到从 NameNode。

步骤 2：从 NameNode 把 fsimage 文件和 edits.log 文件读入内存，并从内存映像中创建一个新的 fsimage 文件。

步骤 3：创建一个新的空 edits.log 文件。

步骤 4：新创建的 fsimage 和 edits.log 文件将被复制回 NameNode，并将会执行一个检查点，以记录操作发生的时间。

步骤 5：当前的 fsimage 和 edits.log 文件将使用_N 格式复制到之前的目录下。由从 NameNode 创建的新 fsimage 和 edits.log 文件将成为 NameNode 的当前文件。

除非特殊情况，否则从 NameNode 不用于数据恢复。集群中至少应该有 3 个主 NameNode 元数据信息的镜像副本（可配置），两个本地副本和一个 NFS 挂载副本用于保护此元数据。极端情况下，如果主 NameNode 和元数据的所有副本均失效，则 fsimage 和 edits.log 文件的早期版本可用于启动 Hadoop 集群。

图 3.6 显示了主 NameNode 与 DataNodes 的通信。但主 NameNode 不使用从 NameNode 进行故障转移，仅同主 NameNode 进行通信，定期缩小 edits.log 文件以缩短 NameNode 的启动时间。从 NameNode 不提供 HA 解决方案。使用从 NameNode 是因为某些客户不需要 HA 解决方案。防止 NameNode 元数据丢失的最佳实践是通过使用备用 NameNode 来配置 NameNode HA。

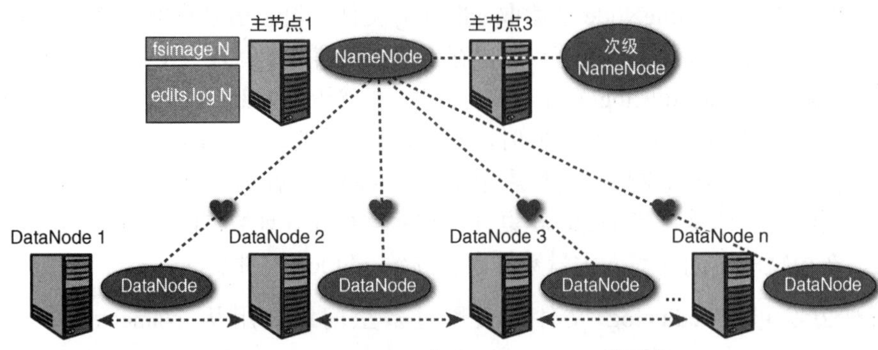

图 3.6 DataNodes 与主 NameNode 的通信

备用 NameNode 用于为 NameNode 提供 HA 解决方案。主 NameNode 和备用 NameNode 以主动和被动模式运行，两者没有特殊的配置。

- 任何一个 NameNode 故障切换时，将获取 znode 锁并成为主 NameNode。
- 下一个 NameNode 将尝试获取锁，如果获取失败，就成为备用 NameNode。如果要指定主 NameNode，那么指定的 NameNode 必须最先启动。
- 如果主 NameNode 死机，则会发出故障切换，备用 NameNode 将获取该锁并成为主 NameNode 接管业务。
- NameNode 恢复后，将在集群中作为备用 NameNode。

NameNode HA 应该至少有 3 个 ZooKeeper（多于一个且为奇数个）和至少 3 个 JournalNodes，以便故障切换时，始终有一个能够仲裁使用哪个 edit.log/fsimage 版本。主（活动）和备用 NameNode 都与 JournalNodes 通信以保持同步。对主节点进行操作时，更改的日志条目将被写入 JournalNode。备用节点从 JournalNodes 读取 edits 日志以保持与主节点同步。DataNodes 还将块信息和心跳发送给主和从 NameNode。此外，客户端不会使用活动 NameNode 的主机名，而是使用代表 NameNode HA 群集的逻辑 NameService ID。

在 HA 配置中，必须对元数据进行分发，以确保没有单点故障。可以使用多个日志节点或 NFS 配置来避免单点故障。其中，推荐配置多个日志节点，且应使用至少 3 个日志节点。将日志节点放在主服务器上以确保它们位于高可用的平台上。只有主 NameNode 才能对日志节点进行写入，备用 Namenode 只能从日志节点进行读取。在 HA 故障切换期间，锁将被转移到备用 NameNode。备用 NameNode 需确保它在成为主 NameNode 前已经从日志节点读取最新的数据。

图 3.7 说明只有主 NameNode 能够对日志节点进行写入，备用 NameNode 仅从日志节点进行读取。

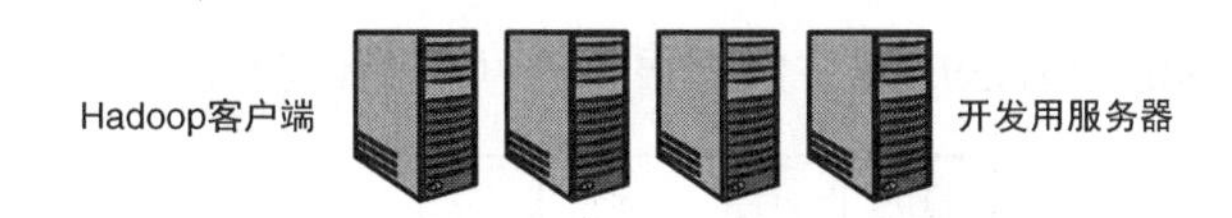

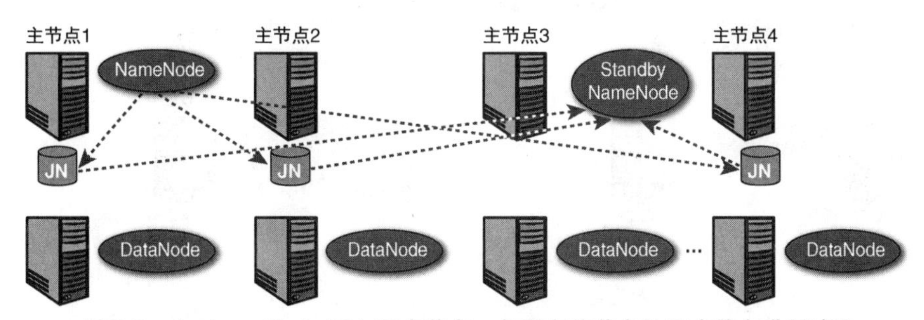

图 3.7 主 NameNode 写入日志节点，备用名称节点从日志节点进行读取

HA 环境通过 ZooKeeper 程序以进行维护。每个 NameNode 都有一个 ZooKeeper 故障切换控制器（ZKFC），用于监视 NameNode 的状态。配置 NameNode HA 后，DataNode 必须向每个 NameNode 发送块映射报告，因此备用 NameNode 可以快速成为主 NameNode。备用 NameNode 将对 NameNode 元数据进行检查。当备用 NameNode 运行后，将不再需要从 NameNode。主 NameNode 对所有块操作进行管理，并且是唯一活动的 NameNode。

NameNode HA 可以配置为以自动或手动模式，建议使用自动模式。手动模式需要管理员手动执行切换，主要用于测试。

ZKFC 处理每个与 NameNode 相关联的监视器，并与 ZooKeeper 协调通信（见图 3.8，但这些关联不包含在图中）。配置如下。

- 每个 NameNode 均有的 ZooKeeper 故障切换控制器。
- 3 个 ZooKeeper 和 3 个日志节点进程。
- DataNodes 与主 NameNode 和备用 NameNode 的通信。

每一个 ZooKeeper 进程都用于维护和协调 HA 环境。建议保持至少 3 个 ZooKeeper 协调进程，且进程数应为奇数个。

在低环境小型集群中保护主进程的另一种方法是将其放入虚拟机中，并使用 VMware Fault Tolerance 复制整个虚拟机，但 VM 的存储需要在 SAN 或 NAS 等共享存储上。不仅是 NameNode，包括 ResourceManager、HBase Master 以及其他进程均能够以透明的方式被保护。VMware Fault Tolerance 目前最大支持 4 个虚拟 CPU 和 64GB 内存（vSphere 6）。要确保对集群的增长进行了良好的预测，因为 4 个虚拟 CPU 的限制可能不会很快改变。这些配置必须经过良好的测试，因为这是 Hadoop 的一种新型配置。这种配置不应该放在一个高环境 Hadoop 集群中，直到这个方法成熟并经过很长时间的测试验证。

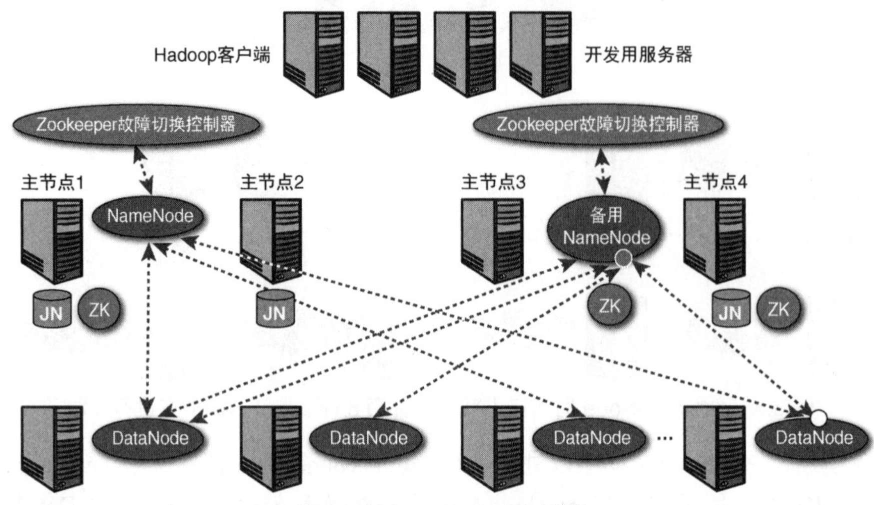

图 3.8　NameNode HA 配置

NameNode 具备多线程，可以处理数千个 DataNodes。NameNode 可以进行联合配置，以在单一集群中支持多个活动的 NameNodes。联合 NameNode 需要管理自身的命名空间和数据块，可以通过业务单元、dev/test/production、运行时特性等定义联合 NameNode 的作用。联合环境中的 NameNodes 协同工作，但单独运行并管理自己的块集合。每个 NameNode 都可以配置自己的备用 NameNode。如果不需要 HA，则无须配置备用 NameNode。DataNodes 还将与集群中的所有 NameNodes 进行通信。这是一个相当新的配置，在上线前应经过详尽的测试和了解。

有多种方式可用于设计联合 Hadoop 集群。每个联合 NameNode 都针对不同的目的进行设计和调整。下面列举了部分设计方式。

- 针对开发、测试和生产（需要确保生产环境有完整保护措施）。
- 针对多个开发和测试环境。
- 针对不同的业务部门，如市场、销售和审计。
- 针对不同的运行时特性，如批处理、流传输、交互式查询和（或）NoSQL 数据库。

其中的一个挑战是需要有一个能够用于不同运行时特性的 NameNode。不同类型的应用程序无法针对不同的运行时动态进行调整和管理。可将联合中的一个 NameNode 配置为批处理模式，另一个配置为交互式查询模式。例如，在同一个集群中同时运行 HBase 和 Hadoop 是很困难的。

Hadoop 有一个均衡器，HBase 也是如此。当运行 Hadoop 均衡器时，均衡器将尝试在 HDFS 对块进行分配，因此数据块在不同 DataNodes 上能够均匀分布。虽然 HBase 已经为访问数据准备了块，但 Hadoop 均衡器不能识别块中的内容，也没有考虑 HBase 如何分配块。这就是 Hadoop 均衡器和 HBase 在同一个环境中不能很好工作的历史原因。

然而，从资源管理的角度来看，Apache Slider 将使 Hadoop 和 HBase 在同一个集群中的运行变得容易。HBase 和许多其他应用程序一样，如 Accumulo 和 Spark，可以在 YARN 下运行。YARN 将能够处理具有不同运行时特性（例如 Hadoop 和 HBase）的应用程序的资源管理。Slider 将使长时间运行的应用程序“滑动”到 YARN 中。

3.4 机架感知

当节点被添加到群集中时，水平拓扑结构变得难以维护，但机架拓扑结构在 Hadoop 中被广泛使用。Hadoop 假设内部机架的流量比跨机架流量快，可通过配置机架感知，以便在 Hadoop 集群上实现高可用性。第一个块被放置在本地 DataNode 上，以尽可能快地存储；第二个副本将放置在不同的机架上，以实现高可用性（HA）。由于使用 HA，第三个副本将被放置在第二个机架的另一个节点上。机架感知确保所有块都不放在单个机架上。后续的副本将被随机放置。机架顶部（ToR）交换机和聚合交换机必须根据增长进行配置。DataNode 中只含有块的一个副本。图 3.9 显示了具备两个机架的 Hadoop 配置。

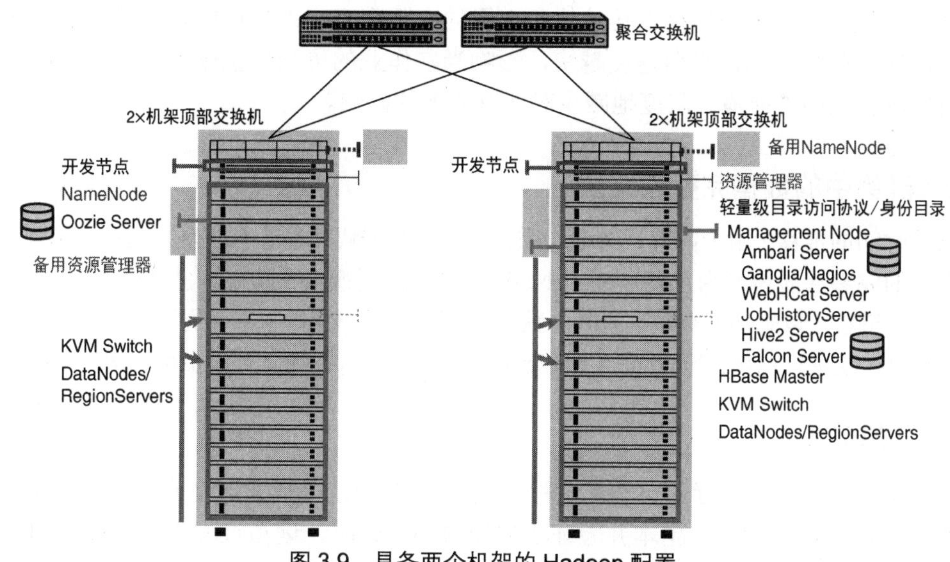

图 3.9 具备两个机架的 Hadoop 配置

3.4.1 块管理

HDFS 可以自我修复。DataNode 向其自己的服务发送 NameNode 块映射报告。如果

NameNode 检测到 DataNode 或磁盘上的块在一定时间段内不可用，那么 NameNode 将通过现有副本添加新的块副本。被复制的块被放置在复制队列中，具有一个副本的块具有较高优先级，具有两个副本的块具有次优先级，以此类推。NameNode 还将确保文件的定义副本数量，如果 DataNode 或磁盘被还原，NameNode 将会检测到块的额外副本。然后，NameNode 将删除一个块，以维护文件的定义块数。为了解决复制问题，NameNode 将从具有最少存储空间的 DataNode 中移除该块，只要它不会影响高可用性。当配置机架感知时，块管理和布局始终考虑高可用性。复制速度很快，以适应集群中存在的大量 DataNode。

3.4.2　均衡器

随着时间的推移，散布在群集中的块可能会变得不平衡。当新的物理硬件服务器和磁盘被添加到 Hadoop 集群中或数据被删除/移动时，不会使用磁盘空间利用率来决定块的放置位置。均衡器是一个将块均匀分布在 DataNodes 上以平衡磁盘使用率的进程。均衡器必须手动执行，不能自动执行。建议读者定期自动执行以平衡集群。均衡器将把块从较高磁盘利用率的 DataNodes 移动到较低利用率的 DataNodes。如果启用配置，均衡器还将保持机架感知或 HVE 的高可用性。同样，均衡器也会保留正确数量的副本和相同数量的机架，并尽量减少机架内块的移动。

运行均衡器时，需要提供两个关键的输入信息。第一个是定义的 DataNodes 之间磁盘使用率的差值。第二个是均衡器传输块所占用的上限带宽，以尽可能减小对当前正在运行业务的影响。带宽越高，平衡速度越快，影响当前作业的可能性也越大。带宽越低，平衡所需时间越长，同时能最大限度地减少对现有业务的影响。

3.4.3　群集中的数据完整性维护

随着时间的推移，由于内存、网络或磁盘故障，数据块可能会被损坏。因此，确保 HDFS 集群中块的完整性显得尤为重要。NameNode 将对块状态进行维护。块扫描器是一个以特定间隔运行的进程，以确保所有块均有效。默认情况下，块扫描程序每 3 周运行 1 次。管理员可能需要临时对块进行扫描，因此，如果需要手动验证块没有损坏，管理员可以运行 **fsck** 命令。

1．块扫描器

块扫描器是周期性运行的自动化进程，默认为 3 周，以最大限度地减少对当前运行业务的影响。块扫描器读取块副本并验证块的校验和。同时，读写过程也计算校验和。当客户端读取一个块时，会验证校验和并将其传送给 DataNode，这是块复制时的另一种验证。每个块的验证结果将被存储在日志文件中。在顶级目录中，将保存当前日志文件和上一个日志文件。DataNode 跟踪块验证次数的内存列表。块的验证次数将更新到当前日志。参数 dfs.datanode.scan.period.hours（默认 504）定义了块扫描的时间范围。

示例：可以从相关网站查看块扫描报告。

只有 NameNode 能够对集群中块的状态进行维护，所以对块的任何维护都必须通过 NameNode。如果块扫描器或正在读取块的客户端发现校验和存在问题，将通知 NameNode 处理，块扫描器和客户端不对块进行修复。NameNode 将块标记为已损坏，并创建一个新的副本，然后删除坏块。NameNode 不对坏块进行修复，而是创建新的副本有效映像，然后删除损坏的映像。

2．HDFS 命令

HDFS 命令可以执行与标准操作系统命令类似的文件系统命令。但应牢记，HDFS 中的文件分布在包含副本的多个块中。HDFS 默认由 HDFS 用户拥有。表 3.3 列出了影响 HDFS 管理的 HDFS-site.xml 参数。

表 3.3　　影响 HDFS 管理的 HDFS-site.xml 参数

参数	值	定义
dfs.cluster.administrators	hdfs	一列 hdfs 管理员
dfs.permissions.superusergoup	hdfs	hdfs 管理员组

HDFS 操作运行在基于执行该命令的操作系统用户权限域的 HDFS 中。HDFS 中的权限类似于 Linux 的目录和文件权限，如清单 3.3 所示。

清单 3.3　HDFS 中/user 目录下的简单列表

```
# su - hdfs
$ hdfs dfs -ls /user
Found 6 items
drwxrwx---    - ambari-qa hdfs 0 2013-10-20 18:07 /user/ambari-qa
drwxr-xr-x     - guest     guest            0 2013-10-28 08:34 /user/guest
drwxr-xr-x     - hcat      hdfs 0 2013-10-20 15:12 /user/hcat
drwx------     - hive      hdfs 0 2013-10-20 15:12 /user/hive
drwxr-xr-x     - hue       hue 0 2013-10-28 08:34 /user/hue
drwxrwxr-x     - oozie     hdfs 0 2013-10-20 15:15 /user/oozie
```

hdfs dfsadmin 命令有很多选项。以下 **dfsadmin** 命令选项必须以 HDFS 超级用户的身份运行。

- -report。
- -safemode enter | leave | get | wait。
- -allowSnapshot。

- -disallowSnapshot。
- -saveNamespace。
- -rollEdits。
- -restoreFailedStorage true|false|check。
- -refreshNodes。
- -finalizeUpgrade。
- -metasave filename。
- -refreshServiceAcl。
- -refreshUserToGroupsMappings。
- -refreshSuperUserGroupsConfiguration。
- -printTopology。
- -refreshNamenodes datanodehost:port。
- -deleteBlockPool datanode-host:port blockpoolId [force]。
- -setQuota。
- -clrQuota。
- -setSpaceQuota。
- -clrSpaceQuota。
- -setBalancerBandwidth。
- -fetchImage。
- -help [cmd]。

hdfs dfsadmin -report 命令显示文件系统状态的相关信息，例如已配置容量、当前容量、正在复制的块、已损坏副本的块、可用数据节点、实时数据节点等。

```
$ hdfs dfsadmin -report
```

在 shell 命令行上输入 **hdfs** 命令将得到一个 HDFS 命令列表，如清单 3.4 所示。

清单 3.4　使用 hdfs 列出不同的 HDFS 命令

```
# hdfs
Usage: hdfs [--config confdir] COMMAND
```

```
where COMMAND is one of:
  dfs                    run a filesystem cmd on file systems supported in
                         Hadoop.
  namenode -format       format the DFS filesystem
  secondarynamenode      run the DFS secondary namenode
  namenode               run the DFS namenode
  journalnode            run the DFS journalnode
  zkfc                   run the ZK Failover Controller daemon
  datanode               run a DFS datanode
  dfsadmin               run a DFS admin client
  haadmin                run a DFS HA admin client
  fsck                   run a DFS filesystem checking utility
  balancer               run a cluster balancing utility
  jmxget                 get JMX exported values from NameNode or DataNode.
  oiv                    apply the offline fsimage viewer to an fsimage
  oev                    apply the offline edits viewer to an edits file
  fetchdt                fetch a delegation token from the NameNode
  getconf                get config values from configuration
  groups                 get the groups which users belong to
  snapshotDiff           diff two snapshots of a directory or diff the
                         current directory contents with a snapshot
  lsSnapshottableDir     list all snapshottable dirs owned by the current
                         user
  Use -help to see options
  portmap                run a portmap service
  nfs3                   run an NFS version 3 gateway
```

HDFS 命令运行在操作系统用户权限域下。支持所有者、组和全局权限与 Linux 相类似。

访问控制列表（ACL）可以为 HFS 中的文件提供额外的安全性。HDFS 支持绝对路径和相对路径。HDFS 对当前工作目录不敏感，相对路径默认为用户主目录。表 3.4 列举了一些 HDFS 命令。

表 3.4　　HDFS 命令示例

hdfs dfs -ls –R	文件的递归列表
hdfs dfs -mkdir /user/steve	为 OS 用户创建一个主目录
hdfs dfs -chown steve:hdfs /user/username	更改用户目录的所有权
hdfs dfs -put /tmp/mydata /user/steve	将文件从本地 fs 复制到 HDFS
hdfs dfs -get /user/steve/mydata /tmp/md2	将文件从 HDFS 复制到本地 fs

HDFS 命令有类似于 Linux 的命令，例如列出文件、显示文件、设置权限、删除命令等。以下是执行与其他操作系统类似操作的 HDFS 命令列表，这些命令必须以 **hdfs dfs** 开头。

- -appendToFile <localsrc> ... <dst>
- -cat [-ignoreCrc] <src> ...
- -checksum <src> ...
- -chgrp [-R] GROUP PATH...
- -chmod [-R] <MODE[,MODE]... | OCTALMODE> PATH...
- -chown [-R] [OWNER][:[GROUP]] PATH...
- -copyFromLocal [-f] [-p] <localsrc> ... <dst>
- -copyToLocal [-p] [-ignoreCrc] [-crc] <src> ... <localdst>
- -count [-q] <path> ...
- -cp [-f] [-p] <src> ... <dst>
- -createSnapshot <snapshotDir> [<snapshotName>]
- -deleteSnapshot <snapshotDir> <snapshotName>
- -df [-h] [<path> ...]
- -du [-s] [-h] <path> ...
- -expunge
- -get [-p] [-ignoreCrc] [-crc] <src> ... <localdst>
- -getmerge [-nl] <src> <localdst>
- -help [cmd ...]
- -ls [-d] [-h] [-R] [<path> ...]
- -mkdir [-p] <path> ...
- -moveFromLocal <localsrc> ... <dst>
- -moveToLocal <src> <localdst>
- -mv <src> ... <dst>
- -put [-f] [-p] <localsrc> ... <dst>

- -renameSnapshot <snapshotDir> <oldName> <newName>
- -rm [-f] [-r|-R] [-skipTrash] <src> ...
- -rmdir [--ignore-fail-on-non-empty] <dir> ...
- -setrep [-R] [-w] <rep> <path> ...
- -stat [format] <path> ...
- -tail [-f] <file>
- -test -[defsz] <path>
- -text [-ignoreCrc] <src> ...
- -touchz <path> ...
- -usage [cmd ...]

个别命令示例如下。

```
$ hdfs dfs -cp /user/steve/myfile1 /user/steve/myfile2
$ hdfs dfs -cp /user/steve/myfile1 /user/steve/myfile2 /user/steve/dir
$ hdfs dfs -appendToFile localfile /user/steve/myfile
$ hdfs dfs -appendToFile localmyfile1 localfile2 /user/steve/myfile
$ hdfs dfs -appendToFile localfile hdfs://nn.example.com/hadoop/myfile
$ hdfs dfs -appendToFile - hdfs://nn.example.com/hadoop/myfile
```

将文件从 HDFS 复制到本地文件系统的命令如下。

```
$ hdfs dfs -get /user/steve/file localfile
$ hdfs dfs -get hdfs://nn.example.com/user/steve/file localfile
```

将文件从本地文件系统复制到目标文件系统（HDFS）的命令如下。

```
$ hdfs dfs -put localfile /user/steve/myfile
$ hdfs dfs -put localfile localfile2 /user/steve/mycooldir
$ hdfs dfs -put localfile hdfs://nn.example.com/hadoop/myfile
$ hdfs dfs -put - hdfs://nn.example.com/hadoop/myfile Reads the input from
  stdin.
```

显示文件内容的命令如下。

```
$ hdfs dfs -cat hdfs://nn1.example.com/myfile1 hdfs://nn2.example.com/file2
$ hdfs dfs -cat file:///file3 /user/steve/file4
```

计算目录、文件和字节数的命令如下。

```
$ hdfs dfs -count hdfs://nn1.example.com/myfile1 hdfs://nn2.example.com/
  file2
$ hdfs dfs -count -q hdfs://nn1.example.com/myfile1
```

显示有关文件和目录信息。**fsck** 和 **du** 选项显示有效存储空间，不显示复制信息。

```
$ hdfs dfs -du /user/steve/dir1 /user/steve/myfile1 hdfs://nn.example.com/
  user/steve/dir1
$ hdfs  fsck  /user/hdfs -locations
$ hdfs dfs -count -q /user/hdfs
$ hdfs dfs -du /user/hdfs
```

列出文件的命令如下。

```
$ hdfs dfs -ls /user/steve/myfile1
```

创建目录的命令如下。

```
$ hdfs dfs -mkdir /user/steve/dir1 /user/steve/dir2
$ hdfs dfs -mkdir hdfs://nn1.example.com/user/steve/dir
  hdfs://nn2.example.com/user/steve/dir
```

移动文件的命令如下。

```
$ hdfs dfs -mv /user/steve/myfile1 /user/steve/myfile2
$ hdfs dfs -mv hdfs://nn.example.com/myfile1 hdfs://nn.example.com/file2
  hdfs://nn.example.com/file3
```

删除文件的命令如下。

```
$ hdfs dfs -rm hdfs://nn.example.com/file /user/steve/old_dir
$ hdfs dfs -rmr /user/steve/dir
$ hdfs dfs -rmr hdfs://nn.example.com/user/steve/dir
```

设置目录或文件的复制级别的命令如下。

```
$ hdfs dfs -setrep -w 4 /user/steve/dir1
$ hdfs dfs -D dfs.replication=2  -put  /tmp/myfile3   /user/steve/myfile3
```

3. HDFS fsck 命令

HDFS **fsck** 命令将对 HDFS 块执行文件系统检查，但不对块进行修复。如果 **fsck** 命令检测到一个坏块，它将通知 NameNode。然后，NameNode 将对坏块进行更换。当管理员怀疑有坏块或需要验证某些操作后块是否正常，则可以运行 **fsck** 命令。**fsck** 命令检查坏块、

under-replicated 块、over-replicated 块等。

fsck 命令不会检查文件是否打开以进行写入。**-openforwrite** 参数可以列出这些文件，它们通常被标记为 CORRUPT 或 HEALTHY 状态，具体取决于块的分配状态。

fsck 命令的几个参数如下。

- **<path>**：从这个路径开始检查。
- **-move**：将已损坏文件移动到/lost+found 下。
- **-delete**：删除已损坏文件。
- **-files**：打印已检查文件名。
- **-openforwrite**：打印写入操作已打开的文件。
- **-list-corruptfileblocks**：列出已丢失块和文件的归属。
- **-blocks**：打印块报告。
- **-locations**：打印所有块的文件路径。
- **-racks**：打印数据节点位置的网络拓扑。

```
$ hdfs fsck /
$ hdfs fsck /user/steve/filetocheck -locations -blocks -files
```

如果在 HDFS 文件系统上运行报告并将其保存到文件中，**-metasave** 选项额外将提供有关总数、块数、节点数、当前复制块以及等待复制块的信息。同时，还可以运行 **hdfs dfsadmin -report** 命令对输出的信息进行对比。清单 3.5 列出了生成报告的示例。

清单 3.5 块报告运行示例

```
# su - hdfs
$ hdfs dfsadmin -metasave myrpt.081414
$ more /var/log/hadoop/hdfs/myrpt.081414
$ hdfs dfsadmin -report
```

4．HDFS distcp 命令

HDFS **distcp** 命令可以在 Hadoop 集群或跨集群递归地复制文件或目录。**distcp** 命令通过运行 MapReduce 任务进行块复制，并可以在不同版本的 Hadoop 集群之间复制文件和目录。如果不同的 Hadoop 版本具有不同的校验和算法，则使用 **distcp** 命令时可以额外指定一个参数。

3.4.4　配额和垃圾桶

HDFS 可以存储大量信息，因此确保用户不会意外消耗过多存储空间显得很重要。HDFS 提供了对文件数量设置空间配额和/或普通配额的功能。可以对任意目录设置配额。对于空间配额，需要考虑复制因素。如果复制因子设置为 3，那么 10TB 的数据需要 30TB 的存储空间。

清单 3.6 在 Steve 的主目录中设置了一个 30TB 的配额。可以使用**-count** 选项检查配额，并使用**-clrSpaceQuota** 进行删除。

清单 3.6　设置和清除配额示例

```
$ hdfs dfsadmin -setSpaceQuota 30t /user/steve
$ hdfs dfs -count -q /user/steve
$ hdfs dfsadmin -clrSpaceQuota /user/steve
```

清单 3.7 演示了对 HDFS 目录设置和清除配额的方法。

清单 3.7　对目录设置文件配额，然后清除配额

```
$ hdfs dfsadmin -setQuota 2000000 /user/steve
$ hdfs dfsadmin -clrQuota /user/steve
```

垃圾桶旨在防止意外删除文件。每个用户在主目录下面都有一个.Trash 文件夹，当用户通过 HDFS 命令删除文件时，该文件将被移动到.Trash 目录中。该文件将被保存在.Trash 目录中，直到垃圾间隔时间到期。如果启用通过 API 执行 HDFS 命令，则不会使用垃圾箱机制。

垃圾间隔是文件在删除之前保留在垃圾文件夹中的时间。垃圾间隔在 core-site.xml 文件中使用 fs.trash.interval 参数设置，定义了文件保存在垃圾文件夹中的分钟数，默认值为 360 分钟。若将值设置为 0，则将禁用垃圾桶功能。

expunge 命令用于清空垃圾桶。

```
$ hdfs dfs -expunge
```

对敏感数据安全删除有需求的企业，要求在执行删除命令时完全破坏数据。不幸的是，目前 Hadoop 中没有组件可以替换磁盘中的 1 和 0 以完全擦除数据。因此，具有此类需求的企业应使用其当前的工具进行文件删除。

3.5　YARN 和 YARN 处理模型

YARN 最初由雅虎构思和规划，由 Arun Murthy 领导。雅虎意识到 Hadoop 1 架构存在许多缺陷，不能更好地扩展和更有效地使用资源。Hadoop 1 的缺点如下。

- MapReduce 是唯一可用的执行模型。
- 最多只支持 4 000 个节点。
- 最多约 40 000 个并发任务（集群中的任务数）。
- JobTracker 成了瓶颈，因为它同时执行 3 件事：资源管理、任务调度和任务监控。同时进行任务生命周期管理和资源管理使它成了瓶颈。
- 集群中只能有一个 HDFS 命名空间，这可能会给 NameNode 带来更多的压力。
- 所有 map 和 reduce slot 都是静态的，这意味着当内存不再需要时，不会被自动释放。

YARN 是 Hadoop 的分布式数据操作系统，旨在管理 Hadoop 集群的资源调度。YARN 已经对 Hadoop 完全开放，作为企业数据平台，可以处理不同类型的数据、执行模型和不同框架的运行时特性；这些都在相同的资源调度模式下。Hadoop 1.x 中的前一个执行模型运行在 MapReduce 模型下。表 3.5 对 YARN 与 Hadoop 2.x 进行了比较，包括 Hadoop 1.x 中使用的 MapReduce 执行模型。YARN 保持与现有 MapReduce 应用程序的兼容性。

表 3.5 Hadoop 2 Vs Hadoop 1

	Hadoop 2.x	Hadoop 1.x
资源管理	YARN	JobTracker/TaskTrackers
数据处理模型	灵活支持不同类型，如批处理、交互查询、流/实时、消息传递、图形处理和内存系统	严格支持 MapReduce（批处理）。迭代应用程序在 MapReduce 中表现不佳，开发人员需要不同的处理模型以使代码生效
高可用	资源管理 HA 和多个应用主机进行容错	有单点故障。需要外部 HA 解决方案，如 RedHat HA 和 VMware HA
扩展性	高扩展性，支持 1 0000+DataNode，100 000+并发任务	仅支持 4 000～4 500 个数据节点，40 000 个并发任务
效率	YARN 容器可以充分利用 DataNodes 硬件	硬界限以及 Map 和 Reduce Slots 限制了 DataNodes 对硬件资源的充分利用。在 MapReduce 1 下通常只有 50%的硬件资源利用率
兼容性	协议单线制兼容，允许新旧服务器进行通信，并支持滚动升级	单线制兼容存在问题

YARN 是一种分布式数据操作系统，可以为整个集群以及通过 YARN 认证的不同类型的应用程序提供资源管理。Slider 同 YARN 可使 HBase、Accumulo 和 Storm 这类应用程序在同一个资源管理器下运行。YARN 提供了 MapReduce1（Hadoop 1）无法提供的可预测的

服务水平协议（SLA）和服务质量（QoS）。

随着企业向 Hadoop 集群存入越来越多的数据，它们必须使用具有很大灵活性、高可用性和可扩展性的数据平台，并且可以支持不同类型的执行模型。YARN 满足了所有要求。操作系统的关键角色之一是调度和管理在操作系统上发生的所有任务。YARN 能够对 Hadoop 集群上发生的所有任务进行调度和管理。YARN 和 Slider 的执行模型具备灵活性，将来也能够管理具有不同运行时特性的处理模型，例如批处理（Tez、MapReduce2）、交互式查询（Tez）、流式传输（Storm）、消息传递（Kafka）、图形处理（Giraph）和内存中（Spark）系统。不同的运行时特性使用不同类型的数据。因此，YARN 使 Hadoop 能够支持像数据湖或企业数据中心这样的架构平台。Hadoop 可以是单一登录站点，对于具有不同处理要求的任何类型的数据来说，它具有高成本效益。

1．资源管理器

YARN 有 3 种不同类型的主要程序：ResourceManagers、Node Managers 和 Application Masters。资源管理器和节点管理器具有系统级特权和责任。每个计算（工作）服务器上都会运行一个 Node Manager，并包含用户数据以进行处理。其中，ResourceManagers 和 Node Managers 是 YARN 的系统级进程。

Node Managers 负责从服务器（工作节点）上的本地资源监视（CPU、内存、存储、网络），上报 ResourceManager 的资源利用率和可用性，识别问题并管理其本地工作节点上运行的容器。Node Managers 参与工作节点上容器的启动和终止。图 3.10～图 3.16 强调了 YARN 流程。

图 3.10 表示任务开始前的 YARN，每个 DataNode 上将有一个 ResourceManager 和 NodeManager。

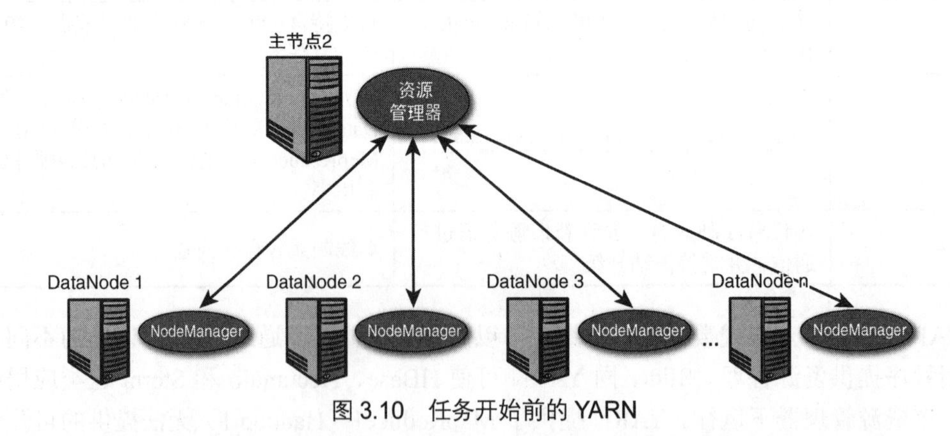

图 3.10　任务开始前的 YARN

每个 YARN 任务都有自己的 Application Master。每个 Application Master 负责特定任务的生命周期管理。随着 Hadoop 任务在群集中增多，特定的 Application Master 将分布在群集中的不同从服务器上。这消除了所有任务的单点故障以及均衡 Application Master 的工作负载。同时，Application Master 分担了 ResourceManager 对任务生命周期管理的工作和负载。以这种方式使用 Application Masters 增加了 Hadoop 的可扩展性，并减少了单点故障。不同类型的应用程序，如 MapReduce、HBase 和 Spark，都有独自的 Application Master。

Application Masters 运行用户代码，且不具备系统权限。这样可以防止 Application Masters 将恶意代码注入 YARN 架构。Application Master 以资源名称、优先级、资源需求（CPU 和内存）、容器数量等形式向 ResourceManager 发送请求。

容器是在特定工作节点上能够使用 CPU 和内存的资源租赁。容器被分配给 NodeManagers，用于在 DataNodes 上运行分布式任务，同时将来能够灵活添加存储和网络。容器是特定工作节点资源（例如，4GB RAM、1 个 CPU 核心）的逻辑定义。任务可能会运行在集群中跨工作节点的多个容器上。

Application Masters 可以同 Node Managers 协同工作，以运行用 C、Java、Python、Scala 等编写的容器。容器包含了众多信息，如启动进程的命令或容器中的 JVM、定义环境变量、安全令牌、jar 包、库、数据文件或在容器上运行代码所需的任何其他对象。

以下代码用于说明如何确定每个节点可以分配多少个容器：

```
    # of containers = min (2*CORES, 1.8*DISKS, [Total available RAM] / MIN_
CONTAINER_SIZE) where MIN_CONTAINER_SIZE is minimum container size in GB (RAM)
```

平台对容器的 YARN 启动规范 API 不感知，因此不必使用 Java 进行编写。

YARN 的关键组件之一是让 ResourceManager 处理资源调度。ResourceManager 具有多个模块，用于处理 Hadoop 集群中资源处理的安全性、调度和管理。Node Managers 用于处理每个工作节点上的本地任务。

工作节点上会启动 Application Master 以管理 YARN 上的任务，如图 3.11 所示。

Application Master 负责运行任务所需的所有进程（容器）。同样，Application Master 也作为容器运行。因为 Application Master 始终是第一个启动的容器，因此它被称为 0 号容器。Application Master 通过 ResourceManager 协商资源，并通过特定的任务跟踪容器状态并监视其进程。

当 YARN 中的任务运行时，容器将在不同的工作节点上启动，以便跨集群分散负载，如图 3.12 所示。

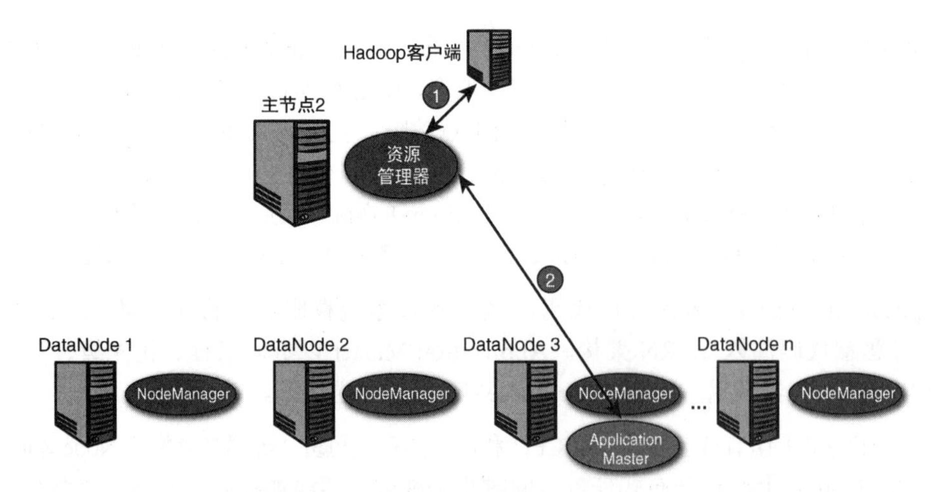

图 3.11　ResourceManager 启动 Application Masters 并与之进行通信

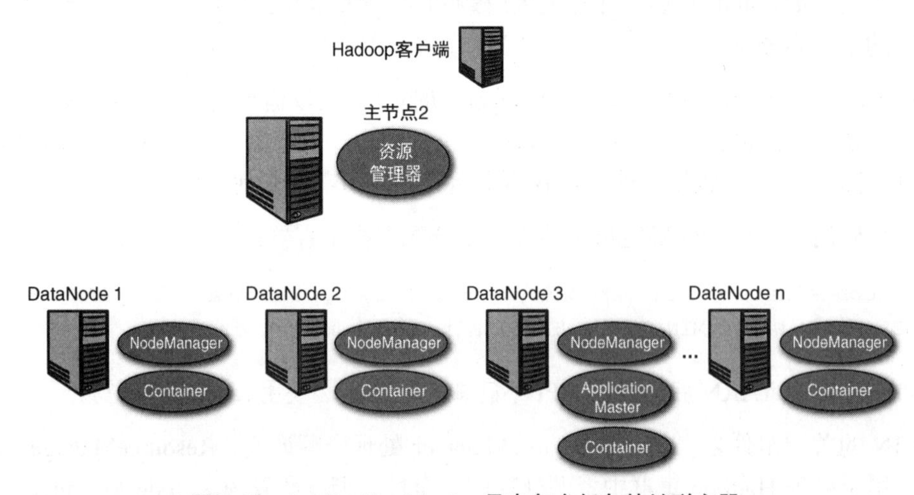

图 3.12　Application Master 具有每个任务的关联容器

容器会运行正在访问工作节点上的复制块的进程。在工作节点上尝试启动进程时会考虑数据位置，以便数据可以在本地读取而不是跨网络读取，这一点很重要。

Application Master 对任务生命周期的管理包括增加和减少资源消耗、管理容器的执行流程、处理问题和执行优化。Application Master 关闭时，其他容器中的任务不会受到影响，将继续运行直到任务完成。资源管理器将会意识到 Application Master 已停止运行，它将产生一个新的任务并同当前正在运行的作业绑定。

每个任务都有自己的 Application Master，并且每个 Application Master 都需要对其容器进行管理，如图 3.13 所示。

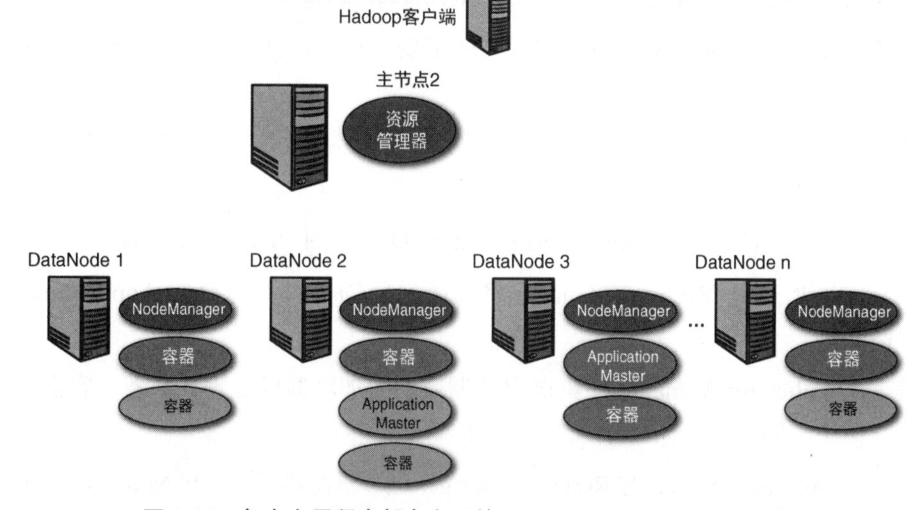

图 3.13 每个应用程序都有自己的 Application Master 和容器集

运行 YARN 应用的步骤如图 3.14 所示。

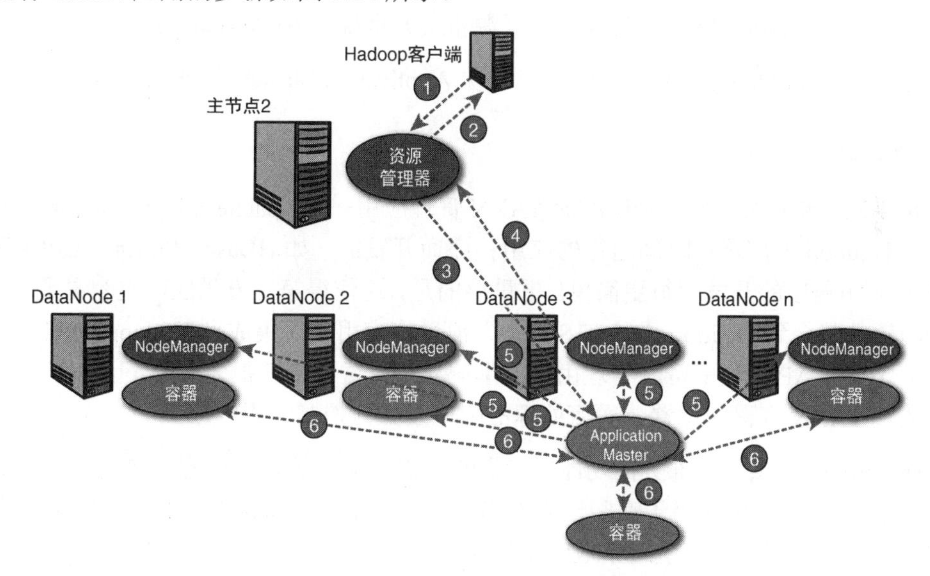

图 3.14 运行 YARN 应用的步骤

运行 YARN 任务的具体步骤如下。

步骤 1：Hadoop 客户端向 NameNode 请求，以获取要访问文件的块信息或用于写入 HDFS 的存储。基于块或块分割的数量，客户端将确定任务所需的进程数量。

步骤2：Hadoop客户端通过公共协议向ResourceManager进程提交任务。

步骤3：ResourceManager接收该请求并验证安全凭证，然后执行运行作业所需的操作和管理任务。

步骤4：当ResourceManager（调度器）验证拥有足够的资源可用于任务运行之后，应用程序将从接受状态转变为运行状态。

步骤5：ResourceManager将唯一的应用程序ID发送回Hadoop客户端。

步骤6：启动任务，ResourceManager将选择一个DataNode来运行Application Master，也就是容器0。

步骤7：Application Manager在集群中协调启动附加容器以处理该任务。容器0可以具有与其他容器不同的要求，因此配置可能不同。

步骤8：Application Master与ResourceManager进行资源协商，并与Node Manager进行通信，以执行和监视容器的活动和资源使用情况。ResourceManager 通知 Node Managers 让Application Master在工作节点上启动已定义的容器。

步骤9：Application Master将容器（资源租赁）呈现给NodeManager。

步骤10：NodeManager验证租约，以确保Application Masters的正常运行。

2．Slider

HDP 2.2版本引入了另一个层次的YARN管理应用——Apache Slider。Slider是为了应对需要在Hadoop上部署长时间运行的应用程序而开发的，如HBase、Storm、Kafka等。它使YARN应用程序的开发变得更简单。更重要的是，这使得第三方供应商更容易通过Slider将他们的软件整合到Hadoop中。在Slider之前，将应用程序集成到Hadoop的唯一方法是使用本地YARN API。许多资源管理由手工编码实现，这会带来很多麻烦，因为必须在代码中指出放置YARN容器的位置，如何处理故障以及如何控制应用程序。

然而，Slider提供了大部分的功能，我们唯一需要关注的是应用程序包的编写。所以问题是，本地YARN应用适用于哪些地方？当想创建一个具有特定布局和调度需求的大规模分布式算法应用程序时，将使用本地应用程序。

Apache Slider对于第三方应用程序供应商很重要，因为它们可以将应用绑定到Slider并在YARN本地运行。例如，SAS现在可以利用Slider来绑定它们的产品组合，以用于Hadoop。与在企业数据中心设置SAS服务器相反，它们只需将SAS服务器放在现有的Hadoop集群之上。然后SAS可以利用首选的HDFS存储类型和YARN节点标签来改善系统延迟。将现有的Hadoop集群重用在其供应商应用程序之上更有意义，大大降低了成本，并促进了“多租户”平台的概念。

RDBMS 仍然是企业的关键组成部分。通过 Slider、RDBMS 或 NoSQL 数据库可以将其自身绑定到 YARN，并可用于 Hadoop 组件进行交互。这是一个操作使用场景，而不是从 Hadoop 提取数据。如果企业决定编写自己的 YARN 应用，并运行在 Web 服务器上，则该应用可以注册到 Slider，并与其他 Hadoop 组件进行交互。简而言之，Slider 是使任何应用程序能够集成到 Hadoop 中的任意或所有组件的关键。

3.5.1 在 YARN 上运行应用

首先，应该了解 YARN 在应用程序提交和执行方面的工作原理，如图 3.15 所示。

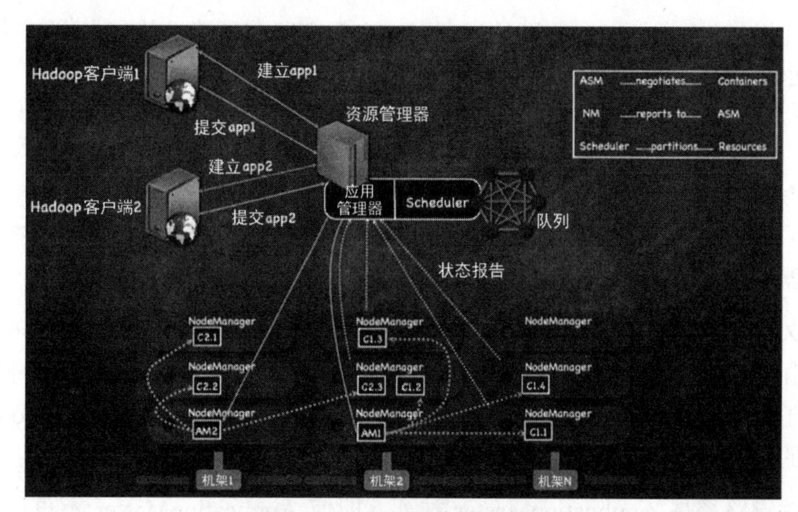

图 3.15 通过 YARN 运行任务

YARN 由 ResourceManager（RM-ApplicationsManager [ASM]，Scheduler）和 NodeManager（NM）组件组成。ApplicationsManager 和 Scheduler 是 ResourceManager 的组成部分。ResourceManager 是所有任务提交请求的入口点，因此在作业分配资源之前，所有 Hadoop 客户端都必须与其进行交互。客户端请求必须包括要执行的本地文件、jar 包、执行命令和环境设置，同时需要应用程序的优先级和容器数量。所有这些信息均必不可少，以确保为应用程序提供完成其任务所需的所有资源。

通过 YARN 运行任务的步骤如图 3.15 所示。

步骤 1：Hadoop Client 1 向 ResourceManager 发出应用请求。

步骤 2：ResourceManager 解析资源请求并与 ApplicationsManager 进行通信，以便协商所请求的容器数量。Hadoop 群集资源通常使用基本单元“队列”的 Capacity Scheduler

进行分区。

步骤3：每个队列表示可用于HDP 2.2的内存大小，因此我们现在可以为每个队列分配CPU资源。

步骤4：当容器定义完成后，将被映射至后面需要使用它的队列中。

步骤5：ResourceManager将ApplicationId返回给主叫客户端。

步骤6：主叫客户端将ApplicationId和应用程序一起提交。

步骤7：ResourceManager将ApplicationMaster（AM）分配到集群中所请求的服务器或机架中。

步骤8：当ApplicationMaster开始运行时，它会立即在所请求的节点/机架上创建容器，直到满足最小所需容器数量为止。

步骤9：应用程序被加载到容器中并开始执行。

步骤10：NodeManager发送运行容器和计算资源的状态报告。

步骤11：ApplicationMaster向ResourceManager报告应用程序的状态，并在有需求时协调更多的容器。

一些耐久性场景表示了在任务执行过程中如何处理故障。当一个或多个容器在应用程序完成执行之前由于任何原因挂死时，ApplicationMaster将与ResourceManager重新协商，以请求更多的容器，直到满足最小需求容器数量。然后，ResourceManager提供可用的NodeManager，以实例化新的容器。

另一个关键路径是ApplicationMaster挂死。即使ApplicationMaster不再运行，所有容器也将继续运行并完成应用程序执行。但是ResourceManager会检测出该问题，因为它没有从ApplicationMaster收到任何状态报告，紧接着将实例化一个新的ApplicationMaster同正在运行的容器进行注册。当容器超过其分配的内存或CPU资源时，YARN会结束这些容器。在这一点上，应用程序必须被分配更多的资源并重新提交应用程序。

YARN的一个强大功能是支持Tez、MapReduce、HBase、Storm、Spark、Kafka等不同类型的应用。这些应用的框架均不相同，每一个应用都有独立的ApplicationMaster，针对特定的框架进行任务执行管理。YARN可以启动不同的ApplicationMasters。每个ApplicationMasters都有针对某一框架的特定代码。设置配置参数时，必须为运行在YARN上的容器设置YARN参数；那么每个应用程序框架都将具有特定的运行时特性配置参数。以下列举了YARN的关键参数，以及在YARN上设置运行MapReduce的参数。

在YARN环境中需要设置一些关键参数，包括为容器分配的最小内存和最大内存。在从服务器上设置用于分配给容器的最大内存决定了 DataNode 的最大资源利用率。同时，虚拟和物理内存的比例也需要设定。例如在生产环境中设置参数值完全取决于正在运行的应用程序框架。如果应用程序框架代码尝试超越 YARN 的配置限制，则 NodeManager 将结束超出限制的容器。表 3.6 显示了为容器配置内存的示例。

表 3.6 yarn-site.xml 中的关键 YARN 参数

参　数	值/MB
yarn.scheduler.minimum-allocation-mb	512
yarn.scheduler.maximum-allocation-mb	4 096
yarn.nodemanager.resource.memory-mb	36 864
yarn.nodemanager.vmem-pmem-ratio	2.1

MapReduce2 是一个执行模型，它使用 mapper 和 reducer 在两个阶段中运行应用。MapReduce 必须配置其在 YARN 容器中运行的资源。以下参数定义了 mapper 和 reducer 在容器中运行时如何分配内存。表 3.7 显示了为 mapper 和 reducer 设置 Java Heap 最大值的 4 个参数。

表 3.7 MapReduce2 在 mapred-site.xml 中的关键参数

参数	值/MB
mapreduce.map.memory.mb	1 536
mapreduce.reduce.memory.mb	2 560
mapreduce.map.java.opts	-Xmx1024m
mapreduce.reduce.java.opts	Xmx2048m

必须为框架中的工作节点和负载分配内存。每个 Hadoop 集群根据场景和工作负载具有不同的配置。配置工作节点时，必须决定如何为运行在 YARN 下的不同类型的框架分配资源。同时，操作系统、Hadoop 守护进程和软件代理也将占用内存和 CPU。不同执行模型的框架拥有特定的配置文件和其容器大小的定义。在图 3.16 中，计算（NodeManager）和存储（DataNode）位于同一个工作节点上。高级配置可以将计算和存储分离到不同的工作节点上。

1. ResourceManager 高可靠性

ResourceManager HA 从 HDP 2.1 开始被集成在 HDP 发行版中。ResourceManager 可以被调度以运行高可用性配置，从而以主动和被动模式同时运行主 ResourceManager 和备用 ResourceManager。ResourceManager 具备容错性，能够自动执行故障切换，并且在整个堆栈中具有弹性。ResourceManager HA 使用隔离，将资源从状态不确定的节点锁定，以防脑裂。脑裂的结果是集群分裂，其中一组节点被划分（或分割）成较小的集群，然后由于数据不一致，它将把自己作为唯一活动的集群，进而接管其他集群的资源。

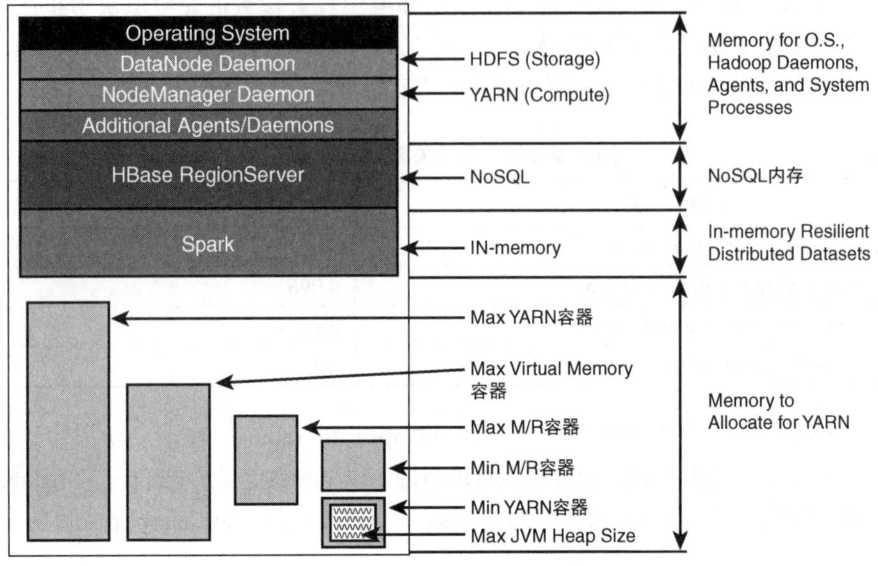

图 3.16　工作节点内存定义

ResourceManager HA 与 NameNode HA 有一些相似之处，也有一些差异。NameNode 和 ResourceManager HA 使用相同的 ZooKeeper（ZK）服务。但 ResourceManager HA 不使用 NameNode HA 中的 ZooKeeper 故障转移控制器。故障切换功能已内置于 ResourceManager 架构，因此不需要 ZooKeeper 故障切换控制器。

在 HA 配置中，存储在 HDFS 中的信息如下。

- Application Master 状态。
- MapReduce Application Master 状态。
- 已完成任务状态。
- MapReduce 任务历史记录。
- YARN 应用程序记录

ResourceManager 的状态存储在 ZooKeeper 中。

Hadoop 客户端以及 NodeManager 同 ResourceManager 进行交互。Hadoop 客户机和 NodeManagers 都配置了一个以逗号分隔的 ResourceManagers 列表。Hadoop 客户端和 NodeManagers 都将按照 ResourceManager 列表中指定的顺序尝试同 ResourceManager 交互。在 HA 配置中，两个 ResourceManager 节点的配置相同。主 NameNode 和备用 NameNode

没有单独的配置，这也简化了测试的配置。无论哪个 ResourceManager 先启动，都能够获取锁，这个 ResourceManager（RMa）将成为主 ResourceManager。另一个 ResourceManager（RM）启动后将尝试获取该锁，当获取锁失败时，它将以备用状态运行。

如图 3.17 所示，运行 ResourceManager HA 配置的 Hadoop 集群将具有主和备用 ResourceManager。只有一个 ResourceManager 被激活并处理集群的调度。备用 ResourceManager 保持当前系统状态，并可以在主 ResourceManager 出现故障之后的几秒内成为主 ResourceManager。在这里，ZooKeeper 进程以逻辑单元表示以简化图表。ZooKeeper 进程将在不同的服务器上运行。

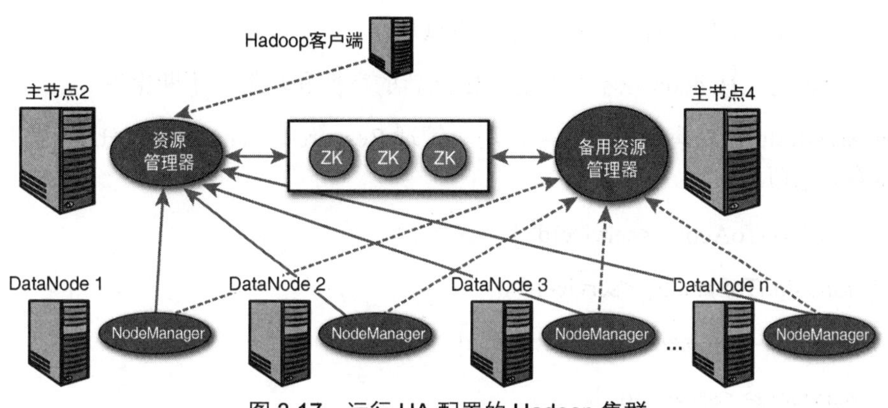

图 3.17 运行 HA 配置的 Hadoop 集群

2. ResourceManager 故障切换过程

ResourceManager 可以配置为手动或自动故障切换模式，只有当有必要让管理员确定合适会触发故障切换才能使用手动模式。通常，生产环境将以自动模式运行。

故障切换过程的具体步骤如下。

步骤 1：在 ResourceManager 故障切换期间，主 ResourceManager 将通过 ZooKeeper 释放锁。

步骤 2：备用 ResourceManager 获取 ZooKeeper 中的锁，并成为主 ResourceManager。

步骤 3：活动的容器将被杀死。

步骤 4：新的主 ResourceManager 从 HDFS 读取状态并重新调度 Application Masters，然后启动它们的容器。

步骤 5：已经完成的任务不需要重新启动；只有在故障切换期间正在进行的任务才会被重新启动。

步骤 6：客户端无法同先前的主 ResourceManager 通信，因此会同新的主 ResourceManager

建立连接。

步骤 7：当故障 ResourceManager 恢复后，它会尝试从 ZooKeeper 获取锁并获取失败；因此，它将作为备用 ResourceManager 运行。

步骤 8：现有任务将继续执行直到完成。该架构旨在容错，并且在 ResourceManager 故障期间不会发生数据损坏。

- MapReduce、Tez 和 Pig 将重新启动正在进行中的任务，并将继续执行直到完成。
- Hive 以 Tez 或 MapReduce 运行，将重新启动整个任务。
- 对于 Oozie 工作流程，整个工作流将重启。

需要注意的是，Hadoop 在不断改进，因此新的特性和功能将不断出现。

yarn mradmin 命令有额外的选项，用于管理 Resource Management HA。以下是 **yarn mradmin** HA 选项。

- [-transitionToActive <serviceId>]。
- [-transitionToStandby <serviceId>]。
- [-failover [--forcefence] [--forceactive]。
- [<serviceId> <serviceId>]。
- [-getServiceState <serviceId>]。
- [-checkHealth <serviceId>]。
- [-help <command>]。

3.5.2　资源调度器

历史上，Hadoop 中有两个主调度器：Capacity Scheduler 和 Fair Scheduler。现在，有了第三个调度程序：FIFO（先进先出）；然而，FIFO 不是为多租户集群设计的。调度程序负责在多个业务部门、应用程序和用户之间解决单个共享集群中的多租户问题。调度程序还通过共享处理和共享存储来解决数据访问安全问题。

到目前为止，Capacity Scheduler 已经面向吞吐量，并且 Fair Scheduler 已经以延迟为导向。两个调度器都支持：

- 分级队列。
- 延迟调度。

- 队列访问控制列表（ACL）。
- 多资源调度。
- 抢占。

需要注意的是，YARN 控制着对集群资源（如内存和 CPU）的访问，但不控制对数据的访问。可以为 YARN 调度器定义队列，并为队列分配资源。每个调度器具有不同的优先级，用于为队列分配资源。可以允许用户访问具有 ACL 的队列，并且 ACL 确定哪些用户可以将任务提交到特定队列。每个调度器都有特定的 ACL 规则。

Capacity Scheduler 是面向吞吐量的，并且在大型、共享的多租户群集中运行良好。Fair Scheduler 在任务数量多且小的低延迟环境下运行良好。当集群繁忙时，每个调度器都有不同的优先级用于分配资源。Fair Scheduler 试图平衡在集群中运行的所有任务的资源，所以每个任务都获得相当的资源份额。在此强调，HDP 专注于 Capacity Scheduler，Cloudera 专注于 Fair Scheduler。

调度器是 ResourceManager 的插件。其中参数定义了与 ResourceManager 一起使用的调度器。Capacity Scheduler 通过 capacity- scheduler.xml 文件进行配置。Capacity Scheduler 在使用强制执行不同用户组中的 SLA 和任务 QoS 方面使用广泛。Capacity Scheduler 通过队列控制 Hadoop 群集中资源的使用。以下列出了有关队列的一些重要概述。

- 用户能够访问队列，且队列可以是分等级的。
- 通过设置队列的最小和最大容量，然后在队列中定义用户限制来完成容量管理。
- 队列是弹性的，因为 ACL 可以应用于队列以获得额外的安全性。
- 多租户有受限控制，可以设置为防止用户、应用程序或队列在高活动期间垄断资源。
- Capacity Scheduler 支持运行时动态配置。可以添加队列、暂停队列、更改属性、动态修改 ACL。
- 队列可以被停止。当队列停止时，没有新的任务可以运行使用队列中的资源；只允许队列中当前运行的任务完成。

yarn mradmin 命令可用于在修改调度器参数后刷新队列。

```
$ yarn rmadmin -refreshQueues
```

图 3.18 显示了运行多个队列及其限制的示例。

在图 3.18 中，所有队列的父节点都是根队列。单个级别或分支上队列的百分比必须总共达到 100%。在根级别以下，营销分配了 30%的资源，财务分配了 40%，制造分配了 30%。

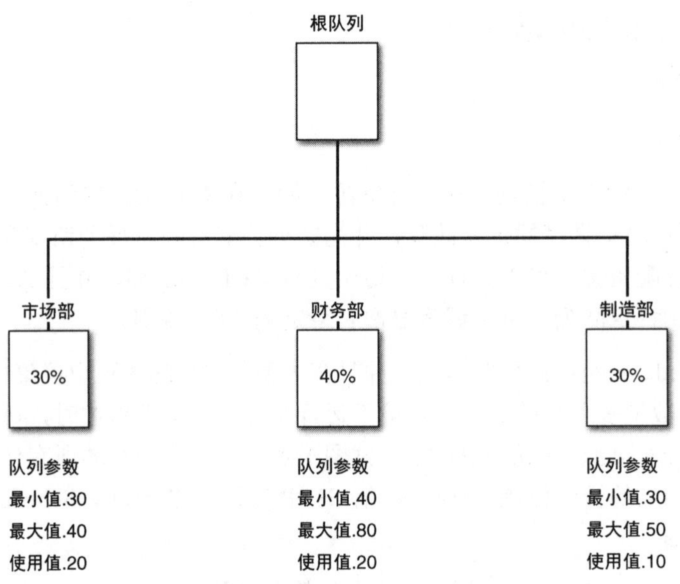

图3.18 队列确定资源分配，同时队列是分级的

Capacity Scheduler 支持资源弹性调度。如果队列不完全使用分配的资源，而另一个队列也不使用所有资源，则另一队列可以使用超出定义百分比的资源。当系统忙时，每个队列都保证其最小配置。例如，如果其他队列不忙，则财务队列可以使用高达80%的资源（如果可用）。即使系统超载，财务队列也至少保证40%的资源。

可以在队列中定义用户限制。可以为队列中的用户分配最低级别的资源，或者限制最大值，以确保它们不会垄断队列资源。可以对应用程序进行限制。定义可以提交到一个队列的最大应用程序数量。最小用户限制确保每个用户对队列资源具有相同的访问权限，同时也可以确保即使启动大量任务也能获得足够的资源来完成，而不是每个任务都分配较小比例的队列资源，导致任务运行缓慢。

表3.8说明了每个用户获得资源的百分比取决于运行的任务数量。

表3.8 队列资源管理将确保任务能够完成

任务数量	每个用户获得资源的百分比
2	两个用户各占50%队列资源
3	3个用户各占33%队列资源
4	4个用户各占25%队列资源
5	5个用户各占20%队列资源
6	6个以外的用户将等待队列资源可用

资源分配基于内存（RAM）和虚拟内核（CPU）。资源隔离是通过 RAM 利用率限制和虚拟内核消耗限制实现的。Linux 上的控制组（cgroups）用于强制执行虚拟内核的消费。

清单 3.8 列举了用于定义队列的参数。

清单 3.8　定义队列参数的示例

```
yarn.scheduler.capacity.root.queues = "marketing,finance,manufacturing"
yarn.scheduler.capacity.root.Marketing.capacity=30
yarn.scheduler.capacity.root.Finance.capacity=40
yarn.scheduler.capacity.root.Manufacturing.capacity=30
yarn.scheduler.capacity.root.Marketing.maximum-capacity=80
yarn.scheduler.capacity.root.Finance.maximum-capacity=100
yarn.scheduler.capacity.root.Manufacturing.maximum-capacity=80
```

队列层次结构中可以有多个级别，如图 3.19 所示。

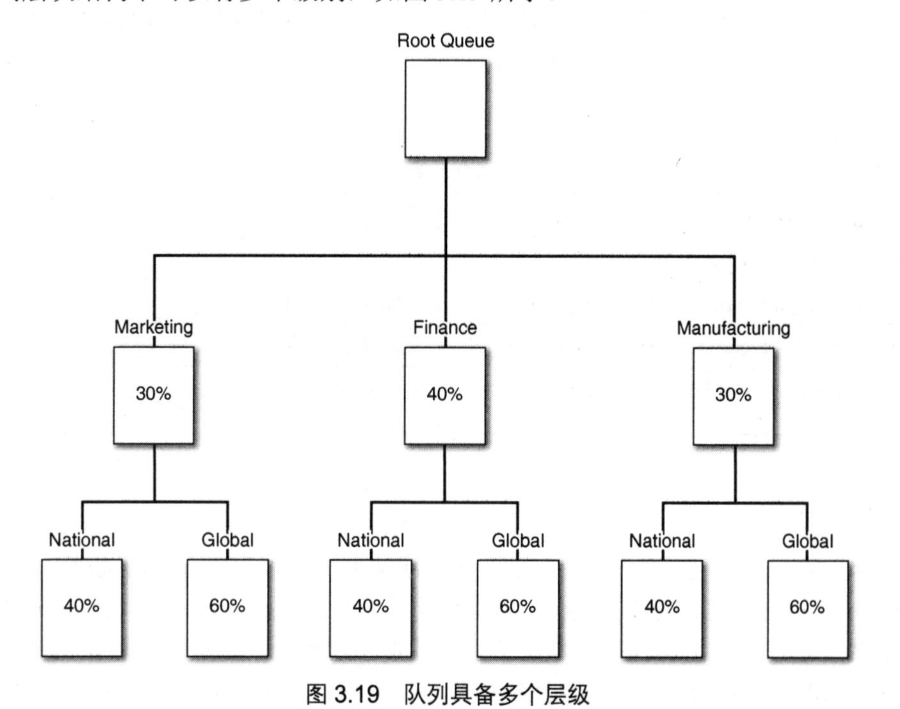

图 3.19　队列具备多个层级

可以通过定义参数来设置队列层次，从而为业务单位、区域等提供较低的粒度级别。

以下是为不同队列设置限制的示例：

```
yarn.scheduler.capacity.root.queues = "marketing,finance,manufacturing"
yarn.scheduler.capacity.root.marketing.national.capacity=40
yarn.scheduler.capacity.root.marketing.global.capacity=60
yarn.scheduler.capacity.root.marketing.maximum-capacity=80

yarn.scheduler.capacity.root.finance.capacity=40
yarn.scheduler.capacity.root.finance.national.capacity=40
yarn.scheduler.capacity.root.finance.global.capacity=60
yarn.scheduler.capacity.root.finance.maximum-capacity=100

yarn.scheduler.capacity.root.manufacturing.capacity=30
yarn.scheduler.capacity.root.manufacturing.national.capacity=40
yarn.scheduler.capacity.root.manufacturing.global.capacity=60
yarn.scheduler.capacity.root.manufacturing.maximum-capacity=80
```

抢占根据队列的优先级执行 SLA。较高优先级的应用程序不必等待较低优先级的应用程序，如果低优先级的已占用所有资源。默认情况此功能被禁用。容量调度器还将定期监视优先级、查看当前负载、保证足够资源，然后查看待处理的请求。容器在抢占期间可能被终止。关键抢占参数见表 3.9。

表 3.9　关键抢占参数

xx.scheduler.monitor.enable	开启和调度器相关的监控
xx.scheduler.monitor.policy	同调度器交互的级别
xx.monitor.capacity.premption.monitoring_interval	策略调用间隔（3ms）
xx.monitor.capacity.preemption.max_wait_before_kill	资源抢占和容器终结间隔（15ms）
xx.monitor.capacity.preemption.total_preemption_per_round	每轮最大集群资源抢占百分比（10%）

3.5.3　基准测试

Hadoop 是一个高度并行的分布式平台，可以水平扩展到超级计算机规模。能够对 Hadoop 集群进行基准测试是 Hadoop 全局管理的重要组成。Hadoop 发行版中带有许多不同的基准测试工具，这些工具的目的是将工作负载加到群集上，从而可以根据所使用的硬件平台，通过 CPU、处理器、存储和网络的整体性能对 Hadoop 群集的配置和设计进行衡量。同时，基准测试工具旨在将不同的工作负载放在 Hadoop 集群上。基准测试可能需要使用多个基准测试工具。这些工具也可用于对集群进行规划。当工具将数据源加载到 Hadoop 集群之后，可以使用集群度量工具和外部监测工具来执行基准测试。操作系统、存储和网络环境都具有可用于额外度量评估的工具。

基准测试用于新集群以建立基准，以及升级或修改集群时进行测试。基准测试很好地确保了网络和存储设备的配置能够提供预期吞吐量。通过测试前后的对比可以帮助验证或排除故障。开发人员应考虑对高频应用进行基准测试。

Hadoop 是一个 I/O 密集型平台，通常比计算密集型更为内存密集型。它已经演变为必须解决批量处理的带宽以及交互式和实时查询的延迟问题。CPU 和内存可以承载的工作负载必须与存储和网络的吞吐量匹配。性能基准必须解决不同类型的应用程序以及应用的运行时特性（Tez、MapReduce、流媒体、消息传递、批处理、交互式查询等）。需要考虑的是，每个节点的负载、每个集群的负载、每个节点的最大容器数、最大网络带宽、最大总吞吐量、磁盘延迟以及测量 Hadoop 集群中不同类型的工作负载。

性能基准需要查看测量的模拟基准、生产基准和应用程序基准，需要确保了解基准测试工具以及测量的内容，否则基准测试会变成一场科学实验。请注意，基准测试工具专注于 Hadoop 数据访问模式。在生产环境中，计算可能是 Hadoop 集群的主要负载。同时可能需要执行并发 Hive 基准测试。一些基准测试必须在资源竞争或不存在竞争的情况下进行。

在 Hadoop 1 中，只能在 JobHistory 服务器中获得任务基准数据。这些数据提供的信息非常有限，系统管理员难以通过这些信息确定任务是否使用过多的资源、耗时太长等。在 Hadoop 2 中，YARN 出现了，这些任务现在都是 YARN 应用程序，所以提交给 YARN 处理数据的任何东西都称为应用程序。通过 ResourceManager（RM）可以了解应用程序度量。RM 知道谁提交了应用程序，应用程序的类型，用于应用程序的队列、状态、进度、开始时间、完成时间、已用时间、分配的内存、分配的 CPU 核数、运行容器等。所有这些度量信息提供了检验应用程序是否处于最佳状态的指导。MapReduce v1 向下兼容 YARN，所以 Hadoop 2 之前的所有任务统计信息都可以在 ResourceManager 中使用。可以运行以下命令查看 Hadoop 2 之前的任务统计信息：

```
$ hadoop job -history all <output directory>
```

可以使用不同的基准测试工具。其中比较受欢迎的工具如 TestDFSIO、TeraSort、MRBench、NNBench、Gridmix 和 HiBench 组件。一些基准测试工具可以在 hadoop-*test*.jar 和 hadoop-*examples*.jar 文件的/usr/lib/hadoop-mapreduce 目录中找到。hadoop-*test*.jar 中的工具包括 TestDFSIO、nnbench 和 mrbench，hadoop-*examples*.jar 文件中的工具包含 TeraSort（TeraGen 和 TeraValidate）。这些文件的版本号将改变，例如：

- hadoop-mapreduce-client-jobclient-2.2.0.2.0.6.0-76-tests.jar file。

- hadoop-mapreduce-examples-2.2.0.2.0.6.0-76.jar。

TestDFSIO

TestDFSIO 能够很好地检查操作系统、硬件、Hadoop 配置以及了解 I/O。TestDFSIO 使用了 MapReduce，因此它有助于测试新集群的 MapReduce。TestDFSIO 测量读取、写入和追加操作的平均吞吐量。其中，最重要的是 HDFS 的 I/O 性能，通过观察吞吐量 MB/秒和平均 IO 速率 MB/秒，然后将其与每个 DataNode 上运行的容器的数量进行比较。请记住，复制过程也会影响 I/O。重要的不仅仅是运行任务时需要多少个容器，而是能同时运行多少个容器。TestDFSIO 允许同时运行大量的读写操作，此时多个 mapper 运行在单个 reducer 上，并计算读写结果。TestDFSIO 在不使用其他基准测试工具的情况下，也能够很好地对环境进行测试。

TestDFSIO 有众多选项。清单 3.9 列出了命令语法规则。

清单 3.9　命令语法

```
TestDFSIO [genericOptions] -read [-random | -backward | -skip [-skipSize
Size]] | -write | -append | -clean [-compression codecClassName] [-nrFiles N]
[-size Size[B|KB|MB|GB|TB]] [-resFile resultFileName] [-bufferSize Bytes]
[-rootDir] RootDirectoryName

# cd /usr/lib/hadoop-mapreduce
-- Write 20 files each 10TB in size.
# hadoop jar hadoop-mapreduce-*-tests.jar TestDFSIO -write -nrFiles 10 -size 10TB

-- Read 20 files each 10TB in size.
# hadoop jar hadoop-mapreduce-*-tests.jar TestDFSIO -read -nrFiles 10 -size 10TB

-- Cleanup the files.
# hadoop jar hadoop-mapreduce-*-tests.jar TestDFSIO -clean -nrFiles 10 -size 10TB
```

3.5.4　TeraSort 基准测试组件

TeraSort 基准测试组件是众所周知的，因为硬件和软件供应商使用 TeraSort 作为行业比较，并作为不同公司或来源之间比较的标准基准测试方法。TeraSort 对 MapReduce 层的测试重点是排序阶段，并对 HDFS 进行测试。TeraSort 基准测试在 3 个连续的步骤中运行。第一步是通过运行 TeraGen 生成输入数据。如果对输入数据没有特别的要求，TeraGen 可能只需要使用一次或几次。通过使用不同大小的键和值生成随机数据，并可以更改值以修改创建的任务负载。第二步是使用 TeraSort，通过 TeraGen 数据运行排序算法。第三步是使用 TeraValidate 验证输出的排序。

例如，因为没有提供完整路径，所以在 HDFS 用户 home 目录下方将创建 terasort 输入和输出目录。请注意数字 0 的重要性，因为它是大小为 100 字节的行数。hdfs-site.xml 文件中 dbs.blocksize 块大小的参数设置也会对任务性能造成影响。terasort 输入和 terasort 输出参数是 HDFS 中用户指定的输入和输出目录，可以使用完整路径。清单 3.10 显示了运行 TeraSort 的示例。

清单 3.10 TeraSort 运行示例

```
-- Generate the input data with TeraGen and view the results.
$ hadoop jar /usr/lib/hadoop/hadoop-examples-*.jar teragen 1000000
terasort-input
$ hdfs dfs -ls terasort-input

-- Run the TeraSort using the input data created from TeraGen.
$ hadoop jar /usr/lib/hadoop/hadoop-examples-*.jar terasort terasort-input
terasort-output
$ hdfs dfs -ls terasort-input

$ hadoop jar /usr/lib/hadoop/hadoop-examples-*.jar teravalidate
terasort-output terasort-validate
Step2. CheckrecentlycreateddatainHDFS $ hadoop fs -ls terasort-validate
```

1. NameNode 基准测试

NNBench 工具在 NameNode 上执行负载测试。NameNode 将所有文件、目录和块的信息存储在 HDFS 中，同时，负责处理所有 DataNodes 的心跳。NameNode 的配置可能包括备用 NameNode 以及联合 NameNode。NNBench 工具运行大量小型任务来创建、重命名、阅读和删除文件，如清单 3.11 所示。

清单 3.11 NameNode 基准测试运行示例

```
$ hadoop jar hadoop-*test*.jar nnbench -operation create_write \
    -maps 100 -reduces 10 -blockSize 1 -bytesToWrite 20
      -numberOfFiles 100000  -replicationFactorPerFile 3 \
      -readFileAfterOpen true
      -baseDir /benchmarks/NNBench-'hostname -s'
```

2．MapReduce基准测试

MapReduce基准工具（mrbench）通过多次运行小型任务，以测试集群不同类型的运行时特性：

```
-- Run a job 10000 times with 100 mappers and 5 reducers
$ hadoop jar hadoop-*test*.jar mrbench -maps 100 -reduces 5 -numRuns 10000
```

3．GridMix

GridMix是Hadoop发行版的一个基准测试，它通过运行不同的Hadoop作业（3段链接的MapReduce任务、间接读取、大数据排序、参考选择和文本排序）来尝试在Hadoop中建立数据访问模式的模型。其中需要强调的是排序操作。GridMix能够更好地创建不同类型的工作负载。

HiBench组件越来越受欢迎。它是一个更全面的工具组件，可以将更具代表现实世界的微基准和工作负载相结合。该组件包含了多个不同类别的工作负载（目前为8），见表3.10。一些微基准测试用于HiBench套件。Hadoop发行版中的Sort、WordCount和TeraSort程序能够对MapReduce处理进行一种基准测试。HDFS基准测试使用增强型DFSIO进行聚合评估，而不是像TestDFSIO针对每个任务的平均I/O值。这为大型索引工作负载添加了Web搜索工具。机器学习是Hadoop集群中常见的工作负载，因此包括了这两个类型的工作负载。

表3.10　　基准测试总结

分类	负载类型
Micro-Benchmarks	Sort WordCount TeraSort
HDFS Benchmark	Enhanced DFSIO
Web Search	Nutch Indexing PageRank
Machine Learning	Bayesian Classification K-Means Clustering

3.6　小结

本章定义了YARN和HDFS的工作原理，并指出了一些关键的考虑因素和工具。涵盖了目录结构布局和从主数据节点进程获取信息的不同方法示例，以及如何访问每个守护程序的 Web 用户界面。HDFS 和 YARN 都有许多可配置项。

对于大多数生产环境，建议使用 NameNode 和 ResourceManager 的高可用性。具有不同运行时特性的多租户和应用程序可能在同一群集上运行，因此也可能配置使用联合 NameNode。使用调度器进行资源管理是所有 Hadoop 配置的重要部分。同时，在 Hadoop 中实现多租户也是至关重要的。每个业务部门应具有 SLA 或 QoS 保证。配置 Hadoop 集群后，不仅要对性能进行基准评估测试，还要测试新配置的 Hadoop 集群。建立性能和吞吐量基准应该是验证集群配置的一部分。

YARN 为具有不同运行时特征的应用程序提供资源管理。Apache Slider 与 YARN 协同工作，允许长时间运行的应用程序（如 Hbase、Accumulo 和 Storm）在同一个集群下运行。虚拟化和 Docker 为 Hadoop 管理员提供了许多配置选项。

YARN 和 HDFS 是定义 Hadoop 集群如何进行处理和存储的两个框架，它们是 Hadoop 的核心框架。了解它们如何工作可以更好地了解 Hadoop，这一点非常重要。每个新版本都会在这两个框架中不断添加新功能，因此，当新版本 Hadoop 发布时，会保持对节点的更新。

第4章 现代数据平台

在人类（也包括动物）漫长的历史中，能学习协作并且最有效付诸行动的将获得胜利。

——William Arthur Ward

本章将介绍一些关键的框架，它们帮助定义了现代数据平台的组成和功能。

4.1 设计一个 Hadoop 集群

Hadoop 集群是一个高性能的超级计算平台。在开始设计 Hadoop 集群时必须考虑以下关键因素。

- 从推荐的硬件供应商列表中选择硬件配置。筛选出不必要的硬件组件，比如数据节点的双电源配置。随着集群增长，应该平衡 CPU、内存、网络和磁盘配置以保持吞吐量。同时必须避免瓶颈发生；还有一点比较重要的是：当系统增长时资源也不会空闲。
- 决定如何实现集群安全性。理解边界安全、认证、集群内部外部授权、加密等需求。
- 决定边缘节点的配置。了解当集群增长时吞吐量如何增长。
- 设计具备高可用性的主服务器。重要的是需要平衡高可用性（HA）参数与虚拟化参数，例如：
  - Hadoop 软件提供的高可用性参数。

    - 硬件高可用性（SAN）。
    - 虚拟化。
    - 云高可用性参数。
- 配置从服务器性能。
- 决定数据采集策略和数据采集参考架构。
- 定义数据治理策略。理解元数据管理、数据目录、数据生命周期管理、数据保存时间框架和备份恢复需求。
- 理解 Hadoop 集群需要解决的使用示例，并为使用示例选择合适的框架。
- 定义数据架构指南与最佳实践。
- 识别哪些软件可以用于数据转换和数据分析。
- 让用户在集群中能简单、快速地操作数据。
- 保证 Hadoop 集群满足合规性和安全审计。
- 决定满足交互式和实时查询的执行模型和框架。
- 为不同的业务部门和用户定义资源管理。
- 始终保持简单。复杂的系统失效的方式也复杂。用户必须了解数据环境。并且数据环境必须易于访问和使用。数据存储和数据目录将使数据更容易操作。
- 理解每个人都将接受“如何管理和使用集群”的培训。如果在管理或使用 Hadoop 与新环境中缺乏数据方面的相关技能，项目常常会遇到一些问题。随着系统的增长和新人的加入，他们需要被快速培训以掌握正确的技能。
- 定义资源管理、分组等并保证每个人都理解集群资源管理。
- Hadoop 2 有多个执行模型，包括 MapReduce2、Tez（HDP）、Impala（CDH）、数据缓存和 NoSQL。确保每个人都能理解如何使用 Hadoop 发行版和软件框架的方式访问数据的决策树。
- 了解员工队伍以及 Hadoop 集群的可扩展性。克服技能差距。了解如何使 Hadoop 可访问并且易用。
- 理解 Hadoop 和 NoSQL 如何满足企业总体数据战略。理解如何平衡各数据平台的优势。Hadoop 需要与现存的基础设施集成。
- 测试所有程序和操作指南，直到团队对管理集群非常满意。

当用户正在以上述列表的各方面做决定的时候，记住，一个大数据平台（Hadoop 和 NoSQL）关乎于数据和数据的快速变现（或者数据洞见）。所有关于 Hadoop 集群的工作都是将数据更快地（速度）交到数据科学家和分析师手上。尽管 Hadoop 已被成功实施多年，相对来说整个生态也在走向成熟，但在数据治理和安全方面的不成熟仍然是显而易见的。

每一个 Hadoop 发行版提供商都有唯一针对数据治理和安全的解决方案。比如，Cloudera 使用 Sentry 和 Gazzang，Hortonworks 使用 Apache Ranger 并且跟合作伙伴协作提供加密和令牌。对于数据生命周期管理，Cloudera 使用 Cloudera Navigator，Hortonworks 使用 Falcon。类似于 MapR 和其他的一些发行版拥有自已的数据治理和安全解决方案。理解数据治理如何跨传统平台和 Hadoop 以及 NoSQL 进行集成。应该在开始阶段就设计平台中的安全，不应该等到后面。

Hadoop 生态中的数据治理并不是很成熟，所以必须定义清楚。数据目录将对数据消费的易用性产生重大影响。最困难的方面是选择元数据仓库。从不同来源的元数据需要流动至中央元数据仓库中。Hadoop 正在增加来自传统系统的功能，而传统系统也正在添加 Hadoop 中的功能。现在，MapReduce 应用和 R 脚本可以运行一些关系型数据库和企业级数据仓库的最新版。连接器可以使传统数据平台与 Hadoop 平台或者 NoSQL 数据库之间进行 SQL 联接查询。谁将拥有查询？数据将保存在何处？我们可能会看到混合解决方案的出现，它整合利用了 RDBMS、EDW、Hadoop 和 NoSQL 平台。这种混合解决方案需要企业中的数据能够被不同的数据平台消费。这更需要企业拥有一个数据目录，它让数据能跨传统系统和大数据系统进行消费。

下一步是探索数据在数据生命周期中的数量，以及增长和持久化情况。数据从不同的数据源以不同的格式和布局呈现。数据架构师需要为数据选择最佳的存储格式。当数据被加载至 Hadoop 集群中时，重要的是将数据作为原始来源进行维护。原始来源不应该被修改并保持原始状态以验证数据。数据分析和服务层协议的类型将决定数据层次以及将会发生的数据转换。动态加密和静态加密可能是一个简单的解决方案，但也是昂贵的，要确保采用了正确的安全级别。

对于企业来说，使用 Hadoop 集群作为唯一数据源将带来很多优势。当前，YARN 允许具有不同运行时特征的应用运行在同一个资源管理平台下。HBase、Accumulo、Storm、Spark 和类似框架可运行在 YARN 下。可以通过配置资源管理以使具有不同运行时特征的应用全都能运行在同一个 Hadoop 集群中。

对于垂直扩展的专有平台来说，数据存储在开源环境中更加便宜。开放源码环境可以降低昂贵的数据跳和副本数，轻松支持不同类型的数据结构，并且可以使用商业硬件进行线性扩展，以便在计算、IOPS 和存储方面具有成本效益，从而满足企业需求。Hadoop 是一个强大的数据提取平台，并且可以减少许多企业级数据仓库（EDW）的 ELT 工作。Hadoop

通常可以减少 30%～40%的 EDW 的计算过程，以使 EDW 能使用更多的计算周期进行分析工作。Hadoop 的读模式支持延迟的模式绑定，支持随数据分析持续进化的灵活的模式。

Hadoop 的高性价比存储使企业能够更长时间的存档数据，甚至将备份存储在 Hadoop 中。将数据优化从企业级数据仓库转移到 Hadoop 的能力是 Hadoop 集群的另一个优势。由于 Hadoop 可以使用商业硬件以少于$100/TB 的成本扩展存储，从而使数据移动的成本大大降低。一些数据库管理店开玩笑说，他们在 Hadoop 中创建了 2 个或 3 个副本，而不是只有 1 个备份。重点在于，企业应该探索 Hadoop 能给现代数据平台带来的优势，并且找到最大化数据转换、存储和分析的方法以提升企业数据变现的速度。

由于企业对提高数据分析的质量和速度的需求日益增长，现代数据架构已经被定义。用于分析数据的单一来源可减少数据跳和数据副本数，同时通过增加不同来源之间的数据相关性提高分析质量。使用更低的成本存储更多的数据也可提高结果的准确性和预测分析能力。

单源数据着陆区的要求如下。

- 可以经济、高效地进行扩展。
- 可处理具有不同运行时特点的不同类型的数据。
- 可支持 OLAP 分析和交互式查询。
- 可以处理大量的数据摄取。
- 可以高效地基于大量的数据进行分析。

企业因数据分布在不同的业务部门、数据供应商和信息孤岛而挣扎多年。这些孤岛是在数据中心中构建统一数据平台的阻碍。数据平台支持对来自不同的数据源的数据进行因果关系、相关性和预测性分析。此统一数据平台带来了几乎无限的可以询问数据的问题，这也导致了数据湖的出现，以及现代企业级数据平台的最新变革。无论单数据源平台是数据湖、企业数据中心、数据池还是数据元组，目标都非常相似。

对于企业正在探索的新级别的分析中，非常重要的一点是，可将来自不同来源的不同格式的数据组合在一起以回答更加非富的问题。这更多的是企业和思维方式的挑战，而不是技术上的挑战。这种变化需要改变企业如何思考和使用数据。这种转变需要高级管理层在后面支撑，同时也需要花费时间和精力帮助业务部门和技术人员理解围绕数据进行变革的重要性和原因。大型企业都是项目驱动并以项目为中心的。单独的项目通常不会看到数据对于其他业务部门的价值。重要的是，随着不同的业务部门将数据加载至数据湖中，它们开始理解对于企业来说如何使数据更易消费。数据应该水平地从整个企业的角度进行审视。我们不希望数据湖中会产生数据孤岛。业务部门也需要相信数据湖中的数据是从各个安全级别进行保护的。

对于互联网、银行、保险公司、游戏公司、通信业巨头、零售业、医疗健康和其他任何需要存储和分析多元结构数据的公司而言，数据湖是一个非常有吸引力的平台。数据湖拥有多方面能力。这些能力可以由 Hadoop 生态中的不同的框架提供。像 Flume、Sqoop、WebHDFS、HDFS NFS、HttpFS、Storm、Spark Streaming 和 Kafka 等数据采集框架支持一系列的数据移动能力。不同的数据供应商和第三方企业同样提供了许多不同的流式解决方案。

- Oozie 为数据加载、转换和移动提供调度和工作流管理。Oozie 和它复杂的 XML 配置文件并不是核心。用户应该寻找更容易使用的调度和工作流管理的解决方案和接口。
- Falcon 为数据归档、备份、保存、移动和转换提供数据生命周期管理。
- Knox 为数据中心中的 Hadoop 集群提供安全认证模型和网关。
- HCatalog 为访问数据的模式提供元数据存储。
- Hive 为 Hadoop 提供交互式 SQL 引擎和数据仓库基础设施。
- Pig 是一门支持数据访问和转换的脚本语言。
- HBase、Accumulo、MongoDB 和 Cassandra 提供 NoSQL 数据库能力。一般大数据解决方案都会包括一个 Hadoop 和一个 NoSQL 平台。
- MapReduce 提供批处理能力。
- Tez（Hortonworks）提供优化批处理和交互式查询能力。
- Impala（Cloudera）提供快速内存数据访问。

企业需要探索如何以不同的方式利用这些框架，以定义出最优的、可扩展的解决方案。

正如前面提到的，理解 Hadoop 就是理解它的框架及它所提供的特征和功能，同时综合利用这些不同的框架。Hadoop 是一个高可扩展性的平台。可以添加不属于 Hadoop 发行版的额外框架以提供额外的功能。Hadoop 的每个新版本都引入越来越多新的框架。我们将介绍这些框架，以及它们如何帮助形成数据湖。

企业级数据移动

在数据湖的相关架构中，数据采集是非常重要的一部分。本节将更详细地介绍不同的数据采集框架。

1. 企业级数据平台的进化

正如之前所讨论的，企业今天使用关系型数据库和企业级数据仓库运行业务，明天仍然会使用它们运行相关业务。我们拥有所有新的数据类型，它们是企业需要访问的来自不同的数据源的大量新数据。垂直可扩展的数据仓库在存储和处理半结构化和非结构化时非常困难。比如做一件类似于使用数据仓库存储点击流数据的简单的事情，对于传统平台上的专有 SAN 存储平台而言也会所成本限制。这就是 Hadoop 可以解决的地方。Hadoop 允许将这些新的数据资产组织成一种新的逻辑上集中的企业数据平台，并具有许多可能的组合。可使用 Spark、数据缓存和 NoSQL 提供近乎实时的数据访问。根据使用示例，可以选用这些选项中的一个或多个。

Hadoop 框架为数据平台带来了很多灵活性。例如，使用专用数据仓库，大多数据需要使用专用的 BI 工具、硬件、元数据、数据容器和存储。使用 Hadoop，各层之间既可相互独立，也可共同协作。Hadoop 可以使用例如 Tableau、Cognos、DataMeer、MicroStrategy、BusinessObects、SAS、Splunk 和 Platfora 等 BI 工具，这些工具可以列出更多。像 SAP、Oracle、IBM Teradata 之类的公司都提供与 Hadoop 集成的解决方案。数据被加载至 Hadoop 中之后，分析师可以用已经使用多年的 BI 工具与 Hadoop 集成。运行在 Hadoop 之上的分析软件一直存在巨大的竞争。

随着数据湖作为各种多样化类型数据的唯一着陆区域，数据湖可扮演许多不同的角色。一些角色包括：数据采集引擎，探索性 BI 的初始点，企业级数据仓库（EDW）分流优化，不同数据源备份，计算网格，分析网格，存储网格，归档平台，交互式及实时处理和一个重要的数据分析平台。

下面列出了通过 Hadoop 采集数据的不同方式。

- Hadoop 可以从 RDBMS（关系型数据库管理系统）、平面文件（XML，JSON，CSV，二进制）、消息队列和事件数据（点击流数据）等采集数据。
- 可以使用外部工具将数据发送至演示区域，然后通过 HDFS 命令或者应用将数据加载至 Hadoop。
- 一个 Hadoop 发行版包含很多数据采集框架，比如 Oracle Data Pump、Microsoft BCP 和 Teradata Fast Export 等外部工具可以将数据转成平面文件并加载至 Hadoop。
- Flume 可以用来将 JMS（Tibco）消息加载至 Hadoop。
- 可以使用 SCP 或者 FTP 将 XML、JSON、CSV 和二进制文件等数据加载至 Hadoop 演示区域。
- 可以使用 Flume 和 Storm 将流数据加载至 Hadoop。
- 可以使用 distcp 命令将数据从一个集群拷贝至另一个集群或者在集群内部拷贝。
- 可用使用 MapReduce、Hive 和 Pig 编写应用将数据加载或者拷贝至 Hadoop 集群。
- Kafka、Storm 和 Spark Streaming 也成了非常受欢迎的数据采集框架。

重点在于有很多不同的使用示例将数据加载至Hadoop。每个都有不同的选择，具体取决于需要被加载至Hadoop的数据的数量和速度。表4.1总结了不同的数据源和数据转换方式。

表4.1 不同的数据源和数据转换方式

数 据 源	数据转换方式	描 述
RDBMS and EDW	Sqoop, Informatica, Abinitio, Quest, DataStage, vendor connectors, Talend, Pentaho	从SQL数据源来或至Hadoop
Web日志	Flume, Storm	流式存储至HDFS
消息和队列	WebHDFS, HttpFS, Flume, Storm, Kafka	消息数据存储至HDFS
文件	HDFS命令，WebHDFS, HDFS NFS, HttpFS, Java, Pig和Python	写文件至HDFS

表4.2对比了企业级数据仓库与Hadoop数据平台。

表4.2 企业级数据仓库与Hadoop对比

层 次	企业级数据仓库	Hadoop数据平台
架构	数据移动至应用侧	应用移动至数据侧
模型	关系型	非关系型
事务	事务型，符合ACID	非事务型（无ACID，但功能可增加）
结构	模式驱动	无模式
模式	写模式	读模式
存储单元	16k～2k块	64～2 048MB块
BI工具	专用和第三方	开源和第三方
数据结构	很难使用半/非结构化数据	轻松使用半/非结构化数据
存储	共享存储（RAID，SAN，NAS）	非共享存储（本地磁盘）
查询引擎	ANSI SQL	Hive SQL（HiveQL）
元数据	系统表	HCatalog
数据容器	表	文件
存储	存储区域网络	本地网络

2. 企业数据移动

Hadoop是一个可存储所有类型数据并且支持不同运行时特征的数据平台。关键是引入各种不同来源的数据，以增加可以询问数据的问题的范围和复杂性。单一数据源允许考虑和评估更加深入的相关性问题。拥有此能力的目标应该是减少需要使用的数据跳。每一个数据跳对于企业来说都非常昂贵。Hadoop 可以作为一个单数据源平台以减少在大多数公司中存在的数据孤岛。

构建 Hadoop 数据平台时非常重要的一部分是数据在不同的数据源之间移动。通常，所有处理任务的 30%～60%发生在企业数据仓库的采集转换和加载（ETL）阶段。随着 Hadoop 成为一个可以存储来自多个数据源的数据以及可以扩展成超级计算机的数据平台，我们期望将数据从 Hadoop 中转出或转入成为任何大数据解决方案的关键部分。

ETL 通常提取数据；执行转换并聚合，修改和过滤数据；然后存储数据。因为纵向弹性系统的 SAN 存储成本很高，所以数据转换通常在数据加载之前执行。Hadoop 存储原始数据非常重要。部分原始数据今天虽未被使用，但是未来可能是做决策的重要参考部分。在加载数据之前修改数据可以消除用户将来可能遇到的一系列问题。对于大数据平台而言，它是 ETL。在做数据分析时，从未被更新的原始数据开始是非常重要的。这个原始层成为数据平台进行校验的根本。可以采用转换创建额外的数据层，以创建更多的数据结构和表单并进行更详细的分析。无论何时执行转换，都可能会损坏数据。通过保持原始层不变，数据验证的来源将始终存在。

Hadoop 中可以使用不同的数据架构。图 4.1 显示的 Lambda 架构是一个非常流行的架构，它在 Nathan Marz 的大数据一书中已强调。Lambda 架构解决了用于详细分析的数据访问以及用于近实时数据访问的数据层。Lambda 架构通过将数据分成 3 层，解决了在任意数据中做任何处理的问题。

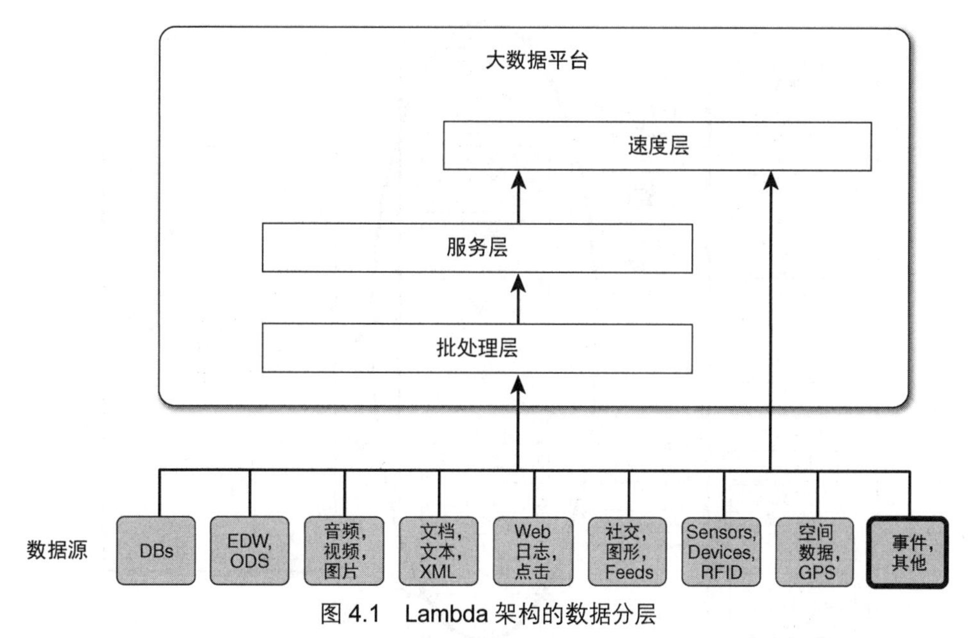

图 4.1　Lambda 架构的数据分层

表 4.3 列出了 Lambda 架构中各层的不同功能。

表 4.3　Lambda 架构中各层的不同功能

Lambda 架构层次	层 次 功 能
批处理层	● 包含最初加载非过滤的原始数据 ● 从原始主数据层转换数据 ● 在处理层和速度层被创建新数据 ● 在批处理层原始数据被附加至已有数据中 ● 批处理视图在批处理层生成
服务层	● 可以存储批量视图中的数据 ● 当加载至服务层时，数据可以被转换、修改、聚合和过滤 ● 在服务层构建模式仓库以访问数据 ● 可以拥有索引并且可以存储至分布式数据库中
速度层	● 在批处理层和速度层创建新数据 ● 设计用于解决增量数据和数据的实时查询 ● 包含数据的最新视图 ● 数据用于更新实时视图 ● 数据保存在速度层中以缩短定义的时间范围 ● 可被缓存，可以持外化在 HDFS、Spark、NoSQL 或者其他框架中

图 4.2 显示从不同类型的数据源摄取数据的选项。

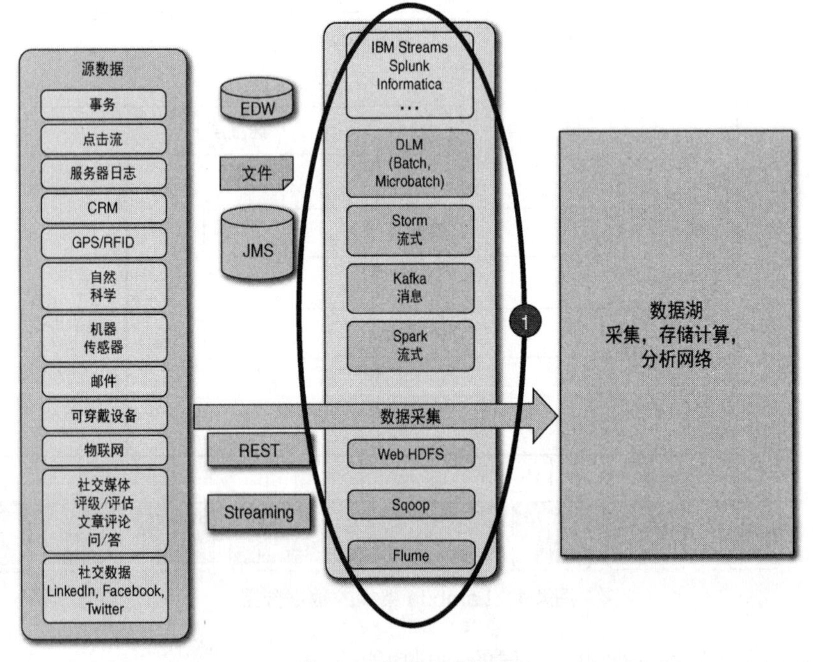

图 4.2　数据采集示例

参考的架构必须灵活。一个解耦的架构具有很大的灵活性来处理随时间所带来的变化。此示例布局只是许多可能的布局之一。存在许多用于定义不同级别的框架的选项。图 4.2 的目标是显示如何实现一个相关的架构。

Hadoop 是一个鼓励和促进解耦架构的敏捷平台。由于数据比存储和应用程序更加持久，因此意味着在整个企业架构中需要灵活：数据源可以改变；数据处理可以更新；分析工具由于商业原因可以被更换。Hadoop 可为企业屏蔽这些不可避免的变化，图 4.3 是一个适合 Hadoop 的杰出架构。

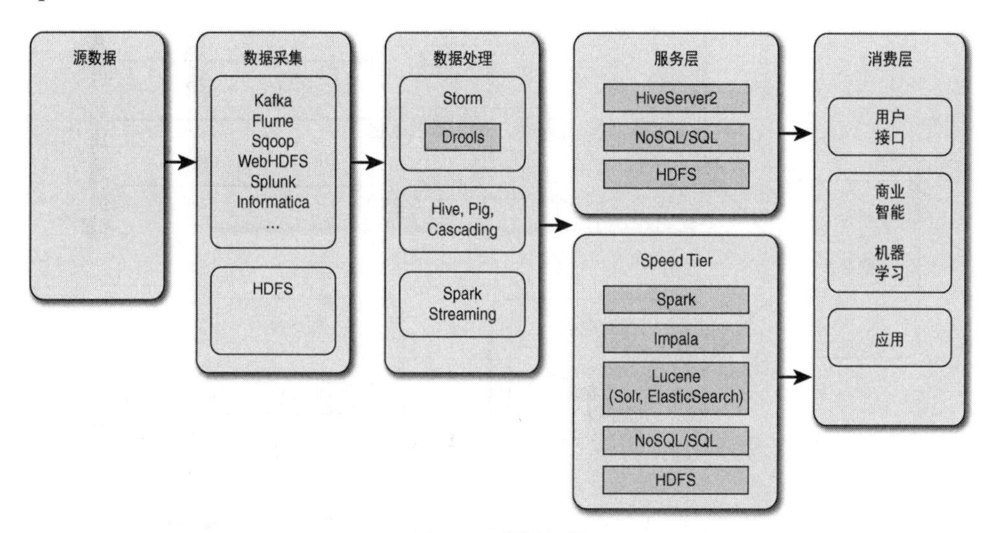

图 4.3 解耦架构

图 4.4 所示的 Lambda 架构也是一种设计模式。正如之前所示的，实现设计模式的方法同样是灵活的。也有可能出现既有实时视图又有批处理视图这样的合并视图。

正如之前所讨论的，Hadoop 和大数据不仅仅是科技。它正在改变一个企业，加快从原始数据创造商业价值的过程以更快地获得竞争优势。数据驱动型企业一直以来都备受关注。以数据驱动的企业使用数据做出基于事实的决策。以数据为驱动是非常重要的。然而，长期的目标是同时以速度驱动。以速度驱动的企业关注于提高从原始数据至有价值的业务洞见的效率。速度驱动企业必须构建一个可适配的并且足够敏捷的企业平台以适应不断发展的流程、产品和软件框架。为企业定义正确的数据采集相关架构是成功的关键。它类似于设计精益生产的概念，但是是对于数据。成功的以速度驱动型的企业在数据采集、元数据管理、数据转换和数据架构等关键领域表现出色。

我们知道数据流水线正在改变和进化。数据采集是关于管理数据流水线中的更改。明显的数据流水线的改变包括如下内容。

- 输入源和输入类型的发展。
- 输出源和数据类型的发展。
- 容量和速度随时间增长。
- 压缩和加密算法发展。
- 事件处理变得更加复杂。

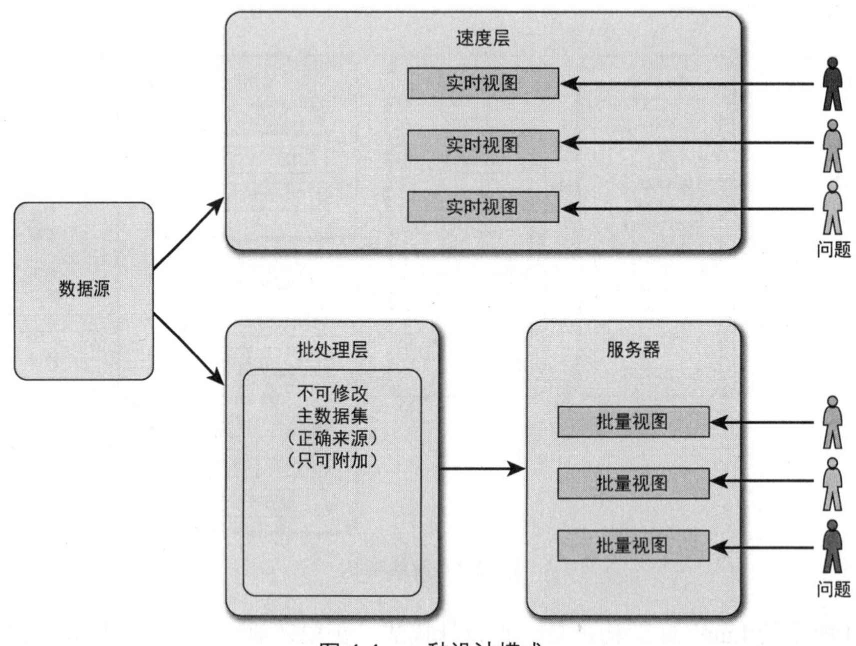

图 4.4　一种设计模式

大多数企业都已经在 Oracle、IBM、SAS、Teradata、Microsoft、Informatica 等方面为软件投资。数据采集解决方案的一部分就是如何将企业已使用多年的软件和开源的解决方案相结合。

数据应该变现。Hadoop 提供了额外的、灵活的读模式，所以当数据到达批处理层的磁盘时就可以开始进行分析。NoSQL 数据库在未创建模式时也可以加载和访问数据。此方式允许 Hadoop 和 NoSQL 可快速开始分析数据而不需要花费大量的时间将数据放在模式中进行存储。探索性 BI 在 Hadoop 中执行得非常迅速。然后可以使用批处理视图转换数据以获得更详细的分析。即使数据存储在 HDFS 的文件中，也仍然可以为其定义模式。那么 SQL 语句便可以使用模式开始询问更加复杂的问题。Hadoop 和 NoSQL 是关于提供速度和敏捷，并且允许更快速和简单的发生改变的环境。

3. 将 Hadoop 融入企业

当前，企业使用关系型数据库和数据仓库运行业务。在 Hadoop 之前，企业利用数据仓库平台存储原始数据以及执行 ETL 和数据分析处理。此种方式被证明成本高并且限制企业存储更多或者所有业务部门需要用来做出更好业务决策的数据的能力。通过 Hadoop，企业可以更加快速地处理 ETL 和分流原始数据。这种结果允许数据仓库做真正擅长的商业智能处理。随着企业在 Hadoop 经验方面越来越成熟，它们可以找到使用 Hadoop 的新方式去帮助业务将新数据集变现。

最好的开始使用 Hadoop 的方式并不是查看近几年来已经僵化的数据平台，而是探索新式数据类型和数据源的相关使用示例。成功构建第一个使用案例，然后查看其他的数据并将其引入 Hadoop 集群。开始构建 ETL 相关架构并积累从不同数据源采集数据的经验。是否有数据仓库可以将更多的数据更早地归档到 Hadoop 中？查看是否有数据仓库让你可以缓减压力。操作性数据存储和持久化暂存区域是将数据移动至 Hadoop 的有力候选者。是否存在数据仓库可以执行分流优化以允许数据仓库中更多的计算资源可以用于分析？是否存在可以存储大量半结构化和非结构化数据的数据库以便 Hadoop 可以低成本高效率的处理？

如果查看任何成熟的 Hadoop 环境，将看到如图 4.5 所示的 Hadoop 集群、关系型数据库

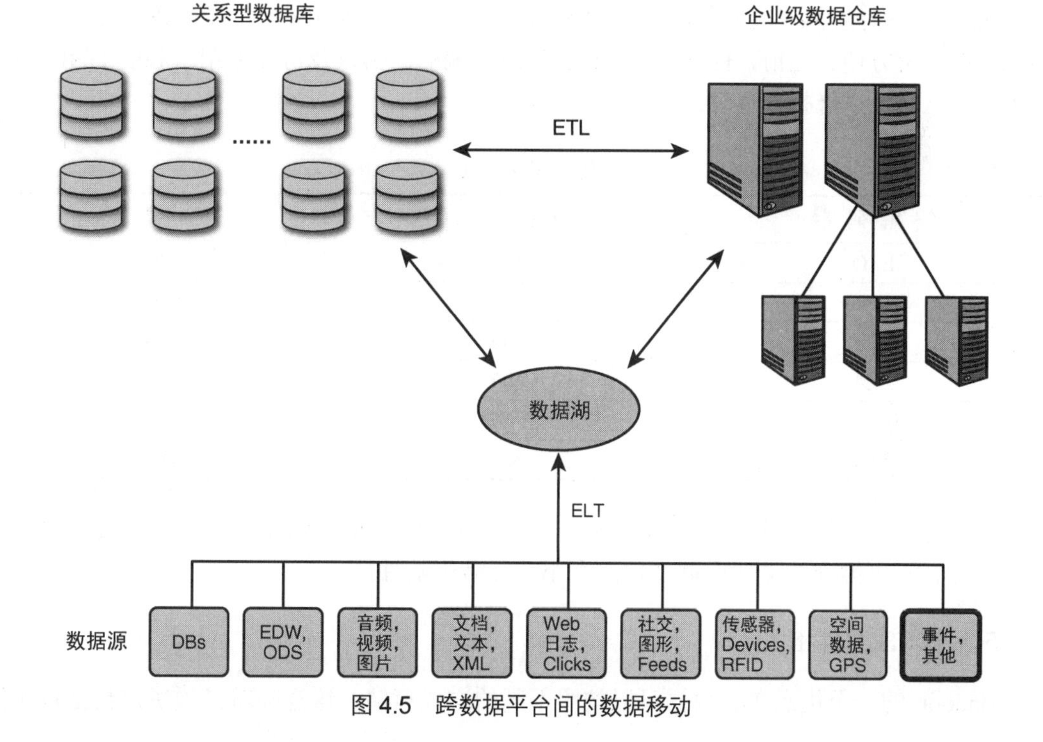

图 4.5 跨数据平台间的数据移动

和企业数据仓库之间的数据移动。传统的 ETL 发生在关系型数据库和 Hadoop 之间。数据湖可以从关系型数据库接收数据并且通过分析来改进决策，所以在线事务处理（OLTP）应用可以做出更好的决策。Hadoop 可以为数据仓库执行分流优化，同时可以为数据仓库处理数据采集和转换。Hadoop 在企业中的角色类似于关系型数据库和数据仓库的角色。综合使用每个数据平台优势的解决方案应该是 Hadoop 设计的一部分。

4．压缩

在任何转换和存储大量数据的时候，压缩都是一个非常重要的考虑因素。压缩可以极大地降低存储空间并提高数据跨网络传输的性能。压缩同样会消耗额外的 CPU 处理能力，所以需要权衡利弊。存在提供不同的功能、压缩率和比率的压缩编解码器。压缩编解码器分为两类：具有快速压缩速率的编解码器和可实现高压缩比的编解码器。频繁使用数据时，使用快速的压缩率的编解码器；当归档数据时，使用高压缩比编解码器更加合理。Hadoop 集群使用不同的编解码器来优化不同的数据集。编解码器压缩与解压缩时间可能存在很大差异。LZO、LZ4 和 Snappy 编解码器是高速编解码器。Bzip2 和 Zlib 则强调更高的压缩比率。对于压缩存储，请使用 Bzip2，因为它是可拆分的，这意味着 Hadoop 可以对使用此编解码器的任何数据进行并行处理。Hadoop 的“shuffle”阶段可以使用任何高速编解码器，如 LZO、Snappy 等。

Hadoop 发行版内置大多数的压缩编解码器。LZO 需要使用 GNU 许可证下载，但下载和配置都非常方便。当前，Hadoop 自带 5 种压缩编解码器以及可以使用单独的 GNU 许可证下载，这样可以选择 6 种编解码器，见表 4.4。

表 4.4 压缩编解码器

编解码器	可拆分的	扩展符
LZO	NO	.lzo
Snappy	NO	.snappy
GZIP	NO	.gz
LZ4	NO	.lz4
Bzip2	YES	.bz2
Zlib	NO	.deflate

需要考虑支持拆分的压缩编解码器。支持拆分文件的编解码器可拥有多个读文件块的并行任务。不可拆分的文件根据文件的大小会显著影响性能。

5．HDFS 文件格式

Hadoop 的一个优点在于数据可以按照不同的方式存储，这意味着必须决定数据将如何使用，然后找到最佳的存储方式。下面列出了在存储数据时需要做的关键决定。

- 使用什么格式的文件存储数据？
- 数据应该被压缩吗？
- 如果想要压缩数据，应该使用哪个编解码存储系统，比如数据是否存储在 HDFS 或者 NoSQL 中？
- 如何处理数据？

记住，用新版本查看描述文件，因为新版本的 Hadoop 的格式新增了更多的功能。

第一个需要决定的是存储系统。数据被存储在 HDFS 或者其他类例于 NoSQL 数据库的地方？数据在哪里处理？数据将从 HDFS 或者 NoSQL 处理？是否会被加载至内存处理框架中，如 Impala，Spark 或者 Flink？

对于文件格式，数据可以使用下列任何格式存储（列表并不详尽）。

- 纯文本本文文件，如网络日志或者 CSV 文件。
- 二进制文件。
- 序列化文件。
- MapFiles。
- SetFiles。
- ArrayFiles。
- BloomMapFiles。
- XML。
- JSON。
- Avro。
- RCFile。
- Parque。
- 优化行列（ORC）文件。

所有文件格式都具有各自的优点和缺点，使用何种文件格式具体取决于处理方式。存储数数的最佳方式由数据如何处理以及性能和 I/O 操作决定。有些格式跟发行版紧密关联；比如，Cloudera 适合 Parquet，Hortonworks 适合 ORCFiles。由于可以安装序列化和反序列化工具（SerDe），因此也可以在 Cloudera 中使用 ORCFiles。从根本上说，SerDe 是一个 IO 接口，Hive 或者 Pig 可以使用它来向 Hadoop 中读写文件。对于不是开箱即用的文件来说，这通常是必要的。比如，Hive 内置的 SerDes 包括 Avro、ORC、RegEx、Thrift、Parquet 和 CSV。所有这些 SerDes 都遵循使用 API 初始化（对于列、列名）、序列化（写入至 Hive 表）和反序列化（读取表）。当应用从序列化的 hive 表中读取数据时，SerDe 的实现类会利用对象检查器通过反序列化工具正确地映射和转换行、列、列名和数据类型。另外的考虑因素包括数据是否可分割以达到更高的并行化或压缩率，以及处理该格式失败时的行为。

重要的一点是，所有原始数据必须被存储在 HDFS 中。对原始数据进行的任何处理都会产生高价值的数据输出，业务必须确定这些输出数据的用户以及他们用于做出业务决策的工具。选择错误的文件格式可能会导致业务工具无法使用。例如，当使用 BI 工具进行报告或分析时，JSON 不是一个可识别的格式。一般来说，面向文档的格式非常适用于操作型使用示例，但不适用于分析任务。未来分析工具和格式的选择可能会发生变化，因此将原始数据保存在 HDFS 中将使公司能够以工具能轻松处理的文件格式生成数据。

如果要频繁访问多列，建议将文件放在行列格式中。如果要频繁访问特定的列，建议以列式存储数据，例如 RCFile、Parquet 或 ORCFile。列式存储拥有显著的高压缩比率。例如，Parquet 和 ORCFiles 可以实现比文本文件更高的压缩率和更好的访问性能，同样也优于 RCFiles（较旧的分列格式）。随着 Hive 的改进以及向量化查询和谓词下推（PPD）的支持，分列格式的性能显著提高。使用不同的格式非常简单。

下面是创建一个 ORCFile 并设置压缩编解码器的语法示例：

```
CREATE TABLE my_cool_table (
  ...
)  STORED AS orc tblproperties ("orc.compress"="SNAPPY");
```

如果要压缩数据，则必须决定该格式是否支持分割压缩。可分割的文件可以通过增加可执行的并行化级别来提高处理效率。文件格式将压缩编解码器存储在文件头中。这样可以轻松使用不同类型的压缩编解码器。

SequenceFiles 将数据存储为具有键/值对的二进制文件。SequenceFiles 支持以未压缩、记录压缩和块压缩格式存储数据。压缩块中的多个记录通常会比压缩单个记录提供更好的压缩比率。像 SequenceFiles 这样的格式可以使用文件存储元数据，例如压缩编解码器类型、键值对信息、同步标记甚至用户自定义的数据。同步标记支持具有分割能力的高并发处理。

序列化格式如 Writables、Protocol Buffers、Thrift 和 Avro 都支持序列化反序列化，从数据结构到字节流到数据结构。Avro 越来越受欢迎。Avro 将数据模式存储在每个文件头中，因此它是自描述的。可以用 JSON 或 Avro IDL 编写模式定义。Avro 也非常灵活，因为读取模式和写入模式可以不同，这使得模式可随时间的推移而发展。Avro 使用类似于 SequenceFiles 的同步标记，并支持布尔型、int 型、浮点型、字符串型、枚举型、数组型和映射表型等数据类型。Avro 文件也可被压缩并可拆分。Avro 支持压缩编解码器，如 Snappy、LZO 和 zlib。

通常在使用大容量数据时应考虑对数据进行压缩。压缩和解压缩会消耗 CPU 处理能力；然而，I/O 带来的好处通常要超过 CPU 开销，所以好的实践是考虑压缩。压缩需求应根据业务的容忍情况进行验证。例如，ETL/ELT 和分析处理可能在同一集群内同时发生。由于 mapreduce shuffle 阶段，网络上将产生大量的数据移动，为了节省网络带宽，可以在 shuffle 阶段使用压缩。当保留磁盘空间的必要性高于对性能的轻微影响时，在存储数据时进行压缩就变得很重要。所以这是一个权衡，业务部门必须在节省存储/网络空间与性能之间做出决定。

注意，某些文件格式不可分割。一些编解码器提供更高的压缩比率；其他人以更少的压缩或更好的平衡压缩和处理速度以提供更高的处理效率。根据数据的相似性，对数据进行排序可以提供更高的压缩比率。

下面是一些流行的用于处理的编解码器。

- Snappy 是处理速度更快的编解码器之一。Snappy 使用容器格式（如 SequenceFiles 和 Avro）来进行分割。
- LZO 也是更快的替代方案之一，它使用的文件是原生可压缩的，因此它们不需要容器文件，但它们需要索引。由于许可证的原因，LZO 未随 Hadoop 一起发布；然而，LZO 的安装非常简单并且仅需少量的参数设置即可启动。
- GZIP 拥有更优的压缩比率但并没有那么快速。GZIP 的读取性能要远快于写入性能。因为压缩并不是原生的，所以 GZIP 必须使用容器文件。
- BZIP2 提供非常高的压缩比率，但是速度更慢。当存储作为主要用途时，使用 BZIP2 是合理的。BZIP2 也是原生可拆分的。
- MapReduce 在本地存储中存储临时数据。通常最佳实践是将 MapReduce 中的临时数据进行压缩。

当压缩编解码器本身不支持可分割时，诸如 SequenceFiles 和 Avro 之类的容器格式是可分割的。

不同工具的默认格式通常不会对数据的处理进行优化，因此当数据加载到目的地时可以进行数据转换，也可以在数据进入 HDFS 后进行转换。数据转换通常将数据存放在结构化格式中，以便进行更详细的分析。

通过了解文件类型的分类将给数据处理带来一些新的看法。例如，有基于文档的文件、平面文件和基于专有的二进制文件。

面向文档的数据横跨 XML、JSON、EDI、SOAP 等。这些数据本质上是可操作的。所有数据都可以存储在 HDFS 中，用于进行分析、数据扩充和归档。但这些文件类型通常被转换和标准化并存储到数据库表中，以执行典型的 BI 处理。为了标记包含错误、故障或异常的文档以进行调查，也可以为其生成索引。例如，如果 SOAP 消息包含错误代码和描述，则可以使用索引工具（如 SOLR）使操作支持团队可以进行实时搜索。SOLR 有一个名为 Banana 的 UI，可用于自定义可显示和搜索的文档的矩阵和视图。

在全球范围内提供旅游预订应用程序的一家公司通过捕获数百个应用程序文档，并根据应用程序发生的故障，使用 SOLR 对其进行索引。然后通过 Banana UI 公开索引的文档，进行近实时的趋势分析。文档从进入数据中心到进入 Banana UI 的时间只需要 500 毫秒或者更短，操作团队可以主动识别具有问题的系统，并以实时方式解决问题。这使得公司能够以最少的中断经营业务，并与增加的预订量直接相关。

像 CSV、TSV 等平面文件是可在 Hadoop 中无需任何转换直接用于数据科学和业务分析的最简单的一些格式。例如，CSV 原始数据可以立即导入 Hive 数据库表，而无需任何数据清理或操作。或者像 SAS 这样的 BI 工具可以针对原始 CSV 数据做任何用户想要做的计算。专用文件（如 Excel 等）通常需要一定程度的数据转换和映射任务才能进行处理。专用库用于提取数据，并且该库可以作为 MapReduce 作业执行，最终将其放入足以用于分析、数据发现或机器学习的格式。

诸如 PDF、JPEG 等二进制文件为业务决策者提供了有趣的信息，并将这些数据存储在 Hadoop 中。例如，一家租赁公司的业务部门将已签署的合同转换为扫描的 PDF 表单。该公司最终却将数千份合同存储在其环境中，无法基于传统系统对其进行分析。一个例子是确定客户具有哪些属性，以识别续签合同或向客户提供更多租赁业务的机会。另一个例子是根据客户合同来确定高风险的客户。光学字符识别（OCR）库可用于扫描和解析 PDF 图像，并捕获与业务需要执行的分析有关的文本。捕获的文本可以存储在 Hive、HBase 或 HDFS 中。因此，业务用户可以根据分析处理的结果轻松提取合同；SOLR 可用于对 PDF 图像及其捕获的文本进行索引，并应用于全文搜索。

6. 在 Hadoop 中组织数据

数据文件和 Hive 表存储在 HDFS 的目录中。制定 HDFS 数据的命名约定和准则很重要。此时还应定义目录、文件权限以及配置指南。整个企业中需要保持一致的指导方针和最佳实践。一些框架定义了一些默认的目录，如 Hive。在规划数据布局时应考虑以下默认值。

- 可以使用指定框架的参数配置更改默认目录。

- 文件目录可以具有分区和存储区等功能的子目录。
- HDFS 中的数据布局往往是非规范化的，并且通常使用星型模式类型的布局。
- 由于执行了大量的分析查询，因此可能会有表和维度表布局。
- 下列示例目录只是一些样例，但是定义标准和最佳实践非常重要。
  - /user/：用户默认目录。
  - /app：运行应用的文件、Hive（HQL）文件、Oozie（XML）、jar 文件等。
  - /：按业务单元行组织文件。
  - /data or/：按数据源组织文件。
  - /elt/：按业务单元、数据源组织文件，比如 logfiles 或者点击流或者文件类型。
  - /tmp：用于临时数据。
  - /staging：演示区域，或者可以存储在/tmp/staging 中。
  - /backupsa。

企业通常将数据分成原始、演示和最终数据等目录，以及用户的归档和主目录。请考虑以下示例。Hadoop 的数据湖在没有一定程度的治理的情况下很容易产生毒性。每个人都需要理智，保持不同状态和类型的数据对于实现 Hadoop 的工作至关重要。

- /datalake/raw/social_data。
- /datalake/raw/financial_data。
- /datalake/raw/crm_data。
- /datalake/raw/sales_data。
- /datalake/staging/。
- /datalake/production/sales。
- /datalake/production/marketing。
- /datalake/archive/201504。

4.2 小结

最初，查看 Hadoop 中的所有选项可能是必不可少的。关键是不要试图把海洋拒之门外。

了解你的使用示例。看看你期望数据湖随着时间的推移如何发展。看看如何使你的参考架构灵活且可扩展。灵活性与可扩展性同样重要。

现代数据分析平台正在快速发展。要花费必要的时间了解不同的选择以及它们的能力、缺点和路线图。并了解它们的能力，以及作为统一集成平台管理不同框架和软件解决方案的能力。

数据管道和数据源正在不断发展，所以不要选择最简单的解决方案。要专注于今后将要采用的环境，并为此做好准备。

第 5 章

数据提取

你可以拥有没有信息的数据，但是无法获取没有数据的信息。

——Daniel Keys Moran

5.1 提取、加载和转化

在 Hadoop 中投入的很大一部分工作与加载和卸载集群中的数据有关。许多 ELT 工具和第三方工具都已被集成到 Hadoop 发行版中（见图 5.1）。不过，本节关注的重点是 Hadoop 工具，主要包括以下内容。

- Flume（streaming）。
- Sqoop（SQL data sources）。
- WebHDFS（REST APIs）。
- HDFS NFS。

Storm 是一个热门的分布式实时流式传输和实时计算开源框架。Kafka 是另一个热门的开源分布式消息系统，能够处理非常高的吞吐量。

不同数据层的构建需要自动化部署。以下是一些可用于自动化的工具。

- Oozie 是 Hadoop 的调度器和工作流程工具。

- Falcon 是与 HDP 一起使用的数据和生命周期管理工具。Falcon 使用 Oozie 来处理数据移动调度。
- Cloudera Navigator 同 CDH 一起使用。
- Knox 是 Hadoop 集群的边界身份验证和安全网关。
- Kerberos 处理 Hadoop 集群内用户和服务的身份验证。

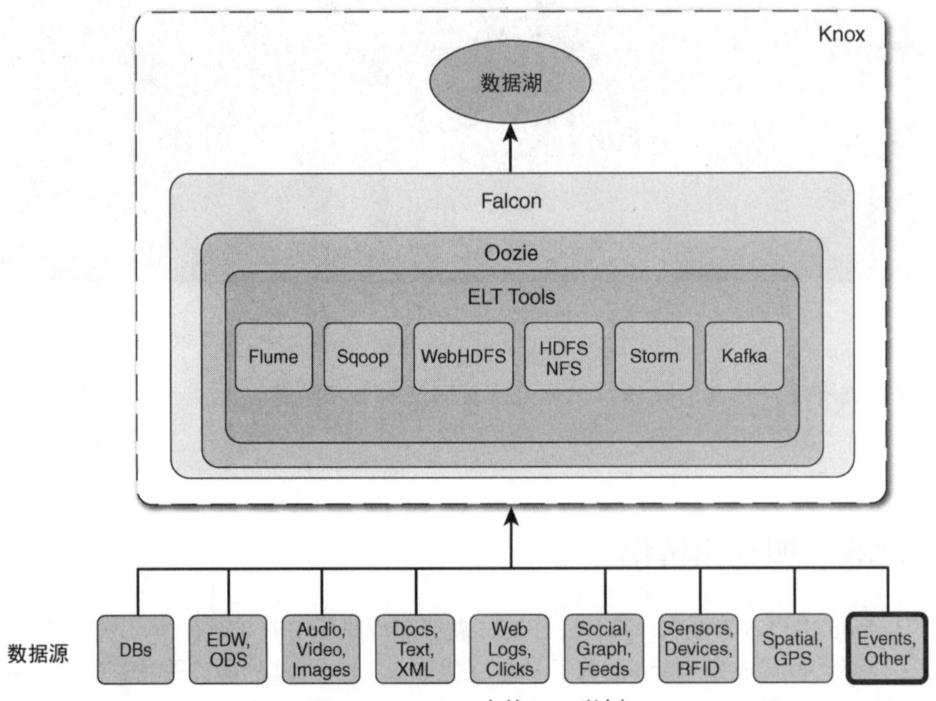

图 5.1　Hadoop 中的 ELT 举例

5.1.1　Sqoop：数据移动和 SQL 源

有多种方式可支持在 Hadoop 与关系型数据库、操作型数据库或数据仓库中之间进行数据移动，或者说从 Hadoop 中移出。这里介绍两种常用的方法：第一种方法是使用数据库或第三方供应商的方法来执行批量卸载。首先将数据进行分级，然后可以使用 HDFS 命令或应用程序将数据加载到 Hadoop 中。第二种方法就是使用将要讨论的 Sqoop。

Scoop 是可以在 SQL 源（RDBMS、数据仓库、NoSQL）和 Hadoop 之间交换数据的 Hadoop 客户端。JDBC 驱动程序用于与数据库进行连接。Sqoop 可以与任何兼容 JDBC 的数据库一起使用。针对数据库使用匹配的 JDBC 驱动，需要下载.jar 包并将其安装在$ SQOOP_HOME/lib

目录（/usr/lib/sqoop/lib）中，必须为数据库指定连接。连接必须包含服务器名称或 IP 地址和数据库实例名称，例如：

```
--connect jdbc:oracle:thin:@172.16.168.129:1521:myinst
--connect jdbc:mysql://127.0.0.1/mycooldb
```

Sqoop 任务需要访问数据库（用户 ID 和密码）和 HDFS（HDFS 文件系统名称和 ACL）的权限。

数据库和 ETL 供应商已经为其平台开发了直连加速连接器。Oracle、Teradata、Microsoft、Greenplum、SAP Hana 和 Netezza 都有连接器。这些导向连接器可以显著提高数据传输效率。以下列表描述了一些直连加速连接器。

- Teradata 具有 Enhanced FastLoad 驱动程序。FastLoad 驱动程序可以与多个读写器并行传输数据。FastLoad 需要花很长的时间以将数据加载到 Teradata。Hortonworks 和 Teradata 共同开发了 Enhanced FastLoad 工具，以支持将数据直接从源加载到目标。
- Hadoop 的 Shareplex 连接器可将数据直接从 Oracle 加载到 HDFS 或 HBase。Shareplex 连接器将接近实时（HDFS）或实时（HBase）复制数据。
- IBM 有一套非常丰富的 ETL 和流工具。
- Informatica 等 ETL 供应商也提供 Hadoop 解决方案。
- Oracle 构建了大数据连接器，可以在 Hadoop 和 Oracle 数据库之间交换数据。

Sqoop import 命令用于将数据从 SQL 源加载到 Hadoop 或从 Hadoop 加载到 SQL 目标中。Mapper 可以执行数据传输操作，同时，每个 Mapper 建立与 SQL 源和 Hadoop 的连接。如果未指定 Mapper 的数量，则默认为 4 个。import 命令可用于导入单个表、所有表、数据子集，或仅导入查询结果返回的数据。

export 命令还支持在数据库中并行运行 mapper 以插入命令。提交不断产生，例如，每个写入器在每 10 000 次交互或 100 个报表时将进行提交。如果任务失败，将不允许完全回滚，并在此时应执行验证。

清单 5.1 展示了如何将数据从关系数据库加载到 Hadoop 中。

清单 5.1　创建一些简单表并使用 Sqoop 填充至 Hadoop

```
-- Create a MySQL database table and insert a few records.
# mysql
mysql>   CREATE  DATABASE  mycooldb;
mysql>   USE  mycooldb;
```

```
mysql>  CREATE  TABLE  mytable (id int not null auto_increment primary
  key, name varchar(20));
mysql>  INSERT  INTO  mytable  VALUES (null, 'Charles');
mysql>  INSERT  INTO  mytable  VALUES (null, 'George');
mysql>  INSERT  INTO  mytable VALUES (null, 'Steven');
mysql>  INSERT  INTO  mytable  VALUES (null, 'Cole');
mysql>  GRANT  ALL  ON  sqoopdb.* to root@localhost;
mysql>  GRANT  ALL  ON  sqoopdb.* to root@'%';
mysql>  exit;
```

这里举例说明了如何将数据从 MySQL 表中加载到 HDFS。为了清楚起见，将数据库密码放在了命令行中。HDFS 将查看运行 Sqoop 命令的操作系统用户，以确定他们在 HDFS 端的权限。这个表的名是 mytable。如果在 HDFS 端没有定义目录路径，默认情况下，将在用户主目录下创建与表相同的名称的文件目录，例如 mytable。引导参数指定使用数据库供应商引导驱动程序，而不是默认的 JDBC 驱动程序。因为这是一个小的导入操作，所以只需使用单个映射器。

Sqoop 可以非常简单地从关系数据库中将数据加载到 Hadoop 中，如清单 5.2 所示。

清单 5.2　验证加载到 Hadoop 中的数据

```
-- Sqoop example. After performing the import verify data is in HDFS.
# su - hdfs
$ sqoop import --connect jdbc:mysql://127.0.0.1/mycooldb --username root
  --direct --table mytable --m 1
$ hdfs dfs -lsr mytable
$ hdfs dfs -cat mytable/part-m-00000
```

执行 hdfs 命令的用户必须具有写入 mytable 目录的权限。可以指定不同的文件格式，如下所示。

- -as-textfile。
- -as-sequencefile。
- -as-avrodatafile。

可以定义许多选项，如下所示。

- 列出特定的表列（--columns）。
- 定义字段分隔符（--fields-terminated-by）。
- 附加到现有数据集（--append）。

- 确定如何在映射器之间分割数据（--split-by）。
- 编写查询以确定要导入的数据（--query）。
- 定义压缩（--compress）。

Sqoop 可用于导出以及在数据库源和 Hadoop 之间导入数据，如清单 5.3 所示。

清单 5.3 使用 Sqoop 导出和导入数据

```
$ sqoop import --connect jdbc:mysql://127.0.0.1/mycooldb  \
--username root --direct --table mytable -target-dir /mydatadir   \
--as-textfile --m 1
```

读者可以使用以下帮助命令以及 sqoop.apache.org 中的文档来执行大量示例，使用 Sqoop 在 Hadoop 集群和关系数据库之间移动数据。任何使用数据库加载程序和卸载程序工具的人都可以轻易地使用 Sqoop。

可以轻易列出 Sqoop 提供的可用选项，如清单 5.4 所示。

清单 5.4 使用 Hadoop 显示帮助选项

```
$  sqoop help
$  sqoop help import
$  sqoop help export
```

清单 5.5 执行 SQL 导入并创建一个 Hive 元数据表作为 Sqoop 操作的一部分。创建 Hive 元数据表后，可以使用它来访问 HDFS 中的数据。对于运行 SQL 命令的用户，访问数据将是完全透明的。对用户而言，用户是在一个表上运行 SQL 命令，即使数据实际驻留在 HDFS 文件中。

Sqoop 可用于将数据导入 Hadoop，以便立即可以使用 Hive 进行查询，如清单 5.5 所示。

清单 5.5 使用 hive-import 选项将数据导入 Hadoop

```
-- Load data from a relational database into Hive. Then query the data
using Hive.
# mysql
mysql>   USE  mycooldb;
mysql>   CREATE  TABLE newtable (id int not null auto_increment primary
  key, name varchar(20));
mysql>   INSERT  INTO newtable VALUES (null, 'Karen');
mysql>   INSERT  INTO newtable VALUES (null, 'Cole');
mysql>  INSERT  INTO newtable VALUES (null, 'Madison');
```

```
mysql>   INSERT  INTO newtable VALUES (null, 'Gage');
mysql>   exit;

# su - hdfs
$ sqoop  import   --connect  jdbc:mysql://127.0.0.1/mycooldb   \
--username  root   --table  newtable --direct   --m 1 --hive-import
```

Hive 具有用于与数据进行连接的命令行界面，如清单 5.6 所示。想要使用 hive 元数据，hive 用户可以通过 SQL 接口访问数据。运行 Hive 命令必须在 HDFS 中具有读访问权限。

清单 5.6　使用 Hive 验证数据已加载到 Hadoop 中

```
$ hive
hive>  show tables;
hive>  SELECT   *   FROM newtable;
hive>  exit;
$
```

物理文件将被存储在由 hive 定义的 HDFS 目录下。metastore.warehouse.dir 属性在 /etc/hive/conf/hive-site.xml 文件中。/apps/hive/warehouse 是一个典型的默认目录。

```
hive.metastore.warehouse.dir=/apps/hive/warehouse
```

HDFS 命令可用于验证 HDFS 中的数据位置。

```
$ hdfs dfs -lsr /apps/hive/warehouse/newtable
```

HDFS cat 命令可用于显示存储在 HDFS 中的数据文件内容。

```
$ hdfs dfs -cat /apps/hive/warehouse/newtable/part-m-00000
```

下面的命令（如清单 5.7 所示）将使用查询结果将数据导入 HDFS。$CONDITION 语句在 WHERE 子句中是必需的。该语句被替换为 LIMIT 和 OFFSET 子句，因此数据可以被分布在映射器中。

清单 5.7　使用 Sqoop 过滤已加载记录

```
$ sqoop  import   --connect  jdbc:mysql://127.0.0.1/mycooldb   \
--username  root   --query "SELECT * FROM customers  c
WHERE s.customertype = 'commercial'
AND    \$CONDITIONS" --direct   --m 20 -as-textfile
--split-by region_id
```

Sqoop 导出命令语法类似于 import 命令，但有一些不同的选项用于将数据从 HDFS 加载到数据库中。export 命令具有-export-dir 选项，用于指定 HDFS 源目录，基于执行更新的主键-update-key 参数，以及-call 选项，将使用“调用模式”为每个记录执行存储过程。清单 5.8 显示了将数据从 HDFS 导出到 MySQL 表中。

清单 5.8 将数据从 HDFS 导出到 MySQL 表中

```
$ sqoop export
 --connect  jdbc:mysql://127.0.0.1/mycooldb
 --table mytable2
 --export-dir /mydatadir
 --input-fields-terminated-by "\t"
```

清单 5.9 显示了将数据从 Hive 表导出到 Oracle 数据库表中。

清单 5.9 将数据从 Hive 表导出到 Oracle 数据库表中

```
$ sqoop export  --connect jdbc:oracle:thin:@172.16.168.129:1521:orcl  \
--username  sales --password sales --table SALES.Customer    \
 --export-dir /apps/hive/warehouse/customer
```

在清单 5.10 的示例中，如果数据不存在，导出命令将导出并插入数据；如果数据已经存在，则执行更新。此命令就像关系数据库中的一个 UPSERT 命令。

清单 5.10 数据不存在，则进行导出并插入；数据已存在，则执行更新

```
sqoop export --connect jdbc:oracle:thin:@192.168.166.129:1521:myorcl   \
--username sale  --password sales --table SALES.Customer    \
--export-dir /apps/hive/warehouse/newcustomers   \
-update-key  job_id -update-mode allowinsert
```

5.1.2 Flume：流数据

Flume 是将数据流传输到 Hadoop 或 NoSQL 的框架。Flume 还可用于将数据流入 Kafka，然后将 Kafka 流数据导入 Storm 以进行处理。然后，Storm 可以将数据传输到 HDFS 进行分析，并将数据流传输到 Spark 或 NoSQL 中，以便实时处理数据。

Flume 代理在 JVM 中运行，并配置有流输入源（源）、事件缓冲器（通道）和输出目的地（sink）。源定义了流输入源，通道作为缓冲区，同时 sink 定义了目的地。

客户端将事件流传输到源。源接收事件并将事件发送到通道缓冲区。数据从通道流向

sink，sink定义了目的地。

每个JVM只能有一个flume代理。每个代理可以有多个源、通道和sink，且至少有一个，每个代理必须有一个与之相关联的名称。许多预定义的源、通道和sink使其很容易使用XML文件来配置Flume代理程序，并将其启动运行。事件从源到渠道再到sink使用了非常可靠的传输模型。Flume必须被安装在需要运行Flume代理的每个节点上。Flume已包含在HDP发行版中，但默认不安装。

1. 事件

事件由头和正文（body）组成。事件可以有多个头部。每个头部都是一个键-值对，可用于通过时间戳、主机名或事件源等值进行决策。正文是一个字节数组。事件流通过连接源、通道和sink来进行定义（见图5.2）。

事件从源通过通道流向代理。

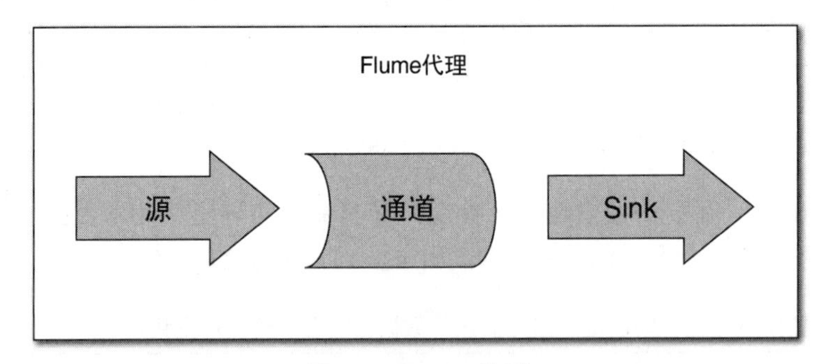

图5.2　Flume代理

Flume不是为非常大的事件设计的——通常是1～2KB的事件。视频和音频事件不太适用于Flume。

事务由一批事件组成。事务中的事件数量定义了事务大小。每个事件都有唯一的序列号，且每个事务都有唯一的ID。

以下是事件头部的示例：

```
timestamp=1379459454
hostname=mywebserver.hostname.com
```

2. 源

可以为一个Flume代理配置多个源。

- Spooling Directory源支持通过读取放在假脱机目录（Spooling Directory）中的文件

进行数据摄取。Flume 将监视目录中的新文件，并在文件产生时进行读取。文件读入通道后将被重命名。

- Exec 源通过运行应用或命令将数据生成至标准输出。
- Log4jAppender 是一个 Log4j 插件，可以将日志实时转发到 Flume。必须配置 logStdErr 属性，否则，stderr 将被忽略。
- HTTP 源读取由 HTTP POSTs 和 GET 生成的 Flume 事件。在单个 post 中发送的事件定义为单个批处理，并作为单个事务插入通道。
- Syslog 源生成 syslog 数据。syslog 数据可以来自 syslog TCP 源、多端口 syslog TCP 源或 syslog UDP 源。
- TCP 源用换行符将事件进行分隔。
- UDP 源将整个消息作为单个事件处理。
- NetCat 源对服务器已定义的端口进行监听，同时，源通过查找换行符来定义事件。
- 可以为自定义源配置唯一的源接口。Scribe 可以作为源，也可以从 Scribe 摄取系统接收数据。
- Scribe 源可以使用 Thrift 来确保传输协议的兼容性。可用源序列生成器来进行测试。
- JSONHandler 可以处理 JSON 格式的数据，并支持 UTF-8、UTF-16 和 UTF-32 字符集。
- Avro 源对 Avro 端口进行监听。Avro 可用于连接多个 Flume 输入源和收集器到多个分层拓扑中。

3. 通道

通道是源和目地的（sink）之间的缓冲区。事件将保持在通道中，直到 sink 可以处理它们。一个源可以对多个通道进行写入。选择的通道类型决定了数据在通道中的速度和持久性。内存通道非常快，但不能保证数据不丢失。如果内存缓冲区显著增加，则可能需要增加 Java 堆的大小（-Xmx 和-Xms）。

文件通道使用预写日志方法，并且具备持久性。在 sink 确认收到事件之前，文件通道会将事件刷入磁盘。如果使用多个通道，请确保每个文件通道具有不同的目录路径。如果存在 IO 抢夺，请在单独的磁盘上定义目录路径。数据导向器（dataDirs）可以使用逗号分隔磁盘，以便在抢夺较高时更均匀地分配 IO。

可溢出文件通道是内存和文件通道的结合。如果内存被填满，事件将溢出到磁盘。内存中的所有数据将在系统或代理故障时丢失。如果考虑NFS，则需要确保了解IO需求和增长预测。JDBC通道用于写入数据库并且是持久的，只需确保数据库写入速度可以跟上数据流动，且不会成为瓶颈。事务保证在每个通道中完成，而不是跨多个flume代理。通道大小不正确可能会导致ChannelException或OutOfMemory异常。

以下是选择内存通道或文件通道的示例。即使只有一个通道，也会使用“channels”关键字。

```
myagent.channels.mybuffer.type=file
myagent.channels.mybuffer.type=memory
```

以下是多路复用选择器示例：

```
myagent.sources.src1.selector.type = multiplexing
myagent.sources.src1.selector.mapping.a = mychannela
myagent.sources.src1.selector.mapping.b = mychannelb
myagent.sources.src1.selector.mapping.default = mychannela
```

Flume带有两个通道选择器，或者可以编写自定义选择器。两个通道选择器是复制通道选择器和复用通道选择器。复制通道选择器将事件复制到其配置的每个通道，复用通道选择器可以通过头部信息决定使用哪个通道。拦截器和多路复用通道选择器控制在flume代理中的路由。配置通道需要参数，见表5.1。

表5.1　通道可配置参数

Type	Keep-alive	maxFileSize
dataDirs	transactionCapacity	minimRequireSpace
checkpointDir	checkpointInterval	
capacity	write-timeout	

4. Sinks

Flume代理可以写入多个sink，包括HDFS、HBase、Log、IRC、File Roll、Morphline Solr和ElasticSearch。在写入HDFS时，控制HDFS目录的填充方式很重要，可以使用基于时间的转义序列对子目录中的数据进行区分，也可以使用格式说明符，例如%Y（年）、%m（月）、%D（天）和%H（小时）。示例如下。

```
myagent.sinks.mysink.hdfs.path=/flume/mypath/%Y/%m/%D/%H
```

Flume通过hdfs.rollInterval、hdfs.rollCount和hdfs.rollSize参数定义轮询文件。文件轮询技术有时间轮询、事件计数轮询、大小轮询和空闲时轮询。通过hdfs.batchSize可以设置每秒事件数，使用codeC参数来设置压缩编解码器。

多个 flume 代理可以彼此连接以形成数据（事件）管道。Avro 源和 sink 可以被连接，并且 thrift 源和 sink 也可以被连接以形成管道。

sink 需要比数据源更快地写入数据；否则，通道可能会产生压力。sink 是单线程的，可使用负载均衡缓冲处理器来增加 sink 吞吐速度，也可以使用多个 sink 提高单通道的高时效性能。一个 sink 只处理来自一个通道的事件。同时，需要探索并了解使用哪种类型的压缩编解码器。当彻底测试了 Flume 数据流之后，了解增长预测和 Flume 拓扑的吞吐能力非常重要。

事件序列化器可用于将 Flume 事件转换为另一种格式进行输出。文本串行器作为默认配置，还可以定义 HDFS 文件时间来指定输出格式。

用户可以将事件发送到不同的 sink 以进行负载均衡或容错。路由规则由 sink 处理器定义。sinkgroups 属性用于定义如何使用多个 sink。先定义一个 sinkgroup，然后将 sink 分配给 sinkgroup。再将处理器类型设置为 load_balance 或 failover。如果当前 sink 出现故障，failover 将切换到组内的另一个 sink。

以下是 sink 配置示例。

- myagent.sinkgroups=mygrp。
- myagent.sinkgroups.mygrp.sinks=mysink1,mysink2。
- myagent.sinkgroups.mygrp.processor.type=failover。
- myagent.sinkgroups.mygrp.processor.priority.mysink1=5。
- myagent.sinkgroups.mygrp.processor.priority.mysink2=10。

表 5.2 列出了 sink 配置的部分参数。

表 5.2 sink 配置的部分参数

类型	hdfs.inUseSuffix	serializer.syncIntervalBytes
Channel	hdfs.round	hdfs.fileType
hdfs.path	hdfs.roundValue	hdfs.writeType
hdfs.filePrefix	hdfs.roundUnit	hdfs.threadsPoolSize
hdfs.fileSuffix	hdfs.rollInterval	hdfs.roolTimerPoolSize
hdfs.maxOpenFiles	hdfs.rollSize	processor.type
hdfs.timeZone	hdfs.rollCount	processor.selector
hdfs.batchSize	serializer	processor.backoff
hdfs.codeC	serializer.appendNewLine	processor.priority.Name
hdfs.inUsePrefix	serializer.compressionCodec	processor.maxpenalty

5．配置 Flume 代理

Flume 代理源可以是另一个 Flume 代理，它们之间通过基于 RPC 的 Avro，或者 Syslog、Netcat、Log4j 等网络流，或传送至标准输出的命令进行通信。Flume 通道可以是非持久内存、文件或使用 JDBC 的数据库。Flume 目的地址由 sink 定义。sink 可以包括 HDFS、HBase、JMS 和 Avro。

Flume 代理使用具有键-值对的 Java 属性文件来进行配置。可以在单个属性文件中配置多个 Flume 代理。当启动一个 Flume 代理程序时，将通过传递一个参数，以确定应启动哪个代理。代理的每个属性都需要同代理名称相关联，这里的代理被命名为 myagent。每个代理必须具有源、通道和 sink，每个源、通道和 sink 也必须被命名。任何源、通道或 sink 的参数必须在定义时使用名称作为前缀。

```
myagent.sources=<源定义>
myagent.channels=<通道定义>
myagent.sinks=<接收器定义>
```

必须向代理提供源、通道和 sink 的名称。这些名称将用于定义源、通道和 sink。代理（myagent）使用源（mysource）、通道（mybuffer）和 sink（mysink）来配置代理。然后，这些名称用于将源连接到通道，随后将其连接到 sink 以在代理中定义事件流。

接下来，必须为 Netcat 源定义 Flume。清单 5.11 显示了一个简单的示例，用于显示如何通过 Flume 代理设置一个事件流。Netcat 源启动一个套接字，并监听端口的传入事件。Logger 是一个常用的测试和调试事件流的 sink。该示例通过 Logger 使用 log4j 记录事件。可以将此配置保存在名为 my.conf 的文件中。

清单 5.11　如何通过 Flume Agent 设置事件流

```
# 定义源通道和 sink 名
myagent.sources=mysource
myagent.channels=mybuffer
myagent.sinks=mysink

# 配置源和通道并进行连接
myagent.sources.mysource.type = netcat
myagent.sources. mysource.bind = 0.0.0.0
myagent.sources. mysource.port = 12345
myagent.sources. mysource.channels = mybuffer
myagent.channels.mybuffer.type = memory
myagent.channels.mybuffer.capacity=100
```

```
# 配置 sink 并连接通道和 sink
myagent.sinks.mysink.type = logger
agent.sinks.mysink.channel = mybuffer
```

需要使用名为 my.conf 的配置文件启动代理，在此文件中，代理名称为 myagent。此示例将 log4j 的默认写入文件为 flume.log 文件，并将输出指向控制台。日志级别设置为 INFO。此命令使用 my.conf 文件启动 Flume 代理 JVM。需要确保所有指定文件的路径正确，此示例中使用了相对路径。

```
$ flume-ng agent -n myagent -c conf -f my.conf -Dflume.root.logger=INFO,
  console
```

可以使用 telnet 或 nc 命令来测试 Flume 代理。代理日志文件内容将以十六进制和字符串形式显示。

```
$ telnet 12345
Hello, this is a test of my first Flume agent <return>
```

6. 定义 Flume 拓扑

可以使用 Ganglia、JSON over HTTP 和 JMS 对 Flume 进行监控。

Flume 拓扑结构非常灵活，支持在单个 Flume 代理中存在多个数据流，也支持扇入式和扇出式拓扑，以及多层 Flume 拓扑。

清单 5.12 显示了配置 Flume 以收集 syslog 信息，然后将数据流转发到 Hadoop 集群边缘 flume 代理节点的示例。系统日志服务将写入 TCP 端口 514，并且收集信息的 Flume 代理将写入 Avro 端口 4545。Hadoop 边缘服务器上的收集器 Flume 代理将监听端口 445，然后写入 HDFS。

清单 5.12 Syslog 服务配置文件示例

```
...
# Provides UDP syslog reception
#$ModLoad imudp
#$UDPServerRun 514

# Provides TCP syslog reception
#$ModLoad imtcp
#$InputTCPServerRun 514
...
```

```
 --Flume configuration file.
myagent1.sources = mysource
myagent1.channels = mychannel
myagent1.sinks = mysink

# Define the source
myagent1.sources.mysource.type = syslogtcp
myagent1.sources.mysource.port = 514
ambari.sources.mysource.host = localhost

# Define a memory channel
myagent1.channels.mychannel.type = memory
myagent1.channels.mychannel.capacity = 2000
myagent1.channels.mychannel.transactionCapacity = 200

# Describe the sink
myagent1.sinks.mysink.type = avro
myagent1.sinks.mysink.hostname = 172.16.168.129
myagent1.sinks.mysink.port = 4545

# Define the event flow with the source, channel and sink
myagent1.sources.syslog_source.channels = mychannel
myagent1.sinks.mysink.channel = mychannel
```

启动 Flume 代理时，Flume 代理将其输出并发送到 Avro 端口。接下来将配置收集器 Flume 代理，以从 myagent1 flume 代理接收输入。

```
$ flume-ng agent -n myagent1 -f   myconf.properties
```

第二个 Flume 代理需要从第一个代理读取发送给它的事件。这个 Flume 代理将读取 Avro 流并写入 HDFS。在清单 5.13 中可以查看此流程的配置。

清单 5.13　Flume Agent 读取 Avro 流并写入 HDFS

```
myagent2.sources = logagent
myagent2.channels = mychannel
myagent2.sinks = myhdfs

# Connect the source to the Avro event stream.
myagent2.sources. logagent.type = avro
myagent2.sources. logagent.bind = 0.0.0.0
myagent2.sources. logagent.port = 4545
```

```
# Connect the sink to HDFS and set a file format.
myagent2.sinks.myhdfs.type = hdfs
myagent2.sinks.myhdfs.hdfs.path = hdfs:/flume/logevents/%y-%m-%d/%H%M/%S
myagent2.sinks.myhdfs.filePrefix = logevents-
myagent2.sinks.myhdfs.round = true
myagent2.sinks.myhdfs.roundValue = 10
myagent2.sinks.myhdfs.roundUnit = minute

# Set the memory channel buffer
myagent2.channels.mem_channel.type = memory
myagent2.channels.mem_channel.capacity = 2000
myagent2.channels.mem_channel.transactionCapacity = 200

# Connect the source, channel and sink
myagent2.sources.logagent.channels = mychannel
hue.sinks.sink_to_hdfs.channel = mychannel

Start the collector Flume agent. Logger can be
$ flume-ng agent  -n myagent2 -f myconf2.properties
```

Flume 可以非常容易地将数据加载到不同的源中，如图 5.3 所示。

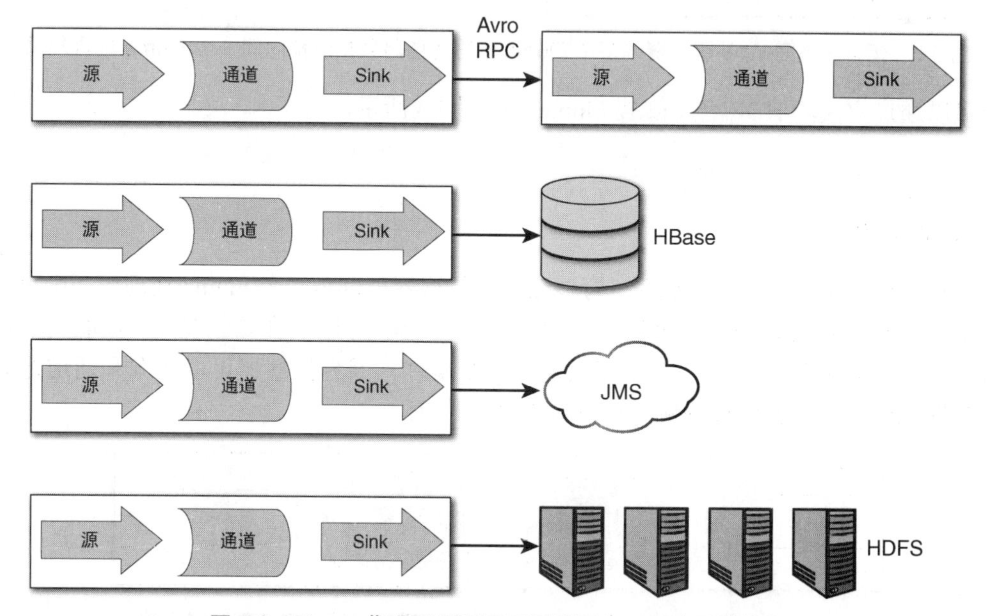

图 5.3　Flume 代理可以配置不同的写入 sink（目的地）

通常 Flume 配置为使用一个 Flume 代理为另一个 Flume 代理生成数据流。可能会在 Web 服务器上运行一个 Flume 代理，该服务器与 Hadoop 集群中的网关服务器上的一个 Flume 代理通信，然后将数据流传输到 HDFS（见图 5.4）。如果有多个 Web 服务器，则可能有一个扇入配置将收集器流水线代理中的数据聚合，然后将数据加载到 HDFS（见图 5.5）。

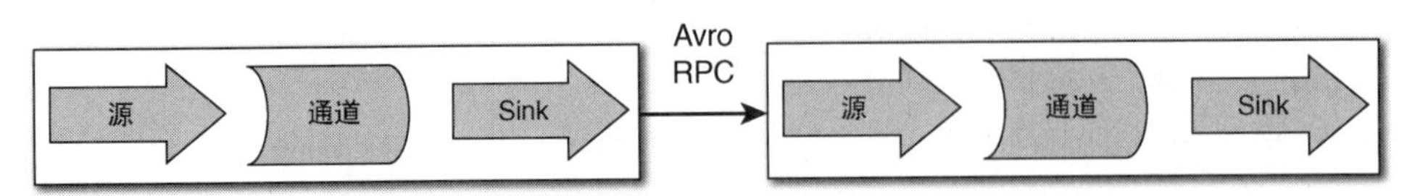

图 5.4　Web 服务器 Flume 代理将数据写入网关服务器 Flume 代理

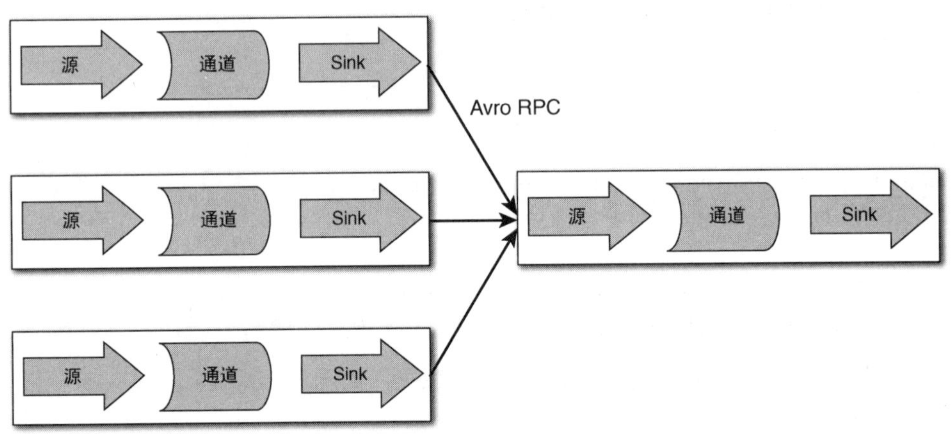

图 5.5　运行在不同 Web 服务器的多个 Flume 代理可能将数据流指向同一个 Flume 聚合代理

可以通过定义的 HDP 仓库安装 Flume，如图 5.4 所示。

```
$ yum install -y flume
```

7．拦截器

事件或消息正文可以用拦截器进行修改，该拦截器可以是一个 Flume 代理程序中事件流的一部分。拦截器可以修改、过滤和删除事件，且能够同时修改多个事件，这取决于数据处理的复杂性。例如，多个拦截器可以处理多个事件，因为拦截器可以在源和通道之间流动（见图 5.6）。拦截器的处理顺序属性设置如下所示。

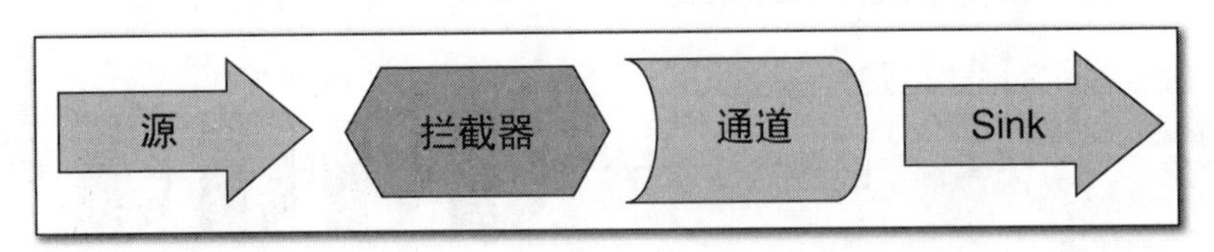

图 5.6　当事件在源和通道之间流动时，可以通过拦截器来处理和管理数据

```
myagent.sources.mychannel.interceptors = myint1 myint2 myint3
```

每个拦截器的类型可以通过单独的参数进行设置。表 5.3 定义了不同的拦截器类型。

表 5.3 拦截器类型和定义

拦截器类型	定义
Host	在事件头中添加服务器名称或 IP 地址。可以在事件中添加静态头部来定义源，如特定的 Web 服务器
Static	添加一个静态值
Timestamp	增加或更新事件头部时间戳
UUID	给所有事件定义唯一标识
Regex Filtering	搜索正则表达式并过滤值
Regex Extractor	搜索正则表达式并获取所选值，并在头部创建标识符或标记存放该值
Morphline	morphline 配置文件定义了一个事件命令转接的过滤链

通道选择器使用扇出策略。镜像通道选择器会将事件复制到所有配置的通道，如图 5.7 所示。拦截器可以对数据进行处理，因此通道选择器可以选择事件通道。多路复用通道选择器将事件写入通道子集。镜像和复用使得事件可以被复制到不同的信道或者沿特定信道发送。负载平衡以轮询或随机方式将事件分组分配。同样可以使用自定义通道选择器。

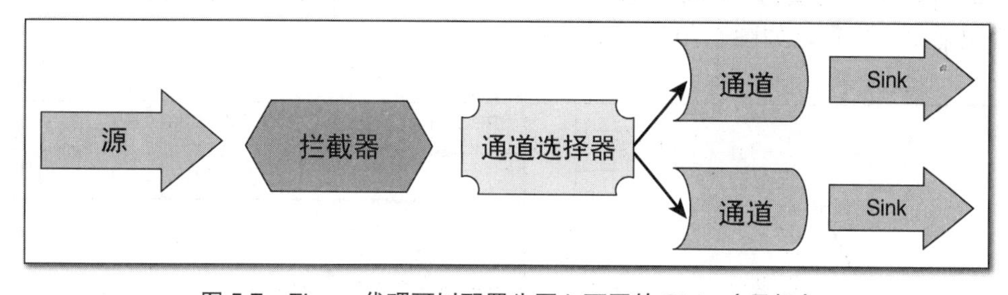

图 5.7 Flume 代理可以配置为写入不同的 Sinks（目标）

医疗设备可以在患者以及医疗设备中的组件上记录信息。患者信息可能是血压监测、心率和其他生命体征。医疗设备还可以从传感器收集设备中不同组件的状态信息。拦截器可以处理数据并进行适当的更改和过滤，之后，通道选择器可以确定事件的发送位置。

当多个接收器组合在一起时，Flume 接收处理器提供负载均衡功能。如果一个或多个接收器出现故障，则 Sink Processor 会自动切换到其他接收器，如图 5.8 所示。

一个通道中可以存在多个代理来源。实际应用中可以将数据源整合为单一实体。图 5.9 显示了高层次的结构。

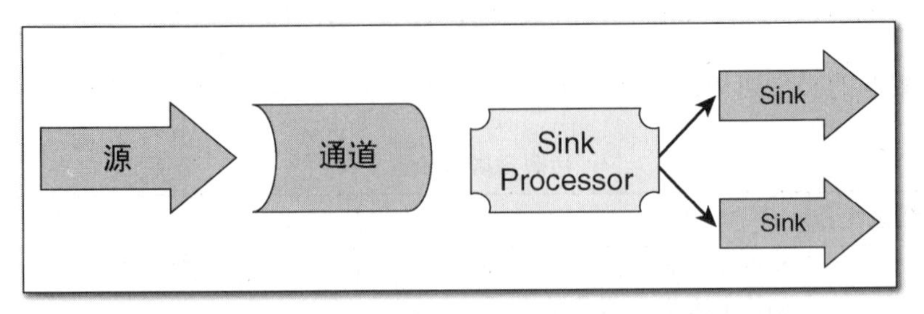

图 5.8　Sink Processor 用于故障切换和负载均衡

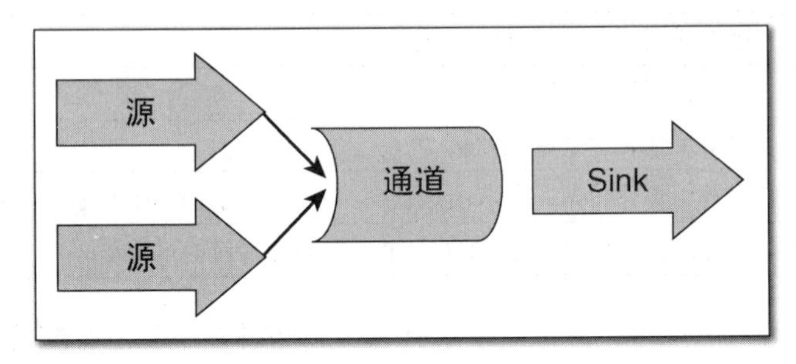

图 5.9　扇入配置

Flume 具有基于来自源特定字段值的扇出策略，数据被路由到目标通道。例如，如果 customerType 属性的值为“consumer”，则转到第一个通道；如果值为“business”，则转到第二个通道。扇出策略如图 5.10 所示。

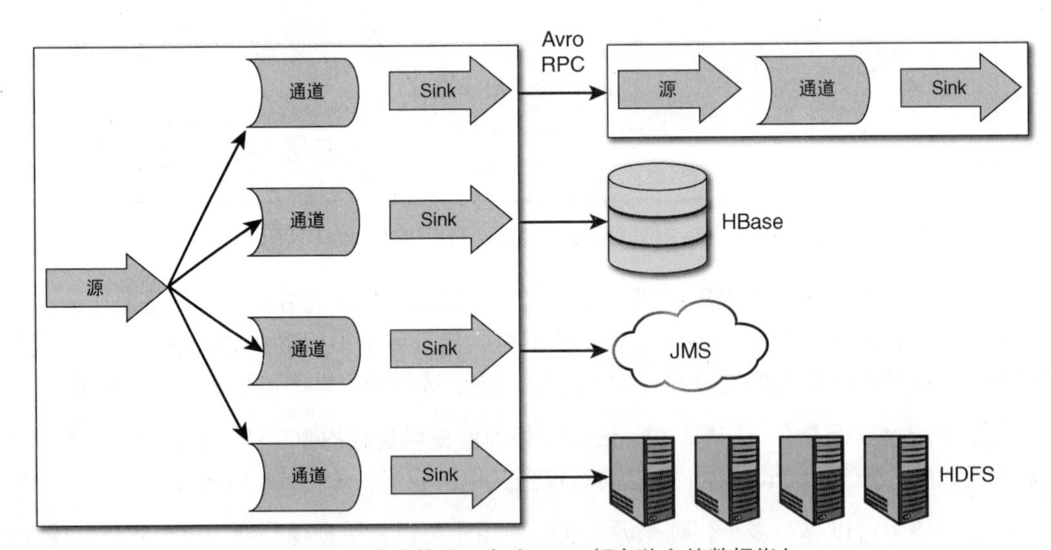

图 5.10　扇出策略。每个 Sink 都有独自的数据指向

Flume 可以设置为具备容错的拓扑结构，如图 5.11 所示。同样，Flume 也可以是多层结构，如图 5.12 所示。

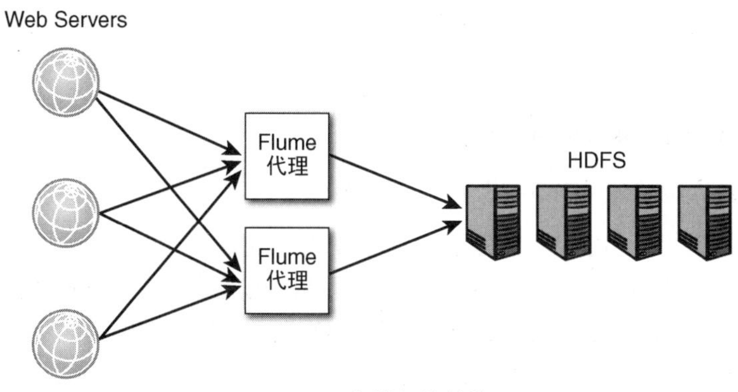

图 5.11 容错拓扑结构

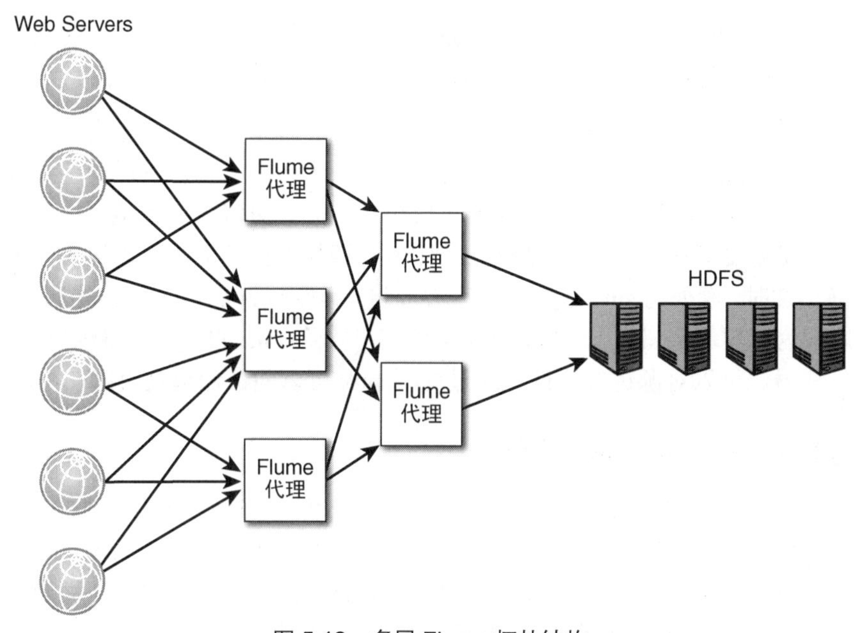

图 5.12 多层 Flume 拓扑结构

8. Flume 配置注意事项

配置 Flume 代理需要为在 Flume 拓扑中的所有代理分配足够的内存。Flume 代理需要权限以写入配置中定义的所有目录。需要确保在高活跃时段内有足够的磁盘存储空间。如果使用文件通道时间，文件系统必须分配足够的存储空间。必要时必须定义目录权限，同时需要为 Flume 代理 JVM 配置 JVM 和堆大小。

每个 Flume 代理都需要使用 Flume 环境变量，并将其属性和 log4j 属性文件正确定义。主要的 Flume 配置文件如下。

- /etc/flume/conf/flume-env.sh。
- /etc/flume/conf/flume-conf.properties。
- /etc/flume/conf/log4j.properties。

为了防止数据丢失，请使用文件通道而不是内存通道。部分 Ambari 版本可能需要为 Flume 代理编写监控脚本，但是从 Ambari 1.7 开始，已经集成了 Flume 代理监控。JMX 指标也可以设置为监视 Flume 活动。通过一些机制来监测 Flume 代理是必要的，如果代理失效，就需要进行快速重启。它也可以帮助确保 Flume 收集器（聚合器）处于网络负载均衡器之后。这在高活跃期间卓有成效。同样，使用虚拟 IP 地址（VIP）也有帮助。

在实施 Flume 拓扑结构之前，请确保充分考虑了增长速度。多层拓扑有利于负载平衡和失效备援，并可以处理不同时间段内的活跃事件。事件路由也可以在不同层执行。

从日志文件切入可帮助问题定位。通过 flume_env.sh 脚本和属性配置文件对配置进行验证，可确认管道（pipeline）是否正确。使用默认值先让系统工作，然后调整参数，尝试在源、通道或 sink 层将问题隔离。如果使用多层拓扑，需要对每层进行验证。如果使用多个 Flume 代理，就需要了解 sink 与系统核心的比例。调整批处理大小可以提升性能，特别是当 sink 数量增加时。额外的 sink 还可以提升吞吐量。确保 sink 的数量至少与源的数量相同，以防止通道成为瓶颈。将 sink 设置为 Null 可以用于排除 sink 的问题。将源设置为 Exec 或 Sequence 生成器源可以对源进行测试。通过内存 sink 可以验证通道是否存在问题。

9．WebHDFS：Data over HTTP

WebHDFS 框架使得 HDFS 命令能够在没有安装 Hadoop 软件的服务器上执行。WebHDFS 使用 HTTP 具象状态转移（REST）API 来执行 HDFS 命令。WebHDFS 内置于 HDFS，因此可以执行所有 HDFS 命令。HDFS 可以读写文件、创建目录、编辑权限和文件重命名。WebHDFS 可以在不同版本的 HDFS 之间复制数据。

REST 可以与防火墙一起使用，且不受语言限制。读写调用将被重定向到 DataNodes。Kerberos（SPNEGO）和 Hadoop 授权令牌可用于认证。WebHDFS 的 HttpFS 进程可用于额外提升安全性。

使用前，必须在 Hadoop 集群中启用 WebHDFS。如果使用 Ambari，可以在安装过程中启用 WebHDFS，也可以通过将 dfs.webhdfs.enabled 参数设置为 true 来启用。如果要设置安全集群，则需要设置 dfs.web.authentication.kerberos.principal 和 dfs.web.authentication.kerberos.keytab 参数。

通用的 Linux 工具（如 curl 和 wget）可通过脚本和命令行访问 HDFS。Linux curl 命令协议非常友好，因此被广泛使用。以下是一些 WebHDFS 命令示例。

创建一个/webdata/sep2014 目录：

```
$ curl -i -L "http://<server>:50070/webhdfs/v1/webdata/sep2014/
webdata?op=MKDIRS
```

从/webdata/sep 目录中读取 mytest 文件：

```
$ curl -i -L "http://<server>:50070/webhdfs/v1/webdata/sep2014/mytest?op=OPEN
```

列出 HDFS 用户 home 目录下的文件：

```
$ curl -i -L "http://<server>:50070/webhdfs/v1/user/hdfs/
webdata?op=LISTSTATUS
```

创建新文件。这里有两个步骤：首先创建路径，然后加载文件。servername 需要从环境中获取。

```
$ curl -i -X PUT "http://<servername>:50070/webhdfs/v1/webdata/oct2014/
$ curl -i -PUT -T testdata.txt "http://<servername>:50075/webhdfs/v1/
webdata/oct2014/testdata.txt?op=CREATE&namenoderpcaddress=<servername>:
8020&blocksize=1048576&overwrite=false&user.name=hdfs
```

10. HttpFS：代理服务器

HttpFS（Hadoop HDFS over HTTP）是一种使用 REST API 通过 HTTP 网关访问代理服务的方法。HttpFS 可用于在不同版本的 Hadoop 集群间复制数据。HttpFS 可以使用 curl 和 wget 等命令访问 HDFS 中的数据。webhdfs 客户端同样可以使用 HDFS 命令访问 HttpFS。HttpFS 的默认端口为 14000。

HttpFS 是 HDFS 的一个单独服务，运行在 Tomcat 应用程序服务器上。同时，可以与防火墙配合使用，并可以使用 Kerberos 和 SPNEGO 以及可扩展的验证方法。HttpFS 命令与运行 WebHDFS 的命令相似，如下所示。

在 HDFS 中创建目录。使用运行 HttpFS 服务的 servername：

```
$ curl -X POST http://<servername>:14000/webhdfs/v1/user/hdfs/
newdata?op=mkdirs
```

读文件：

```
$ curl  http://<servername>:14000/webhdfs/v1/user/hdfs/mynewfile.txt
```

列出新目录中的文件：

```
$ curl http://<HTTPFS-HOST>:14000/webhdfs/v1/user/hdfs/newdata?op=list
```

在 Hadoop core-site.xml 中设置 HttpFS 的 Linux 代理用户，并用相应的 Linux 用户名替换。清单 5.14 中列出了相应的 servername 和 IP 地址。

清单 5.14　更新 HDFS core-site.xml

```
<property>
  <name>hadoop.proxyuser.<proxy-user>.hosts</name>
  <value>172.168.168.129</value>
</property>
<property>
  <name>hadoop.proxyuser.<proxy-user>.groups</name>
  <value>*</value>
</property>
...
```

运行 httpfs.sh 脚本启动和停止 HttpFS。

```
$ bin/httpfs.sh start
```

11．WebHCat

WebHCat 可以通过 REST API 执行 HCatalog 命令以及在 Hadoop 集群上运行应用。MapReduce、Pig、Hive 和 Streaming 应用可以通过 WebHCat 在没有 Hadoop 的服务器上运行。WebHCat 需要单独管理自身的服务器。

WebHCat 以前被命名为 Templeton。Templeton 仍被继续使用以向后兼容。

```
$ /usr/lib/hcatalog/sbin/webhcat_server.sh start
$ /usr/lib/hcatalog/sbin/webhcat_server.sh stop
```

WebHCat 的主要管理文件包括 webhcat_server.sh、webhcat-site.xml 和 webhcat-log4j.properties。4 个管理文件必须位于运行 WebHCat 服务器的同一台服务器上。WebHCat 服务器的默认 HTTP 端口为 50111。

Kerberos 和 SPNEGO 认证信息可用于身份验证。WebHCat 命令可以使用 Knox 网关进行身份验证。

通过 HTTP 请求以访问 Java、Pig 和 Hive 应用以及 HCatalog DDL 命令。应用请求由

WebHCat 服务器进行处理，并将结果存储在 HDFS 中，如图 5.13 所示。

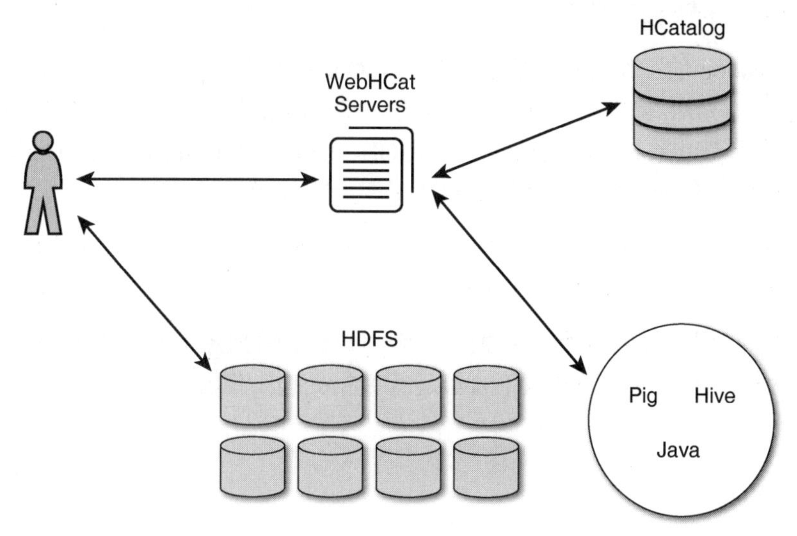

图 5.13　HTTP 命令可以发送至不同的源

验证 WebHCat 已被安装并启动运行的命令如下。

```
$ curl -i http://localhost:50111/templeton/v1/status
```

运行 Java MapReduce 应用命令如下。

```
$ curl -v -i -k -u <userid>:<passwd> -X POST \
    -d jar=/dev/my-coolapps.jar -d class=coolapp1 \
    -d arg=/apps/input -d arg=/apps/output \
    'http://172.16.168.129:50111/templeton/v1/mapreduce/jar'
```

通过 GET 和 POST 命令定义用户。

```
$ curl -s
'http://172.16.168.129:50111/templeton/v1/ddl/database/default/table/
  mytable?user.name=karent'
$ curl -s user.name=karent  -d rename=mytable2
'http://172.16.168.129:50111/templeton/v1/ddl/database/default/table/
  mytable'
```

日志文件地址可以在 templeton-log4j.properties 文件中定义。主要的 WebHCat 服务器文件包括 templeton.log（log4j）、templeton-console.log（stdout）和 templeton-console-error.log（stderr）。

5.1.3　Oozie：计划和工作流

Oozie 是 Hadoop 的工作流和调度服务框架。Oozie 服务作为嵌入式 Tomcat 服务器中的小服务程序运行。Oozie 客户端运行 Oozie 命令，将调度和工作流信息存储在元数据存储库中。元数据存储库可以是 Derby、HSQL、MySQL、Oracle 和 PostgreSQL。Derby 是 Apache 的 Oozie 默认设置，然而，HDP 使用 MySQL 作为默认元数据存储库。

Oozie 控制台是一个简单的 Web 界面，可以获得 Oozie 的任务状态。机构不希望运行多个调度器。企业调度器可用于执行 Oozie 工作流。REST API 也可用于执行 Oozie 工作流。

Oozie 可以自动进行数据采集、转换、备份和归档。数据经常被转换成很多个层次以便多个程序进行处理。Oozie 可以从以下来源运行数据处理工作流。

- Tez。
- MapReduce。
- Streaming。
- Pig。
- Hive。
- Distcp。
- Java applications。
- ssh。
- Email。
- Shell scripts。

工作流是按照特定执行顺序的一组任务。Oozie 可以对工作流进行管理，Oozie bundle 可用于打包协调器和工作流任务。

Oozie 调度器可以由数据或时间触发。程序作为工作流的一部分可以定义诸如队列、输入、输出目录等参数。Oozie 的默认端口是 11000，默认管理端口是 11001。

Oozie 可以配置使用 HTTPS 运行，也可以使用 Kerberos 和 SPNEGO 进行身份验证。

Oozie 框架的关键配置文件如下。

- oozie-env.sh：环境文件。
- oozie-site.xml：服务器配置文件。

- oozie-log4j.properties：日志文件。
- adminusers.txt：管理用户。

Oozie 框架的日志文件如下。

- oozie.log：Web 服务日志文件。
- oozie-ops.log：管理监控消息。
- oozie-instrumentation.log：仪器数据。
- oozie-audit.log：审计数据。

Oozie 使用 Hadoop 特定语言，是一种基于 XML 的语言。Oozie XML 文件中定义的工作流是一组以直接非循环图（DAG）构建的动作。DAG 包含顶点（节点和动作），并且具有连接顶点以定义动作顺序的定向边。DAG 具有开始节点和结束节点，且首尾不相连。Oozie 任务在 Java 属性文件（job.properties）或 XML 配置文件中设置参数。工作流可以包含分支和连接节点，决策节点具有确定工作流的控制状态。

Oozie DAG 有一个开始和结束节点，如图 5.14 所示。执行一次动作后，将会进行下一步的决策。

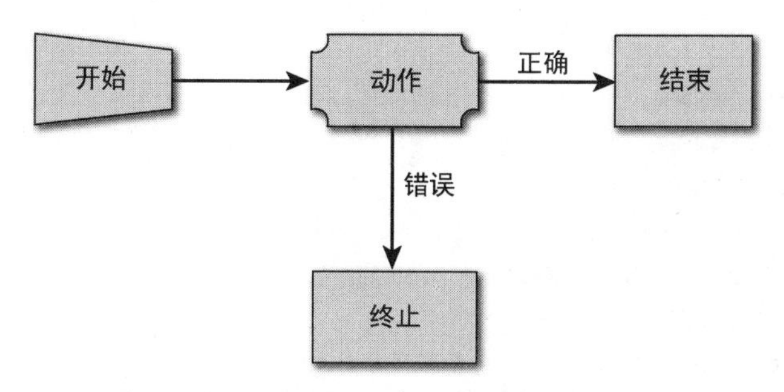

图 5.14　Oozie DAG 有一个开始和结束节点

Oozie 支持使用连接、分支和决策节点的各种工作流，如图 5.15 所示。

Oozie 使用回调和轮询来获取不同任务和操作的状态。

用于启动、运行和停止 Oozie 服务器的 oozied.sh 脚本，通过具备 Oozie 安装目录权限的 OS 用户运行。可以通过检查 logs/oozie.log 文件，以确保 Oozie 正常启动。

使用以下命令启动 Oozie 服务，并作为守护进程检查状态。

```
$ bin/oozied.sh start
$ bin/oozie admin -oozie http://localhost:11000/oozie -status
```

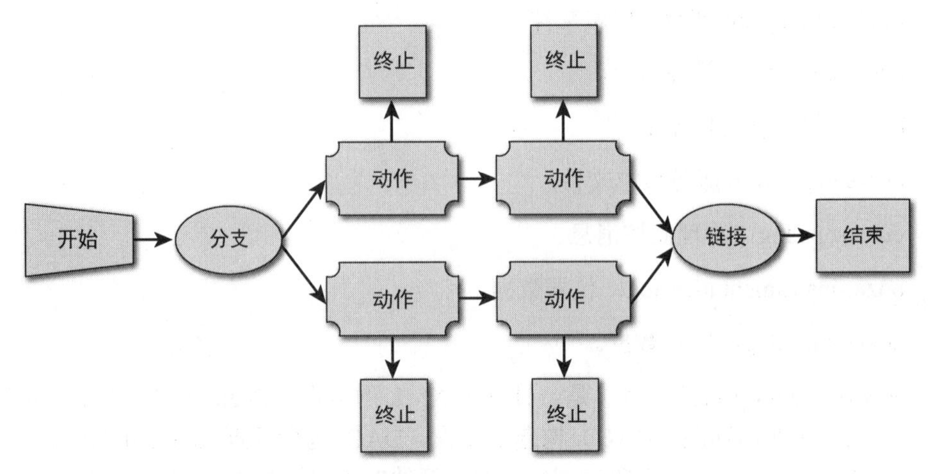

图 5.15　Oozie 支持使用连接、分支和决策节点的多种工作流

可以通过相关网站访问 Oozie Web 控制台并查看任务状态。

Oozie 包含一个用于任务管理和作业管理的命令行工具 Oozie。Oozie 工具包含许多用于任务操作、任务状态管理操作、工作流验证、运行 pig 或 hive 任务，以及获取帮助和版本信息的命令选项。

```
oozie job <OPTIONS>
oozie jobs <OPTIONS>
oozie admin <OPTIONS>
oozie validate <ARGS>
oozie pig <OPTIONS> -X <ARGS>
oozie hive <OPTIONS> -X <ARGS>
oozie mapreduce <OPTIONS>
oozie info <OPTIONS>
oozie help
oozie version
```

Oozie 任务通常包含 3 个部分。

- job.properties 文件包含运行时传递给 Oozie 的参数。该文件位于提交 Oozie 任务的位置。job.properties 文件还指向了 workflow.xml 文件所在的 HDFS。
- workflow.xml 文件包含运行 Oozie 任务的说明。workflow.xml 文件必须位于 HDFS 中，以便运行任务的应用程序可以找到该文件。Oozie 任务可以包含跨多个数据节点分布的并行进程。

- Oozie 库目录也必须在 HDFS 中。库目录包含了运行部分 Oozie 任务程序所需的 jar 文件和其他文件。

1. Oozie 任务命令

Oozie 任务命令可用于启动、停止、运行、挂起、恢复、提交、重新运行并获取有关任务的信息，见表 5.4。

表 5.4 Oozie 任务选项

命令	描述
-dryrun	不运行时测试协调器或工作流
-info < arg >	获取任务信息
-kill < arg >	结束任务
-log < arg >	查看任务日志
-rerun < arg >	重新运行任务
-resume < arg >	暂停任务
-run	运行任务
-start < arg >	启动一个任务
-submit	提交任务
-suspend < arg >	挂起任务

检查 Oozie 系统状态示例如下。

```
$ oozie admin -oozie http://localhost:11000/oozie -systemmode normal
```

验证 Oozie 任务工作流示例如下。

```
$ oozie validate newworkflow.xml
```

以下是在不执行任务的情况下测试任务的工作流示例：

```
$ oozie job -oozie http://localhost:11000/oozie -dryrun -config
  newjob.properties
```

提交 Oozie 任务示例如下。

```
$ oozie job -oozie http://localhost:11000/oozie -config newjob.properties
  -submit
job: 25-34958494454848-oozie-newjob
```

提交 MapReduce 任务示例如下。

```
$ oozie mapreduce -oozie http://localhost:11000/oozie -config
  newjob.properties
```

提交 Pig 脚本示例如下。

```
$ oozie pig -oozie http://host:11000/oozie -file my.pig -config
  job.properties
-PINPUT=/user/gage/input -POUTPUT=/user/gage/output
-X -Dmapred.job.queue.name=reports
```

提交 Hive 脚本示例如下。

```
$ oozie hive -oozie http://host:11000/oozie -file myhive.sql -config
   job.properties\
-Dfs.ddfault.name=hdfs://localhost:8020 -PINPUT=/user/gage/input \
-POUTPUT=/user/gage/output -X -Dmapred.job.queue.name=reports
```

启动 Oozie 任务并进行状态检查示例如下。

```
$ oozie job -oozie http://localhost:11000/oozie -start
  25-34958494454848-oozie-newjob
$ oozie job -oozie http://localhost:11000/oozie -info
  25-34958494454848-oozie-newjob
```

挂起和暂停 Oozie 任务示例如下。

```
$ oozie job -oozie http://localhost:11000/oozie -suspend
  25-34958494454848-oozie-newjob
$ oozie job -oozie http://localhost:11000/oozie -resume
  25-34958494454848-oozie-newjob
```

结束 Oozie 任务示例如下。

```
$ oozie job -oozie http://localhost:11000/oozie -kill
  25-34958494454848-oozie-newjob
```

2．访问 Oozie

谨慎禁用 Oozie 安全性——这将使每个人都成为管理员用户。Oozie 为用户、ACL 和管理员提供了一套授权规则。

- 用户对所有任务具有读权限，并对自身任务具有写权限。

- 用户可以根据 ACL 权限对任务进行额外的写入。
- 用户对管理操作具有读权限。
- 管理用户可以对所有任务进行写入，并对所有管理操作具有写权限。

5.1.4 Falcon：数据生命周期管理

Falcon 是 Hadoop 数据管理、数据流水线处理、生命周期管理和数据探索的框架。Falcon 使用声明性定义来执行数据编排和管理操作。Hadoop 中的典型数据以原始格式加载，并通过运行 Tez、Pig 和 Hive 脚本转换和分配到不同的数据层。数据常常被转换，以允许 BI 工具进行详细分析。

当查看数据管理、后期数据、故障处理、影响分析、归档、复制、审核、跨集群复制、重试策略、谱系、标记、保留级别、回收和数据质量验证时，数据流转换数据会变得非常复杂。因为需要记录和跟踪各种关系，使用 Oozie 任务流程来管理将会很快难以应对。

手动编码 Oozie XML 文件将变得易错和难以管理。大型机构可能需要每天运行数以万计的 Oozie 任务流程。尝试为复杂的 Oozie 任务流手写 XML 文档是不现实的。而通过 Falcon 能够为数据管理定义管道。

Falcon 作为 Hadoop 集群中独立的服务运行，如图 5.16 所示。Falcon 专用于维护实体之间的依赖和关系。

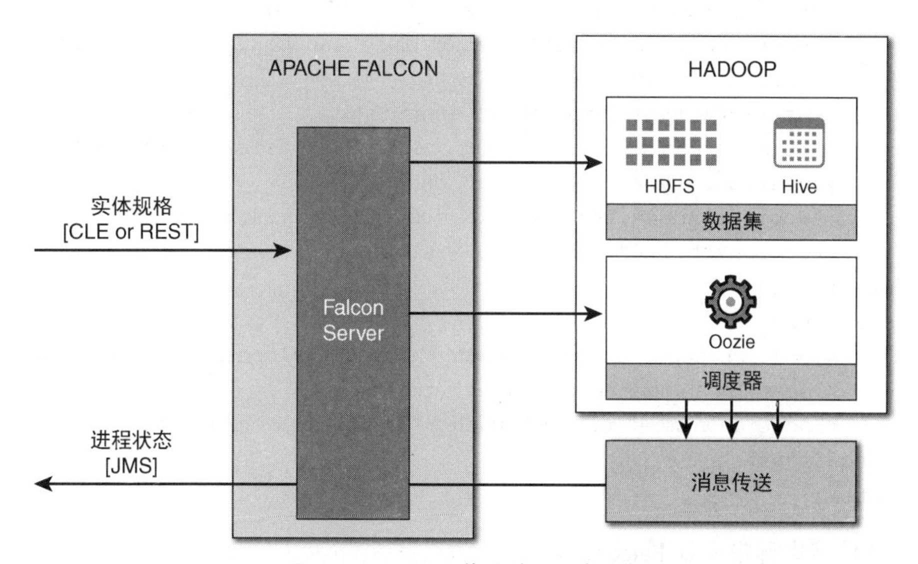

图 5.16 Falcon 作为独立服务运行

Oozie 是 Falcon 的默认调度器，同时 Falcon 还能够与其他调度器进行集成。用户定义规范，使用 CLI 或 REST API 发送到 Falcon 服务器。Falcon 获取规范并将其转换为工作流调度程序的操作。Falcon 服务器使用 Oozie 作为工作流引擎，并能够自动生成和编排 Oozie 工作流。

Falcon 使用 JMS 进行消息传递，元数据存储在 HDFS 中。Falcon 的默认端口为 15000。

Falcon 可以将数据复制到另一个 Hadoop 集群，能够管理整个工作流程，从分段、清理到确认，然后存储所得到的处理数据。Ambari 可用于管理 Falcon。Falcon 可以使用多个.xml 文件。

每个集群都有一个集群规范文件。该文件定义了写入 HDFS、提交任务、执行 Oozie、访问 Hive 元存储和故障警报的接口，如清单 5.15 所示。

清单 5.15　Falcon XML 文件示例

```
<?xml version="1.0"?>
<cluster colo="myCluster" description="mycoolCluster" name="myCluster"
xmlns="uri:falcon:cluster:0.1">
 <interfaces>
        <interface type="readonly" endpoint="hftp:
         //sandbox.hortonworks.com:50070" version="2.2.0" />
          <interface type="write" endpoint=
         "hdfs://sandbox.hortonworks.com:8020" version="2.2.0" />
        <interface type="execute" endpoint="sandbox.hortonworks.com:8050"
         version="2.2.0" />
        <interface type="workflow" endpoint=
         "http://sandbox.hortonworks.com:11000/oozie/" version="4.0.0" />
        <interface type="messaging" endpoint=
         "tcp://sandbox.hortonworks.com:61616?daemon=true"
         version="5.1.6" />
 </interfaces>
  <locations>
        <location name="staging" path="/myapps/falcon/myCluster/staging"/>
        <location name="temp" path="/tmp"/>
        <location name="working" path="/myapps/falcon/myCluster/working"/>
   </locations>
</cluster>
```

规范文件将集群定义到 Falcon：

```
$ falcon entity -type cluster -submit -file oregonCluster.xml
```

数据集规范文件定义了数据处理的频率、时延以及源、权限和目标路径（如 HDFS 或 Hive 表），如清单 5.16 所示。

清单 5.16 Falcon 示例

```
<?xml version="1.0" encoding="UTF-8"?>
<!-- A data feed generated twice a day. -->
<feed description="Raw data feed" name="myDataFeed"
    xmlns="uri:falcon:feed:0.1">
    <tags>externalSystem=2014data,classification=secure</tags>
    <groups>myEvalDataPipeline</groups>
    <frequency>hours(12)</frequency>
    <late-arrival cut-off="hours(5)"/>
    <clusters>
        <cluster name="myCluster" type="source">
            <validity start="2014-04-01T00:00Z" end="2014-12-31T00:00Z"/>
            <retention limit="days(60)" action="delete"/>
        </cluster>
    </clusters>
    <locations>
        <location type="data"
        path="/user/mydata/falcon/data/${YEAR}-${MONTH}-${DAY}-${HOUR}"/>
        <location type="stats" path="/none"/>
        <location type="meta" path="/none"/>
    </locations>
    <ACL owner="mydata" group="users" permission="0755"/>
    <schema location="/none" provider="none"/>
</feed>
```

使用以下命令将数据集规范提交至 Falcon。

```
$ falcon entity -type cluster -submit -file myDataFeed.xml
```

如何定义进程规范如清单 5.17 所示。

清单 5.17 定义进程规范

```
<?xml version="1.0" encoding="UTF-8"?>
<process name="myIngestProcess" xmlns="uri:falcon:process:0.1">
    <tags>pipeline=myDataPipeline,owner=mydata,externalSystem=2014Data
     </tags>
<clusters>
```

```
        <cluster name="myCluster">
            <validity start="2014-04-01T00:00Z" end="2014-04-01T00:00Z"/>
        </cluster>
    </clusters>
    <parallel>2</parallel>
    <order>FIFO</order>
    <frequency>hours(12)</frequency>
    <outputs>
        <output name="output" feed="myDataFeed" instance="now(0,0)" />
    </outputs>
    <workflow name="myWorkflow" version="2.0.0"
    engine="oozie" path="/user/mydata/falcon/ingest" />
    <retry policy="periodic" delay="minutes(15)" attempts="3" />
</process>
```

使用以下命令向 Falcon 提交处理流程并规划进程。

```
$ falcon entity -type process -submit -file myIngestProcess.xml
$ falcon entity -type feed -schedule -name myDataFeed
$ falcon entity -type process -schedule -name myIngestProcess
```

5.1.5　Kafka：实时数据流

你可能想知道 Kafka 是否和 Flume 一样。答案是否定的，虽然两者都用于将数据流提取到 Hadoop，但底层架构非常不同。Kafka 基于 LinkedIn 开发，需要有一个统一的平台来进行所有实时数据处理。机构希望从其用户活动数据文件聚合批处理系统以切换到实时发布订阅系统。LinkedIn 和 Kafka 支持多种订阅系统，并能向消费者应用程序提供超过 550 亿条消息。如果进行了所有优化配置，则可以在 Kafka 中每台机器上每秒写入 100 万次。

为什么在 LinkedIn 上实时提取活动数据至关重要？LinkedIn 有 3 个主要的收入来源：招聘解决方案、营销解决方案和高级订阅。所有这些收入来源的共同特征是用户身份的知识和货币化。对于特定的受众群体，根据他们是谁，他们的兴趣是什么，将广告位置投放得越精准，广告客户或营销人员获得的客户就越多。广告投放位置根据当前用户活动进行实时变化。Kafka 不会实时放置广告，但它可以提供实时信息，了解消费者正在做什么，如 Storm 等实时数据处理框架可以获取信息，然后决定加载广告的位置。

随着物联网（IoT）业务的蓬勃发展，Kafka 将非常适用于获取源源不断的传感器数据，这可以代表用户活动和系统活动。例如，Synapse Wireless 公司正在努力解决医院患者感染的关键问题。从入门到肥皂机等区域，所有医院房间都配有传感器。所以当护士进入房间时，传感器检测到护士的徽章后会被触发。一旦检测开始，后端的服务器开始监控护士。

传感器将持续对护士进行监控，如果护士在 30 秒内不洗手，传感器会向护士的徽章发出提醒警报。这为医院带来了两件巧妙的事情：避免由于不适当的护理导致严重感染和了解护士或资源如何与患者互动的法律诉讼。传感器数据全部由 Kafka 捕获，Storm 用于与 Kafka 协调进行实时业务逻辑处理。

图 5.17 所示的是 Kafka 的架构。一方面，生产者将信息发送到 Kafka 集群，然后这些消息会依次传递给消费者。客户端与 Kafka 服务器之间的通信使用高性能、非特定语言的 TCP 协议完成，且可以为 Kafka 客户端使用各种编程语言。另一方面，Topic 是发布信息的订阅源名称。Kafka 集群由许多代理组成，每个代理都可以是自己的服务器。所有消息都会被写入页面缓存（OS），最终被保存到磁盘。这就是 Kafka 写入速度非常快的原因。

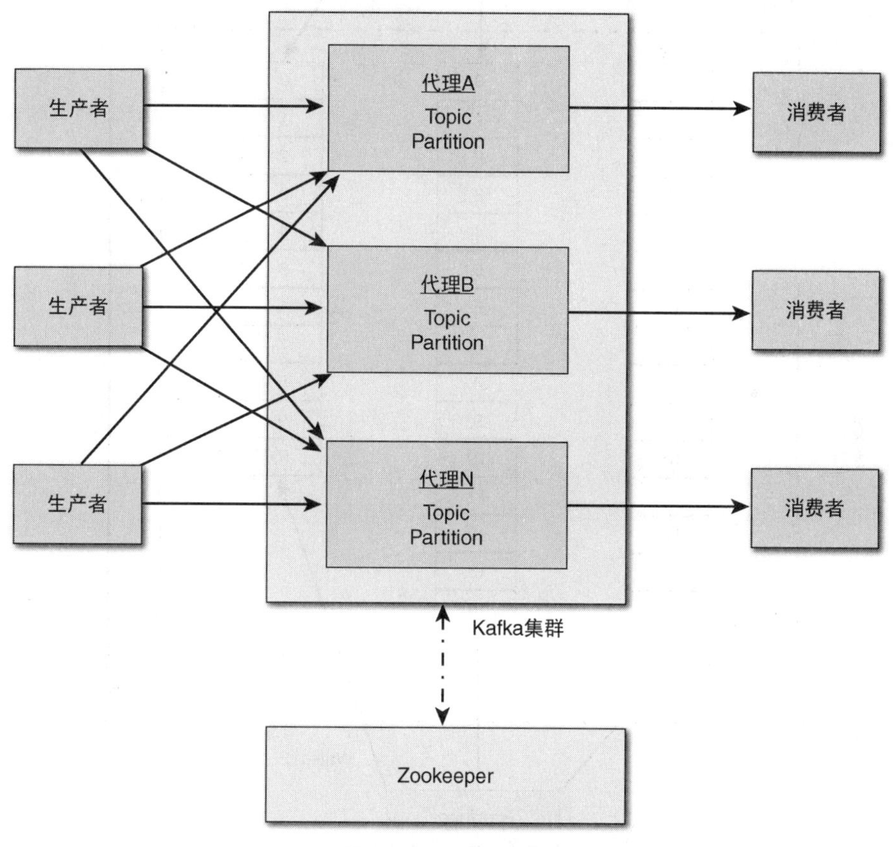

图 5.17 Kafka 架构

1. Topic

Topic 是信息发布的供给名称。Topic 由连续附加的有序分区和不可变的消息序列组成，分区提供范围和并行性。Topic 也分布在 Kafka 服务器上。为了容错目的，可以配置每个分区的副本数，但副本不适用于并行处理。分区也遵循主从原则。主分区处理所有读写请求，并且从分区只是复制。当主分区失败时，其中一个从分区自动成为主分区。Topic 可以有一个或多个分区（P0、P1、P2 等）。当消息被写入时，消费者首先检索最早的数据，然后遍历写入序列，直到拿到最新消息，如图 5.18 所示。

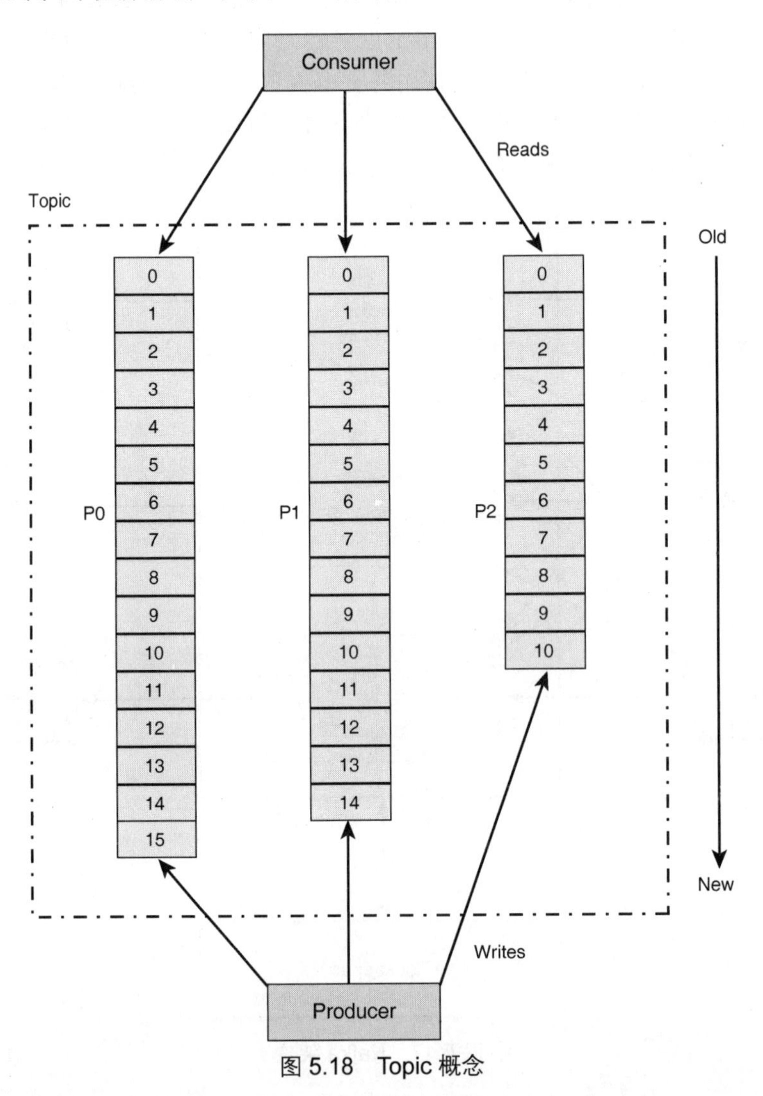

图 5.18 Topic 概念

有两种创建 Topic 的方法：通过 CLI 或通过代理配置自动创建。以 CLI 方式为例，以下命令指定副本、分区大小和 Topic 名称。需要确保 Topic 创建后在 ZooKeeper 中已注册，以便可以跟踪其状态。kafka-topics.sh 位于 Kafka 安装目录 bin 文件夹下。

```
kafka-topics.sh --create --zookeeper localhost:2181 --replication-factor 1
--partitions 1 --topic mordor
```

使用--list 选项检查 Topic 是否已创建。

```
kafka-topics.sh --list --zookeeper localhost:2181
```

响应应该显示以前生成的 Topic 名称，即“mordor”。

2. Producer

Proudcer 负责生成消息并识别需要去 Topic 中的哪个分区。消息发布到分区可以通过循环或使用消息密钥来完成。Producer 具有可用于发送消息的 CLI 或 API，CLI 是为了定位问题，API 才是首选。例如，查看下面的 CLI 命令。使用相同的 Topic 名称，运行该命令后便可以通过命令行发送消息。现在可以开始输入消息，并使用换行符将其分开。

```
kafka-console-producer.sh --broker-list localhost:9092 --topic mordor
```

使用 API 实现 Producer 客户端时，将使用以下类。

- **kafka.javaapi.producer.Producer<K,V>**：需要两个参数的通用 Java 对象。第一个参数是分区键，第二个参数是消息的类型，如 String。
- **kafka.producer.KeyedMessage<K,V>**向 kafka 发送消息的包装器。它至少需要 Topic 名称和消息。要组织消息，建议使用 Topic 键和分区键。Topic 键与消息类同义，分区键的作用就如同一个桶，将具有相同键属性值的消息进行分组。
- **kafka.producer.ProducerConfig**：该对象指示 Producer 以下信息。
  - 消息将发送至 Kafka 代理的位置。
  - 串行器要求。
  - 分区对象。
  - 消息确认要求。
- **kafka.producer.Partitioner**：这是一个接口，用于定义关于如何计算分区密钥的逻辑。如果消息基数大，则建议使用该接口。函数 partition()用于定义分区键的业务逻辑。

3. Consumer

这是从 Topic 消费消息的 Kafka 客户端。它使用消费者组的概念，消费者对象同时作为队列发布-订阅客户端。例如，如果所有消费者实例属于相同的消费者组，消费者就像排队客户一样。当所有消费者实例属于不同的消费者组时，都会发生发布一订阅消息传递行为。Kafka 消费者组名称是 Kafka 集群的全局名称（见图 5.19）。

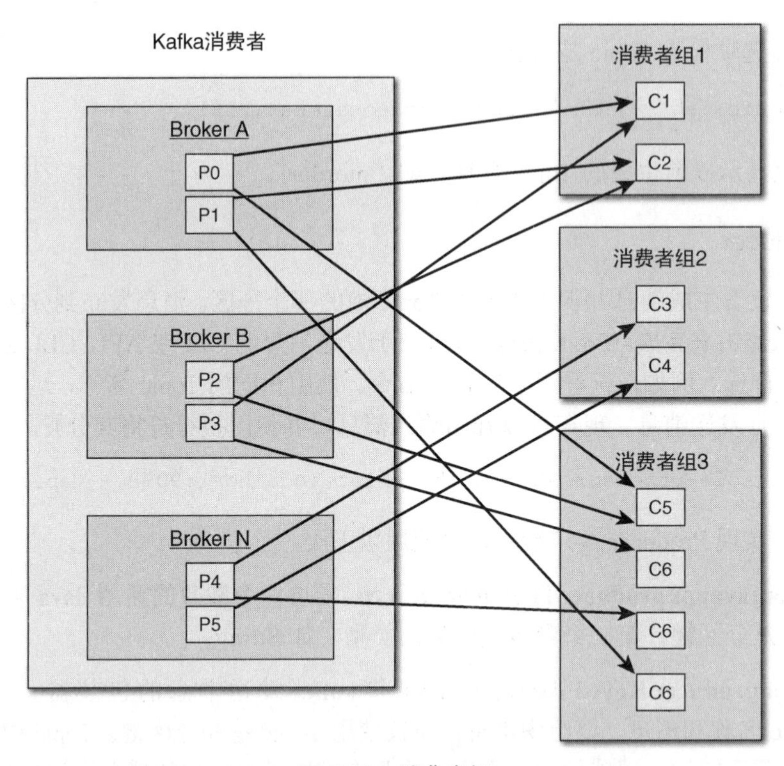

图 5.19　消费者组

图 5.19 显示了一个带有 3 台服务器/代理的 Kafka 集群。一个分区可以支持多个消费者或消费者群体。消息订阅者实际上是一组消费者，与传统的异步消息传递相反，消息顺序得到保障。假设给定的 Topic mordor 有两个部分，即 P0 和 P1，可以通过运行以下命令快速检查 Topic 是否正在接收消息。

```
kafka-console-consumer.sh --zookeeper localhost:2181 --topic mordor
  --from-beginning
```

这将把 Topic mordor 的消息转存到标准输出。

所以问题来了：如果向 Topic mordor 写入信息的代理挂了怎么处理？消费者还能从 Topic 中进行读取吗？答案是可以的，这是 Kafka 的容错功能，代理与 Topic 解耦。

有两种消费者 API，但涵盖大多数情况的 API 是高层次消费者 API。另一个称为简单消费者 API，需要更多的配置和实现。接下来，我们将深入了解高级 API。

如果消费者不关心分区中的消息偏移，并且只想获取数据，那么高层次消费者 API 就足够了。为高层次消费者进行部署实施时需要考虑几个设计因素。要确保消费者是多线程的，并且尽可能地利用所有线程。作为一般规则，线程数不应大于分区数。另外，如果需要严格保证消息的顺序，那么请勿在单个线程上分配多个分区。以下是用于（最少）实现简单消费者的 Java 类。

- **kafka.consumer.ConsumerIterator**：这是一个包含所有消息流消费的迭代器对象。它可以设计成持续运行，直到中断。
- **kafka.consumer.KafkaStream**：监听每个 Topic 传入消息的映射流。
- **kafka.consumer.ConsumerConfig**：自动完成大量错误处理，但必须指出存储状态信息的位置，即特定 Topic 和分区的消息偏移量。以下是可用于传递给 Kafka 的最少属性：
    - **zookeeper.connect**：存储消息偏移量的一个 ZooKeeper 实例。
    - **zookeeper.sync.time.ms**：在发生故障之前，ZooKeeper 从机和主机之间允许的以 ms 为单位的时间量。
    - **auto.commit.interval.ms**：写入 ZooKeeper 的更新偏移频率。
    - **zookeeper.sync.timeout.ms**：Kafka 等待 ZooKeeper 在停止并继续使用消息之前响应请求的时间（以 ms 为单位）。
    - **group.id**：消费者组识别。
- **java.util.[HashMap, List, Map, Properties, concurrent.ExecutorService, concurrent.Executors]**：这些是用于创建线程池的接口，用于配置每个 Topic 基本线程数。因为 Kafka 向 ZooKeeper 发送消息偏移更新之前有一个很短的延迟，所以存在消耗的消息与 ZooKeeper 不同步。因此，当客户端主机崩溃并重新启动时，将重播相同的消息。要处理这种情况，需要始终实行彻底关机，在等待约 10s 后，必须调用以下方法。
    - **ConsumerConnector.shutdown()**：杀死与 Kafka 的连接。
    - **ExecutorService.shutdown()**：杀死所有 Consumer 调用的线程。

如你所见，Kafka 是一个非常快速和可扩展的消息传递总线。消费者可以将数据发送到不同的源。Kafka 还具有 Storm 接口，Storm 已将预定义的连接器（Bolts）连接到不同的目的地。随着时间的推移，期待有更多的生产者和消费者可以预定义并用于 Kafka。同时，Kafka 和 Storm 可以进行组合，让 Kafka 成为消息总线来定义数据流水线，使 Storm 能够进行数据处理并将数据存储至定义目的地。

正如 Kafka 有生产者和消费者等组成部分，Storm 同样拥有其组件。元组是流中的数据结构，Spouts 生成数据流。Bolts 进行数据处理（聚合、功能、连接、警报逻辑、数据存储的读/写）和固化，并可以将数据发送到新的 Bolts。

图 5.20 显示了 Storm 的 Spouts 和 Bolts 的工作流程示例。

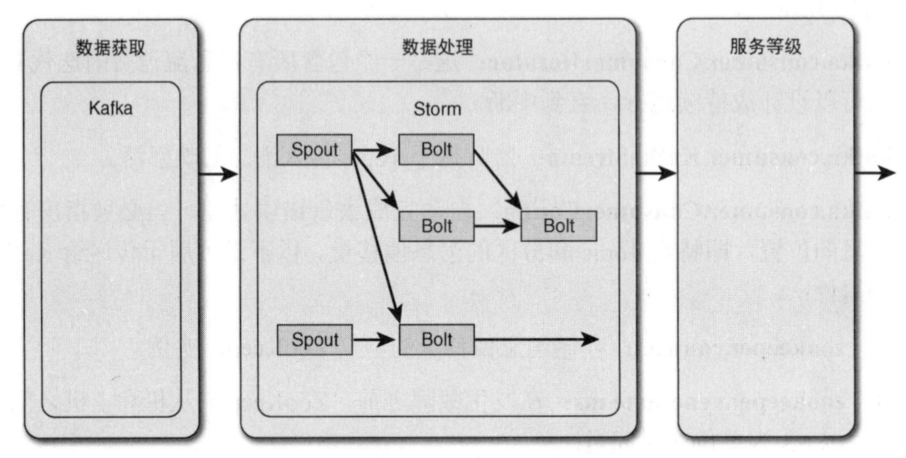

图 5.20　Storm 的 Spouts 和 Bolts 的工作流程示例

4．安装和配置 Hadoop

在本书中，我们不断强调 Hadoop 是关于数据的。所以在安装 Hadoop 之前，必须将重点放在数据上，确定 Hadoop 的不同使用场景，了解初始数据源、数据类型、数据量和增长预测，并定义 Hadoop 集群的目标和数据分析成功的度量。同时，清楚需要从数据中寻找什么问题和答案。

数据预测将有助于定义集群的初始硬件配置。Hadoop 集群的硬件和软件配置有很多选项。逐条考虑以下几方面的优点和好处。

- 使用物理还是虚拟配置。
- 使用私有云或公共云。
- 使用硬件设备。
- 定义机架拓扑。
- 要使用哪些框架。
- 是否使用本地存储库。

- 选择使用哪种 NoSQL 数据库。
- 选择分析软件的类型。

对于不同的 Hadoop 集群，硬件配置可能会有很大差异。设计主节点可用性有许多选项：DataNode 内存配置可以从 64～256GB 不等，可以使用两个 1GB 绑定网卡或一个 10GB 网卡。DataNode 配置中最重要的部分是必须平衡硬件配置，存储和网络的吞吐量能否匹配内存和 CPU 的处理能力？数据安全需求需要着重考虑。网关服务器的配置是什么？

Hadoop 平台的配置可能因地而异。将使用版本中的哪些框架？是否添加非默认版本自带的框架？NoSQL 数据库多种多样，各有不同的功能和优点。需要考虑 ELT 的数据架构和模式设计以及数据采集方法。

5. Manual Versus Ambari

Hadoop 不同版本之间的安装方法有所不同。所以，Hadoop 发行方很好地提供了如何在其网站上进行 GUI 安装或手动安装的分步说明。

在 doc.hortonworks.com 上，你可以找到有关硬件建议和手动 RPM 安装的链接。有一个单独关于 Ambari 文档和 Ambari 安装步骤的链接。对于安装和管理，有两种方法：使用 RPM 手动安装或使用 GUI 界面安装 Ambari。HDP 发行方通常指定使用 Ambari 作为 Hadoop 集群安装、配置、管理和监控的工具。

几乎所有概念证明（POC）项目都使用 Ambari 来完成。Ambari 的 GUI 界面使配置和设置 Hadoop 集群变得非常简单。手动安装和管理 Hadoop 集群需要更多的前期技能和知识。手工管理 Hadoop 存在历史原因，但随着时间的推移，越来越多的新集群正在使用 Ambari 管理 Hadoop。Ambari 的早期版本没有扩展到数千个节点，但是作为企业级产品，Ambari 在不断成熟。

推荐 Ambari 有以下几个原因。

- Hadoop 集群需要自动化管理；否则，随着 Hadoop 集群的扩展，将变得难以管理。
- 创建自动化 Hadoop 集群的脚本不仅在开始时需要更多的技能，而且脚本会变得极其难以维护，当集群的规模和复杂度增长时，必须不断修改和维护。
- 如果不使用 Ambari，管理维护将变得越来越艰难。Ambari 支持 HA 功能、Kerberos、Storm、Tez、Falcon 等。如果不使用 Ambari，则必须单独和手动管理所有不同的框架。
- Ambari 很好的一个特性是开放了 REST API，因此，如果企业希望保持企业管理产品的一致性并执行 Ambari 命令，那么通过 REST API 就能够实现。

图 5.21 显示了可以使用 Microsoft、Teradata、Openstack、HP 等工具来执行 Ambari 命令。

需要注意的是，使用 Ambari 管理 HDP，或者手动管理 HDP，二者只能选一。HDP 将其配置存储在 XML 文件中，如果手动更新 HDP 配置文件，则必须使用某些自动化工具（如 Puppet 或 Chef）来在整个集群中传播已更改的文件。Ambari 通过将配置存储在元数据存储库中，并从元数据存储库更改配置文件来自动执行此操作。

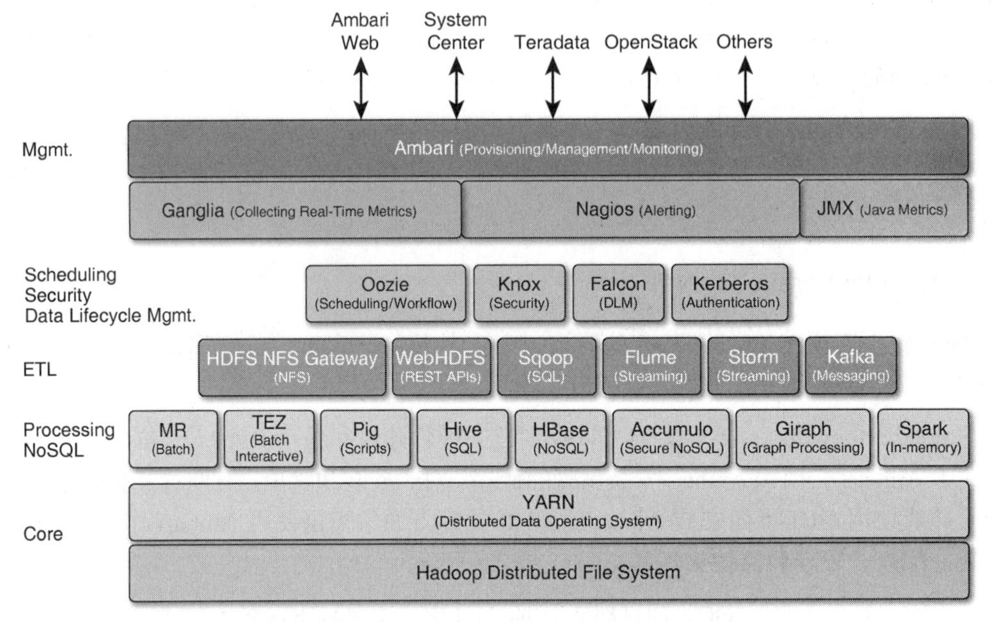

图 5.21 通过 REST API 可用于管理 Hadoop 集群的企业管理工具

因此，如果管理员对配置文件进行手动更改，那么这些更改在 Ambari 的元数据存储库中不会生效。然而，如果稍后管理员使用 Ambari，Ambari 将更新元数据存储库中的更改，并覆盖手动进行的更改。

HDP 发行版将 HDP 软件堆栈和 Ambari 分为单独的版本，这使得每个版本都能够彼此独立地升级。同样，文档也相互分开。

5.2 小结

如你所知，Hadoop 有大量的数据采集工具。因为每个工具都有特定的用途，所以它们的用途很容易变得混乱。我们讨论了可以实时、流式和批量采集数据的工具。读者应该从基础配置采集工具开始学习使用。随着经验的增长，进行数据采集优化将变得相对容易。另外，如果读者已经使用通过 Hadoop 认证的数据传输工具，那么这是将数据快速加载到 HDFS 的最简便的方法。重要的是要尽可能熟悉所有采集工具，以便可以做出有根据的决定，选择适合企业的工具。

第 6 章

Hadoop SQL 引擎

数据是新的能源。不，数据是新的土壤。

——David McCandless

在设计 Hadoop 生态的过程中，需要做的最大决定之一是为使用场景选择 SQL 引擎。你必须问自己，对于不同类型的应用程序和项目，我们是否应该使用 Hive on Tez、Impala、Spark SQL、Phoenix for HBase 等。由于新版本新增的功能会与其他的 SQL 引擎有重叠，故做此决定会更加困难。在这章，我们讨论 Hadoop SQL 引擎和这种引擎的两种主要工具，即 Hive 和 Pig.

6.1 SQL 的起源

在早期的计算中，所有数据都是基于文件，并且只有极客才能解析和处理这种数据。有了结构化数据库管理系统（RDBMS）后，SQL 成为开发人员、分析师和业务主管进行数据处理通用语言。该语言使用起来非常简单，并成为企业进行业务决策的关键基础。企业开始将大量数据存储至 RDBMS 中，这很快耗尽其能力并带来了诸如成本、规模和性能等新问题。然后，大规模并行处理架构被开发出来，并且引入了今天我们所知道的企业级数据仓库（EDW）环境。EDW 使用 SQL 语言，使用也相对简单和快速。然而新的数据集不断出现，85%的新数据是非结构化的，它们不能简单地存储在 EDW 系统中。

数据产生的速度越来越快，体积也在呈指数级增长。Facebook 的 Mark Zuckerberg，苹果公司的乔布斯（Steve Jobs），Twitter 的 Jack Dorsey，以及 Palo Alto 等互联网巨头都创造了新的技术，生成出如此多的数据，EDW 系统不能够有效地管理工作负载或缩小规模。雅虎在 2005 年就意识到了这一点，并建立了自己的平台来适应如此大量的数据，并命名为 Hadoop。那时候，它已经回到了最初的问题——没有提供 SQL 引擎。结果是大量使用计算机编程来分析数据。每个人都理解 SQL，并且为了最大限度地发挥 Hadoop 的潜力，他们创建了 Hive 以满足 SQL 规范。

6.2 Hadoop 中的 SQL

在 Hadoop 的早期阶段，只有具备 Java 技能的人才能够创建任务和处理数据。业务分析师并不会去写 MapReduce 任务。Hadoop 天生就是一个智能平台，但是只有开发人员能与之交互。为了减少从数据获得价值的时间，业务方也需要参与进来。这是一个比较讽刺的情景。像雅虎、eBay、Facebook 等拥有大量开发人才的互联网巨头是唯一发挥 Hadoop 能力的公司，这将流量导入网络媒体资源并将其转化为收入。Hadoop 的人才短缺阻碍了商业企业对 Hadoop 的使用。今天仍然如此，但情况已有显著改善。那么推动 Hadoop 被广泛使用的第一步是什么？我们从 Facebook 开始吧。

回到 2007 年，Facebook 当时使用商业级关系型数据库管理系统作为数据仓库。当时已有 15TB 的数据。它在广告平台上为数据进行了一些分析，这些分析需要花费数天的时间，并且扩展数据仓库很快就成了一个问题。随着 Facebook 的快速成长，数据量也在快速增长。存储 PB 级数据变得紧迫，同时 RDBMS 数据仓库也变得非常受限。所以，Facebook 冒险进入了 Hadoop 领域，实现了存储 PB 级数据并能在几分钟至几小时之间处理任务，而不是像在 RDBMS 中需要几天。

Facebook 在 2007 年的每日数据量为 15TB，现在每天新增的数据量至少为 600TB。但在改进数据分析方面，Hadoop 仍面临挑战，并且必须面向更加广泛的受众，让分析师和业务经理可以根据需要与 Hadoop 进行交互。MapReduce 让他们成长到了惊人的水平，但 Facebook 的增长并没有停止，现在是时候让决策者们采纳 Hadoop 了。所以他们构建了 Hadoop 的 SQL 引擎——Hive。结果非常成功，并且企业用户非常喜欢 Hive。

截至写作此书的今天，Facebook 正在 Hive 中运行至少 300PB 的数据以进行数据分析。Hive 非常强大，具备 RDBMS 背景的人能够以同样的方式在 Hadoop 中工作。Facebook 后来将 Hive 捐赠给 Apache 软件基金会（ASF）。这就是被纳入 Hadoop 后增长的起始点。SQL 语言是众所周知的可以与数据交互的通用方式。然而，Hive 的创新未在此止步。

Hive 成了众所周知的批处理 SQL 工具，但给人的感觉是，用于交互式和实时查询的时候太慢。Hortonworks 和 ASF 社区为提升 Hive 而聚集在一起，并创建了一个名为 Stinger 的计划。Stinger 基本上分为 3 个创新领域——提升 SQL 合规性，提升 SQL 查询速度和使 Hive 可扩展至数百 PB 级。所有这些都已在 2013 年初完成。结果包括创建 Tez 作为 Hive 的内存执行引擎，ORCFile 作为 Hive 存储格式以提升查询速度，Cost Base Optimizer 用于生成查询统计。同一批企业正在准备再次推动 Hive，并启动了另一个名为 Stinger.next 的项目。

Stinger.next 的第一阶段在 2014 年 12 月完成（HDP 2.2 的一部分），包含诸如 ACID 功能、允许插入、更新和删除等特征，并添加了临时表。由于 RDBMS ACID 是逐行处理，因此这里有一个明显的差别。使用 Hive ACID，仍然是按行块处理（包括多行数据）。在下一版中，ACID 将允许使用 BEGIN、COMMIT 和 ROLLBACK 特征进行多行事务。同样，对于 Cost Based Optimizer 在功能下沉并支持疏密连接方面也有所提升。Storm 可以直接将事件流推送至 Hive 中，因此需要从 Hive 中提取数据的任何仪表板、应用程序和工具都能以 ms 为单位获取数据。

在 2015 年下半年发布的 Stinger.next 第二阶段更加有趣。社区正在推动 Hive 达到毫秒级的延迟。Tez 也将被纳入 Hive 的新架构，同时正在构建一个名为 Live Long and Process（LLAP）的新组件，它将大量地使用内存进行处理。LLAP 将运行在 DataNodes 中，并会应用大量的缓存、重用内存与非堆栈中压缩的列数据。基于 Spark 的 Hive 也正在研发中，它将把 Spark 带入更多具有 SQL 技能的人群中。Hive 会将抽取到的数据和结果集自动转换为 RDD，然后用于 Spark 函数进行处理。通过 Hive 也可以调用机器学习程序。

Stinger.next 的最后一个阶段旨在使 Hive SQL 2011 分析符合合规性要求，并将提供更丰富的数据类型、方法和其他数据仓库功能，还将添加物化视图。企业有多个地理位置分散的 Hadoop 集群，并希望能够基于所有集群进行查询。

6.3 Hadoop SQL 引擎

Hive 的查询执行引擎最初基于 MapReduce，这是一个好的开始。当 Hive 具有更加广泛的用户群体之后，用户最终意识到他们需要更快的运行查询。如前所述，Stinger 已经完成，并且 Stinger.next 最初的目标是使查询响应时间达到毫秒级，在 Tez 的帮助下，它将在 2015 年下半年完成。在此期间，Hadoop 分销商构建了一些新的功能以解决查询速度的问题。Impala 诞生于 Cloudera，Databricks 创造了 Spark SQL，Phoenix 由 SalesForce.com 开发，HAWQ 诞生于 Pivotal，IBM 创建了 BigSQL，ASF 创建了 Flink，以及主要受 MapR 影响的 Apache Drill。看起来似乎是一个长列表，但是它将持续增长并且将对企业决定采用何种工具带来巨大的挑战。每个工具都声称自己具有独特的功能特点。它可以是 SQL 兼容性、速度、可扩展性、互操作性、可移植性、安全性、易用性等。由于所有这些功能都在积极、快速的发展，这增加了在 SQL 引擎选择时的困难，而很多 SQL 引擎已经在多个功能方面有重叠。

让我们讨论一下在衡量 Hadoop 相关的每个 SQL 工具的优劣时需要考虑和关注的使用场景。

为 Hadoop 选择 SQL 工具

记住，今天做出的决定在明天可能就会改变。Hadoop 的发展非常迅速，整个生态系统的工具都在追赶。选择你当前所需要的，但是需要持续关注未来其他工具，当需要的时候可随时准备更换。在最开始的时候就做好决策。

在企业中，对于批量、交互式和实时数据处理的需求很常见，并需要在夜间运行任务以处理大量的数据。当业务人员早上 9 点到办公室时，他们开始执行查询以生成交互式的业务报表。公司高管开始查看由 SQL 查询支撑的实时仪表盘。有很多的 SQL 工具，但它们都是类似于 Hadoop 工具箱的一部分。这反映了以下思想："使用正确的工具做正确的工作。"表 6.1 介绍了一些 SQL 工具及其支持的执行类型——内存或 IO，或两者兼有。在内存中执行 SQL 提供了最快的响应速度，其中查询仅占次秒级。但是这对于处理的数据量有一定的限制，它们都取决于 Hadoop 集群的内存总数。

表 6.1　Hadoop SQL 执行支持

SQL 工具	执行环境	特　点
Hive	内存（Tez）	基于 Tez 进行内存处理，可扩展至 PB 级。Tez 允许对 Hive 进行交互式查询。Tez 会决定有多少内存是可用的，并且当没有足够的内存处理全量数据时弹性地运行作业
Hive	IO MapReduce(2)	保证几百 TB 至 PB 级的批量数据处理。所有处理都基于磁盘
Impala	内存	拥有独立守护进程处理查询。存储在内存中用于处理的数据量有限制。对大表进行简单的查询比较有优势
Spark SQL	内存	所有数据处理都在内存中完成
HAWQ	IO	每个节点拥有一个查询处理模块，以使用 IO 执行查询并完成任务
HAWQ	内存（Gemfire XD）	通过 Gemfire XD 提供基于内存的事务支持
BigSQL	IO	基于磁盘的处理
Apache Drill	IO	使用 HDFS、Hive 和 HBase 进行存储，但并未采用 YARN。所有数据节点（DataNodes）都拥有名为 DrillBit 的独立守护进程以执行查询
Presto	内存	它的目标跟 Tez 一样，采用内存构建数据管道"交互式查询"能力
Phoenix	IO	采用 HBase 作为存储机制，利用 HBase 的低延迟 IO 性能进行交互式查询

1. 接近 Hadoop 核心

任何工具，包括 SQL 都应该使用 Hadoop 带来的强大功能。这意味着一个 SQL 引擎不应该脱离 Hadoop 而运行。任何利用 YARN 的工具必定会继承其在处理 TB 到 PB 级数据上的速度与规模。如果采用 HDFS 作为主存储，任何放入 HDFS 的数据都可以暴露成 SQL 查询，并且对于什么数据可以查询并没有限制。与 YARN 和 HDFS 的紧密结合意味着资源可以被更有效地利用，并且对于 Hadoop 管理员来说管理和运行 SQL 引擎成为第二大任务。表 6.2 描述了与 Hadoop 集成的不同 SQL 工具。

表 6.2　原生 Hadoop SQL 引擎支持

SQL 工具	Hadoop 原生	特　点
Hive	Yes	由 Apache 开源社区驱动，得到 Hortonworks 和其他大厂商的支持。Hive 社区至少包含 30 家公司的 144 位开发人员。使用 YARN 作为计算引擎、HDFS 作为非结化存储
Impala	No	主要由 Cloudera 驱动，并未运行在 YARN 之上。拥有自主的守护进程用于处理查询。使用 HDFS 存储源数据并且数据被记录存储在 HBase 中
Spark SQL	Yes	采用 YARN 作为资源管理。Spark SQL 正在走向成熟，但从分析型厂商处并没有太多的支持
HAWQ	No	并未运行在 YARN 之上，但可直接访问 HDFS。对于执行查询的每个节点都有查询执行单元
BigSQL	No	原生不支持 YARN，使用通用并行文件系统（GPFS）作为主要存储，而不是 HDFS
Apache Drill	Yes (HDFS)	采用 HDF、Hive 和 HBase 作为存储但并未使用 YARN。在所有数据节点（DataNodes）上具有名为 DrillBit 的守护进程执行查询操作
Presto	Yes (HDFS)	专为交互式实时查询设计。主存储为 HDFS 但支持使用 Hive 作为存储备份或其他
Phoenix	No	将关系型数据库带到 Hadoop 并使用 HBase 作为主存储。十亿行数据表可以在 10s 以内查询完成

2. 生态系统的支持

SQL 引擎有什么好处，即使它接近完美，即使专门从事数据分析的第三方供应商几乎没有提供任何支持？企业希望保留已有的投资，并且任何与基础设施相关的工具都应该只带来很小的改变甚至没有改变。将 RDBMS 用户迁移到 Hadoop SQL 引擎都应该是透明的。BI 工具的用户不应该注意到应用在何时使用了 Hadoop 的 SQL 引擎。选择被广大数据分析系统支持的 SQL 引擎是非常合理的，现在数据分析系统的维护成本应该保持平稳。

有两个层次的支持：认证与联合工程。认证意味着第三方的数据分析工具可以跟某个（多个）特定版本的 Hadoop SQL 引擎集成。目标在于保证成功集成。由于一些集成的限制，可能存在部分功能上的缺陷。采用联合工程，会在 SAS、Tableau 或者其他第三方分析平台与 SQL 引擎形成深入合作关系。双方都有专职的工程师共同合作，不仅进行集成，还定义出未来两边产品如何共同协作的路线图。这种类型的合作让企业具有 3 个方面的收益：第一，他们对于如何参与到双方的产品中会有非常强的支持和影响力。第二，他们可以继续保持和使用他们喜欢的工具。第三，供应商和 Hadoop SQL 引擎的产品发布将非常接近彼此，企业可以使用最新、最好的技术来支撑重大的业务决策。表 6.3 列出了哪些第三方供应商在支持哪些 Hadoop SQL 工具。

表 6.3　　Hadoop SQL 引擎生态支持

SQL 工具	支持级别	特　点
Hive	高	数据分析领域的所有主要参与者都投入并采用 Hive（通过 Hive SQL 接口）来支持 Hadoop 上的数据分析。SAS、Tableau、Microstrategy、SAP、HP Vertica、Teradata、Pentaho 等更多企业支持 Hive。由于 Stinger 让它的使用率非常高，它使 Hive 更接近 ANSI SQL 92 标准并且可支持交互式查询
Impala	中	采用 Impala 的数据分析供应商不多，但在 Cloudear 的官网上也至少列出了 6 个
Spark SQL	低	Spark SQL 还非常新，但是它在整个大数据领域备受关注。其背后有非常活跃的开源社区支持。我们也看到了不少数据分析供应商在使用 Spark SQL
HAWQ	低	HAWQ 由 Pivotal 创建，是一个专用工具，但 Pivotal 决定逐渐开放 HAWQ 的源代码。截至今天，HAWQ 与 Pivotal 的产品系统紧密关联
BigSQL	低	主要由 IBM 运营并且是一个比较新的产品，运行在其 BigInsight Hadoop 发行版之上
Apache Drill	低	由 MapR 提出概念并捐赠给 Apache。专为处理半结构化、嵌套数据而设计。暂时没有太多的进展，但这个概念是非常有趣的
Presto	低	相对较新并且主要由 Facebook 管理
Phoenix	中	从开源社区获得动力，Hortonworks 在支持 Phoenix，并且作为其发行版的一部分

3．兼容性

书写 SQL 查询并可在不同的框架中执行是数据分析师的理想。与之并存的一句话是："使用正确的工具做正确的事情。"一种查询执行框架按此种方式设计以处理 TB 至 PB 级的数据。但它仍可切换至交互式模式并具备毫秒级响应时间。另一种查询执行引擎擅长于交互式查询。同时也可能需要不同的工作负载来运行以机器学习为目标的内存式查询。此种方式的灵活性让业务有能力在正确的时间采用正确的工具做正确的决策。

另一件需要考虑的事情是当需要从一个数据平台迁移至另一个数据平台时，确保之前所做的工作都是简单、正确的迁移。

表 6.4 强调了各 SQL 引擎与 Hadoop 的兼容性。

表 6.4 Hadoop SQL 引擎的兼容性

SQL 工具	是否可兼容	特　点
Hive	Yes	考虑到它非常接近 ANSI SQL 92，这将会减少将 SQL DML 和 DDL 状态移植到其他 SQL 引擎的工作量。Hive 也可以将其执行引擎从 MR 切换到 Tez，并且很快将支持 Spark
Impala	Yes	少部分支持 ANSI SQL 92，并且为了让其工作，需要对查询进行大量调整。唯一采用此工具的 Hadoop 发行商是 MapR。它不能基于其他执行引擎运行
Spark SQL	No	相对较新，我们可以看到它在逐渐成熟。在内存中运行查询非常有吸引力
HAWQ	Yes	HAWQ 刚作为开源项目贡献给 Apache 基金会。因其具有许多完整的 SQL 语法支持将使其更加有趣。当前仅在 Pivotal HD 之上运行，但是由于它完全支持 SQL 规范，可以非常简单地将查询迁移至其他的 Hadoop 平台
BigSQL	No	专属于 IBM 并且正在完善之中
Apache Drill	No	支持 Hadoop 和 NoSQL 平台作为后端存储，我们还没有看到 SQL 合规性的提高
Presto	Yes	除了支持自己的执行引擎，它还支持 Hive 和 Cassandra 的 Connector
Phoenix	No	仅采用 HBase 作为后端存储，并且不支持其他执行引擎

4. 支持

很少有企业采用支持不够的产品，即使它非常优秀。随着 Hadoop 越来越流行，选择一款不仅供应商具有深入工程实践，同时拥有商业和非商业实体的大型社区的 SQL 引擎非常重要。每个人都声称在大数据厂商中拥有最好的技术支持，但必须通过与供应商相关的客户取得联系，同时从 Forrester Research 和 Gartner 等第三方评估公司才能获得全方位的评估。

表 6.5 列出了商业和社区对每一个 SQL 工具的支持水平。

表 6.5 Hadoop SQL 工具支持

SQL 工具	企业支持	特　点
Hive	Yes	Hortonworks 跟它的合作伙伴在提供支持，所有主流的数据分析工具都支持它——不仅从商业支持的角度，而且 Apache 社区向 Hive 提供了非常多的支持以推动其创新。至少有 17 个组织正在 Hive 方面进行创新
Impala	Yes	Cloudera 提供支持。并没有 Apache 社区参与，只有 Cloudera 在推动创新
Spark SQL	Yes	Databricks 在提供支持，但是至少 14 家其他企业正在深入参与到 Spark 的创新中，并为社区和商业提供支持
HAWQ	Yes	当前由 Pivotal 提供支持，但是当它贡献给 Apache 软件基金会之后，其他的 Hadoop 发行商也可以使用。支持将会不断扩大

续表

SQL 工具	企业支持	特　点
BigSQL	Yes	IBM 提供支持，并且是专有的
Apache Drill	No	MapR 提供支持，但是不断增长的代码提交者预示着社区支持正在到来
Presto	No	本书写作的早期阶段，社区的主要贡献者是 Facebook
Phoenix	Yes	Hortonworks 为其提供支持。有 7 个是社区的一部分，并持续推动创新

5. 普及率

真正推动和打破技术壁垒的都是互联网巨头，这就是为什么 BigTable 诞生于 Google，Hadoop 由雅虎建立，Cassandra 创建于 Facebook，Kafka 由 LinkedIn 开发，还有其他许多产品。他们大多数通过开源提供创新。正是这种趋势促使商业环境仔细地聆听这些大型科技企业对社区的贡献。对于拥有软件工程能力的企业，他们更容易尝试这些开源技术并将其推向生产阶段。但是，关心运营业务的其他人往往会获得开箱即用的功能，简而言之就是企业可使用。这就是采用主流技术的地方。这种简单性、易用性和企业可用的水平推动了 SQL 引擎的大规模使用。这是炒作与现实的区别。表 6.6 讲述了各 SQL 工具的使用成熟度。

表 6.6　　Hadoop SQL 引擎采用情况

SQL 工具	采用级别	特　点
Hive	高	这是 Hadoop 中的第一个 SQL 工具，并已经被广泛使用
Impala	低	只有 Cloudera 的客户在使用
Spark SQL	低	此工具有很多话题和兴趣，但还没有在企业中进行测试
HAWQ	低	只有 Pivotal HD 的客户在采用
BigSQL	低	相对较新，并没有任何信息显示哪个商业公司在生产环境使用此工具
Apache Drill	低	MapR 在一直在推动此工具，但并没有看到使用量的增长
Presto	低	采用非常缓慢，因为没有社区参与进来
Phoenix	中	备受关注是因为它能够在几秒钟内处理万亿行

6. SQL 合规性

工具越符合 SQL 规范，业务可以做的事情就越多。如果存在限制，则不应阻止企业运行某种级别的复杂查询。具有巨量数据的 Hadoop 带来了丰富的信息，从而促进了企业的成功。多个数据源需要被转换、连接、聚合和计算。这些能力是最低要求。SQL 引擎之间的概念论证是非常常见的，Hadoop 是为了验证哪些 SQL 引擎支持企业的业务需求。它并不止步于此，也需要了解将来需要支持的功能。表 6.7 描述了符合 ANSI SQL 92 标准的各 SQL 工具。

表 6.7 Hadoop SQL 引擎 SQL 合规性

SQL 工具	ANSI SQL 合规性	特 点
Hive	高	跟 ANSI SQL 92 非常接近。Apache 社区目前正在努力使其符合 SQL 2011 Analytics 标准
Impala	中	在 ANSI SQL 92 标准方面仍有不少事情要奋起直追
Spark SQL	低	相对较新，并且还有一些工作要完成以接近 ANSI SQL 92 标准
HAWQ	高	因其较完备的 SQL 规范而走在前列
BigSQL	低	相对较新
Apache Drill	低	相对较新
Presto	低	相对较新
Phoenix	中	在 ANSI SQL 92 标准方面仍有不少事情要追赶

7. Security（安全）

直至今日，有不少行业已经在使用 Hadoop 存储敏感数据。遵守安全规范是保证数据安全的最低需求。一个理想的 SQL 引擎候选者应该提供这种支持或做得更好。安全方面可控的粒度越细越好。例如 HIPAA 和 PCI 需要加密数据。Voltage、Protegrity、DataGuise、Gazzang 和 Vormetric 在 Hadoop 中提供此种能力。2015 年第三季度，Apache 开源社区忙于在 Hadoop 生产环境中加入透明数据加密（TDE）。因此，本地加密支持即将到来。SQL 引擎必须无缝地与 Hadoop 提供的安全工具及其生态系统配合使用。表 6.8 为每个 SQL 工具定义了安全支持。

表 6.8 Hadoop SQL 引擎安全

SQL 工具	安全强度	特 点
Hive	高	随着 Apache Ranger 的支持，Hive 提供基于角色的安全控制。Knox 验证和过滤 Hive 请求以阻止未经授权的 Hive 服务访问请求。对于强认证已支持 Kerberos。Voltage、Vormetric、Protegrity 和 DataGuise 提供 Hive 中存储数据的加密。HDFS 透明数据加密技术可提供在 Hadoop 中本地加密。同样支持数据传输加密
Impala	高	使用 Sentry 和 Kerberos 作为数据访问的安全控制。支持 Gazzang 用于数据存储加密。同时支持数据传输加密
Spark SQL	低	仅支持共享安全认证模式
HAWQ	高	使用 Kerberos 进行认证。使用 Protegrity 进行数据加密。同时支持数据传输加密

续表

SQL 工具	安全强度	特　点
BigSQL	中	使用 LDAP 进行认证
Apache Drill	低	文档中未提及安全模型
Presto	低	文档中未提及安全模型
Phoenix	高	采用 Ranger 保护 HBase 表，同时使用 Kerberos 用于强身份认证。将采用 HDFS TDE 用于数据存储加密。完全支持数据传输加密

6.4 感受 Hive 和 Pig 的乐趣

Hive 允许分析师、管理者和开发人员使用 SQL 访问和处理存储在 HDFS 和 NoSQL 数据库中的数据。Pig 是一门用于访问、处理和转换 Hadoop 中数据的脚本语言。HCatalog 是一个允许从不同语言和工具访问并且创建模式的表和存储管理层。

在前一章节中，我们描述了如何使用 HDFS 命令将数据存储至 HDFS 中。示例如下。

```
$ hdfs  dfs  -put  -   /user/hdfs/mydata/mynewfile.txt
```

从本地加载文件至 HDFS：

```
$ hdfs dfs -put  mylocalfile.txt  /user/hdfs/mydata/newhdfsfile.txt
$ hdfs dfs -copyFromLocal  /tmp/mytmpfile.txt    \ /user/hdfs/mydata/
  mytmpfile.txt
```

下面来看数据框架。

6.4.1 Hive

Hadoop 应用可以使用 Java、Python、Pig 等语言编写。所有这些语言都是针对不同类型解决方案的优秀工具。尽管所有语言都有能力做底层处理，但 SQL 仍然是访问数据较好的方式。Pig 是一门脚本语言，它操作数据的粒度较低。当 HDFS 中的数据转换相对于 SQL 来说太复杂时，Pig 会很有帮助。许多 GUI 接口工具可以创建 SQL 和 Pig 应用代码。使用 Java 编写一个 MapReduce2 或 Tez 程序需使用几小时或者几天。当 SQL 是正确的工具时，使用 SQL 或者相关查询工具编写高层次的查询访问数据是最高效的方式。在 Hadoop 中使用 SQL 的最主要的方式是使用 Apache Hive 框架。在最近的发布版本中，Hive 和 Pig 同样支持 Tez。

Hive 框架在 Hadoop 之上定义了一个 ETL/数据仓库基础设施。底层数据可以以文件的方式存储在 HDFS 或者其他如 HBase 或 Accumulo 等数据存储系统中。数据可以使用不同的可插拔数据格式（SerDes）存储在 HDFS 中，并且可以跨多个服务器磁盘存储。当一个 Hive 表在 HDFS 中以文件形式定义后，用户访问数据表时，数据如何组织或者数据格式都是透明的。Hive 通过对以不同格式存储的底层数据提供诸如数据库、表、列、分区和桶等概念的支持，并基于 Hadoop 提供一个数据仓库层。数据库允许表具有不同的命名空间以避免命名冲突。

用户、管理员和分析师可以在 Hive 表上运行 SQL 查询。查询工具支持 JDBC 或 ODBC，并可用于查询 Hive 表。领先的业务智能和可视化工具可以使用 Hive 表查询 HDFS 中的数据。Hive 当前支持查询、插入、更新和删除。有一点非常重要的是，要理解 Hive 和 HDFS 并不是关系型数据库。Hive 表可以映射为结构化和非结构化表，提供了在不同的数据源和数据存储格式之间运行级联操作的灵活性。驱动程序通过执行代码解析、编译、优化和运行来处理 SQL 语句。Hive 使用解释器作为模块来执行 MapReduce2 或 Tez 代码。

1. HiveQL

Hive 支持的一门查询语言叫 HiveQL。HiveQL 并不符合 ANSI SQL 规范，但是在每个 Hive 版本中都会加入更多的 ANSI SQL 功能。Hive 最初是设计用于处理 PB 规模的数据。使用 Stinger 创新和 Tez、Hive 还可以用于在 Hadoop 中运行交互式查询。Hive 允许用户编写高并发的应用程序或交互式查询，而无须了解架构或底层数据格式。运行 HiveQL 的 SQL 语句将被转换为 MapReduce 或 Tez 作业（基于参数设置），而基于成本的优化器可以优化执行计划和级联操作。

Hive 查询将经历一个类似于 RDBMS 的执行过程，但其中有一些差异。当执行 Hive 查询时，将对其进行解析和词法扫描；将为查询定义执行计划，然后执行命令。这些步骤类似于 RDBMS 如何处理 SQL 语句。这跟 Hive 的区别在于，根据参数设置的 Hive 语句将被转换为 MapReduce2 或者 Tez 执行模型。这种转换对于用户是透明的。与 RDBMS 类似，如果基于成本的优化器无法为数据集创建理想的执行计划，则可以使用提示来执行查询和连接优化。Hive 类似于 RDBMS，支持星型模式、立方体和维度。然而对于 Hive 与 RDBMS，级联优化计划是不同的。Hive 使用 log4j 记录日志，默认日志级别为 INFO。审核日志也可以由 Hive 生成。

2. Hive 和 Beeline 命令行接口

Hive 命令以交互式命令行模式进行 Hive 操作。Hive 设置选项可显示环境变量。

HiveServer 是一个允许客户端使用不同的编程语言提交 SQL 请求至 Hive 的服务。HiveServer2 从 Hive 0.11 版开始启用。HiveServer 与 HiveServer2 为 Hive 执行引擎提供运行容器。HiveServer2 具有很多优势，但最主要的两个是并发性与用户身份认证。Beeline 是与 HiveServer2 进行交互的接口。Hive 命令行接口用于 HiveServer(1)。Beeline 用于在 HiveServer2

中替换 Hive CLI 客户端。HiveServer2 同样拥有一个新 RCP 接口，并对 JDBC 和 ODBC 客户端提供更多的选择。HiveServer2 设计用于替换 HiveServer，但是 HiveServer2 正在成熟的过程中，所以许多公司仍然在使用 HiveServer。

Hive 和 Beeline 可以在交互式命令行模式下为 HiveServer 或 HiveServer2 运行查询。或者可以从命令行或文件的方式运行查询。

可以使用帮助查看 Hive 和 Beeline 命令行参数：

```
$ hive -H   or  hive -h
$ beeline -h
$ beeline --help
```

下列命令显示如何以交互模式启动 Hive，在命令行运行查询，或者从文件运行脚本：

```
$ hive
$ hive - e 'SELECT ...'
$ hive -f filename
$ beeline
$ beeline -e 'SELECT ...'
$ beeline -f filename
```

可以通过命令行参数的方式设置变量或者在命令行接口中使用 set 命令设置。

通过 Hive CLI 方式设置 Hive 变量的语法如下。

```
$ hive -d key=value
$ hive --define key=value
$ hive --hivevar key=value
```

通过 Beeline CLI 方式设置 Hive 变量的语法如下。

```
$ beeline --hivevar key=value
```

在 Hive CLI 中使用命令行定义 Hive 配置参数如下。

```
hive --hiveconf key=value
```

以手动启动或停止 HiveServer2 的语法如下。

```
$ $HIVE_HOME/bin/hiveserver2
$ $HIVE_HOME/bin/hive --service hiveserver2
```

Hive 可以通过脚本执行 SQL 语句。

```
$ hive -f /myscripts/mreport.hql
```

Hive 可以在 Hive shell 中运行 shell 命令。

```
hive>  ! ps -ef | grep hive
```

Hive 可以从脚本执行 SQL 语句，如清单 6.1 所示。

清单 6.1 运行 Hive 脚本

```
$ hive -f /myscripts/mreport.hql

$ hive
hive> set;
hive> CREATE TABLE   mynewtab (myid INT, name STRING);
```

分区表的定义与许多 RDBMS 平台不同。分区列是虚拟列。该分区是由已加载数据中的特定数据集导出的。LOAD DATA LOCAL 选项将从操作系统目录加载数据。如果没有使用 LOCAL 关键字，数据将从 HDFS 目录加载。清单 6.2 显示创建表的示例命令。

清单 6.2 CREATE TABLE 和 LOAD 命令示例

```
hive> CREATE TABLE myparttab (id INT, name STRING)
      >   PARTITIONED BY (ds STRING);

hive> LOAD DATA LOCAL INPATH '/sampledata//myparttab.txt'
      >  OVERWRITE INTO TABLE myparttab;
hive> LOAD DATA LOCAL INPATH '/sampledata//mynewtab.txt'
      >  OVERWRITE INTO TABLE invites PARTITION (ds='2014-07-01');

hive> CREATE TABLE  newdata (
      >     id INT,
      >     name INT,
      >     status INT,
      >     createtime STRING)
      >  FIELDS TERMINATED BY '\t'
      >  STORED AS TEXTFILE;
hive> ALTER TABLE newdata ADD COLUMNS (cold_data INT);
hive> DESCRIBE  mynewtab;
hive> SHOW TABLES;
hive>  SELECT m.myid, m.name   FROM mynewtab m
  >   WHERE m.ds='2014-07-01';
```

```
hive>  SELECT t.id FROM mypartab;
hive> SHOW TABLES '.*tab';
hive> ALTER TABLE newdata RENAME TO olddata;
hive>  exit;
hive> DROP TABLE olddata;
```

以静默模式从命令行运行查询。

```
$ hive -S -e  "SELECT * FROM myparttab"  > /tmp/parttab.out
```

以交互模式启动 Beeline 后，需要连接至 HiveServer2。默认的事务隔离级别是 TRANSACTION_REPEATABLE_READ。Hive 的默认用户 ID 和密码是 hive/hive。

清单 6.3 显示了 Beeline 的使用方法。Beeline 是所有 CLI 管理推荐的工具，因为它比合规的 hive CLI 更加安全。

清单 6.3 Beeline CLI 的使用示例

```
# beeline
Beeline version 0.13.0.2.1.1.0-237 by Apache Hive
beeline> !connect jdbc:hive2://127.0.0.1:10000 hive
  hive org.apache.hive.jdbc.HiveDriver
0: jdbc:hive2://127.0.0.1:10000> show databases;
+-------------------+
| database_name  |
+-------------------+
| default                |
| mydb                 |
| yourdb               |
+-------------------+
3 rows selected (1.802 seconds)
0: jdbc:hive2://127.0.0.1:10000> dfs -ls /user;
+-----------------------------------------------------------------------+
|                                                          DFS Output
|
+-----------------------------------------------------------------------+
| Found 6 items
|
| drwxrwx---   - ambari-qa hdfs        0 2014-03-25 06:57 /user/ambari-qa |
| drwxr-xr-x   - guest           guest  0 2014-04-01 07:02 /user/guest     |
| drwxr-xr-x   - hcat            hdfs   0 2014-03-25 06:48 /user/hcat      |
| drwx------   - hive            hdfs   0 2014-03-25 06:19 /user/hive      |
```

```
| drwxr-xr-x    - hue           hue     0 2014-04-01 07:02 /user/hue      |
| drwxrwxr-x    - oozie         hdfs    0 2014-03-25 06:24 /user/oozie    |
+-----------------------------------------------------------------------+
7 rows selected (0.127 seconds)
0: jdbc:hive2://127.0.0.1:10000> !quit
```

表默认存储在 hive-site.xml 中以 hive.metastore.warehouse.dir 参数定义的目录中。默认位置可以通过在 HDFS 中定义路径进行覆盖。表将被创建为已定义的路径中的目录。用户必须在路径文件夹中拥有写权限。清单 6.4 显示了在何处配置 hive.metastore.warehourse.dir 参数。

清单 6.4　为 Hive 表设置默认目录

```
<property>
     <name>hive.metastore.warehouse.dir</name>
     <value>/apps/hive/warehouse</value>
</property>
```

清单 6.5 显示了表的创建与在 HDFS 中定义存储位置。

清单 6.5　以覆盖默认目录路径的方式创建表

```
CREATE TABLE subscriber (
   ID INT,
   fName STRING,
   lName STRING,
   initdate TIMESTAMP,
  regionid INT
  ) ROW FORMAT DELIMITED
    FIELDS TERMINATED BY ','
  LOCATION  '/user/gage/subscribers/;
```

3. HiveServers

Hive 使用 HiveServer 服务，该服务包含执行引擎，用于从 Hive 客户端或 SQL 工具处理 JDBC 或 ODBC 驱动程序。HiveServer2 支持并发 Thrift 客户端，相比之前的 HiveServer 改进了身份验证（Kerberos）和授权。HiveServer2 可以支持所有连接使用 Kerberos 或 LDAP 来认证。可以在 hive-site.xml 文件中设置 hive.server2.authentication 参数。客户端与 HiveServer2 之间也可以定义安全套接层（SSL）。推荐使用 HiveServer2，但如果有部分原因需要在 HiveServer 中运行旧应用，比如使用本地 HiveServer1 Thrift 绑定的应用，则仍可以同时运行

HiveServer 与 HiveServer2。可以设置 hive-site.xml 文件中的参数或 HIVE_SERVER2_THRIFT_PORT 和 HIVE_PORT 环境变量来设置 HiveServer2 和 HiveServer 的端口。图 6.1 列出了 HiveService2 服务。

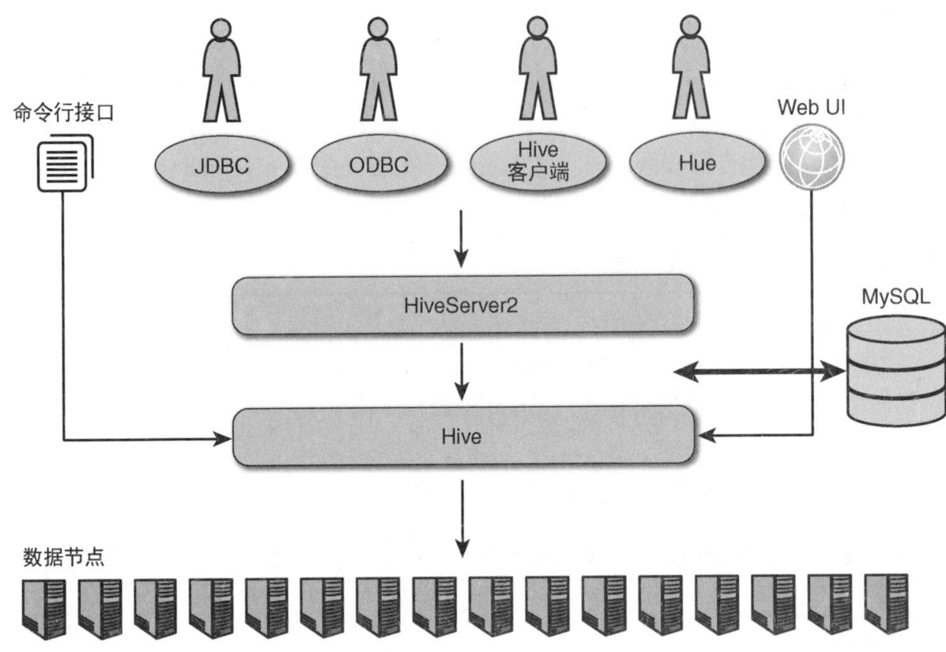

图 6.1　HiveServer2

Beeline 可连接至安全的 HiveServer2 实例，并且使用 HiveServer2 Thrift APIs. hive shell 将连接至无安全的 HiveServer 实例。

如果同时运行 HiveServer2 和 HiveServer1，确保它们如清单 6.6 所定义的配置在不同的端口。

清单 6.6　设置默认端口值

```
<property>
  <name>hive.server2.thrift.port</name>
  <value>10001</value>
</property>
<property>
  <name>hive.port</name>
  <value>10000</value>
</property>
```

认证（Authentication）通过 hive.server2.authentication 参数定义，默认为 NONE。配置示例如清单 6.7 所示。

清单 6.7 设置认证级别

```
<property>
  <name>hive.server2.authentication</name>
  <value>NONE</value>
  <description>
    Client authentication types.
       NONE: no authentication check
       LDAP: LDAP/AD based authentication
       KERBEROS: Kerberos/GSSAPI authentication
       CUSTOM: Custom authentication provider
               (Use with property hive.server2.custom.authentication.class)
  </description>
</property>
```

Hive 使用元数据仓库存储所有表定义与系统信息。可以使用 MySQL、PostgreSQL、Oracle 和 Derby。JDBC 和 ODBC 将通过 HiveServer2 连接。元数据存储库可以驻留在与 HiveServer2 或远程服务器相同的服务器上。

4. Apache Thrift

Apache Thrift 是一种接口定义语言（IDL），支持跨语言服务，包括 Java、Python、PHP、Perl、C ++、JavaScript、Node.js、CSharp、Delphi 和 Cocoa 等语言。Thrift 使用 IDL 文件定义数据类型和服务接口。然后，编译器将生成代码以使用 RCP 客户端访问数据。Thrift 代码生成引擎获取 IDL 文件，并创建客户端和服务器 RPC 库。这允许 Java 程序员可以透明地与 Python 应用程序进行连接，而无须编写接口代码。Thrift 支持布尔型、字节类型、16 位有符号整数、32 位有符号整数、64 位有符号整数、双精度、字符串、结构体以及列表、集合和映射容器。Thrift 旨在不同的编程语言之间提供稳定的通信。

Hive 客户端可以与 Java、Python、PHP、C ++等一起使用，以访问 Hive 表。此外，可以使用用户定义函数（UDF）为 Hive 查询添加额外功能。Hive 还支持联合、数组、地图和结构体。

5. 数据类型、操作符和方法

Hive 主要的数据类型如下。

- 整型。
- TINYINT——1 位整数。
- SMALLINT——小整型，2 位整数。
- INT——整型，4 位整数。
- BIGINT——长整型，8 位整数。
- 布尔类型。
- BOOLEAN——布尔型，TRUE/FALSE。
- 浮点数。
- FLOAT——浮点一单精度。
- DOUBLE——双精度。
- 字符串型。
- STRING——字符串-指定字符集中的字符序列。

复杂数据类型由原始类型和其他复合数据类型组成。复杂类型包括 Structs、Maps（键/值元组）和数组（可索引列表）。Hive 支持关系、逻辑和算术运算符，以及内置的单行和聚合函数。Hive 关键字、运算符和函数不区分大小写。

6．SHOW Commands（SHOW 命令）

SHOW 命令可以轻松获取数据库对象和表上的详细信息。SHOW 命令有其他选项，这里没有显示。使用 Hive，模式和数据库是可互换的。

- **SHOW DATABASES：** 列出所有数据库。
- **DESCRIBE DATABASE dbname：** 显示数据库详情。
- **SHOW SCHEMAS：** 列出所有数据库。
- **SHOW TABLES：** 显示数据库中的所有表信息。
- **SHOW PARTITIONS page_view：** 列出表的所有分区。
- **DESCRIBE page_view：** 列出所有列和数据类型。
- **DESCRIBE EXTENDED page_view：** 显示表的详细信息。
- **SHOW ROLES：** 列出所有角色。

- **SHOW FUNCTIONS：**列出所有函数信息。
- **DESCRIBE FUNCTION：**显示特定函数的详细信息。
- **DESCRIBE FUNCTION EXTENDED：**显示函数扩展信息。

7. 更多 Hive 表信息

当加载新的数据时，可为已分区的表添加新的分区。确保文件位置已定义，它是文件被加载的目录。分区支持新增、重命名和删除操作。数据可预加载至一个单独的表，然后通过使用 EXCHANGE 选项转换为一个分区。分区以元数据定义的方式存储。然而，数据可以在创建分区之前加载。管理人员可以通过执行带 ADD PARTITION 选择的 ALTER TABLE 命令创建新的分区。可以使用 MSCK REPAIR TABLE 命令为没有元数据的分区新增元数据。此命令适用于当分区数据已经存在于 HDFS 中，但仍未存在元存储中定义的时候。可以为表创建视图。可以创建、修改和删除索引。可以使用索引提升在特定列的查询效率，以免全表或全分区扫描。索引分区将匹配表的分区。无法为视图创建索引。函数可以是永久的或临时的。临时函数是临时的，并且只存在于会话的生命周期中。

表与字段名都不区分大小写。序列化、反序列化（SerDe）和属性名称都区分大小写。表注释和列注释都必须是单引号。当你不想将表元数据定义与数据绑定时，可以使用 EXTERNAL 关键字。如果表使用 EXTERNAL 关键字定义，当使用 DROP table 命令删除表时不会删除数据。在定义 TABLE 之前创建数据时使用 EXTERNAL。数据通常可以被多个源使用。内部表（Hive 管理）不包含 EXTERNAL 关键字。具有内部表定义的表将与数据一同删除。Hive 表可以访问以分隔文本、序列文件（压缩）、Avro（将 Avro 转换为 Hive 模式和数据类型）、RCFILE（列级记录文件）、ORCFile（优化行列格式）、JSON、XML 和其他一些格式存储的数据。

- 当数据以纯文本方式存储时必须使用 STORED AS TEXTFILE 格式。
- 当数据需要压缩时必须使用 STORED AS SEQUENCEFILE 格式。
- NPUT 和 OUTPUTFORMAT 允许格式名称定义为文字。
- STORED AS PARQUET 用于 Parquet 列存储。
- STORED BY 格式用于非本地化表（HBase、Accumulo）。

8. Hive 语法

现在来看 Hive 语法和一些示例命令。对于具备 SQL 经验的人来讲，这些语法和命令表明 Hive 是一个非常简单的过渡环境。同时，Hadoop 周边的 SQL 工具正在逐渐成熟，SQL 正在成为类似于 RDBMS 的单击式环境。

Hive 语法已支持多种数据类型。数据类型也越来越接近 ANSI SQL 标准。

9. 数据类型

数据表列的数据类型如下。

- TINYINT、SMALLINT、INT、BIGINT。
- BOOLEAN。
- FLOAT、DOUBLE。
- STRING。
- BINARY。
- TIMESTAMP。
- DECIMAL。
- DECIMAL(precision, scale)。
- CHAR, VARCHAR。
- RRAY < data_type >。
- MAP < primitive_type, data_type >。
- STRUCT < col_name : data_type [COMMENT col_comment], ...>。
- UNIONTYPE < data_type, data_type, ... >。

数据行格式的示例如下。

- DELIMITED [FIELDS TERMINATED BY char [ESCAPED BY char]]。
  - [COLLECTION ITEMS TERMINATED BY char]。
  - [MAP KEYS TERMINATED BY char] [LINES TERMINATED BY char]。
  - [NULL DEFINED AS char]（注意：Hive 0.13 版本以上可用）。
- SERDE serde_name。
  - [WITH SERDEPROPERTIES。
  - (property_name=property_val, property_name=property_val, ...)]。

文件格式如下。

- SEQUENCEFILE。

- TEXTFILE。
- ORC, RCFILE。
- INPUTFORMAT input_format_class OUTPUTFORMAT output_format_class。

10. DDL 命令

HiveSQL DDL 语句如下。

- CREATE, ALTER, DROP DATABASE。
- CREATE, TRUNCATE, DROP TABLE。
- SCHEMA, VIEW, FUNCTION, INDEX。
- DROP DATABASE/SCHEMA, TABLE, VIEW, INDEX。
- TRUNCATE TABLE。
- ALTER DATABASE/SCHEMA, TABLE, VIEW。
- MSCK REPAIR TABLE (or ALTER TABLE RECOVER PARTITIONS)。
- SHOW DATABASES/SCHEMAS, TABLES, TBLPROPERTIES, PARTITIONS, FUNCTIONS, INDEX[ES], COLUMNS, CREATE TABLE。
- DESCRIBE DATABASE, table_name, view_name。

11. 命令语法

清单 6.8 给出了用于创建 Hive 数据库、表、分区、视图和索引的所有命令和参数。

清单 6.8 CREATE DATABASE | Schema 命令的语法

```
CREATE (DATABASE|SCHEMA) [IF NOT EXISTS] database_name
  [COMMENT database_comment]
  [LOCATION hdfs_path]
  [WITH DBPROPERTIES (property_name=property_value, ...)];
DROP (DATABASE|SCHEMA) [IF EXISTS] database_name [RESTRICT|CASCADE];
ALTER (DATABASE|SCHEMA) database_name
    SET DBPROPERTIES (property_name=property_value, ...);
CREATE [EXTERNAL] TABLE [IF NOT EXISTS] [db_name.]table_name
  [(col_name data_type [COMMENT col_comment], ...)]
  [COMMENT table_comment]
  [PARTITIONED BY (col_name data_type [COMMENT col_comment], ...)]
  [CLUSTERED BY (col_name, col_name, ...) [SORTED BY (col_name [ASC|DESC],
```

```
   ...)] INTO num_buckets BUCKETS]
  [SKEWED BY (col_name, col_name, ...) ON ([(col_value, col_value, ...),
   ...|col_value, col_value, ...])
  [
   [ROW FORMAT row_format] [STORED AS file_format]
   | STORED BY 'storage.handler.class.name' [WITH SERDEPROPERTIES (...)]
  ]
  [LOCATION hdfs_path]
  [TBLPROPERTIES (property_name=property_value, ...)]
  [AS select_statement]

CREATE [EXTERNAL] TABLE [IF NOT EXISTS] [db_name.]table_name
  LIKE existing_table_or_view_name
  [LOCATION hdfs_path]
ALTER TABLE table_name ADD [IF NOT EXISTS] PARTITION partition_spec
[LOCATION 'location1'] partition_spec [LOCATION 'location2'] ...
partition_spec:
 : (partition_col = partition_col_value, partition_col = partiton_col_
  value, ...)

ALTER TABLE table_name PARTITION partition_spec RENAME TO PARTITION
  partition_spec;

ALTER TABLE table_name_1 EXCHANGE PARTITION (partition_spec) WITH TABLE
  table_name_2;

ALTER TABLE table_name PARTITION partition_spec RENAME TO PARTITION
  partition_spec;

MSCK REPAIR TABLE table_name;

ALTER TABLE table_name DROP [IF EXISTS] PARTITION partition_spec, PARTITION
  partition_spec,...

ALTER TABLE table_name DROP [IF EXISTS] PARTITION partition_spec IGNORE
  PROTECTION;

ALTER TABLE table_name ARCHIVE PARTITION partition_spec;
ALTER TABLE table_name UNARCHIVE PARTITION partition_spec;

ALTER TABLE table_name [PARTITION partitionSpec] SET FILEFORMAT file_format
```

```
ALTER TABLE table_name TOUCH [PARTITION partitionSpec];

ALTER TABLE table_name [PARTITION partition_spec] ENABLE|DISABLE NO_DROP;
ALTER TABLE table_name [PARTITION partition_spec] ENABLE|DISABLE OFFLINE;

ALTER TABLE table_name CHANGE [COLUMN] col_old_name col_new_name column_
  type [COMMENT col_comment] [FIRST|AFTER column_name]

ALTER TABLE table_name ADD|REPLACE COLUMNS (col_name data_type [COMMENT
  col_comment], ...)

Syntax for the CREATE VIEW command.
CREATE VIEW [IF NOT EXISTS] view_name [(column_name [COMMENT column_
  comment], ...) ]
[COMMENT view_comment]
[TBLPROPERTIES (property_name = property_value, ...)]
AS SELECT ...
DROP VIEW [IF EXISTS] view_name

ALTER VIEW view_name SET TBLPROPERTIES table_properties

CREATE INDEX index_name
ON TABLE base_table_name (col_name, ...)
AS index_type
[WITH DEFERRED REBUILD]
[IDXPROPERTIES (property_name=property_value, ...)]
[IN TABLE index_table_name]
[
   [ ROW FORMAT ...] STORED AS ...
   | STORED BY ...
]
[LOCATION hdfs_path]
[TBLPROPERTIES (...)]
[COMMENT "index comment"]

DROP INDEX [IF EXISTS] index_name ON table_name

ALTER INDEX index_name ON table_name [PARTITION partitionSpec] REBUILD

CREATE TEMPORARY FUNCTION function_name AS class_name
```

```
DROP TEMPORARY FUNCTION [IF EXISTS] function_name

CREATE FUNCTION [db_name.]function_name AS class_name [USING
  JAR|FILE|ARCHIVE 'file_uri' [, JAR|FILE|ARCHIVE 'file_uri'] ]

DROP FUNCTION [IF EXISTS] function_name
```

6.4.2 HCatalog

HCatalog 是基于 Hive 元存储的表接口和存储管理层。HCatalog 是 Hive 的一个组件。HCatalog 项目表定义提供数据的关系视图。HCatalog 使用 Hive 的 DDL 进行表管理。HCatalog 允许从 Pig、Hive、Tez、MapReduce 和流式应用中提取模式定义。这将允许创建抽象表定义并在不同类型的应用间共享。如果需要更改表定义，它可以仅在一个地方更改而不是在所有应用中更改。应用可以访问这些表定义，并且访问底层数据存储格式的数据透明度。应用可以使用抽象表定义，并且不用关注数据存储格式——文本文件、序列文件、ORC 文件或 RCFile。HCatalog 可支持任意可序列化—反序列化（SerDe）写入的格式。HCatalog 使用 Hive 的 SerDe 类用于序列化和反序列化。数据可存储在这些表中，这些表可存储在 Hive 数据仓库的数据库中。可在表中定义分区和桶。自定义格式需要使用具有 InputFormat、OutputFormat 和 SerDe 定义的序列化和反序列化工具。

图 6.2 展示了不同类型的应用可以访问 HDFS 中数据的例子。

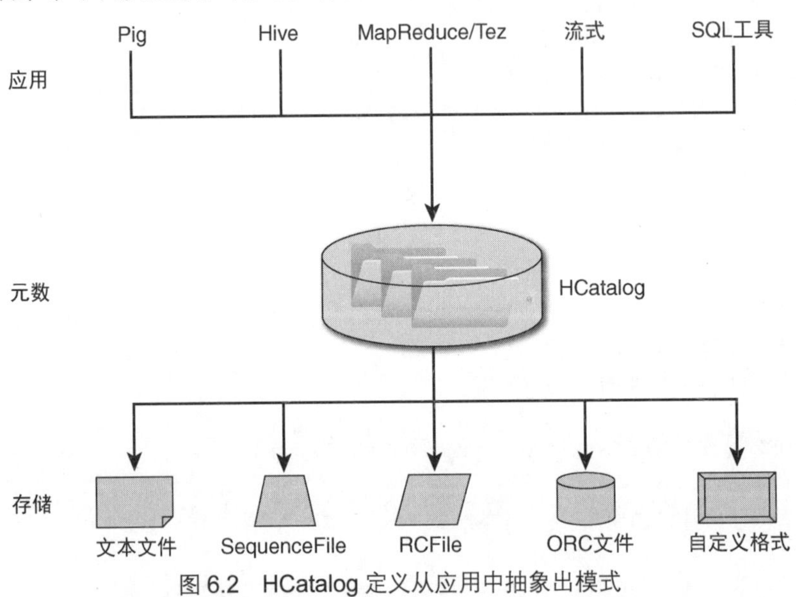

图 6.2　HCatalog 定义从应用中抽象出模式

HCatalog 接口包括 Pig HCatLoader 和 HCatStorer 接口，MapReduce HCatInputFormat 和 HCatOutputFormat 接口。Hive 可直接访问元数据。Pig 脚本使用 Pig 接口向 HCatalog 管理的表访问和写数据。Hive/HCatalog 允许模式定义可以在类似于 Teradata 等数据管理工具之间共享。Teradata 的 SQL-H 运行在 HCatalog 之上，并可以使用 HCatalog 定义访问 Hadoop 中的数据。同时，HCatalog 在新数据到达时提供通知。类似于 Oozie 的工作流工具可以从 HCatalog 中订阅并接收通知，例如当表中新增分区时。

Apache Pig 是一个提供 Pig Latin 脚本语言用于分析数据、执行 ETL 操作同时迭代处理的软件框架。Pig 由 Yahoo 创建，后成为一个 Apache 项目。Pig 可支持所有类型的数据，之所以取名为 Pig，是因为 Pig 可以吃掉任何东西。Pig Latin 允许程序员书写代码来读写 Hadoop 中的数据，而不需要写底层详细的 Java 程序。在处理数据的能力方面，Pig 和 Hive 有重叠。然而随着 Pig 成为一门脚本语言，相比 Hive，Pig 可以执行更加详细的数据处理。Pig 脚本可使用 Tez 或 MapReduce 执行模型运行。从 HDP 2.1 开始，将不再支持 ORC 格式，但未来的版本将会解决这个问题。

Pig 可以从集群或本地模式启动。默认是集群模式，从 HDFS 访问数据。如果以本地模式启动，Pig 将访问本地文件系统并且在本机运行。Pig 脚本可从命令行中的 Pig 可执行文件执行，并在 Grunt Shell 中交互式地执行，也可以嵌入 Java 中。PigServer 类可用于从 Java 应用程序执行 Pig 脚本。

Pig Latin 是用于编写 Pig 脚本的语言。Pig Latin 语句以分号结束并可跨多行。Pig 脚本中的语句被解析器处理，如果正确则加入逻辑计划。逻辑计划中的语句并不会执行，直到 DUMP 或 STORE 命令已执行。除了执行 I/O 的 LOAD 和 STORE 之外，Pig 操作员接收一个关系作为输入，并输出另一个关系。Pig Latin 脚本通常具有以下布局。

（1）从文件系统读数据（LOAD 语句）。

（2）处理数据。

（3）生成输出（STORE 写入至文件系统并且 DUMP 写入 STDOUT）。

Pig Grunt Shell 可以在群集和本地模式下启动——Shell 中支持多个命令选项。在 Grunt Shell 中执行 Pig 语句时在结尾处需要添加一个分号。

Grunt Shell 支持许多带参数的 HDFS 系统命令，比如 mkdir、ls、put、mv、cat、rm、rmf 等。Grunt Shell 命令不需要在结尾处添加分号。

非常重要的一点是删除命令是无须确认并且无法恢复的，所以必须小心。没有其他选项。表 6.9 将 Shell 中支持的一些命令进行了总结。

表 6.9　Grunt Shell 命令

Shell 命令	描　述
help	显示帮助选项
fs	介绍 Hadoop 文件系统的 Shell 命令
sh	执行 OS Shell 命令
exec	执行 Pig 脚本
run	通过访问 grunt 环境执行 Pig 脚本
kill	使用唯一任务 ID 终止 Hadoop 任务
describe	显示别名的模式
explain	显示执行计划
dump	执行别名并且显示结果至 STDOUT。初始化逻辑计划并以物理计划执行，同时以 Tez 或者 MapReduce 任务运行
set	为 Pig 设置执行参数（大小写敏感）。可定义和查看 Pig Shell 变量
rmf	在无须确认的情况下删除文件和目录
quit	从 Grunt Shell 退出
store	将查询结果发送至 HDFS。初始化逻辑计划并以物进计划执行，同时以 Tez 或者 MapReduce 任务运行
illustrate	初始化逻辑计划并以物理计划执行，同时以 Tez 或 MapReduce 任务运行

单行注释可以通过--定义。多行注释可以通过 / *...* /定义

Pig 任务以 MapReduce 运行，并可以使用任务历史 web UI 进行监控。Grunt Shell 保存命令行历史记录，并可使用键盘上的上下箭头查看和访问。Grunt Shell 与 HDFS 不同，HDFS 具有目前工作目录的概念。可以使用 cd 命令更改目录。

查看 Pig CLI 命令的一些示例，如清单 6.9 所示。

清单 6.9　Pig CLI 命令的一些示例

```
$ pig
grunt> help
grunt> /* Comments in the shell
grunt> can be multi-lined */
grunt> fs -mkdir /user/hdfs
grunt> fs -ls /user
grunt> fs -put /etc/passwd   /user/hdfs/newpasswd
grunt> fs -mv  /user/hdfs/newpasswd /user/hdfs/newfile1
grunt> fs -cat /user/hdfs/newfile1
grunt> fs -rmf /user/hdfs/newfile1           -- remove is not confirmed
```

```
grunt> sh date
grunt> kill  job_0004
grunt> set debug 'on'
grunt> aliases;
grunt> set DEFAULT_PARALLEL 10
grunt> exec  mycoolscript.pig
grunt> exec -param v1=E  -param v2=SW  mycoolscript2.pig
grunt> set java.io.tmpdir /tmp2
grunt> set
grunt> a = LOAD 'provider' AS (name, status, rating, region);
grunt> run mycoolscript3.pig
grunt> quit

$ pig -x local
```

1．运行 Pig 脚本

清单 6.10 显示了一些在本地或集群模式下运行的 Pig 脚本示例。

清单 6.10　在集群和本地模式下运行 Pig 脚本

```
$ java -cp $PIGDIR/pig.jar:$HADOOP_CONF_DIR org.apache.pig.Main my_first_
  script.pig
$ java -Xmx256m -cp pig.jar org.apache.pig.Main -x local my_local_
  script.pig
```

2．Pig Latin 操作符和语句

Pig Latin 包含许多用于访问数据的操作符、排除应用程序和处理数据。这些操作符不区分大小写。字段名称、别名和用户定义函数（UDF）区分大小写。关联是存储 Pig 处理语句结果数据集的一种方式。别名是与关联相关的名称，不是变量。这是别名未被预定义的原因之一，也没有与其相关联的数据类型。字段名称和别名必须以字母开头，并且只包含 ASCII 字符集中的字母、数字或下画线字符。

许多 Pig 操作符可以用于加载、处理和过滤数据（见表 6.10）。

表 6.10　Pig 操作符列表

操　作　符	描　　述
DUMP	在屏幕中显示结果
LOAD	读数据

续表

操 作 符	描　述
STORE	将结果写入文件系统中的文件中
FILTER	处理元组或行数据
DISTINCT	清除重复行
FOREACH	处理列数据
GROUP	将数据组织至单个关系中
COGROUP	对数据分组
JOIN	连接两个或更多的关系
LIMIT	限制输出数据行数
DESCRIBE	显示关系的模式
EXPLAIN	显示计算一个关系的逻辑和物理计划
ILLUSTRATE	分步显示语句的执行情况
ORDER	对关系排序
JOIN	执行内连接或外连接
UNION	合并两个或多个关系的内容
SPLIT	将一个关系的内容拆分至多个关系
SAMPLE	以固定的大小随机生成样例数据
STREAM	将数据集导向程序
FLATTEN	平铺包和元组
CROSS	计算跨产品关系

3. 别名与字段名称

名称为 myalias 的别名存储由 LOAD 命令生成的数据集（关系）的结果。名称是姓名、状态、评级和地区。可以使用清单 6.11 所示的 FieldName。每个字段名保存每个作为关系结果集一部分的列值的当前值。

清单 6.11　别名使用示例

```
$ pig
grunt> myalias = LOAD 'provider' AS (name, status, rating, region);
grunt> describe provider;
grunt> NE_region = FILTER myalias BY (region='NW');
grunt> rating_group = GROUP NE_region BY rating;
```

```
grunt> DUMP rating_group;

TextLoader can be used to load text data into an alias.
$ pig
grunt> mynewalias = LOAD 'provider.txt' using TextLoader();
```

4. Pig 数据类型

Pig 支持多种不同的数据类型（见表 6.11）。元组、包和图等复杂类型可以被嵌套。

表 6.11 Pig 数据类型

操　作　符	描　　述
int	32 位有符号整数
long	64 位有符号整数
float	32 位浮点数
double	64 位浮点数
chararray	Unicode 字符串
bytearray	字节数组
boolean	True 或 false
datetime	Date - Time 值(1970-01-01T00:00:00.000+00:00)
bigdecimal	大整数的精度整数
biginteger	大值的精确实数
tuple	一组已排序的值（Cole Trujillo，C，1，NW）

bag	一组未排序的行
	{
	(Cole Trujillo,C,1,SW),
	(Karen Schmitt,O,1,NE),
	(Sudhir Gupta,C,2,SE)
	}

map	键值对[name#Cole Trujillo, status#C,rating#1,region#SW]

5. 模式

模式是一组字段，为数据集定义关系。可为字段设置名字和数据类型。模式使用 AS 关键字或 LOAD、STREAM 和 FOREACH 操作符定义。当模式定义后，在处理阶段便会执行异常检测。如果未定义模式，Pig 将对如何与数据协作做出最佳选择。模式虽不是必需的，但推荐使用。模式可以使用字段名和字段数据类型定义。格式需提供字段名（别名）、冒号和数据类型（myfield:int）。如果未提供数据类型，则默认为字节数组。如果模式未定义，字段将是未命名的，并且字段类型默认为字节数组。

下面列出了一些简单和复杂的数据类型。

```
myalias1 = LOAD 'person1'  AS (name:chararray, active:boolean,
  mdate:datetime);
myalias2 = LOAD 'person2'  AS (name:chararray,
                T: tuple (active:boolean, status:int, rating:int),
                mdate:datetime);
myalias3 = LOAD 'person3' AS (name:chararray, ,C: bag {CC: tuple(t1:int,
  t2:int, t3:int)});
myalias4 = A = LOAD 'person4' AS (P:map []);
```

6. 异常处理

Pig 脚本默认将尝试执行作为脚本一部分的所有作业。可以查看返回代码以了解作业运行是否成功。可以查看 Pig 日志文件以验证存储命令是否执行成功。每个存储命令都有一个输出目录路径。表 6.12 中显示的返回编码将提供作业运行的结果。

表 6.12　返回编码列表

返 回 编 码	描　述
0	所有 Pig 语句都执行成功
1	可检索的错误
2	所有 Pig 语句都执行失败
3	部分 Pig 语句可能执行失败

当第一个作业失败时，-F 或 -stop_on_failure 命令可用于终止 Pig 脚本执行。

```
$ pig -F  mycoolscript.pig
$ pig -stop_on_failure  mycoolscript.pig
```

表 6.13 总结了操作符、命令和函数。

表 6.13　Pig 的操作符和函数

返 回 编 码	描　述
算术运算符	+, -, , /, %, ?
比较运算符	== !=, >, <, >=. <=
Null	等于 null，不等于 null

续表

返 回 编 码	描 述
布尔值	AND, OR, NOT
文件命令	**cat, cd, copyFromLocal, copyToLocal, cp, ls, mkdir, mv, pwd, rm, rmf**
函数	avg, min, max, sum, count, count_star, concat, size, diff, IsEmpty, tokenize

6.5 小结

Hadoop 生态系统支持多种不同类型的 SQL 引擎。像 MapReduce2 等 SQL 引擎支持高效处理大批量任务。像 Tez 这种 SQL 引擎支持处理批量、交互式和实时查询。像 Spark 和 Impala 这种 SQL 引擎支持交互式和实时查询。Hadoop 集群可能运行多种 SQL 引擎以支持不同类型的应用。

Hive 是在 Hadoop 中运行 SQL 工作负载的实际标准。为适应企业的大数据需求，社区在不断推动 Hive 的创新。我们已经看到了 Hive 可做的事情，以及它执行 DDL 和 DML 状态的语义。截至今天，Hive 在分析领域被大量使用。我们学到 HCatalog 在为 Hive 数据库表管理元数据时非常有用，并且可以暴露给 Pig、Hive、应用和 BI 工具。如你所见，Hive 支持数据分析。

Pig 还可以帮助做 ETL 处理。我们了解到它提供具备转换能力的函数，并允许编写非常简短、高效的代码行。

第7章 Hadoop 多租户

在人类（也包括动物）漫长的历史中，能学习协作并且最有效付诸行动的将获得胜利。

——William Arthur Ward

成功的社区和组织必须能够以保护个人（租户）和共享源的方式进行协作和共享源。同样数据湖也是，必须提供一个可以逻辑隔离租户以保护物理共享源（数据）的多租户级别。本章将向你介绍在 Hadoop 集群中隔离数据、资源和流程的概念，这意味着在不同类型的应用程序和任务中强制实施所需的、可接受的服务级别要求。

有法规和业务要求——有助于将数据和任务同其他组织或团体分开。没有严格的数据治理，共享数据湖很容易成为“数据维护”的噩梦。数据湖中的用户必须进行隔离设定，以确保共享源被正确保护。

Hadoop 1 不支持多租户群集。开源社区很快意识到，为了继续使用，必须解决 Hadoop 多租户。Hadoop 2 与 YARN 和 HDFS 2 旨在解决数据湖多租户问题。重要的是，Hadoop 2 不仅仅解决技术挑战，也正在围绕共享 Hadoop 集群的概念推动所有新的业务应用开发和创新。

虽然供应商可以选择是否使用 YARN，但机构需要着重考虑 YARN 带来的好处，因为它确实使 Hadoop 集群支持多租户。它在功能业务部门实施服务水平协议（SLA）和服务质量（QoS）。如今，具有不同编程规范和运行时特性的任何应用程序都可以在 Hadoop 中运行。通过为 Hadoop 提供集中式安全管理，使 Apache Ranger 便于保护共享数据的 Hadoop

多租户环境蓝图已经完成。可以通过对数据访问的物理或逻辑分隔来实现多租户，为需要专有环境的客户提供服务的机构可以对基础架构进行物理分割。另外，基础设施和数据的逻辑分离是实现节约成本的常用技术，但实施会更具挑战性。本章将重点介绍数据的逻辑分离。

多租户有 3 个关键因素：安全、存储和处理隔离。多租户不仅仅针对 Hadoop 中的数据存储和数据处理隔离，而且通常直接影响数据处理的单个框架或服务。这包括 HBase、Storm、Kafka、Spark、Knox、Solr、YARN 等。在共享 Hadoop 环境中进行协作需要仔细配置，以便更好使用这些 Hadoop 服务和/或组件以及数据。如果没有任何控制来平衡不同用户的 Hadoop 需求，那么很多用户将被阻塞。多租户 Hadoop 环境具有 3 个级别的 SLA：批处理，交互式和实时。营销队伍可能需要实时任务处理，而 EDW 则需要批量和交互式处理。这种设置必须坚持执行和维护。不同的业务部门和用户必须要相信所需的 SLA 将得到满足。

7.1 保障访问

用于数据安全控制的选择，必须不能对机构、业务部门或队伍便捷访问数据的能力造成影响或限制。安全控制不应引入任何不必要的限制和局限，这将使 Hadoop 集群变得毫无用处。换句话说，在“需要知道”的基础上提供完善的数据访问。

要降低或消除数据泄露的风险，包括在企业数据中心、网络、操作系统、应用服务器、数据库等各个层面使用典型的安全保证。标准安全性的最佳实践同样适用于 Hadoop，但是 Hadoop 具有多项安全控制功能，以确保向用户和组提供正确的权限，访问要查看或处理的数据。

在 Hadoop 集群中对服务和数据进行安全保护需要考虑很多方面，包括身份验证、授权、审核和数据保护。集群的集中管理降低了安全配置不一致的风险，安全配置不一致可能会破坏安全协议。

7.1.1 认证

没有身份认证的授权是不安全的。身份认证是确保获得任何资源的第一步。有两个层次的认证：用户层和服务层认证。Hadoop 通常使用 Active Directory（AD）或 LDAP 服务器进行用户身份验证，Kerberos 用于服务身份验证。AD 和 LDAP 都很完善，并被机构大量使用于配置系统用户账户。利用这一点，Hadoop 可以简化 Hadoop 集群增长时的用户配置。当用户更改角色并转移到不同的业务部门时，安全环境变得更加复杂。那么，问题来了，如何在 Hadoop 中使用？

Apache Software Foundation（ASF）社区创建了 Apache Knox，目的是拦截对 Hadoop 集群的请求，并执行检查，以确保没有未经授权的用户进入 Hadoop。Knox 提供边界防护，并利用 AD/LDAP 对用户进行认证，并确定用户可以访问的 Hadoop 服务。例如，来自 BI 团队的用户需要访问 Hive，且这是他们所需要的唯一服务；其他用户，如 Hadoop 任务提交者，只需要访问 Falcon 或 Oozie 服务；数据科学家可能需要访问多种服务，如 HDFS、Pig、Hive、Spark 等。所有这些规则都可以插入 Knox。除了映射特定用户角色访问特定服务之外，Knox 还支持基于 IP 地址、用户 ID、用户组和 Hadoop 服务进行组合过滤。

当机构选择在云上部署 Hadoop 集群时，将更具挑战性。安全架构师通常不会将内部认证框架暴露在云端。如果这样做，会强制安全团队用不同的方式实施，安全团队必须将另一个 AD/LDAP 实例放在云上，或者必须使用云供应商的认证产品来认证用户。另一部分人正在推动 Hadoop 使用 OAuth 和安全声明标记语言（SAML）。OAuth 是一个认证框架，将认证请求分为 3 个方面：资源所有者、授权服务器和资源服务器。当客户端要访问受保护的资源时，他们要求资源所有者授予认证，然后将授权认证发送至授权服务器，返回访问令牌。客户端接收该令牌，并将其发送到资源服务器，进而发送受保护的资源或数据。如果熟悉单点登录及其操作，那就已经学会了 SAML。SAML 本质上就是单点登录，其中用户从服务提供者请求服务访问，服务提供者紧接着向身份提供者发送请求，最终返回相应的访问断言。所有交换请求和响应都发生在 Web 浏览器中。目前暂不支持 OAuth 和 SAML，但开源社区已将它列入计划。

图 7.1 显示了 Hadoop 同其他必要组件进行分析处理的安全性最佳实践，其中也显示了不同入口的逐步认证过程。

步骤 1：在这种情况下，数据源来自不同的个人或公共网络，数据可能是敏感或非敏感的。它可以代表符合以下任何一项的数据：HIPAA、PCI、PII、PHI 等。数据传输时，需要安全认证和用于数据传送的安全通道。数据管理机构可以选择通过典型的 B2B 安全连接推送数据，也可以允许外部实体通过认证协议来拉取数据。这个过程涉及防火墙交换规则、证书和数据位置。

步骤 2：接收机构通常在非敏感区（DMZ）环境中使用 B2B 基础设施，用于接收外部提供商传入的文件。基于防火墙规则和管理证书，认证发生在数据源和 DMZ 之间。认证可由任意一方发起，当接收数据后，B2B 工具可以将其安全地存储到 NAS/SAN/NFS 文件系统中或推送到不同的安全位置。安全架构师需要慎重考虑在文件系统服务器上加密是否有意义，因为存储阵列供应商已经在磁盘级别上进行了一些内置加密。但是，更有趣的是，数据仍然需要进入 Hadoop，如果加密解决方案仅与硬件级别相关联，并且在数据离开存储阵列时无法处理，那么将限制 Hadoop 无缝加密/解密数据的能力。存储设备通常没有安装操作系统（OS），这又是许多加密供应商需要的基础依赖。为了解决这个限制，数据应该被移动到一个加密工具可以随时对数据进行加密的位置，数据到达时会被立即加密，当数据需要处理时，会为 Hadoop 进行透明的解密。这就是数据采集边缘节点发挥的作用。该边缘节点具有必要的 Hadoop 客户端工具，用于执行从自身到 HDFS 的数据移动。

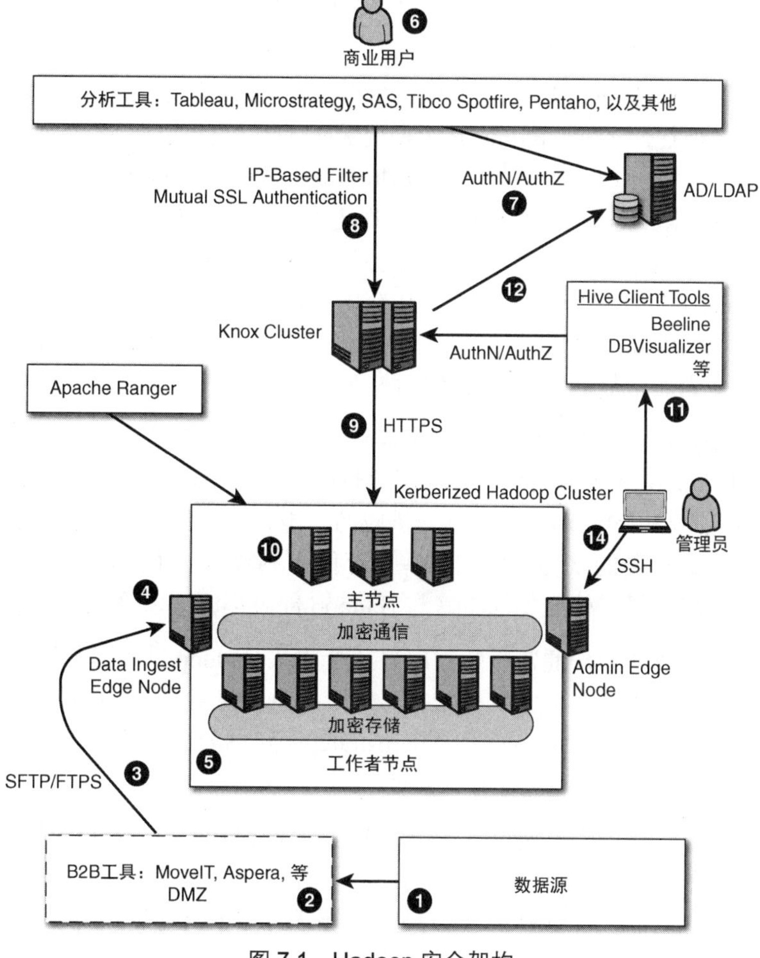

图 7.1　Hadoop 安全架构

步骤 3：如果 B2B 工具可以安全访问数据边缘采集节点，即 FTPS、SFTP、SCP 可以在其中进行身份验证，那么可以将数据从 DMZ 移动到边缘节点。具备安全意识的机构不会推荐这种方案，因为 DMZ 工具现仅用于内部分段网络。所以，自然想到数据采集边缘节点 DMZ B2B 工具使用基于证书的身份验证，然后将数据移回自身；数据到达边缘节点后，立即加密。这是怎么发生的呢？

例如，我们来看看 Vormetric。Vormetric 具有可以安装在边缘节点和群集中所有节点上的代理。这些代理运行加密数据的策略。操作系统中的所有 Hadoop 组件都可以透明地使用该加密代理。代理服务器监察数据，当数据存储到磁盘上时，将立即进行加密。所以在数据到达 Hadoop 集群前，所有 Hadoop 节点都有加密代理。此时，数据采集边缘节点可以让 Hadoop 客户端将文件从边缘节点推送到 HDFS。

步骤4：Flume Hadoop 客户端可用于从边缘节点拉取所有文件，并将数据存储在 HDFS 中。但在此之前，Flume 必须使用 Kerberos 进行认证。为什么选择 Kerberos？推荐使用 Kerberos 对所有机器服务账户进行身份验证，因为密码不通过网络发送，Kerberos 相对其他工具表现更好，并提供了更强大的身份验证。用户账户通常通过 AD 或 LDAP 进行配置。Flume 必须使用从边缘节点到 NameNode/DataNode 的连接加密来保护传输中的数据。同时，敏感数据的最大威胁存在于机构内部，因此，数据源到 Hadoop 和集成工具之间的所有链接都必须加密，以便为加密数据提供额外的保护层。

步骤5：数据到达 HDFS 后，会被加密。对 HDFS 的所有访问都需要通过 Kerberos 或 AD/LDAP 进行身份验证。如果集群部署在云上，并且正在使用诸如 S3、二进制大对象（BLOB）存储等云供应商特定存储，则还需要进一步处理，因为许多加密厂商的软件通常同这些云存储不兼容。云供应商确实能够提供数据加密，将由机构确定如何将其与 Hadoop 部署集成，以确保数据保护。

步骤6：这个阶段的用户通常是商业用户，希望从 Hadoop 获得数据，更具体地说是从 Hive 获取数据，并得到分析报告。用户通常使用符合 ODBC 或 JDBC 的工具，例如 Tableau、Datameer、Microstrategy 和 SAS。这些工具必须与 AD/LDAP 和 Knox 集成才能进行身份验证。

步骤7：商业用户首先需要通过 AD/LDAP 进行身份验证，才能使用分析工具进行下一步操作。如果基于 SSO（如 SAML、OAuth2 或 SiteMinder）进行验证，那么 Knox 会面临一些困难，因为 Knox 还没有完全支持这些协议。Knox 唯一支持的 SSO 是在 SiteMinder 请求头部中进行用户认证。

步骤8：当用户向 Hive 发送查询时，所有请求都会被 Knox 拦截。Knox 和 BI Tools 通过 SSL 进行通信保护。那么，用户在下次发送查询请求时是否会通过 AD / LDAP 进行认证？这是可行的，因为 Knox 支持 AD / LDAP 进行身份验证，但缺点是

AD/LDAP 将过载，由于每个 Hadoop 查询都要进行认证。所以为了减轻这种大量的身份验证，Knox 可以通过 cookies 提供用户会话。用户可以保留他们的 JSESSIONID，并且在会话结束之前，不必使用 Knox 再次进行身份验证。这将使 Knox 具备状态性，可能会对性能造成影响。为了平衡两种身份验证方法，可以在 BI Tool 和 Knox 之间进行双向 SSL 身份验证，以便用户不需要再次进行身份验证。用户身份可以传递给 Knox，并将其级联到 Hive 以进行授权和审核，这使得身份验证过程变得更简单。应用层正在使用 Knox 进行身份验证，因为用户认证已经完成，并且 BI Tool 和用户之间已经建立了信任关系。Knox 支持通过用户名和密码进行认证，但麻烦的是，用户每次向 Hadoop 发送请求都需要提供这些认证。

步骤 9：假设 Hive 查询请求被发送到 Hadoop，并已被 Knox 接收；Knox 能够识别该请求用于 Hive 查询处理。在请求进入 Hive 之前，Knox 需要使用 Kerberos 进行身份验证。在 Hive 查询请求被认证后，请求被切换到 HiveServer2 进行处理。

步骤 10：此时，请求中的用户身份可用于检查请求的数据库、表和列的用户权限级别。Apache Ranger 将用户名映射到 Hive 数据库策略，以确定用户访问权限。当进行查询时，对请求用户匹配相应的权限，并对用户事件和查询进行记录以进行审计。你可能会问，为什么要在 Hadoop 集群中使用 kerberize？我们不想在集群中进行任何模拟。因为在 Hadoop 中的所有服务或组件必须经过身份验证。Kerberos 非常轻量级，且不会影响作业性能，基础设施团队使用 Kerberos 也有很长一段时间了。用于认证的 Kerberos 证书存储在缓存中，并且具备足够长的时效，以防接收到服务请求时需要重新认证。Kerberos 证书通常有 8 个小时的时效，通常映射到用户的工作时间。

步骤 11：这是访问 Hadoop 的另一个方法，但目的不同。管理员通常在集群中使用调查或故障排除的工具。Beeline、DBVisualizer 等工具需要通过 Knox 进行认证。由于管理员对群集的访问频率低，所以与企业用户认证不同，可以将 Hadoop 管理员身份验证同 AD/LDAP 绑定。

步骤 12：当管理员从 Beeline 打开一个连接时，JDBC/ODBC 驱动通过 HTTP 连接到 Knox，并且必须进行身份验证。Knox 获得用户账户信息，如用户名和密码，然后将其发送到 AD/LDAP 进行身份验证。通过身份验证后，请求被授予对 Hive 的访问权限，后续过程同步骤 9 和步骤 10。

步骤 13：管理员还可以通过 SSH 访问 Hadoop 集群节点，身份验证将在 POSIX 层。这基于在发出 SSH 请求之前，用户同主机已经通过 AD / LDAP 认证建立了链接。

这里描述了有关身份验证的全部工作。你会注意到有两个边缘节点用于数据摄取和管理。这是为了将管理员同业务数据隔离的重要最佳实践。

7.1.2　审计

由于机构将在 Hadoop 中存储着大量不同格式和类型的数据，因此理应进行一定程度的管理。需要具有审计日志记录的原因有 3 个：合规性、安全性和诊断。审计人员希望对 Hadoop 中业务数据的变动进行全面追踪。Hadoop 服务生成的事件日志是第一步，但在整个 Hadoop 软件中集成和关联事件才是最终目的。Hadoop 已经记录了所有事件，Apache Software Foundation（ASF）社区在将这些事件进行整合方面也取得了很大的进展。此时，Apache Falcon 将在 Hadoop 中记录与数据流水线和数据处理相关的所有事件。Falcon 能够通过描述数据位置、读取数据的任务、数据归属的用户或组、权限级别等元数据来完善数据流水线。开源社区也在积极开发 Falcon 内数据的图形表示。Apache Ranger 以粒度来记录认证尝试、安全策略名称、用户/组、数据访问时间戳和资源。

实施了安全信息和事件管理（SIEM）系统（如 Splunk SIEM）的组织可以与 Hadoop 集成，以便通过单一接口获取审计信息，并为审计师和安全专家提供安全分析信息。

7.1.3　授权

ACL 为多租户环境提供了基础，定义了谁可以访问什么数据、文件、对象或资源以及可以执行哪些操作。ACL 防止 Hadoop 中出现任何未经授权的资源和服务访问，并帮助用户访问“须知”的数据。ACL 对环境中的以下组件至关重要：操作系统、Web 和系统应用程序、数据库、网络和 Hadoop。当发出资源请求时，Hadoop 检查 ACL 规则，并决定是否允许请求者访问数据，且所请求的操作是否被授权。Apache Ranger 在 Hadoop 中强制执行基于 ACL 的安全策略，管理员可以轻松管理 Hadoop 不同组件间的非敏感和敏感数据的访问。Ranger 通过集中管理授权访问 HDFS、Hive 和 HBase 数据来简化 ACL 策略生命周期。Ranger 提供统一的精细控制，并与 Active Directory 和 LDAP 集成。

期望 Ranger 的下一个版本包括 Knox 和 Storm ACL 策略定义，并且开源社区不会局限于此，并将会持续把所有与 ACL 相关的 Hadoop 服务配置转移到 Ranger 中。未来，在 Hadoop 组件中强制执行 ACL 规则的 Ranger 代理将具备可扩展性，需要与企业中的 Hadoop 服务进行交互的自定义应用程序可以通过代理注册接口利用 Ranger 来进行。简而言之，Ranger 最终将成为 Hadoop 生态系统中非常重要的服务，将为 Hadoop 中的所有服务和数据执行授权。

接下来，我们将讨论 Ranger 的架构，如图 7.2 所示，以及如何将这些细粒度的控制应用到 Hadoop。

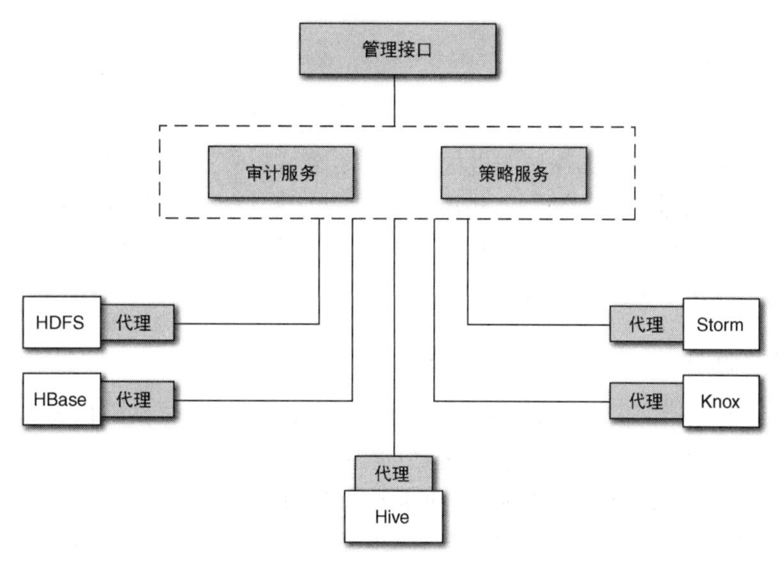

图 7.2　Apache Ranger 架构

在图 7.2 中，Ranger 有 4 个组件：Admin Portal、Audit、Policy 和 Agent。这些组件是对 HDFS、HBase、Hive、Storm 和 Knox 中存储或处理中数据进行访问的关键。一个 Ranger 实例可以管理场内或场外多个集群的安全策略定义和实施。

管理门户是一个基于 Web 的 UI，使安全管理员能够轻松、高效地管理用户和组以及读取、写入或执行资源的权限。

策略使管理员能够识别需要保护的资源路径(在 HDFS /datalake/customer/ financial 中)。如，一个或多个组以及一个或多个用户被分配该资源访问权限，并且权限可以是以下的一个或多个：读取、写入、执行。这些权限可以针对资源进行递归配置。对于 Hive，其资源是数据库，其中表和列可使用以下一个或多个权限对用户和组进行类似的分配：选择、更新、创建、删除、更改、索引和锁定。可以在 HBase 中保护的资源是表，列族和用户组映射到一个或多个读取、写入和创建权限的列。

审核使管理员能够检查是否正在执行访问控制和权限。审计提供了有关用户何时访问哪些资源的信息以及他们是否成功处理该资源。被拒绝多次访问资源的用户或组可能表明他们需要访问该数据，可以进一步检查其当前权限，这也可能表明存在异常并需要进行调查。

图 7.2 所示的代理是一个轻量级的 Java 守护进程，嵌入 Hadoop 组件，如 HDFS、Hive、HBase、Storm 等，作为授权提供者来执行策略服务器定义的安全策略。这些政策保留在内存中，但下一步计划在 HDFS 或本地存储政策。代理程序与审计和策略服务器分离，因此，如果审计和策略服务器中的任何一个死机，代理仍会继续运行并执行 Hadoop 安全规则。

7.1.4　数据保护

数据保护有两种方式：传输数据加密和静态数据加密。流入和流出 Hadoop 的敏感数据需要加密。在医疗保健和财务领域的机构通常需要数据加密。几十年来，加密已久经验证，可以防止敏感数据泄露。当流入和流出 Hadoop 的敏感数据在加密网络通道中传输时，可以防止入侵者从网络中嗅探数据进行中间人攻击。在存储时确保Hadoop中的敏感数据被加密，可以最大限度地减少内部攻击。

1．数据传输加密——a.k.a.连接加密

Hadoop 中间件会在连接 HDFS 前收到数据，这些中间件通常是数据采集工具。数据访问工具需要使用加密通道向用户呈现处理后的数据。在上一章中，我们讨论了不同的采集工具，如 Sqoop、Flume、WebHDFS、WebHcat 和 Kafka。每一个工具均有特定的连接加密配置，将分开进行讨论。向用户呈现已处理数据的工具有更好的保护措施，因为 Apache Knox 支持基于 HTTP 的 SSL，大多数（如果不是全部）Hadoop 中的服务都具有可通过此加密协议进行数据保护的 REST API。

2．Flume 连接加密

Flume 的源、通道和接收器都支持连接加密。本部分将逐一说明启用连接加密的属性。

Avro Source 有一个名为 ssl 的属性用于加密。当此属性为 true 时，还需要 keystore 和 keystore-password 属性。通过指定 keystore-type 也可以设置 Java keystore，可以设置为 JKS 或 PKCS12。Avro Sink 也有 ssl 属性设置。以下属性可以同 ssl 进行设置：truststore、truststore-password、truststore-type 和 trust-all-certs。在生产环境中不要使用后者，因为没有验证 Avro Sources 的 SSL 服务器证书。还有其他类型的源和 sink，但当前只有 Avro 支持连接加密。

Flume 支持多种通道，但只有文件通道具有连接加密选项。需要使用以下属性进行设置。

- **encryption.activeKey**：用于加密数据的密钥。
- **encryption.cipherProvider**：密码提供者类型。
- **encryption.keyProvider**：密钥提供者类型。
- **encryption.keyProvider.keyStoreFile**：密钥库文件路径。
- **encrpytion.keyProvider.keyStorePasswordFile**：密钥库密码文件的路径。
- **encryption.keyProvider.keys**：密钥列表。
- **encyption.keyProvider.keys.*. passwordFile**：可选密钥到密码文件的路径。

3. WebHDFS 连接加密

HDFS 具有名为 WebHDFS 的 HTTP 访问封装，可以设置为使用 HTTP over SLL 进行单向或双向加密。对于单向加密，只有 SSL 客户端需要服务器验证，而双向加密要求客户端和服务器都相互验证。这可能会对性能造成影响。本节的重点是单向 SSL 加密设置。

必须对以下属性进行设置以启用单向 SSL 加密。

- hadoop.ssl.require.client.cert=false。
- hadoop.ssl.hostname.verifier=DEFAULT。
- hadoop.ssl.keystores.factory.class=org.apache.hadoop.security.ssl.FileBasedKey- StoresFactor。
- hadoop.ssl.server.conf=ssl-server.xml。
- hadoop.ssl.client.conf=ssl-client.xml。

如果想为 WebHDFS 配置 SSL，那么必须在 hdfs-site.xml 文件中进行以下更改。如果正在使用 Ambari，则应在 HDFS 服务配置选项卡进行以下更改。

- dfs.http.policy=HTTPS_ONLY。
- dfs.client.https.need-auth=true（客户端/服务器双向证书验证可选项）。
- dfs.datanode.https.address=$hostname:50475。
- dfs.namenode.https-address=$hostname:50470。

Hadoop SSL 密钥库必须有 ssl-server.xml 配置文件。Hadoop SSL 密钥库对 Hadoop 核心服务的 SSL 密钥和证书进行管理，这些服务通过 HTTP 协议与集群中的其他服务进行通信。关于 HDP，有一个可以直接复制粘贴使用的 ssl-server.xml 配置模板，可以在/usr/hdp/2.2.0.0-1084/etc/hadoop/conf.empty/ssl-server.xml.example 中找到，但 HDP 新版本发布时，该路径将会改变。复制并重命名为 ssl-server.xml；然后进行清单 7.1 所示的更改。

清单 7.1 Hadoop SSL 参数设置

```
<property>
<name>ssl.server.truststore.location</name>
<value>/etc/security/serverKeys/truststore.jks</value>
<description>Truststore to be used by NN and DN. Must be specified.
</description>
</property>

<property>
```

```
<name>ssl.server.truststore.password</name>
<value>your_password_here</value>
<description>Optional. Default value is "".
</description>
</property>

<property>
<name>ssl.server.truststore.type</name>
<value>jks</value>
<description>Optional. The keystore file format, default value is "jks".
</description>
</property>

<property>
<name>ssl.server.truststore.reload.interval</name>
<value>10000</value>
<description>Truststore reload check interval, in milliseconds.
Default value is 10000 (10 seconds).
</description>
</property>

<property>
<name>ssl.server.keystore.location</name>
<value>/etc/security/serverKeys/keystore.jks</value>
<description>Keystore to be used by NN and DN. Must be specified.
</description>
</property>

<property>
<name>ssl.server.keystore.password</name>
<value>your_password_here</value>
<description>Must be specified.
</description>
</property>

<property>
<name>ssl.server.keystore.keypassword</name>
<value>your_password_here</value>
<description>Must be specified.
</description>
```

```
</property>

<property>
<name>ssl.server.keystore.type</name>
<value>jks</value>
<description>Optional. The keystore file format, default value is "jks".
</description>
</property>
```

接下来将对客户端属性进行一些改动。复制/usr/hdp/2.2.0.0-1084/ etc/hadoop/conf.empty/ssl-client.xml.example 并重命名为 ssl-client.xml，然后进行以下属性更改。

```
ssl.client.truststore.location=/etc/security/clientKeys/all.jks
ssl.client.truststore.password=clientTrustStorePassword
ssl.client.truststore.type=jks
```

完成所有文件更改后，将其复制到集群中的所有节点。必须重新启动所有 Hadoop 服务，以便更改生效。可以在 Ambari 中或通过命令行执行此操作。

4．Knox 连接加密

Knox 负责 Hadoop 的边界安全。Knox 和防火墙之间的差异可能会有一些迷惑。防火墙可以根据允许与 Hadoop 进行通信的端口和 IP 设定规则，而 Knox 只暴露一个接口，基于用户权限通过 AD/LDAP 验证所有请求。一个用户可以允许访问一个或多个 Hadoop 服务。例如，BI 用户，可能只允许访问 Hive。其他用户可能会通过访问 Oozie 提交任务。Knox 集成框架如图 7.3 所示。Knox 旨在确保业务用户访问 Hadoop 集群。Knox 面向使用分析工具查询 Hive 数据的用户，例如，分析工具使用 JDBC/ODBC over SSL 协议，以确保用户和 Hadoop 之间的链接被加密。通过 Knox 到 Hadoop 的查询也使用 SSL 协议来保证安全性。Knox 面临的一个典型问题是，能否扩展？对 Hadoop 有一个整体安全模型是很好的，但需要认真考虑，以便不会对 Hadoop 的性能造成过大影响。Knox 不会接收数据，而是接收查询请求并将其推送给 Hadoop，然后将查询结果返回分析工具。这是一个计算密集型程序，建议在生产环境中至少部署两个 Knox 实例以实现高可用性，并且通过轮询方式实现负载平衡。同其他 Hadoop 工具一样，Knox 也可以被虚拟化。

业务用户是否会进行两次或多次认证呢？分析工具对业务用户进行一次验证，当请求转到 Knox 时，对同一用户会再次进行身份验证。如果用户向 Hadoop 提交了大量请求，则它们的请求会被路由到 AD/LDAP。为了减轻 AD/LDAP 的负载，Knox 和分析工具可以设置为相互 SSL 身份验证。此时，用户名或组名被直接传给 Hadoop。根据用户权限，Knox 对服务访问进行授权，Apache Ranger 使用用户标识来访问请求数据。

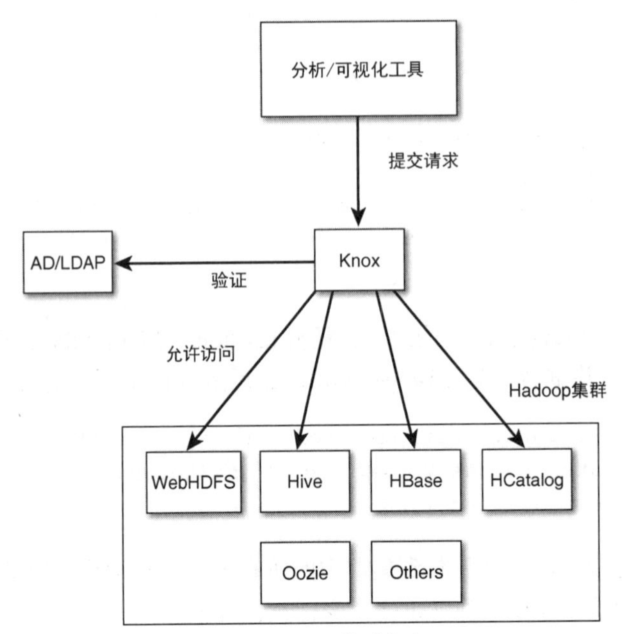

图 7.3　Knox 集成框架

Knox 支持 SiteMinder 和 IBM Tivoli Access Manager for Federation/SSO 身份验证。最新的 Federation/SSO 身份验证非常简单，通过检查 HTTP 头以提取已验证用户的用户名和/或组名，然后，将该信息传递给 Knox，最终传递给 Hadoop 服务，以便跟踪用户活动。当要求进行审计时，这个方式很有用。

对于主节点和工作节点，远程过程调用（RPC）和数据传输协议（DTP）同样有连接加密。这是为了确保集群内反复传输的数据在加密通道中进行。关于如何设置此功能，Hortonworks 有详细的文档；请访问 docs.hortonworks.com 下载最新版本，并查阅连接加密的相关信息。表 7.1 在高层次显示了支持加密的不同 Hadoop 协议。

表 7.1　数据传输加密矩阵

传输协议	通信接口	加密方式
TCP/IP	数据在客户端与 Hadoop 集群和从集群之间进行数据传输	传输数据加密协议和 SASL
REST	WebHDFS 和 Knox	REST over SSL，Knox over SSL，SPNEGO——Kerberos 扩展框架，支持 Web 应用
JDBC/ODBC	HiveServer2	SSL
RPC	Hadoop 客户端到集群或从集群	SASL
HTTP	NameNode 和 RM MapReduce Shuffle	HTTPS，加密 MapReduce Shuffle

5. 静态数据加密

政府机构、财政、卫生等行业正在推动保护Hadoop敏感数据的工作。当机构采用Hadoop数据湖模型时，很可能存储敏感数据。敏感数据指符合标准（如 PCI、HIPAA、PII）或超出规定范围但被视为对业务敏感的数据。根据机构采用加密数据的方法，解决方案可能来自硬件、卷、操作系统或应用层加密。企业必须充分考虑进行权衡，例如，在加密数据时性能是否重要？随着加密从单元到字段到表/文件，数据库/文件夹到卷到硬件会导致性能下降。如果性能不是关注点，那么情况就会变得简单，但费用会更高。为什么呢？因为HDFS不支持节点标记，即使具有存储优先级，也不能保证敏感数据存储在首选存储类型上。节点标记本质上是标记集群中一台或多台机器的一种方式，使Hadoop客户端能够识别被标记机器，以便客户端可以进行特定操作。这意味着整个集群必须被加密，而不是部分被加密，即使存储在群集中的敏感数据只有总数据量的1%，所以这可能会变得更昂贵。为了平衡成本和性能，许多机构倾向于使用灵活的方式对文件和/或属性进行加密。

多家厂商支持Hadoop静态数据加密，如Voltage、Protegrity、DataGuise和Vormetric。目前的情况是，机构希望将现有的加密工具与Hadoop重用。当使用上述4个工具之一时，加密会变得相对容易，否则，需要与这些供应商或Hadoop供应商合作，以验证现有的加密工具，并确保数据无缝加密/解密。根据当前工具以及 Hadoop 供应商的认证速度，认证过程可能需要60～120天的时间。

目前暂不支持Hadoop本地加密，但是开源社区已经发布了HDFS透明数据加密（TDE）的技术预览。Hortonworks 在官方网站上发布了一篇相关博客。技术预览展示了如何使用TDE 以及密钥管理系统（KMS）。在 TDE 之前，Hadoop 早期组织使用了一个名为 LUKS的开源加密工具，在卷级别进行加密。

接下来，我们将在整个堆栈中映射不同的加密级别，如图7.4所示。

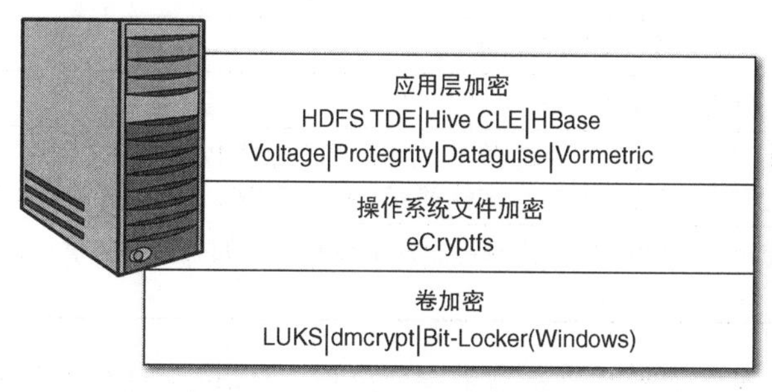

图7.4 Hadoop 加密级别

问题是，使用卷加密比其他加密方式更有意义吗？通常情况下，当所有数据都是敏感数据时，卷加密更有价值。当存在敏感和非敏感文件混合时，操作系统文件加密变得密切相关。如前所述，由于加密解决方案越来越完善，与“挑选加密”相比，成本变得越来越重要。

应用程序加密遵循后一种方案，机构对敏感数据加密有更精细的策略。例如，对于 HDFS，能够识别 zone 和目录文件；当接收到数据时，数据会被自动加密。对于 Hive，可以选择性地加密数据库、表或列。这样做的优点是使成本和性能得到平衡。

接下来讨论 TDE 的构成组件。图 7.5 显示了 HDFS TDE 的不同组件以及要记住的关键字。表 7.2 列出了图中使用的缩略词定义。

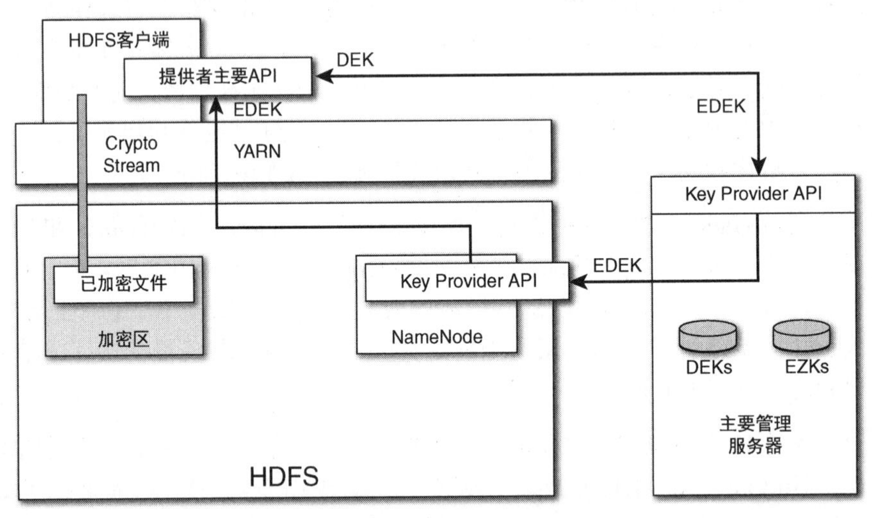

图 7.5　HDFS TDE 架构

表 7.2　HDFS TDE 缩略词

缩略词	描述
EZ	加密区，一个（或多个）HDFS 目录
EZK	加密区密钥：特定区域的主密钥
DEK	数据加密密钥：与每个文件相关联的唯一密钥。用于生成 DEK 的 EZ 密钥。数据加密密钥（DEK）是特定文件的密钥。EZ 内的所有文件都有自己的 DEK。DEK 密钥基本是从 EZ 密钥生成的
EDEK	加密数据加密密钥（EDEK）：使密钥加密不被暴露。如果密钥被盗用，则可以最大限度地减少安全漏洞的风险

加密区（EZ）是所有文件和目录被加密的区域。Hadoop 或安全管理员通常对 EZ 上的策略进行配置，并对加密数据的所有权和访问权限进行映射。熟悉当地和联邦法规要求的法务或具体合规业务部门应与安全管理员合作，以便正确执行恰当的策略。将加密密钥分

配给 EZ，作为主密钥。因此，每个 EZ 将有一个主密钥，每个 HDFS 目录有一个 EZ。

KMS 唯一的目的是存储所有加密密钥，并在需要使用这些密钥时暴露 REST 接口。你或许会问，如果已经有一个 KMS，那将怎么做？HDFS TDE 旨在能够集成任何企业级 KMS，但 HDFS TDE KMS 尚不成熟，机构应该使用已有的企业级 KMS，并经过严格的安全审查、验证和审批流程。现有的 KMS 系统同企业绑定，安全操作团队无法访问多个 KMS 系统。开源社区建立了一个开源 KMS 系统，目的是提供一些可以立即使用但有些粗糙的边缘化的东西。随着技术的成熟，这可能成为一个新的选择。

Key Provider API 允许 HDFS NameNode 和 HDFS Client 与 KMS 进行通信，从而无缝地加密和解密数据。

有关 HDFS TDE 配置的更多信息，可以访问 hadoop.apache.org；请查看最新的文档，并在 HDFS 下搜索"Transparent Encryption"。

7.1.5 数据隔离

收购、商业规则或弱数据治理通常会导致孤立数据库系统的产生。如果不对孤立系统进行管理，那将难以分析数据。Hadoop 中的数据湖解决了这些孤岛问题，使机构能够将其所有数据集中到一起进行分析，而不管格式和大小。如果数据湖治理不善，数据可能会很快变得凌乱，尤其是拥有数百或数千 TB 或 PB 数据。定义存储配额、访问控制和归档策略是确保数据与其他数据隔离的关键因素。

1. HDFS 空间和名称配额实施

在 HDFS 中，名称和空间配额可用于控制为每个目录或文件存储的数据量。名称配额是对其父目录允许的文件和目录数量的硬限制。如果超出配额，文件或目录将创建失败。在配额约束目录外创建的目录不具有相关联的配额。如果这个新目录被分配了一个配额，它将保持为空。目录或文件的最大配额是 Long.Max_Value。

另外，空间配额是其父目录上定义的关于文件字节数的硬限制。配额下的目录被重命名时，配额仍然有效。任何导致配额违规的操作都会失败，如块分配、增加副本数或重命名超过配额的目录。如果配额设置为 0，文件或目录能够创建成功，但没无法添加块到新的文件或目录。配额集的大小始终包含复制块。

名称和空间配额和 fsimage 共同存在。设置或删除配额时，有日志记录。

在图 7.6 所示的例子中，HDFS 中分配了 4 个目录。每个目录都可以配置独立的配额。配置前，需要确定每个目录可以使用多少存储空间。存储空间通常需要考虑历史数据和现有数据集和/或新数据来源的年预计增长量。空间配额通常更实用，因为跟踪文件和目录的数量相对麻烦。如果使用空间配额，则可以更容易地对 Hadoop 中的存储分配进行预测。接下来我们将展示在 HDFS 中如何设置两种类型的配额。

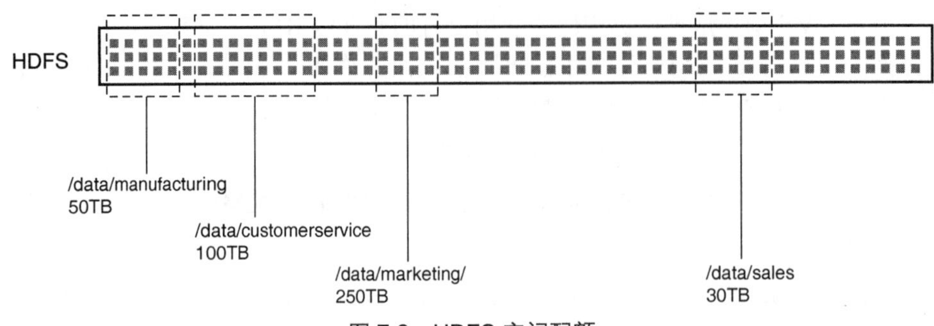

图 7.6 HDFS 空间配额

在图 7.6 中，有 4 个目录，每个目录都有 TB 级的空间配额要求。接下来先从空间配额开始。设置配额需要 hdfs 超级用户账户。以下命令显示了如何对所有目录的配额进行设置。

```
$ hdfs dfsadmin -setSpaceQuota 50t /data/manufacturing
$ hdfs dfsadmin -setSpaceQuota 100t /data/customerservice
$ hdfs dfsadmin -setSpaceQuota 250t /data/marketing
$ hdfs dfsadmin -setSpaceQuota 30t /data/sales
```

配额限制的后缀是 terabyte，也可以使用 g 代表 gigabytes。如果没有前缀，则默认为字节。当检查配额是否被强制执行时，可以运行以下命令，该命令打印了所有目录的配额信息。

```
$ hadoop fs -count -q /data/manufacturing /data/customerservice
  /data/marketing /data/sales
```

该命令的结果共有 8 列。各列的说明如下。

第 1 列——分配的名称配额。

第 2 列——剩余的名称配额。

第 3 列——分配的空间配额。

第 4 列——剩余空间配额。

第 5 列——目录数。

第 6 列——文件数。

第 7 列——以字节为单位的内容大小。

第 8 列——文件/目录名。

以下数据是使用-count 选项运行 hdfs quota 命令的输出，该选项显示存储配额是否被强制执行。例如，第一行显示/data/manufacturing 的目录配额为 50TB。

```
none  inf  54975581388800  54975581388800  2 0 0 /data/manufacturing
none  inf 109951162777600 109951162777600  1 0 0 /data/customerservice
none  inf 274877906944000 274877906944000  1 0 0 /data/marketing
none  inf  32985348833280  32985348833280  1 0 0 /data/sales
```

注意，配额查询的输出包含空间和名称配额详细信息。名称和空间配额也可能混合存在。以下命令在/data/manufacturing 下创建一个子目录。

```
$ hadoop fs -mkdir /data/manufacturing/sensor
```

/data/manufacturing 已经配置了空间配额。现在让 sensor 文件夹使用名称配额并将其设置为 1 000。

```
$ hdfs dfsadmin -setQuota 1000 /data/manufacturing/sensor
```

指定目录的配额计数如下。

```
$ hadoop fs -count -q /data/manufacturing /data/customerservice /data/
  marketing/data/sales /data/manufacturing/sensor
none  inf  54975581388800  54975581388800  2 0 0 /data/manufacturing
none  inf 109951162777600 109951162777600  1 0 0 /data/customerservice
none  inf 274877906944000 274877906944000  1 0 0 /data/marketing
none  inf  32985348833280  32985348833280  1 0 0 /data/sales
1000  999      none               inf   1 0 0 /data/manufacturing/sensor
```

结果显示了分配的名称配额和/data/manufacturing/sensor 的剩余名称配额，分别为 1 000 和 999 个目录/文件。

配额可以修改和删除。运行相同的名称和空间配额命令来配置新的配额。清除或取消配额非常简单，只需运行以下命令。

```
$ hdfs dfsadmin -clrQuota /data/manufacturing/sensor
```

这只会删除 sensor 目录的配额。运行配额报告时，会得到以下信息。

```
$ hadoop fs -count -q /data/manufacturing/sensor
none  inf   none  inf   1   0    0 /data/manufacturing/sensor
```

清除空间配额的命令如下。

```
$ hdfs dfsadmin -clrSpaceQuota /data/manufacturing
none  inf   none  inf   2   0    0 /data/manufacturing
```

这将删除 manufacturing 目录的配额集。如果执行单个命令一次性删除多个配额，只需在命令后加上目标目录即可。

2. NameNode 联合

Hadoop 2 支持 NameNode Federation，并支持单个 Hadoop 集群拥有多个 HDFS“块池”，其中每个池属于其自己的唯一命名空间。这不是为了安全性考虑，主要目标是为每个小组、业务部门、机构或个体提供专用 HDFS 命名空间。然后命名空间变成业务部门或组的特定空间。NameNode Federation 不会强制执行用户和进程之间共享的命名空间的配额，而是通过强制隔离命名空间。不使用 NameNode Federation 的 Hadoop 集群只有一个命名空间，如图 7.7 所示。

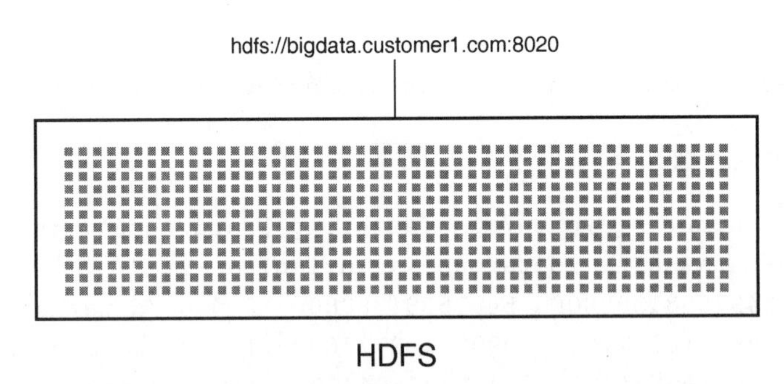

图 7.7 不使用 NameNode Federation 的 Hadoop

NameNode Federation 可以有多个命名空间，如图 7.8 所示。基于业务需求，可以扩展任意数量的 NameNode 服务器。集群中有许多属于各自命名空间的块池，这些块池将由特定存储数据的业务部门使用。仍然建议为每个命名空间强制使用名称和空间配额。如果集群足够大且能够满足需求，也可以使用这种配置分离开发、测试和生产环境。

相反，大多数机构倾向于为不同的环境使用不同的集群。它遵循典型的软件环境遗留设置，这对于受监管行业、经过验证的环境设置是尤其重要。

当在集群中配置和设置 NameNode Federation 时，将自动生成一个新的 ClusterID，用于标识集群中的所有节点。ID 用于格式化集群中其他的 NameNodes。集群 Web 控制台可用于监视联合 NameNodes。

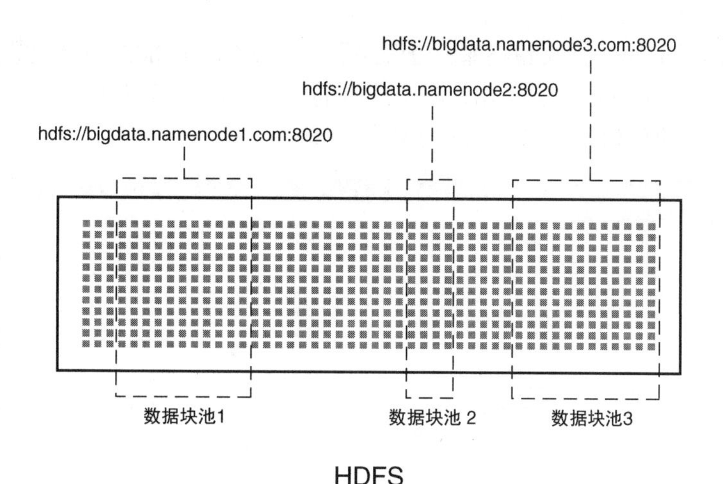

图 7.8　Hadoop NameNode Federation

3. 访问控制

Hadoop 数据组件（如 HDFS、Hive 和 HBase）具有本机安全控制，但这些安全控制对于数据需要联邦授权和法规管辖的企业来说是不够的。Apache Ranger 将弥补这方面的缺失，增强安全性，并采取集中式方式来管理 Hadoop 所有组件的数据安全性。Ranger 有友好的 UI，允许对安全策略进行创建、更新、删除（CRUD）操作。HDP 2.2 中的 Ranger 暴露了一个 REST API，可以定义和管理与其他应用程序集成的安全策略，或者通过 curl 等命令运行。

HDFS、Hive 和 HBase 都有自带的元数据存储库来配置策略。每个元数据存储库都映射到一个集群。如果一个企业有 4 个集群，如 Dev、Test、Prod 和 DR，则每个 Hadoop 组件将有 4 个策略库。例如，HDFS 将具有 hadoopdev、hadoptest、hadoopprod 和 hadoopdr 策略库。图 7.9 显示了 HDFS、HBase 和 Hive 的策略库，且只有一个集群可被配置。牢记 Ranger 可以为每个数据中心提供集群配置策略。

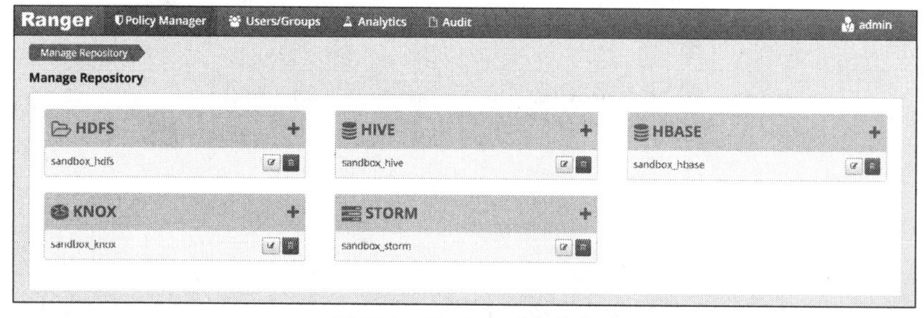

图 7.9　Ranger 策略库

图 7.10 显示了 HDFS 定义策略库。资源路径表示被控制的 hdfs 目录或数据。如/datalake/customer1/sales 仅供 analytics 组使用，属于此组的任何用户都可以访问此路径。由于具备递归属性，所以创建的任何子目录对同一个组均可见。

Ranger　Policy Manager　Users/Groups　Analytics　Audit　admin

Manage Repository > hadoopdev Policies

List of Policies : hadoopdev

Search for your policy...　Add New Policy

Policy Name	Resource Path	Recursive	Groups	Audit Logging	Status	Action
hadoopdev-1-20150406235318	/	YES	--	ON	Enabled	
datalake	/datalake	NO	--	ON	Enabled	
customer1	/datalake/customer1	NO	Legal	ON	Enabled	
products	/datalake/customer1/products	YES	Analytics	ON	Enabled	
sales	/datalake/customer1/sales	YES	Analytics	ON	Enabled	
social	/datalake/customer1/social	YES	Marketing	ON	Enabled	
customer2	/datalake/customer2	NO	users	ON	Enabled	
sensor	/datalake/customer2/sensor	YES	IT Network	ON	Enabled	
analytics	/datalake/customer2/analytics	YES	Analytics	ON	Enabled	

图 7.10　HDFS 定义策略

如果单击/datalake/customer1/sales 行，可以看到 analytics 组的权限，如图 7.11 所示。包含以下相关信息。

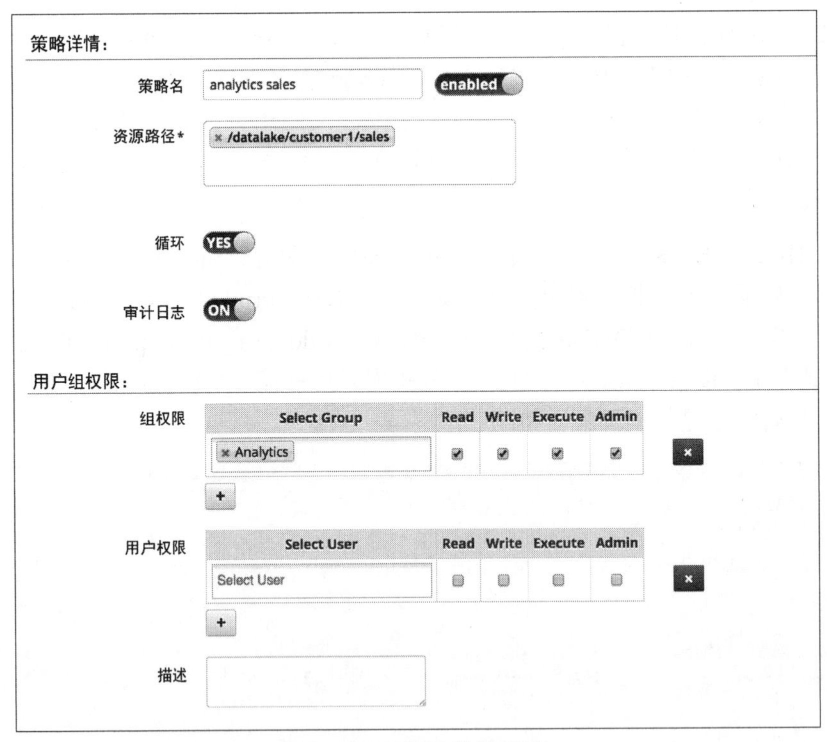

图 7.11　HDFS 数据策略

- 策略创建人。
- 策略创建时间。
- 组访问资源权限。
- 组权限。

Ranger 管理员可以创建策略，不同权限的多个组和/或用户可以访问同一个资源，同时支持策略库的委派管理。这为拥有大规模用户并使用 Hadoop 集群共享服务的机构带来了便利。

Hive 策略如图 7.12 所示。数据库名称为第一个策略意味着对所有表和列进行日志记录。Ranger 不支持反向策略。反向策略意味着禁止访问 HDFS 中的特定资源。只有策略中包含的用户和组才能访问数据库、表和列。你可能会注意到，可以将访问控制应用于 UDF。

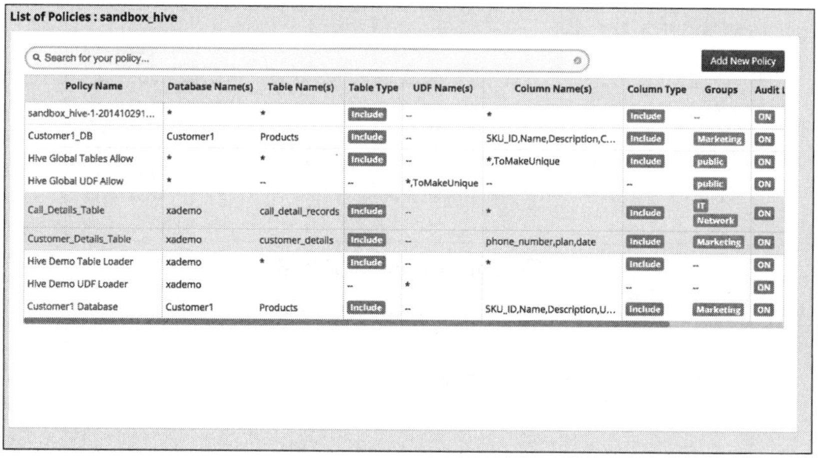

List of Policies : sandbox_hive

Search for your policy...　　Add New Policy

Policy Name	Database Name(s)	Table Name(s)	Table Type	UDF Name(s)	Column Name(s)	Column Type	Groups	Audit L
sandbox_hive-1-201410291...	*	*	Include	--	*	Include	--	ON
Customer1_DB	Customer1	Products	Include	--	SKU_ID,Name,Description,C...	Include	Marketing	ON
Hive Global Tables Allow	*	*	Include	--	*,ToMakeUnique	Include	public	ON
Hive Global UDF Allow	*	--	--	*,ToMakeUnique	--	--	public	ON
Call_Details_Table	xademo	call_detail_records	Include	--	*	Include	IT Network	ON
Customer_Details_Table	xademo	customer_details	Include	--	phone_number,plan,date	Include	Marketing	ON
Hive Demo Table Loader	xademo	*	Include	--	*	Include	--	ON
Hive Demo UDF Loader	xademo		--	*		--	--	ON
Customer1 Database	Customer1	Products	Include	--	SKU_ID,Name,Description,U...	Include	Marketing	ON

图 7.12　Hive 策略定义

单击图 7.12 中具有 Customer1 数据库和 Product 表的第二行信息，将显示图 7.13 所示的内容。表中有多列信息可供 Marketing 组勾选，如选择、更新、警报、索引数据等。可以选择勾选或不勾选。图 7.13 中所示的配置是一个包含配置。

另外，HBase 为表、列族和列提供安全控制，如图 7.14 所示。Hive 数据库策略仅开放特定用户或组所需的内容。

请留意 Action 列上的编辑按钮，可以对策略进行编辑。图 7.15 显示了编辑状态下的策略信息。可以看到 Blog HBase 表有组和用户设置，分别允许读和读/写/创建/管理。

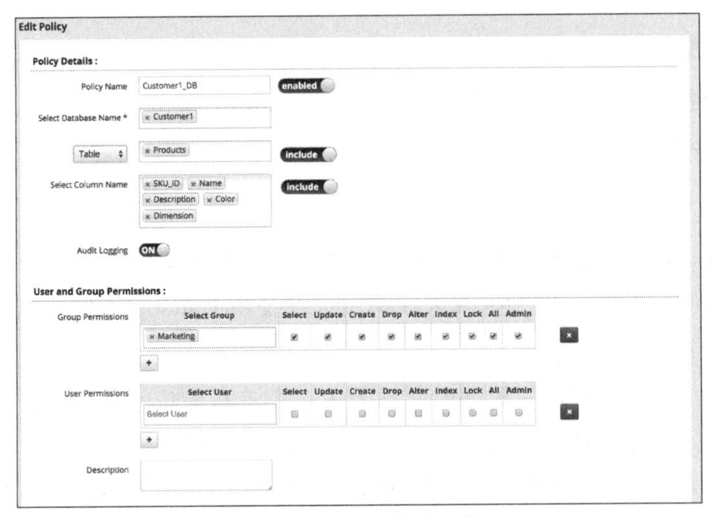

图 7.13　Hive 策略细节

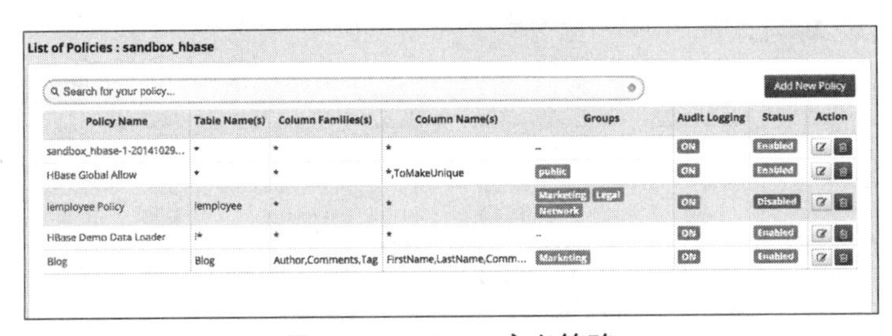

图 7.14　HBase 定义策略

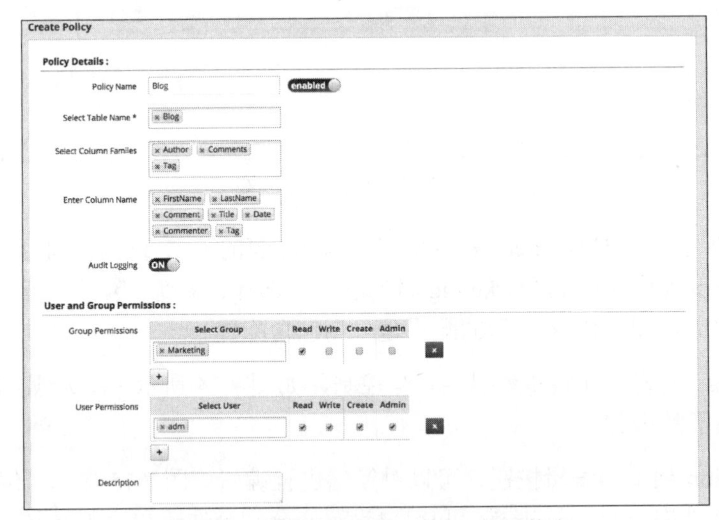

图 7.15　编辑模式下的 HBase 策略信息

4. 悉心归档

IT 部门管理和维护多租户群集，在启动归档时，他们必须避免混合数据，仍然需要数据分离。将不能与其他数据共存的数据集单独存储是一个很好的实践。归档数据可能存放在不同的地方，这取决于业务模式，可以在相同的 Hadoop 集群中，在远程 Hadoop 集群中，也可以在 NFS 中或在云中。企业必须制定归档数据使用的规则和策略。如果归档数据需要在一小时内在 Hadoop 集群中进行提取并进行进一步处理，则会影响归档数据的存放地，那么，建议将归档数据存储在相同的 Hadoop 集群或远程 Hadoop 集群中。当归档数据很少被访问时，建议将数据存储在云中或数据中心本地 NFS 系统中。

用以下命令在 Hadoop 中执行归档。

```
hadoop archive -archiveName name <source> <destination>
```

-archiveName 是归档文件的名称—— 一般使用被归档文件的文件名，例如 customer1.har。source 可以是多个 hdfs 路径，用空格分隔。

归档后，如果要验证数据，可以通过运行以下命令列出文件。

```
hadoop fs -lsr har:///user/Hadoop/customer1.har
```

如果要检查归档文件中的内容，可以运行以下命令。

```
hadoop fs -cat har:///user/Hadoop/customer1.har/product/headphones.txt
```

7.1.6 进程隔离

许多机构正在实施数据湖，其中不同的业务部门共享相同的 Hadoop 集群。这通常被称为共享服务集群，使基础设施最大化并提供了更丰富的数据集成。伴随数据湖的常见问题是：如何确保任务根据需要的 SLA 运行？可以保证任务在预期时间完成吗？Hadoop 能够在运行任务时保持数据隔离吗？在 YARN 中，所有任务或应用都相互隔离。YARN 的容量调度程序根据 Hadoop 中的所有元素和 RAM 分配计算资源。HDP 2.2 提供了另一个功能，允许通过 cgroup 隔离 cpus。通过内存和 CPU 资源的组合，针对集群中的每个应用程序增强了 SLA。容量调度暂不支持网络分区。所有资源都在容量调度队列中定义。队列表示集群中总体可用的计算资源比例。队列具有以下属性。

- 队列名缩写。
- 完整队列路径。
- 相关子队列和应用程序列表。

- 队列保证容量。
- 队列最大容量。
- 活动用户及其相应资源分配限制列表。
- 队列状态。
- 管理队列访问的控制列表。

接下来进行举例说明，如图 7.16 所示。假设在集群中有 100 个 DataNodes，每个节点具有 128GB 的内存，总内存为 12 800GB，约 12.8TB。Hadoop 无法使用所有内存，因为一部分是系统和 HBase 的保留内存。一般保留 24GB 系统内存，另外，HBase 保留 24GB 内存。所以，Hadoop 的可用内存总数为 12 752GB，即 12.7TB。由于图 7.16 中的所有模块都使用集群资源，每个模块都需要分配内存运行任务。图 7.16 代表了队列中总内存被分成不同大小，并被分配给不同的子队列。

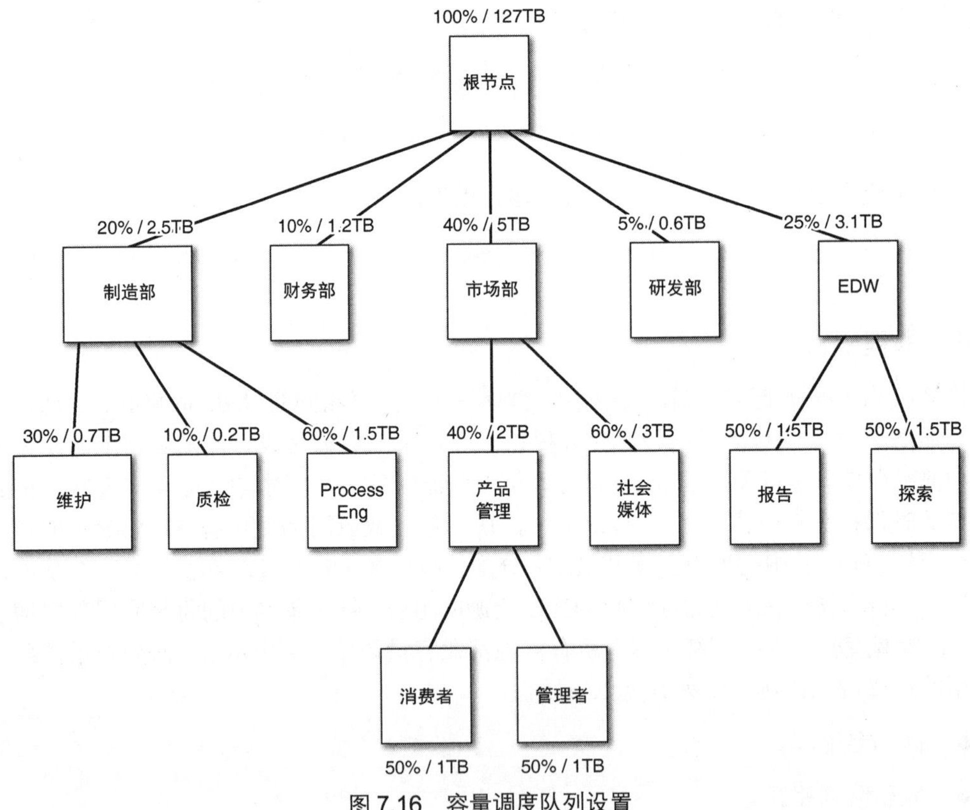

图 7.16　容量调度队列设置

所有队列都从根队列衍生。根队列表示集群中可用的总内存空间（12.8TB）。建立队列的唯一目的是防止任何组或用户独占集群所有资源，从而阻塞他人提交任何作业。要满足SLA 和 QoS，就必须使用队列。图 7.16 中的 Manufacturing 组，分配有 20%的资源，即 12.7TB 的 20%，约 2.5TB 的内存。这个内存又被分为 3 个队列：Maintenance、QA 和 Process Engineering，其中每个队列占 2.5TB 的 30%、10%和 60%。

假设 Maintenance 和 Process Engineering 队列没有被使用，但来自 QA 的 Susie 运行了一项消耗 2TB 内存的任务。在 YARN 中，这个操作是有效的，因为 Manufacturing 的总可用内存是 2.5TB。如果来自 Process Engineering 的 Fred 后来提交了一个需要 1TB RAM 的应用程序，那么 Fred 的请求将不得不等待 Susie 的任务完成，以回收资源。如果 Fred 的应用比 Susie 的优先级高，那么 YARN 的抢占机制会被触发，Susie 的工作将被立即杀死，以便让 Fred 的程序先运行。

抢占在集群中维护排序和队列策略方面非常有用。抢占机制对应用/任务具有不同优先级的机构特别有用。

如果要启用容量调度器，需要在/etc/hadoop/conf/yarn-site.xml 中找到 yarn.resourcemanager.scheduler.class 属性并赋值：org.apache.hadoop.yarn.server.resourcemanager.scheduler.capacity.CapacityScheduler。这将打开容量调度器，但如果要调整设置，必须修改/etc/hadoop/conf/capacity-scheduler.xml 文件以满足机构需求。容量调度器重启时，将重新加载该文件实现变更。当 Hadoop 管理员想要立即实现更改时，可以运行 rmadmin-refreshQueues 命令。

配置容量调度器队列

基于图 7.16，capacity-scheduler.xml 队列将如清单 7.2 所示。

清单 7.2 配置容量调度器队列的参数

```
<property>
<name>yarn.scheduler.capacity.root.queues</name>
<value>manufacturing,finance,marketing,research,edw</value>
<description>The top-level queues below root.</description>
</property>

<property>
<name>yarn.scheduler.capacity.manufacturing.queues</name>
<value>maintenance,qa,processeng</value>
<description>child queues under manufacturing</description>
</property>

<property>
```

```
<name>yarn.scheduler.capacity.marketing.queues</name>
<value>productmgt,socialmedia,processeng</value>
<description>child queues under marketing</description>
</property>

<property>
<name>yarn.scheduler.capacity.productmgt.queues</name>
<value>consumer,business </value>
<description>child queues under productmgt</description>
</property>

<property>
<name>yarn.scheduler.capacity.edw.queues</name>
<value>reporting,discovery </value>
<description>child queues under edw</description>
</property>
```

7.2　小结

基于 Hadoop 共享服务集群创建数据湖需要用户相信该方案安全、可靠，且数据得到了恰当的保护。对多租户进行合适的策略定义对成功至关重要。本章讨论了多方面的关键领域以及制定综合战略的重要性，涉及了 Hadoop 中多租户的概念，且实现需要强大的安全控制和数据以及任务隔离。确定每个实体，业务部门或机构的队列配置需要仔细协调并进行 SLA/QoS 基准验证。当数据迁移、备份或容灾时，需要确保数据的完整性和隔离性。

第8章

虚拟化基础

大自然让野兽了解他们的朋友。

——Coriolanus

这句话说明了了解与其他人和平共存的重要性。随着 Hadoop 的发展和企业数据相关作用的日益增长，需要 IT 组织、传统的数据平台、Hadoop、虚拟化和云服务共同保证数字化平台的交付，从而为企业带来竞争优势。

在本书中，我们一直强调使用大数据提升速度的重要性，让企业可以使用数据做业务决策。我前面提到，大数据的发展速度很快。开源促进了大数据相关的创新。Hadoop 框架增加了新的流程和能力，新框架在不断成熟并且已经被应用在生产环境中。大数据平台需要借助敏捷性、灵活性和适应性来应对大数据的变化速度。

Hadoop 的整个概念基于软件框架的可扩展性。Hadoop 平台需要尽可能地扩展。随着 Hadoop 集群变得越来越流行，客户开始关注如何利用虚拟化、云服务和容器来处理快速进化的 Hadoop 生态系统。在我们讨论 Hadoop 虚拟化之前，我们需要构建一些关于虚拟化的基本知识。

接下来的两章主要介绍虚拟化基础和最佳实践。在研究如何 Hadoop 虚拟化之前，建议先了解一些虚拟化术语和概念。

在接下来的章节我们将了解虚拟化、云和容器如何提高 Hadoop 平台的敏捷性和速度。VMware 的大数据扩展，例如 Hadoop 虚拟扩展（HVE）、容器和云服务都像颠覆性的“变化浪潮”横扫整个数据中心，我们同样需要了解这一波变化。Hadoop 虚拟化是本书最后几章的重点内容。

8.1 Hadoop 虚拟化的原因

基础设施团队需要高度可靠和可用的平台来满足性能需求。从历史上看，这些平台都是物理服务器。然而，计算机行业已经达到了一个临界点，现在每年有越来越多的新系统运行在虚拟服务器上，而不是物理服务器上。原因是虚拟服务器比物理服务器提供了更有效的基础设施和管理的优势。虚拟化不是必须使用云服务，但虚拟化在云服务和托管公司中被大量使用。

企业越来越多地选择软件平台（虚拟服务器）而不是硬件平台（物理服务器）来满足业务和任务关键系统的可用性、稳定性、灵活性和性能要求。虚拟服务器通常以个位数的性能运行，在某些情况下甚至可以比物理服务器运行得更快（这是真的）。因此，如果 Hadoop 能够在满足性能需求的虚拟服务器上运行，并且能够利用虚拟服务器的优势，那么基础设施团队和数据团队就有责任了解 Hadoop 虚拟化的好处。

Hadoop 的一个热点领域是 Hadoop 即服务（HaaS）。部署 HaaS 有多种方法，以下是一些比较流行的方法。

- Hadoop 基于微软 hyper-v 和 Windows Azure 运行 Hortonworks 数据平台（HDP）。其中平台上有一些亮点功能，包括 Linux 可运行在 Windows Azure 中。
- 在 OpenStack 平台上使用像 Rackspace 这样的托管公司来部署 Hadoop。
- 使用 Amazon Web Services（AWS）作为 Hadoop 的计算服务。
- 使用像 HP 云服务和电信公司这样的托管公司来部署 HaaS。
- 使用 VMware 软件在云基础架构和 VMware 的软件定义数据中心（SDDC）架构中部署 Hadoop。

首先讨论管理程序。现在业界有许多管理程序，包括 vSphere（VMware）、hyper-v（Microsoft）、OVM（Oracle）和 KVM（Red Hat），以及像 Docker 这样的容器。本书重点介绍使用 VMware 虚拟化部署 HaaS。原因如下。

- VMware 在虚拟化市场占据主导地位：根据 IDC 的数据统计，截至 2013 年，VMware 拥有着近 60%的虚拟化市场份额，许多大公司超过 70%的业务采用了 VMware 的虚拟化技术。然而，IDC 在关于 CIO 的研究发现，CIO 们正逐步放弃使用 VMware。

- VMware 的产品成熟度：VMware VMs 已经在公共云、私有云、混合云运行多年，并且在 mac 和 PC 也运行多年。
- VMware 在虚拟化、云基础架构和软件定义数据中心（SDDC）方面都拥有强大的管理解决方案。
- VMware 与 Apache 软件基金会和 OpenStack 深度整合。VMware 已贡献 Hadoop 虚拟化扩展（HVE）和 Serengeti 项目的代码。设计 Serengeti 项目的目的是在虚拟环境（如 vSphere）上自动部署和管理 Apache Hadoop。多租户架构的支持使得多租户的 Hadoop 作业能够在同一个 Hadoop 数据平台中扩展和收缩。
- VMware 的 SDDC 能够非常全面地支持不同类型的虚拟机（VMs）管理。
- 随着 VMware 的市场优势和产品成熟度的提升，出现了大量关于 VMware 产品的书籍、博客、白皮书和视频。有些公司多年来一直在运行数以万计的 VMware VMs，大部分的虚拟化/云相关专业知识和经验都在 VMware 生态系统中。

如今，虚拟化技术遍及 Hadoop，以下是一些在 Hadoop 中使用虚拟化的示例。

- Hadoop 发行版供应商提供了可下载的虚拟机，让学习 Hadoop 以及开发和测试算法变得更简单，而不必费心于开发或测试 Hadoop 集群本身。
- 像 AWS、Rackspace、HP 和电信公司这样的托管公司提供在虚拟机中一键运行 Hadoop 集群，为开发、测试和概念验证提供了良好的运行环境。随着公司使用环境取得了巨大的成功，他们已经开始考虑下一步在云中运行 Hadoop 集群的生产环境。
- 企业希望在私有云中部署 hadoop，并可迁移至混合云或公有云。
- 一些项目在探索虚拟 Hadoop 主服务器，并且在物理服务器中运行 Hadoop 工作节点。
- 运行虚拟化的 Hadoop master 服务器，并使用 HVE 让 Hadoop 集群支持虚拟感知，在虚拟服务器上运行 Hadoop worker 服务器。
- 使用 VMware Hadoop 虚拟管理器来自动化部署，实现弹性、多租户的功能。

当今的虚拟化软件的运行速度比几年前要快得多，运行的开销也低得多。还记得以前专家们说因为 Java 太慢所以不能在 Java 上运行企业系统吗？现在世界上最关键的系统都运行在 Java 上。实际上，所有 Hadoop 的守护进程和进程都运行在 Java 虚拟机（JVMs）中。在过去的几年中，虚拟化已经变得非常轻量级和快速。根据不同环境我们发现虚拟服务器运行的开销通常不到 10%。表 8.1 显示 Hadoop 进程可以运行的高配置的 VM，且不会超过最大限制。

在 vSphere 5.5 中，ESXi 主机中的每个 VM 都可以拥有 64 个 vcpu、1TB 的 RAM、36GB/s

的网络，以及高达100万的IOPS。最新一代CPU比上一代要快得多，且虚拟化可以使用超线程。最新的处理器有很多特性来优化虚拟化，如表8.1所示。

表8.1　虚拟机的上限

性能	ESXi 5.5
基准：1M IOPS有1μs的延迟（5.1）	1μs
每个VM的vCPU数量	64
每个VM的RAM	1TB
每个ESXi主机的RAM	4TB
网络	36Gbit/s
IOPS/VM	1 000 000
虚拟磁盘大小	62TB

VMware的虚拟服务器采用了x86硬件，可以以较低的成本弹性伸缩，从而构建高性能的超级计算机系统。一般情况下，Hadoop服务器的配置文件很容易符合VM的最大限制。

因此，如果Hadoop能够以最小的开销运行在虚拟基础设施中，且比物理服务器有更高的可用性和操作灵活性，基础设施的技术团队和架构师便需要了解这些虚拟平台的好处。在我们了解运行虚拟基础设施的好处之前，让我们先从一些虚拟化基础和术语入手。

虚拟化概述

有一些是虚拟化的基础概念。首先，虚拟机中运行的软件抽象了物理硬件，包括内存、CPU、网络和存储。这种抽象让虚拟服务器能够提供物理服务器没有的特性/功能。其次，虚拟化是使用云服务的先驱。虽然虚拟化不是必须要提供云服务，但是几乎所有云服务都通过虚拟化交付。管理是虚拟化在日常操作中具有重要优势的一个关键因素。本书在讨论虚拟化时会详细阐述其管理功能。

云包括多种不同的类型，如私有、公共、混合和社区云。本书关注的是私有（本机端）云。大多数生产级别的Hadoop云部署由企业内部IT部门管理，并在企业防火墙内部运行。托管公司也可以从他们的网站上管理私有云。在Hadoop或NoSQL概念（POC）项目中，云计算也越来越受欢迎。虚拟化后，VM可以很容易地转移到另一个网站。这样的能力还可以用来将环境从私有云迁移到公共云，或者从公共云迁移到私有云。因为VM抽象了底层物理硬件，Hadoop虚拟化时硬件迁移问题便不存在了。

1. VMware的术语

VMware vSphere是一套产品和功能，并为一些企业和服务提供商提供VMware的基础设施即服务（IaaS）和云服务。vSphere 中的一个产品是 VMware 虚拟化软件 ESXi。ESXi 是 VMware 的一个管理程序，它是提供 CPU、内存、存储和网络资源的调度器。

管理员在一个干净的物理服务器（ESXi 主机）上安装 ESXi 软件。ESXi 软件包含管理程序（资源调度程序），也叫 VMkernel。管理程序是一个可以调度 VM 需要的 CPU、内存、存储和网络的物理资源的瘦软件层。管理程序非常小且轻量级（大约 150 MB 磁盘存储），运行非常快速并且提供小型安全配置文件。Hadoop 守护进程和操作系统并不知道它们运行在 VM 中，它实际上是使用虚拟化的 CPU、内存、存储和网络。管理是通过远程工具来完成。

有两种类型的管理程序：原生或裸机；（寄居）管理程序。

- **原生或裸机**：这种类型的管理程序直接在物理服务器上运行，在管理程序和物理硬件之间没有任何软件层，这就是被称为裸机管理程序的原因。这种管理程序是专门为要求速度快的产品环境设计的。VMware ESXi、Oracle VM、Linux KVM、hyper - v 和 Citrix XenServer 都是第一种管理程序的例子。管理程序在 VMware、hyper-v、OVM 和 KVM 等中有许多相似之处，但在功能和特性上还是有不同的。就像 Oracle、SQL Server 和 MySQL 这些关系型数据库的运行方式和运行环境与生态有显著的差别，这就是管理程序。
- **（寄居）管理程序**：这种类型的管理程序运行在操作系统 Windows（VMware Workstation）或 Mac OS（VMware Fusion）之上。上一种管理程序是为了高性能的服务器负载而设计，这种管理程序是为在使用现有调度程序的操作系统上运行 VMs 而设计。每个 VM 都有自己的操作系统和软件环境。第二种管理程序对于在笔记本电脑和个人电脑上运行多个 VM 是很好的。VMware Workstation、Parallels 和 VirtualBox 都是这种管理程序的例子。

x86 架构有不同的授权级别。操作系统指令通常运行在 0 级（以获得硬件访问权限），应用程序通常运行在 3 级。x86 架构具有对不同权限授权的权利，不同级别的权利与 CPU 寄存器上的同心圆权限有关，只允许某些类型的操作运行其中。例如，应用程序代码运行在一个 CPU 的外环中，但控制硬件的操作系统代码以及调度和管理等控制操作通常运行在 0 级特权。当虚拟化开始接管硬件管理相关的任务，即开始接管操作系统，以 0 的优先级运行时，这部分正是指全虚拟化为考虑性能使用二进制编译并引导执行的相关技术。

管理程序有时并不会将 0 级特权的功能与另一个操作系统功能关联执行。这将导致应用程序表现不佳。CPU 芯片制造商从客户那边发现这些问题，并重新设计了有−1 新环保护的芯片，它允许管理程序有新级别的权限；操作系统代码会运行于 0 级特权和应用程序运行在 3 级。代码可以拥有适当的权限并且每个组件执行代码与也拥有适当的特权。全虚拟化为性能使用二进制翻译和直接执行的技术。VM 也为性能支持直接执行处理器。操作系统与物理硬件完全抽象，允许客户操作系统与硬件解耦，以提供强大的可移植性和灵活性。

当操作系统运行在传统的物理服务器中时，操作系统必须通过软件接口访问物理资源。硬件供应商对虚拟内存映射、适配器和驱动程序提供需要的接口。现在操作系统可以通过VMware 接口而不是硬件供应商接口。其优点是从操作系统角度看到的是统一的虚拟接口（软件栈），而不考虑底层硬件。这种跨企业的统一的访问方式提供了成功的两个重要部分：统一的软件栈和高层次的标准化控制能力。统一的软件堆栈避免了使用不同的硬件厂商驱动、适配器和补丁集而带来的各种微不足道的错误的发生。最高层次的软件标准是从更少的错误和变量计算中构建高可用性。这种统一性和标准化是企业坚持在重要的业务关键型应用程序中使用虚拟化的原因之一。

2. 术语和概念

我们将在第三部分详细介绍虚拟化。当然，在解释虚拟化的好处之前，先来介绍一些术语和概念。

- 一个主机（物理服务器）包含物理核心、物理内存、物理网卡和物理存储适配器。运行 VMware 软件的物理服务器必须是 x86 平台。戴尔、思科（UCS）、惠普、IBM 等公司可以提供支持平台。阅读 VMware 硬件兼容性列表（HCL）以购买可优化运行时的虚拟化软件的平台。
- ESXi 主机是在物理服务器上运行管理调度的资源（CPU、内存、存储、网络）的 VMware 软件（程序）。单个虚拟机随后可以在 ESXi 主机上运行。
- 多个虚拟机可以运行在一个 ESXi 主机上。
- 每个虚拟机都完全独立并运行自己的操作系统软件。
- 每个虚拟机也可以称为客户机。
- 操作系统和软件通过虚拟内存管理器（VMM）的各虚拟机资源请求运行。VMM 通过管理程序（VMkernel）通信。
- VMware 工具提供半虚拟化软件和驱动程序与底层硬件进行通信。例如，VMware 工具可以使用半虚拟化网络驱动程序来优化性能。驱动程序支持先进的网络配置并且明显快于默认驱动程序。
- 一组 ESXi 主机可以作为 VMware DRS / HA 集群运行。在同一集群 DRS 中，虚拟机可以透明地从一个 ESXi 主机移动到另一个 ESXi 主机。

如图 8.1 所示，VMkernel（管理程序）在物理服务器上方运行。虚拟机管理程序包括调度程序、内存分配器、vSwitch（网络）等组件。每个客户虚拟机都有自己完全独立的操作系统和软件环境。

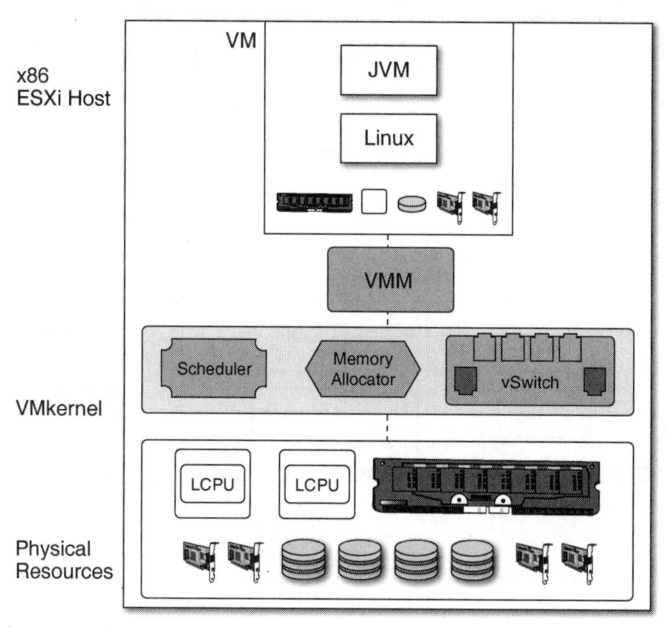

图 8.1 ESXi 主机

图 8.1 中显示了几个关于运行多个独立虚拟机的 ESXi 主机的要点。

- 它们运行在同一个虚拟机中，对于软件（操作系统和 Hadoop 守护进程（JVM））来说是完全透明的。虚拟机需要的 CPU、内存、存储和网络资源是虚拟化的。所以 Hadoop 管理员可以像在物理服务器内一样管理虚拟机中的 Hadoop。
- 管理程序（VMkernel）是一个瘦且轻量级的调度器，并可完全透明地分配虚拟机的资源请求。
- 每个虚拟机可以被称为客机。虚拟机中运行的操作系统被称为客机操作系统。每个虚拟机都是一台机器，是一台软件机器而不是物理机器。
- VM 的客机操作系统通过虚拟内存映射、虚拟软件适配器和虚拟网卡来访问物理资源。对于操作系统而言，虚拟接口是连接物理资源的接口。
- 虚拟机有自己的 CPU、内存、硬盘、网卡、并行或串行端口、SCSI 控制器、USB 控制器、视频卡和键盘。这些资源不是物理概念上的，而是虚拟的。
- 虚拟机监视器（VMM）是虚拟机和虚拟机内核之间的轻量级接口。VMM 管理着每个虚拟机的内存分配。

- Hadoop 进程没有意识到它们是运行在虚拟机中，但有一个例外。Hadoop 虚拟扩展（HVE）确保 Hadoop 集群意识到它运行在虚拟基础设施中。原因是保障块的高可用性，两个复制块不会存在于同一主机的两个不同虚拟机中。这个问题稍后讨论。

图 8.2 强调了 ESXi 主机中的虚拟机完全独立。带虚拟内存管理器的 VMkernel（管理程序）将物理资源从虚拟机中抽象出来。

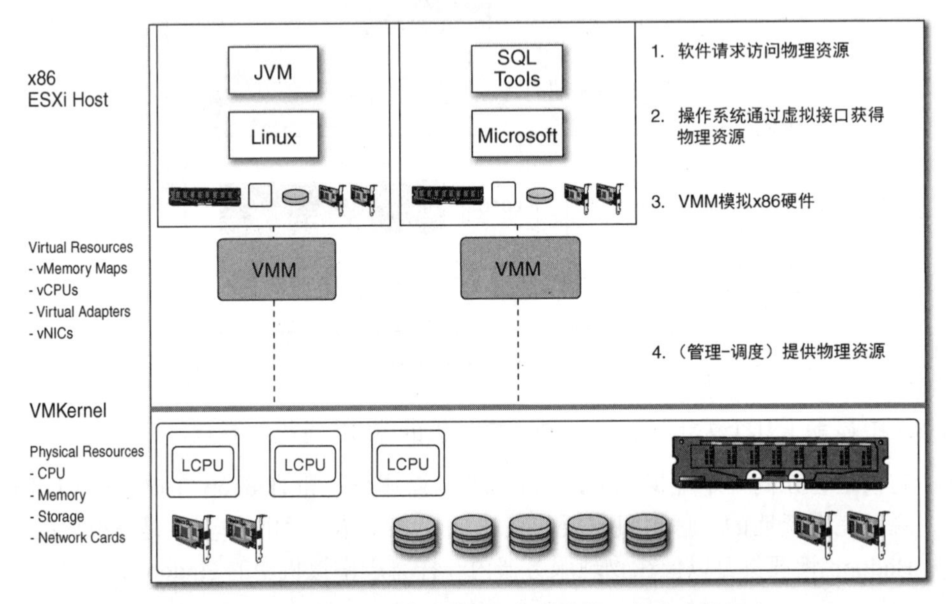

图 8.2　操作系统和软件进程不知道它们运行在虚拟机中

图 8.3 显示了两个 ESXi 主机使用共享存储运行 4 台虚拟机的过程。VMM 为每个虚拟机提供硬件抽象。VMM 对物理资源的访问权限通过 VMkernel 获得。每个虚拟机都有自己的虚拟网卡。每个虚拟机的虚拟网卡通过内外网开关配置为访问 ESXi 主机的特定物理网卡。一个最佳实践是 Hadoop 工作进程与本地存储节点一起运行。vCenter 服务器是一个单点管理的虚拟基础设施。

Hadoop 进程启动时，它们从配置文件中查找需要通信的其他 Hadoop 进程的正确的服务器名称。就 Hadoop 进程而言，它们与其他服务器上运行的进程进行通信，Hadoop 进程并不知道该进程是运行于虚拟服务器还是物理服务器。我们将在 Hadoop 虚拟化章节更详细的讨论论关于虚拟化不同类型的服务器以运行 Hadoop。

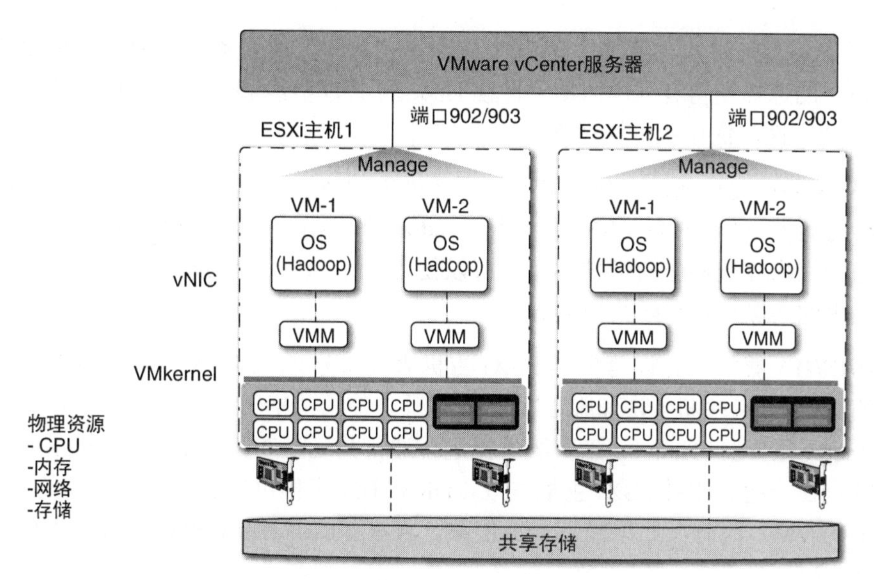

图 8.3　两台 ESXi 运行多台虚拟机

最小化虚拟化一级平台性能的服务层协议开销是很重要的。VMware 通过二进制翻译、半虚拟化和硬件协助结合来实现。

- **硬件辅助虚拟化**：Intel 和 AMD 的处理器持续在处理器级别添加更多的功能来提高虚拟化性能。借助硬件虚拟化对客机操作系统和运行的软件也是透明的。
- **半虚拟化**：半虚拟化用于那些性能非常敏感的特殊领域，如驱动程序，可以显著提高操作系统的性能。半虚拟化使用调用接口允许客机操作系统内核与管理程序通信，并需要执行特殊特权 CPU 和内存操作。这减轻了管理程序执行二进制翻译的压力，并降低了内存管理操作的性能开销。半虚拟化对客机操作系统不透明，原因是使用了那种只运行在虚拟平台上的特殊驱动程序。

3．虚拟化基础设施的优势

Hadoop 集群有不同的层级和不同类型的服务器，包括主服务器和工作节点。Hadoop 集群通常有运行客户机软件的服务器，暂存数据的边缘服务器，并使用 LDAP 或 Microsoft Active Directory 的服务器。服务器、网络和存储与都可以虚拟化。在这一点上，我们只关注虚拟化的概念和术语。虚拟化 Hadoop 将在后续章节中讨论。

从管理的角度来说，管理非虚拟化的数据中心存在许多严重的问题。资本支出的成本将与用于企业或企业核心竞争力的资产捆绑在一起，更不用说运营人员的额外成本、更大的空间成本以及不断增长的数据中心的冷却成本。将 Hadoop 物理部署作为唯一选择的企业将置身于财务资金陷阱的风险之中。当涉及设备成本、人员配备、物理工厂规模和运营需求时，管理层的选择变得有限。抽象硬件使 Hadoop 管理员能够利用以下虚拟化特性来提高可用性、可伸缩性、优化和可管理性。

- **vMotion：**允许在没有死机时间和事务损失的情况下完全透明地将一个运行的 VM 移动到另一个不同的 ESXi 主机上。Hadoop 和操作系统不知道 vMotion 移动的发生。当计划物理服务器的维护时间时可以使用 vMotion。vMotion 还可以提供无需共享磁盘的零停机迁移解决方案。
- **DRS/HA 集群：**允许跨多个 ESXi 主机服务器分布 VM。VM 可以独立于正在运行的特定 ESXi 主机（物理服务器）。非常适合使用共享磁盘的解决方案运行的 Hadoop master 服务器。Hadoop 工作服务器进程通常与运行在特定 ESXi 主机上的本地磁盘绑定在一起。如果 ESXi 主机失败，DRS / HA 集群可以启动发生故障的 ESXi 主机上的 VM。同时，如果没有本地依赖，将在 DRS / HA 集群中的其他主机上重新启动 VM。

ESXi 主机需要维持心跳，并且感知运行在集群中其他 ESXi 主机上的 VM。

- **HA：**如果没有本地依赖关系，当原始 ESXi 主机出现故障时，高可用性将自动启动不同物理服务器上的 VM。配置高可用性需要 5 次鼠标点击。其他高可用性的解决方案通常很复杂，增加了管理员的工作负载，并且复杂性本身也会造成停机时间。HA 增加了虚拟机的可用性，并减少了管理员在相关工作的工作量。
  - 如果 ESXi 主机出现故障，则可以定义规则来设置集群启动 VM 的顺序和优先级。
  - 通过配置亲和度和反亲和度规则，保证 VM 在同一或不同主机上。比如，你不希望主系统及其备用系统都运行在同一台 ESXi 主机上。
- **vSphere 应用程序高可用性：**为应用程序失败提供保护。vSphere 应用程序的高可用性策略支持重新启动应用程序服务。
- **资源池：**可以保证具有严格服务水平协议的虚拟机始终拥有所需的计算资源。
- **分布式资源调度器（DRS）：**允许跨 DRS/HA 集群来均衡虚拟机负载。管理员可以设置规则来决定何时允许虚拟机从一台主机迁移到另一台永不停机的主机。这个功能保证硬件利用率在 DRS/HA 群集中正确分布，并提升 Hadoop 运行环境的健壮性。在迁移之前，VM 必须没有任何本地依赖（本地磁盘）。
- **分布式电源管理（DPM）：**允许用户将虚拟机从一台主机迁移至另一台主机，关闭未被使用的主机服务器，当充分利用时重新启动主机服务器。这有助于降低环境成本。顾客们可以省下电费、空调等钱，以及节假日、周末极少使用的不必要的消耗。

在使用此功能之前，VM 必须没有任何本地依赖（本地磁盘）。

- **容错（FT）**：允许在单独的主机上创建 VM 镜像，因此一旦原始环境死机，镜像环境就会成为主环境，并创建一个新的备份环境。vSphere 6.x 以前只支持一个 vCPU 的容错。vSphere 6.x 支持了 4 个 vCPU。
- **模板**：可以为 VM 优化操作系统、驱动程序、补丁和代理，将镜像保存为黄金模板。一次单击便可在几分钟内创建一个新的 VM。
- **克隆**：可以在运行的 VM 上单击右键，通过提供新的 IP 地址、主机名等信息来创建一个新的 VM，确保新的 VM 环境与原始的补丁、内核设置等内容完全匹配。
- **vCenter 转换器**：允许将操作系统和环境从物理机器上迁移至不同主机的虚拟机中。当其硬件达到使用年限后，VM 的环境可以迁移至基于最新硬件运行的 VM 上。遗留系统在最新硬件上将比任何时候都运行得更快，并可以处于虚拟基础设施的保护之下。
- **vAppliance**：可以将一个调优和定制的 VM 创建为一个 vAppliance，然后部署到不同的环境中。使用开放虚拟格式（OVF）文件部署虚拟设备。XenServer、VirtualBox、IBM、OpenStack 和 Microsoft 都使用 OVF。
- **vApp**：一组 VM 可以作为一个 vApp 部署在一起。当 Hadoop 环境需要其他运行 DNS 服务器、LDAP 服务器、应用服务器或第三方软件的机器时，vApp 可能是最好的选择。
- **vCenter 服务器**：管理虚拟机和 ESXi 主机的统一管理平台。vCenter 服务器为 vSphere 更新管理器和 vCenter 站点恢复管理器（灾难恢复自动化）提供了额外的插件。
- **vCenter 操作管理套件（vCOP）**：可以从 Hadoop 集群收集统计数据，并使用高级分析来增加对 Hadoop 的监控，vCOP 将在一段时间（两个星期）以内学习 Hadoop 环境，了解什么是正常和非正常的情况。例如，VM 可能以 90%的利用率运行，这种情况在周三和周四下午可能是正常的。vCOP 了解这是正常的，不需要为不同类型的运行级别定制警报。这样不仅可以减少管理成本，还可以检测非正常的情况。这使你能够很快意识到异常问题，并允许在影响性能或可用性之前解决未来可能出现的问题。
- **资源管理**：如果 Hadoop 集群在 DRS/HA 集群上运行多个虚拟机，CPU 容量优先级、存储 I/O 控制、网络控制和资源池可以用来保证 SLA 满足 VM 的需求，忙碌的虚拟机不会影响引人注目的 VM。

- **Storage vMotion**：使包含 Hadoop 数据的 VM 磁盘文件可以透明地通过网络从一台服务器传输到另一台服务器。
- **虚拟网络**：虚拟网络抽象物理网络层。像虚拟服务器为硬件提供优势一样，虚拟网络为网络提供了同样的优势。简化管理、弹性、可伸缩性、减少管理和预留都是软件定义网络的好处。
  - 运行在同一个主机上的两个 VM，连接到相同的 vSwitch 可以在不需要通过物理网络的情况下通信。这大大增加了带宽，降低了延迟。
  - 分布式网络交换机使每个网络交换机源自一个中央管理点（vCenter）的配置。如果在 vCenter 中进行了更改，那么将在使用分布式交换机的所有虚拟 NICs 中反映更改。每个分布式交换机在独立的 ESXi 管理程序中都有一个本地定义。因此，如果 vCenter 关闭，它不会影响所有使用分布式交换机的 VM。在对分布式交换机进行新的配置更改之前，需要重新启动 vCenter。
  - 支持 40GB 的卡。
- 其他网络功能如下。
  - 增强的 SR-IOV：通信端口组特定的属性。
  - 流量过滤：控制允许或删除选定的流量。
  - QoS 标记：可以标记网络数据包，以使高配置的流量类型支持服务水平协议（SLA）。
  - 包捕获：捕获包用于故障排除。
- **虚拟安全**：通过抽象物理存储设备，安全同样是可以通过软件定义的服务。集成防火墙、虚拟私有网络和网关选项为虚拟基础设施带来了更多的选择。
- **vSphere 数据保护**：VMware 的备份和恢复工具。数据保护是免费提供的，并且可作为虚拟设备部署。它与 vSphere 环境完全集成，无代理，并对磁盘进行映像级备份。有直接主机恢复，因此并不依赖于 vCenter 服务器。这是单个 VM 的备份。存储在 HDFS 中的数据是分布在不同的服务器中，并需要不同的备份方案。
  - vSphere 高级数据保护需要额外付费。
  - vCenter 单点登录在多域名环境下可用。

4. VMware 工具

VMware 工具软件是一系列 VMware 工具，可以提升 VM 客机操作系统的性能。VMware

工具安装在 VM 的客机操作系统中。强烈推荐安装 VMware 工具并保持更新。对于 Hadoop 数据平台，作为必要条件考虑。一些关键的工作如下。

- 优化的网络设备驱动。
- 性能监控功能。
- 与主机操作系统同步 VM 客机操作系统。

5. 虚拟网络

网络对于设计良好的 Hadoop 集群来说是如此重要，因此本节将给出更清楚的基础网络虚拟化细节，并可以简单地部署至虚拟化 Hadoop 集群。

虚拟网络允许 VM 可以与其他 VM 和物理机器通信。虚拟交换机定义虚拟网络如何工作。虚拟交换机是由软件定义的管理层。下面讨论两种类型的交换机：标准交换机（vSwitch）和分布式交换机（dvSwitch）。

虚拟交换机有两种连接类型。

- **VM 端口组**：连接虚拟机至网络。
- **虚拟机内核端口**：支持管理和监控服务。
  - 监控服务包含 IP 存储、vMotion 行为和容错。
  - 管理通信支持管理活动。

网络特征可以在虚拟交换机级别、端口组级别和端口级别定义。

6. 虚拟交换机图

虚拟交换机包括以下 3 个关键组件。

- **虚拟机端口组**：允许多个端口共享网络特征。某些类型的 Hadoop 守护进程和进程可能根据不同类型的生产服务器具有不同的网络配置文件。LDAP 服务器与 Web 服务器拥有不同的网络配置文件。
  - 可以定义端口组级别的安全特性，比如安全、流量控制和网卡绑定策略。
  - 可以定义端口组级别的网卡绑定策略，比如负载均衡、故障转移和故障恢复。
- **虚拟机内核端口**：支持 iSCSI、vMotion、FT 和网络管理行为。
- **Uplink port: Uplink port 连接物理 NIC。**

虚拟交换机设计有着不同的策略。

- 可以一个虚拟交换机支持不同端口组和不同的虚拟机内核端口（见图 8.4）。
- 对于不同类型的端口组，可以使用单独的虚拟交换机，也可以使用 iSCSI、vMotion、FT 或 Management。

图 8.4 所示为一个单独虚拟交换机配置和不同网络流的多个虚拟交换机配置。

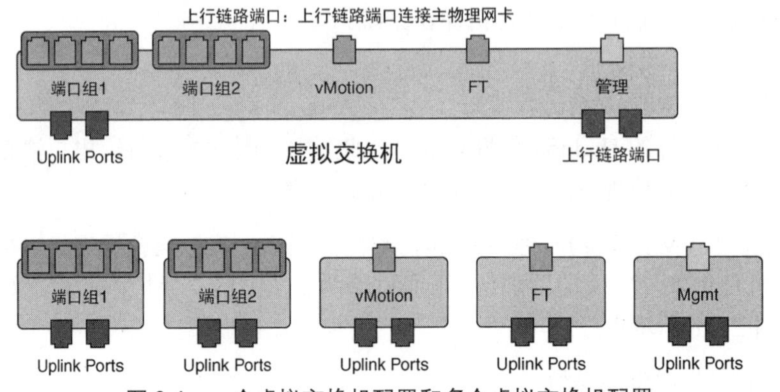

图 8.4 一个虚拟交换机配置和多个虚拟交换机配置

虚拟交换机的关键基础如下。

- 虚拟交换机可以允许虚拟机在同一个 ESXi 主机之间通信。虚拟交换机也可允许虚拟机与其他 ESXi 主机和物理服务器的虚拟机通信。
- 虚拟交换机是二层交换机（OSI 模型）。
- 两个虚拟交换机无法连接至同一物理网络端口控制器。
- 一个单独虚拟交换机可以与两个网络控制器通信以满足负载均衡和故障转移。
- 虚拟机必须经过如下几步以获得与物理网络控制器的网络连接。
  - 虚拟机配置了虚拟网络控制器（vNiC）。
  - 虚拟网络控制器（vNIC）映射到虚拟交换机中的端口。
  - 端口映射到虚拟交换机中的上行链路。
  - 上行链路映射到物理网络控制器（pNIC）。
  - 上行链路使用 vmnics（虚拟网络适配器）来连接虚拟交换机。
- 内部虚拟交换机不会连接至物理网络控制器。
- 内部交换机允许同一主机的两个虚拟机使用内部交换机通信。

- 同一 ESXi 主机的两个虚拟机可以通过同一个 ESXi 主机的内部交换机通信，以获得接近总线的通信速度，因为不必经过物理网卡。

7. 虚拟分布式交换机

如果使用标准交换机运行集群，并且一系列的 Hadoop 守护进程需要更改网络配置，每个标准交换机配置需要在每个 ESXi 主机中更改。随着时间的推移，网络特性和设置都需要修改。这个过程不仅维护率高，还容易出错。

如果使用分布式交换机，当一组虚拟机的网络特性改变时，分布式交换机会更新，同时更新会反映至整个集群。使用分布式虚拟交换机，将在以下位置进行更改。

- **管理层面**：管理层面具有集中的网络定义。
- **数据层面**：数据层面在 ESXi 主机拥有本地分布式定义。如果 vCenter 服务器宕机，所有与分布式交换机关联的虚拟机都使用本地定义，直到 vCenter 再次启动。所有网络正常工作，在 vCenter 再次启动之前将不会有分布式配置更改。

图 8.5 显示了数据层面在本地存储，减少 vCenter 的单点故障。

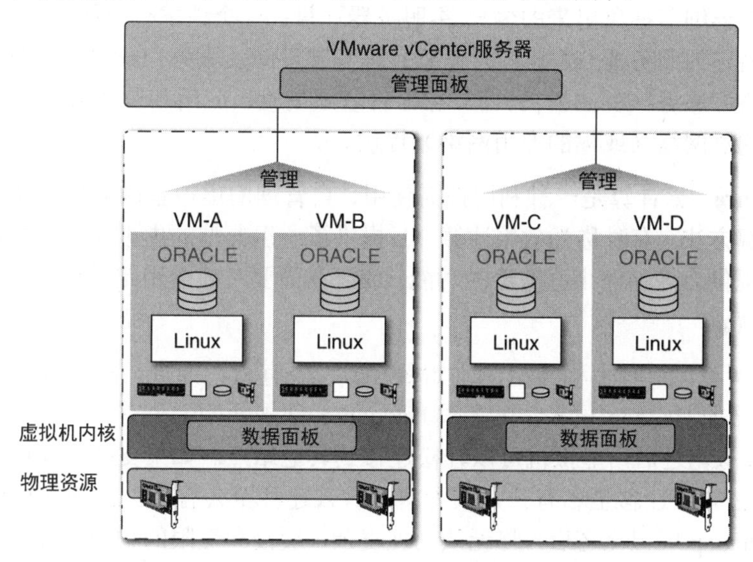

图 8.5 在 VMkernel 中发现数据层面的信息

8. 虚拟局域网络

VLAN 创建虚拟交换机端口的逻辑分组。这种逻辑分组使虚拟端口能够像在自己的物理网段上一样工作。VLAN 可以在端口级别定义组。

9. 虚拟化是通向云的技术

在云中部署开发、测试和概念验证的 Hadoop 集群正显著增长。Rackspace、HP 云服务和通信企业正在提升 Hadoop 方面的服务。托管厂商总是试图最大限度地利用其硬件，所以 Hadoop 集群中的节点通常是虚拟化的。虚拟化提供了许多功能以允许 Hadoop 最大化地利用云服务。

这里有两个独立的云供应商定义，其中一个来自 VMware。

- **云计算的 NIST（国家标准与技术研究所）定义**：云计算是一种模式，可以随时随地访问共享的可配置计算资源池（例如网络、服务器、存储、应用程序和服务），并以最少的管理成本或服务交互即可快速配置和发布。
- **云计算**：一种在计算资源及其底层技术架构（例如服务器、存储和网络）提供抽象的计算能力，允许方便、按需地访问共享的可配置计算资源池，并以最少的管理成本或服务交互即可快速配置和发布。此定义标明了云计算的 5 个重要特征：按需自服务、广泛的网络接入、资源池、快速弹性和服务度量。狭义来说，云计算是一个将服务器细节抽象出来的客户端-服务器计算；一个请求一个服务（资源），而不是一个特定的服务器（机器）。云计算允许基础设施及服务（IaaS）、平台即服务（PaaS）和软件即服务（SaaS）。云计算意味着基础设施、应用和业务流程可以以服务的方式，通过网络（或你的专用网络）提供。
- **VMware**：云计算是一种利用按需使用、自管理的虚拟基础架构的高效池作为服务的计算方法。有时称为效用计算，云提供了一组典型的虚拟化计算机，它们可以为用户提供启动和停止服务器的功能，或仅在需要时才使用定时计算，通常只在使用时付费。

正如前面所说，云有多种类型，比如私有云、公有云、混合云和社区云。本书关注在适合所有类型云的 Hadoop 技术。大多数 Hadoop 云部署开始于公有云（作为测试或概念验证）。当部署虚拟化之后，虚拟机可以轻松迁移到其他站点。如果支持，同样可以使用此种能力将环境从公有云迁移至私有云，或者将私有云迁移至公有云。由于虚拟机抽象底层物理硬件，当 Hadoop 虚拟化之后，将无须处理复杂、缓慢和受限的物理硬件。直达云端的路径使得 Hadoop 能够为主流企业提供大数据的能力，而不去破坏公司所有努力，以使其变得敏捷和强大。

IT 的存在是为了满足其企业的需求，云提供了弹性、高效性、可用性和易管理性。弹性允许非中断式扩张或缩小计算资源以满足大数据的需求。云中的高效性是通过仅支付实际使用来实现的。云中的可用性就像在测试时回滚已创建的更改或将 Hadoop 项目恢复到灾难点。云的另一个优势是管理相互独立的多个部署，安全网络的管理以及简化响应和预测的监控。为了最佳的管理私有云和公有云，一种可能的方式是使用混合云部署 Hadoop。其基本思路是使用合适大小的私有云处理工作负载，允许企业可以完全控制合规性和安全义务。但使用混合云，企业可以采用季节性变化或与公共云提供商一起使用。混合云是大数据企业的理想选择，因为很难精确地预测当月到下个月的工作量，而且测试和开发需求非常困难。关键是要给 Hadoop 管理员一个路径或方向，以 IT 部门作为服务经纪人，建立一个稳定而持久的职业生涯。其他书籍可以清晰地说明关于云的选项，我们希望确保 Hadoop 与这些选项保持一致。

8.2 小结

虚拟化的优势包括管理、可用、可伸缩性和优化，如果这些是 Hadoop 虚拟化的仅有原因，也将是非常有说服力的理由。虚拟化的趋势与企业如此牢固，更好的问题是——“如何进行 Hadoop 虚拟化”。

面对现实吧，虚拟化在 Hadoop 开台、概念验证、小 Hadoop 项目和大型一次性 Hadoop 项目中正持续使用。Hadoop 和大数据项目是核心企业竞争力，这一点将随着时间变得更加清晰。如果大数据对于企业至关重要，那么我们必须最大限度地利用来自硬件、人员和流程的 IT 资产管理，以便更快、更轻松、更便宜地提供 IT 能力。另外，学习虚拟化 Hadoop 为 Hadoop 管理员全身心参与到云中打开了一条通道。为什么你应该关注所有这些？简单来说，因为今天的业务部门要求 IT 部门履行其为企业目标服务的使命。满足客户或被同一客户抛弃是所有企业必须生存的新氛围。我们并不是建议只有一种方法使用 Hadoop。我们认为没有广泛的实际产品或选择，公司的价值是有限的。如是你无法满足客户的需求，他们将找到可以满足其需求的公司。这就是为什么我们说“虚拟化”，并以这样一种方式来实现，以便你有一条直通云端的道路。

参考文献

NIST Special Publication 800-145.

第 9 章

Hadoop 虚拟化最佳实践

傻瓜总以为自己很聪明，但聪明人知道自己是傻瓜。

——Wiuiam Shakespeare，*Measure for Measure*

本章旨在建立同任何业务关键型应用使用虚拟化最佳实践的基础知识。最佳实践基于环境、当前配置以及平台。本章包含高吞吐量平台的调整和配置要考虑的因素。在配置生产环境虚拟基础架构时，需要了解和考虑更多。随后，这些实践将在 vSphere 5.5 大数据插件中展现。

9.1 有目的、有调理地进行 Hadoop 虚拟化

无论生产平台是否虚拟化，都需要在各个层次进行企业配置。正如建筑师创造一个完美平衡的设计。如果要在 Linux 上运行 Hadoop，则需要恰当配置 BIOS 设置、Linux 内核参数、网络驱动和存储适配器以及对高工作负载的 Hadoop 集群进行调优。虚拟基础设施需要合适的硬件设备、BIOS 设置、驱动和适配器设置等，正如物理环境需要优化。一个高度优化的企业平台就像一个接力赛，每个选手都参与其中，所有交接都完美无缺，但团队合作的目标是赢得比赛。像接力赛一样，任何弱点都会在成绩中显露无遗。虚拟化需要整体协同调整，而非局部优化。

将最佳实践看作经验之谈。一般来说，这些实践卓有成效。最佳实践依赖于需求、环

境和人员技能。但最佳实践并不是一成不变的，这取决于环境因素。但是，设置和最佳实践之间可以权衡。必须对每种情况进行评估，以确定权衡是否合理。正如管理员为业务关键型应用程序构建企业最佳实践和标准，需要为运行 Hadoop 虚拟基础架构提供一套最佳实践和标准。所有关键在于拥有追求卓越、目标明确和标准化的意识。

好在有许多关于虚拟化的白皮书、博客、知识库以及最佳实践。但问题是这些内容已经过时、更新频繁，且通常来自那些资源丰富但仍希望大家喝他们的 Kool-Aid 的饮料的供应商。因此，为了在虚拟基础设施中实现 Hadoop 基础架构的卓越运营，我们将利用现有知识和经验对最佳实践进行探讨。

优秀的 Hadoop 管理员对基础架构很清楚。在 x86 商用硬件上运行 Hadoop 的优点是，可以方便了解 Hadoop 运行的整个技术栈，从操作系统（Linux 或 Windows）到本地磁盘、CPU 内核、内存和网卡。越多的人了解 Hadoop 的基础设施，在虚拟基础设施中对 Hadoop 进行设计、性能调优和故障排除方面就会做得更好。在最佳实践中，环境因素才是一切。例如，Hadoop 可能在虚拟基础架构中运行；因此，就必须对虚拟化平台有深入的了解。在 ESXi 主机上运行的 VM 可能正在使用资源池，资源池运行在 DRS/HA 群集中，使用 VMware Big Data Extensions、虚拟交换机以及虚拟网络。Hadoop 具有与关系数据库和应用服务器不同的运行时特性。运行 Hadoop 的平台需要对 Hadoop 运行时特性进行调整。

Hadoop 同许多可以虚拟化的企业应用不同。Hadoop 集群有主节点和工作节点，将主服务节点与工作节点分离是一个最佳实践。在虚拟基础架构中，这一点更为重要，因为如果工作节点虚拟化，那么 Hadoop 集群必须配置为虚拟化感知。主节点采用一种虚拟化策略，工作节点采用另一种策略。主节点需要充分利用虚拟化的优势来进行配置，以提高可用性。在对工作节点进行虚拟化时，必须针对所使用的操作系统、存储技术和网络特性对工作节点虚拟机进行调整。现在关键是了解已配置的虚拟机与类物理服务器虚拟机有着显著的不同。

如果运行状况不佳，必须有人能够快速定位是 Hadoop/应用程序问题、虚拟基础架构问题，还是硬件问题。这是最基本的基础设施知识。Hadoop 管理员对虚拟化基础架构越了解，他们对 Hadoop 进行故障排除的能力也越强。

如果没有扎实的虚拟化专业知识，性能不佳的 Hadoop 虚拟化环境可能是一场灾难性实验。系统运行缓慢，主要特征有：错误配置 BIOS、存储、网络和 VMware 工具设置，或者没有遵循虚拟化最佳实践导致系统性能不佳。Hadoop 管理员必须能够同 VMware 管理员沟通，正如与不同基础架构团队交流一样。Hadoop 管理员如果了解如何使用 esxtop，或熟悉查看性能指标或 vCOP 中定制的只读接口，将会让整个团队兴奋。让一些 Hadoop 管理员了解学习如何定位虚拟基础架构中的问题对 Hadoop 虚拟化大有帮助。让一些 Hadoop 管理员成为 vHadoop 管理员将在企业中创造“和谐与和平”。

9.1.1 目的始于明确的目标

为 Hadoop 服务器虚拟化设定目标非常重要。为了实现虚拟服务器的优势，Hadoop 管理员必须学习如何使用并相信虚拟化功能。虚拟服务器比物理服务器有优势，需要利用这些优势。Hadoop 管理员应该设定以下虚拟化目标。

- 通过抽象硬件并为虚拟机提供统一镜像的软件栈来实现更高层次的标准化。这需要根据最佳实践和企业标准构建黄金镜像，这可以减少错误。同时，主服务器、工作节点和客户端需要独立的镜像。如果使用 NoSQL 或单群集框架，则需要单独的黄金镜像。
- 使用克隆和模板更快地进行服务器配置和部署，能够在几分钟内按需创建新的虚拟机。努力减少内部消耗，不让内部流程减慢该过程。
- 避免虚拟机蠕变（蔓延）。创建新的虚拟机非常简单，当人们知道在几分钟之内就可以创建虚拟机时，每个人都想要一个虚拟机，那么虚拟机的数量就像兔子一样增加。虚拟机会占用资源，创建的虚拟机越多，共享资源消耗就越多。创建虚拟机容易，并不意味着人人都能自动获得虚拟机。并且，当不再使用虚拟机时，重要的是要删除这些虚拟机，且不能只删除虚拟机，还必须停用虚拟 Hadoop 从服务器。

9.1.2 Hadoop 不同层次虚拟化

主节点需要利用虚拟化来最大化可用性和管理。以下最佳实践可以充分利用主节点。

- 使用 RAID 和共享存储。
- 诸如 YARN、NameNode High Availability 和 NameNode Federation 之类的 Hadoop 特性可以使用虚拟化来增强其功能。
- 考虑让主节点使用 vMotion 和 DRS。可以用 vMotion 将目标虚拟机移动到新的硬件上，以实现零中段。

让 Hadoop 群集在独立的网络中运行且不共享任何网络流量是一个最佳实践。

Hadoop 集群主要由两层服务器组成：主服务器和工作节点。主服务器需要受限访问。通常要为主服务器和 Hadoop 集群配置防火墙。使用 VLAN 和网络隔离的网络虚拟化来提供更高级别的软件安全。有的主服务器没有高可用功能，所以虚拟化可以添加高可用性功能，以减少停机时间。

Hadoop 2.6 中内置了 NameNode、Resource Manager（资源管理器）、HBase 以及 Ozzie Server 的 HA 功能，并已纳入 Hadoop 发行版中。Hadoop 路线图列出了在未来框架中将集成 HA。利用 Hadoop 内置 HA，并将其与 VMware HA 或 Fault Tolerance 进行结合，Fault Tolerance 能够为服务器提供服务器故障转移（目前最多可以有 4 个 vCPU）。

VMware HA 支持许多 Hadoop 主服务器，如目前没有内置 Hadoop HA 解决方案的 Ambari Server、HiveServer2 和 ZooKeeper 进程。Ambari、HiveServer2 和 Ozzie 的 RDBMS 元数据存储库也可以被虚拟化。通过为 vMotion、Storage vMotion、资源池、端口组（vDS）、网络和存储 I/O 控制、DRS、HA、FT 和 HA App-Aware 定义的企业虚拟化标准，以提高高可用性。Hadoop 集群还有许多框架，比如 Storm、Kafka、Hue、Spark、Shark、Accumulo、Cassandra 和 Giraph。运行这些框架时也应考虑虚拟化。

为以下事项设置互斥规则。

- 主 NameNode 和备用 NameNode。
- 主 Resource Manager（资源管理器）和备用 Resource Manager。
- 主 Ozzie 服务器和备用 Oozie 服务器。
- RDBMS 元数据库经常使用复制。例如，如果将 MySQL 用于元数据库，最好确保主 MySQL 服务器和复制的 MySQL 服务器位于不同的 ESXi 主机上。
- ZooKeeper 进程。

为以下事项设置亲和性规则。

- 基本的主服务器及其相应的 ZooKeeper Failover（故障切换）控制器。
- 元数据库及其备份服务器。
- WebHCat Server、JobHistory Server、Oozie Server 以及 Falcon Server。

当创建虚拟 Hadoop 集群时，通过配置文件和开启 HVE 特性，使系统知道节点组（虚拟）拓扑和物理拓扑。这适用于运行 NameNode 和 DataNode 进程的虚拟机使用本地直连磁盘的情况。在第 12 章中将有更详细的介绍。使用本地磁盘消除了一些虚拟化功能，如 vMotion 和 DRS。这是可行的，因为工作节点使用 Hadoop 和 HDFS 功能来最大限度地提高可用性。工作节点必须利用虚拟化功能进行管理。

虚拟化 HA 功能可以为 Hadoop 框架提供额外的保护。虚拟化可以减少 Hadoop 的总体拥有成本（TCO）。更高的 CPU 利用率只需更少的物理机来运行 Hadoop，降低了资本支出（CapEx）、运营成本（OpEx）和能源成本。需要注意的是，Hadoop 具有与其他虚拟化应用不同的运行时特性。另外，Hadoop 主节点和工作节点也具有不同的运行时特性。

需要留意在 Hadoop 集群上执行的典型操作，以及虚拟化功能如何减少停机时间并提高管理灵活性。

批处理应用程序将在 Hadoop 上持续运行直至完成。在运行 Hadoop 的 ESXi 主机上超量配置虚拟机时要格外小心，需要考虑用于保护 Hadoop SLA 的资源池。Hadoop 集群是高 I/O 密集型，需要进行配置以最大限度地减少存储层的虚拟化开销。

站点恢复管理器（SRM）提供了另一种方式，自动将 Hadoop 集群从主站点迁移到辅助站点。使用 SRM 可自动灾难恢复至其他站点。默认情况下，其内部脚本为此过程提供了很好的文档。这些功能代表了一系列实践，涵盖了大量的规范，以实现可用性、可伸缩性、管理和优化。这些规范是虚拟化任何关键业务系统时都必须考虑的总体目标。

Tier 1 不是 Tier 2 或 Tier 3

我们在现场看到的最大问题之一是，客户多年来一直在运行二级和三级虚拟化平台。问题在于，这些平台通常没有针对一级应用程序进行优化，导致客户在虚拟化关键业务应用程序时没有达到预期性能，这都是因为没有遵循最佳实践。当我们向他们展示最佳实践时，他们获得了预期的性能表现。这里阐述的要点是，实施前要经过必要的调查，贯彻 Hadoop 虚拟基础设施最佳实践，并进行适当的测试。在客户现场，我们总是看到大多数问题是由于不遵循最佳实践和监控不足而产生。表 9.1 列出了问题原因的明细。

表 9.1　原因分类

类别	问题比重
存储网络	75%
网络	10%
缺乏最佳时间和监控不足	10%
其他	5%

9.1.3　行业最佳实践

Hadoop 服务对网络和存储延迟很敏感。由于 Hadoop 集群的负载高，在集群之间保持平衡，避免内存、处理存储和网络瓶颈非常重要，特别是在支持交互式查询的 Hadoop 最新版本中。虚拟化使管理员能够快速响应环境中的变化。虚拟化的关键优势之一是能够实现整合并提高硬件利用率，特别是因为在同一主机上的网络通信是以总线的速度进行。当系统被大量使用时，必须配置环境以确保具有 SLA 的 VM 拥有足够的资源。

谈到最佳实践时，请记住，最佳实践取决于其场景。两个最佳实践互相冲突并不罕见，冲突的原因可能是适用场景不同。这里有两个高度推荐但互相矛盾的解决方案的例子。

一个最佳实践是不要使用过多的虚拟机来运行应用，以确保性能 SLA。然后，通过资源池、存储 I/O 控制和网络 I/O 控制（NetIOC）等分配管理功能，保护虚拟机。当需要虚拟化高性能 Hadoop 平台时，强烈建议使用这种方法，尤其在实现预期性能前，虚拟环境难以稳定。这对提升客户信心很重要，因为虚拟基础架构团队在开始虚拟化时就可以保证正确的性能水平。

另一个最佳实践是允许一定程度上使用大量的虚拟机。这可以充分利用虚拟化的所有功能以及硬件设施。但是，这种方法要求虚拟基础架构团队在延迟敏感的环境中具备足够的专业知识和经验，并了解如何保护虚拟机以确保他们的 SLA 得到满足。如果在虚拟化初期过多地使用虚拟机，且专业知识与所要完成的工作无法相匹配，就会像是让一个 16 岁的孩子置身于一艘全新的高性能 Corvette（护卫舰）中。最终结果非常相似。使用这种方法的最大问题是，当环境增长或提高利用率时，客户往往没有恰当的指导来保护敏感虚拟机的资源。需要确保虚拟机的大小正确，或者确保可以控制超量配置。

vSphere 可以通过公平分配 CPU 调度、内存授权、网络 I/O 控制、存储 I/O 控制和资源池的算法来控制资源共享。这个例子的关键在于，时延敏感的环境需要在毫秒级执行操作。不能因为自身原因让用户对使用虚拟机失去信心。这个担忧甚至更加适用于新的大数据项目，因为对虚拟化的性能存在疑虑。基础设施是一个金钱陷阱，拖累了业务。所有这一切都可以通过基于真实实践过的使用场景构建 Hadoop 平台来避免。

最佳实践的目标是在故障排除时减少出现错误的可能性，并尽可能减少变量，因此需要执行以下操作。

- 制订最佳实践并确保严格遵守。
- 围绕要虚拟化的 4 个方面构建分析技能和度量知识：内存、CPU、存储和网络。
- 向 Hadoop 管理员教授他们需要了解的虚拟基础架构关键指标，以便他们能够确定问题是虚拟化问题还是 Hadoop 问题。
- 基准测试应能够创建一致且可重复的结果，以便比较。度量标准应始终是恒定的。
- 了解依赖关系和相互依赖性。
- 借助 VMware，围绕 vCenter vSphere Operations Manager 和 Hyperic 等适配器或正在使用的管理和监视软件创造最佳实践。这需要时间以及经验和技能的积累。
- Hadoop 管理员了解虚拟基础架构非常重要。Hadoop 管理员和 vAdmins 需要协作，当发生 Hadoop（应用程序）问题时，整个团队必须能够快速确定它是 VM 问题还是 Hadoop 问题。以下提示可以帮助确定问题并排除故障。

■ 什么是虚拟化的关键指标？学习使用 vCenter Operations Manager 等工具来了解关键指标将会很有帮助；精通 esxtop。

■ 系统应具备自定义 vCenter Operations Dashboards，以便 Hadoop 管理员能够像查看物理服务器环境中的存储和网络一样查看虚拟基础架构。

任何基础设施都归结为人员、流程和技术。另外，应保持简单性，因为复杂的系统会以复杂的方式失败。Hadoop 集群呈水平增长，必须从一开始就重视自动化，好的设计至关重要。实施的准则和指导方针必须具有可扩展性。构建内部最佳实践、管理流程和监控管理虚拟化环境的指导方针非常重要。确保基础架构管理已能够处理 1 级工作负载且能够动态创建。

请记住，在许多企业环境中，这些实践已经实现。这是将 Hadoop 管理员、数据架构师以及系统平台架构师融入团队的问题。

1．VMware 最佳实践——从哪里开始

虚拟化基础架构越健壮，基础架构配置越好，Hadoop 就能更好地运行。Hadoop 有以下 5 个重要的虚拟化关键点。

- 确保虚拟化中主节点可用性最大化。
- 为了工作节点的性能，需要对虚拟化进行配置。
- 由于数据中心的创建具备高可用性、低花费性、高灵活性，虚拟化技术增加了诸如 NameNode HA、Resource Manager HA、Ozzie HA、NameNode Federation 和 YARN 等功能。这些内容均在本书后续章节讨论。
- 为了虚拟管理 Hadoop，工作节点必须具备机架感知（如果使用机架拓扑）并且具有虚拟感知功能。Hadoop Virtual Extensions（HVE）使这个想法成为现实；为工作节点提供最大化性能并减少管理，同时能够管理工作节点。HVE 考虑到硬件的高效使用，没有破坏 Hadoop 故障恢复功能，使之成为了健壮的产品。
- 虚拟化提高了 Hadoop 集群的灵活性，并有助于数据生命周期管理，例如在 Hadoop 集群中运行的备份和其他进程。了解不同框架（如 Storm、Kafka 和 NoSQL 数据库）的运行时特性以及如何优化虚拟机。
- 制定虚拟化策略必须了解组成 Hadoop 集群的整个基础架构（如分段服务器、边缘服务器、HDFS NFS 网关、HTTP 网关、Hadoop 客户端和管理服务器）。

构建虚拟化最佳实践就像修建房屋一样——从地基开始。

- **硬件**：通过供应商硬件兼容性列表（HCL）购买合适的硬件。
- **BIOS**：合理设置 BIOS。新的硬件和 CPU 不断增加功能以支持虚拟化。针对主节点可用性和工作节点性能进行 BIOS 设置。
- **存储**：使用基于存储团队和虚拟化供应商的存储最佳实践。Hadoop 平台是高 I/O 密集型，因此尽量减少虚拟化 I/O 开销非常重要。
- **网络**：使用网络最佳实践。正确的设置和驱动会全然不同。虚拟网络和 NSX 为 Hadoop 集群提供了众多优势。
- **虚拟化**：采用最新版本的 VMware 工具，以使用最新的半虚拟化网络和存储驱动程序。使用正确的驱动程序和设置非常重要。
- **内部标准**：定义企业标准并严格执行，包含定义资源池、DRS 规则、资源池管理、vMotion 准则等。公司经常因为没有正确定义或不遵守这些标准而陷入困境。然后 Hadoop 出现了问题并受到了质疑，然而问题就是由于没有遵循最佳实践所导致。
- **技能**：开发性能调优和故障排除技能。但最重要的是沟通！沟通！沟通确保 Hadoop 管理员同所有支持虚拟化的基础架构团队保持良好的合作关系。
- **虚拟机管理**：确保在虚拟基础架构发展时紧随最佳实践和企业标准。随着基础设施的增长，如果遵循指导原则，SLA 将得到保障。

2．关于过量配置和磁盘延迟的准则

过量配置可以提高硬件的利用率，但必须谨慎。一些基本指导原则如下。

- 尽可能多地过量配置开发和测试环境，确保合理并达到规定的要求。过量配置可以节约硬件数量、运行费用和运行开发环境的人员相关成本。
- 除非具备丰富的专业知识，否则尽量不要过量配置高环境。一开始需要尽量保守，不要过量配置 SLA 生产环境。先建立用户的信心，让用户可以信任虚拟化的 Hadoop 平台。
- 具备恰当的专业知识后，如果有确保 SLA 的指导原则，那么可以过量配置某些生产环境。了解瓶颈的产生，由于工作节点不断为不同的任务添加和删除 YARN 容器，请确保过量配置不会影响 YARN 容器。
- 除非充分了解 Hadoop 生产集群的运行时特性，否则不要过度配置虚拟资源。团队必须善于使用资源池，设置 DRS 优先级和规则、I/O 控制（存储和网络）、SR-IOV 等。简单来说，绝对不要过量配置生产环境，但也并不总是如此。

VMware 已经对虚拟基础架构的吞吐量和磁盘延迟进行了基准测试。存储延迟取决于存

储硬件拓扑。Vmware 已在 VMWorlds 上公布了相应的性能数据。

- vSphere 4.1——5μs。
- vSphere 5.0——2μs。
- vSphere 5.1——1μs，单虚拟机 100 万 IOPS。

大多数公司在受控环境中运行基准测试，以最大限度地提高性能。你可能无法获得同样的结果。但是，请注意，这些性能已经实现。

由于管理程序对资源进行分配，CPU 使用率将略有增加。尽管管理程序的开销很小，但也要占用 CPU，无法避免。

如果遵循最佳实践，那么磁盘延迟将极小。重点是需要根据最佳实践对吞吐量和磁盘延迟进行基准测试，并了解存储硬件的性能。

3. 硬件

所有硬件都应符合硬件兼容性列表（HCL）。

- 选择硬件时，CPU 兼容性对 vMotion 非常重要。vMotion 会影响 DRS 和 DPM。
- 硬件辅助虚拟化对性能提升有显著影响。通过给 VMkernel 这样的重要进程开放特权来实现。该权限使 VMkernel 能够更高效地管理 VM。进入虚拟机配置界面，选择虚拟设置选项为虚拟机进行配置。
- 接下来的讨论比较偏技术性，但希望读者能够理解大概思路。在处理代码或执行数据前，X86 处理器将代码放置在 CPU 内的特定区域中。这些特定区域具有优先级，并且代码操作的权限与代码的位置相关。在硬件辅助虚拟化出现之前，两种类型的 OS 代码和 Hypervisor 代码（如虚拟内存监视）将争夺优先权或特权。由于硬件虚拟化的存在，OS 和 Hypervisor 代码存在于两个不同的地方，不再存在竞争和优先权。细节如下：通过硬件辅助 CPU 虚拟化，VT-x（Intel）和 AMD-V（AMD）技术执行敏感操作，并降低资源管理的开销。这使虚拟机监管（VMM）能够决定是使用硬件辅助虚拟化（HV）还是直接进行二进制翻译（BT）。尽管 HV 通常比较快，但在少数情况下 BT 的速度更快。代码性能和安全性的复杂性让管理员无法进行有效管理。启用 VMkernel 以使用硬件辅助，智能处理 CPU 上运行的代码，以确保应用能够最佳运行。
- 硬件辅助内存管理单元（MMU）虚拟化（也称为快速虚拟化索引（RVI）或嵌套页表（NPT：AMD）或扩展页表（EPT：Intel））可以减少内存管理开销。
- 使用软件 MMU，来宾操作系统必须将虚拟内存映射到来宾页面表中的物理内存。

这需要 ESXi 使用“影子页表”将来宾虚拟内存直接映射到宿主物理内存地址。

- 硬件辅助 MMU 通过管理来宾虚拟到物理转换以及来宾物理到宿主物理的转换，从而消除了影子页表。这消除了管理页表的开销，但转换后备缓冲区（TLB）中的二级转换方案引入了新的开销。但是，最终利大于弊。
- 要确保 TLB 在缓存来宾虚拟内存到宿主机物理内存地址转换时不再遇到额外开销，那么需要为管理程序和来宾操作系统配置大内存页面。这个配置的实质是将数据放在 TLB 缓存中，让数据靠近 CPU 再进行处理。显然，如果内存页面较大，TLB 更容易获得所需的数据。虽然大页面（2MB 内存页）可以提升 TLB 命中率，但是，请注意，使用大页面会影响透明页面共享。出于这个原因，在配置硬件辅助 MMU 时，虚拟化也配置大页面。大页面是 vSphere 和最新版 Linux（通过大透明页面）的默认值。

始终禁用在 VM 中不使用的物理硬件设备。这有利于安全、管理和性能。操作系统必须针对 Hadoop 进行优化。禁用未使用的设备可以释放中断资源，消除对未使用设备的轮询，并消除可能占用的内存块。这些设备包括：

- USB 控制器。
- 软驱。
- 串口
- 光驱。
- LPT ports LPT 端口。
- 网口。
- 存储控制器。

4. VMware 工具

vSphere 5.5 包含 10 版本的虚拟硬件。该版本不向后兼容。请确保使用最新的硬件版本。在最新的和最多的测试之间有一个平衡点。最新版本的操作系统、网络驱动、虚拟工具、CPU 和内存都可以提高性能并降低虚拟化开销。

PVSCSI 驱动程序可节省高达 30%的 CPU 和提升 12%的 I/O 性能。

5. BIOS

确保使用最新版本的 BIOS，并在执行更新后再次检查设置。

- 如果处理器支持，请在 BIOS 中启用 Turbo Boost。如果可行，考虑从 ESXi 角度而不是通过 BIOS 禁用 C-states，但对于高延迟环境，最好禁用 BIOS 中的 C-states。

- 确保所有处理器 socket 都已启用，并且每个 socket 的内核均已启用。
- 通常通过禁用节点交织来保持 NUMA 的可用性。在一个 NUMA 节点上对虚拟机进行配置，将所有内存访问放在一个 socket 中。这将启用 NUMA 优化。
- 开启超线程。
- 打开所有硬件辅助虚拟化功能。使用 VT 和内存管理硬件辅助功能。
- CPU 硬件辅助虚拟化。
- 硬件辅助内存虚拟化。

  硬件辅助功能适用于内存和 CPU。
- 设置电源的静态高性能或操作系统控制。
- 尽量避免 CPU 亲和力。
- 避免直接路径 I/O，除非一定需要带来额外的少量性能。直接路径 I/O 可以绕过 vNIC 并让虚拟机直接访问物理网卡，从而提高性能。可以获得一定性能，但会失去一些虚拟化功能，如 vMotion。权衡利弊非常重要。
- 除非有更适合的建议，否则保留出厂默认的内存检查速率。
- 关于中断合并。在延迟敏感型环境中需要避免自适应合并。
- 关闭电源管理以最大限度地提高性能。最佳实现方法是在 ESXi 层配置而不是 BIOS 层。首先将 BIOS 中的电源管理设置为操作系统控制模式或等效模式，然后使用 ESXi 设置电源管理。
- 自适应合并可能会引入延时，应考虑禁用合并功能。

6．vSphere

vSphere Flash Read Cache 允许虚拟机管理程序使用闪存资源。读缓存完全透明，并像管理 CPU 和内存一样进行管理。Flash Read Cache 可以提高延迟敏感型环境的性能。

vSphere Replication 支持将虚拟机级复制到不同的站点。支持多个时间点副本和 Storage vMotion。与 SRM 集成可用于自动化灾难复原。

7．VM

可以为虚拟机设置延迟敏感度级别。切换至“VM 选项”，并将级别设置为“高”。可选项有低、正常、中等和高几类。

8. 内存和 CPU

在虚拟基础架构中对内存和 CPU 分配进行不同的管理。内存必须分割为特定的块。CPU 需要共享时间片。

CPU 就绪时间是 vCPU 等待物理 CPU 分配时间片的时间间隔。

管理程序 NUMA 调度和相关优化分为两类。

具有适合单个 NUMA 节点的核心虚拟机将分配 NUMA 节点本地内存。目的是保持 socket 的内存在 NUMA 节点本地。根据内存的可用性，将进行本地内存访问，从而减少内存访问延迟。NUMA 运行时距所需的数据和代码仅一步之遥。可以把这想象成运动的效率：如果可以用更少的步骤做一些事情，这将带来更高的性能和更可靠的结果，从而解决了原本的问题。

具有比普通物理 NUMA 节点更多内核的虚拟机称为 wide-NUMA 虚拟机。最优化需要保持内存本地访问，但可能需要定期访问不同 NUMA 节点中的内存。

（1）内存。

虚拟化支持许多特性进行内存管理，包括膨胀（ballooning）、透明页面共享（TPS）、分配管理（共享、预留、限制）、内存压缩和虚拟交换。

- 透明页面共享：将多个内存副本自动映射到物理内存中的同一位置。
- 膨胀：在内存资源争夺期间，最早的内存区被换出到磁盘。
- 压缩：以超过 50%的压缩比率获取内存页并进行压缩。压缩比交换更有效。
- 分配管理：如果没有足够的资源可用，则提供资源管理。
- 内存交换：尽可能避免该功能。

这里列出的所有内存管理技术都基于小型主机内存页。主机内存页从大到小（或反之）对用户是透明的。虽然这些技术本身会引入微小的开销，但由于使用了小内存页面，因此可能会造成明显的性能损失。为 Hadoop 实例进行内存预分配可避免使用内存管理技术。过量配置未使用的 vCPU 也会造成性能开销，因为空闲的 vCPU 也需要维护。

Hadoop 生产环境的注意事项如下。

- 除非可以始终确保 SLA，否则尽可能通过恰当配置 VM 内存来最大限度地减少内存争夺，这比使用内存管理（膨胀、TPS、内存压缩、交换）功能更可取。

- 不要禁用页面共享或内存膨胀驱动。虽然可能不会使用这些功能，但它们是很好的保护措施。
- 如果使用内存膨胀，需要进行配置并感知内存压力。如果内存交换一段时间内出现异常，则很可能会引起性能问题。
- 如果在来宾系统级别进行交换或分页，则会导致客户机内存不足。在该问题上，当所有工作节点上关闭交换时，Hadoop集群可以获得更好的I/O性能。
- 标准的保守方法是关闭透明页面共享（虚拟机级别设置）。如果使用vSphere 5.1或更高版本，建议开启透明页面共享。但是，对于Hadoop服务器，除非团队拥有丰富的管理经验和专业知识，否则最好不要过量使用内存。
- 确保为虚拟机分配比来宾系统稍大的内存。
- 启用超线程。
- 全内存预留（在VM级别进行DRS或资源共享设置）。
- 非统一内存访问（NUMA）节点——在每个主板上，一个物理socket有一定数量的物理内存。一个socket上也可以有多个NUMA节点。例如，一个12核心socket可以拆分为两个NUMA节点。VM中运行的软件进程会请求内存，物理CPU也可以通过另一个物理socket来获取内存。虚拟NUMA将NUMA拓扑传递给来宾操作系统。
- Hypervisor尝试将本地VM的vCPU保留在socket内存中。注意：NUMA迁移时会触发负载均衡，可能会对性能造成影响。

（2）CPU。

目标是最小化虚拟机所必需的socket（或NUMA节点）数量。通过设置VMware参数numa.vcpu.preferHT=True让vCPU数量等于最小物理socket数。Hadoop通常比内核需要更多的线程，所以这样设置可以提升性能。

- 同管理运行Hadoop的物理服务器一样，需要在VM中对内存进行管理。需要知道VM使用了多少内存以及剩余多少空闲内存。
- 尽量避免CPU亲和力，它会产生以下两种类型的问题。
    - 绑定到具有CPU亲和力的虚拟机不能使用其他虚拟CPU，但其他虚拟机可以使用虚拟机正在使用的CPU。
    - 配置CPU亲和力后，VM不能再使用vMotion。在大多数情况下，不应使用

vMotion 对 Hadoop 工作节点进行移动。

- DRS 反亲和规则可以用来使 VM 同 CPU 高度分离。
- 并非所有系统都可以使用 CPU 和内存虚拟化功能。应用程序服务器、LDAP 服务器等可能更偏向 I/O 驱动。注意资源瓶颈。
- 如果网卡处于 100%活动状态，则会影响 CPU 负载。

9. 存储

存储总是关注吞吐量、IOPS 和磁盘延迟。了解 I/O 使用场景、阈值以及活跃时间段。进行基准测试并确认达到硬件真实的吞吐量。错误的设置和配置会导致无法获得系统的真实吞吐量。了解磁盘系统可以处理的总 IOPS 非常重要。以下公式可以用于计算系统的 IOPS。

理论 IOPS = 磁盘 IOPS×磁盘数量

实际 IOPS =（磁盘 IOPS×写入%）/（RAID 开销）+（原始 IOPS×读取%）

在性能和容量之间必须找到一个平衡点。大的驱动器通常性能较差。主轴越多，产生的 IOPS 越多。配置恰当的多路径策略，并尽可能使用路径平衡。轮询（round-robin）应考虑使用非对称逻辑单元访问（ALUA）。同样可以使用插件。

错误的存储配置往往是性能问题的罪魁祸首。磁盘性能问题主要同写入介质相关，因此了解有效负载（吞吐量）和 IOPS 至关重要。需要验证的地方如下。

- 最大限度地避免高活跃系统共享物理资源。
- 了解网络瓶颈。传输至低数量链接时会影响高活动期间的性能。
- 避免将高性能卡插入慢速 PCIe 插槽中。

其他注意事项如下。

- 巨型帧（可能对 10GbE 带来 10%的性能提升）。
- 对于 Tier 1，10GbE 优于 1Gb。
- 对于延迟敏感型环境（如 Hadoop），应在 ESXi 服务器上提高网络适配器的中断速率。
- 关于 VAAI（xcopy / write_same）。VAAI（VMware API 集成阵列）的价值在于将单个 ESXi 主机上 VMkernel 的存储任务进行卸载，避免占用 CPU、内存、存储和网络资源，并允许存储阵列对这些操作进行处理。这些度量标准能够让我们知道阵列是否在执行任务，而不是 ESXi 主机。
- 文件块对齐——能够带来 10% ——40%的性能提升。

- I/O 并发（异步 I/O）带来 9%的性能提升。
- Vmxnet TX 联合，性能提高 2%。

使用闪存的 vSphere 基础设施已经跨越了转折点。可以使用 PCIe 闪存卡或 SSD 构建 vSphere 闪存基础架构。许多公司开始将混合存储解决方案与某些框架结合使用，其中磁盘性能对于满足 SLA 至关重要。

设置光纤通道 HBA 卡的最大队列深度，当命令队列满载时可以缓解 SAN 抢夺。

如果 LUN 上只有一个 VM，请设置最大队列深度。

如果 LUN 上有多个虚拟机，同样需要关注 Disk.SchedNumReqOutstanding。VMware vStorage APIs for Array Integration（VAAI）可以将一些操作卸载到存储硬件中，而不是在 hypervisor 中执行操作。

SAN 存储注意事项如下。

- 通过块清零，可以提高 eager-zeroed 厚磁盘创建的性能，同样可以提升在 lazy-zeroed 厚磁盘和精简磁盘上的首次写入性能。所有磁盘都如此，包括本地存储。
- 使用 SAN 时，请查看硬件加速克隆（完全复制或卸载复制）。
- 确保根据存储供应商推荐的设置配置 SAN 和本地存储。端到端速度必须与 SAN 一致。SAN 必须同相同速率的 SAN 交换机相连。SAN 交换机连接到 ESXi HBA。

NAS 存储注意事项如下。

- 硬件加速克隆同样适用于 NAS。Storage vMotion 不使用该功能。
- 使用 NAS 本地快照创建 VM 链接克隆和 VM 快照可将负载从 ESXi 卸载到 NAS。此功能需要硬件版本 9 或更高的版本。
- 对于本地存储，请确保根据供应商提供的建议配置回写缓存。

VMware 提供的近期基准性能数据显示，VMFS（VMDK）和 RDM 两者之间的性能差异可以忽略不计。因此，可以根据目的选择使用 VMFS 或 RDM 的特性或功能。VMFS 支持所有虚拟化功能。

如果要利用存储供应商的功能，或者想要谨慎地向虚拟化过渡，那么 RDM 是一个不错的选择。

Hadoop 高环境需要关注性能。Hadoop 存储的一般规则如下。

- Hadoop 节点文件的 LUN 必须创建为 EAGERZEROTHICK。

- 多层存储策略逐渐被广泛使用。
- 快照同 VMX 文件一同存储。确保有足够的空间。
- 越来越多的客户使用 SSD，存储供应商已将其纳入多层存储解决方案中。

10. 网络

CPU 速度越来越快，虚拟机处理能力越来越强，这往往给网络 I/O 带来了压力。vSphere 的每个发行版都会考虑到这一因素。vSphere 5.5 在 ESXi 主机上最多支持 8 个 10GbE 网卡。以下是网络方面需要考虑的一些因素。

- 随着环境的发展，将 VM 流量从 vMotion、iSCSI 和流量管理中分离，提供了更好的安全性和可扩展性。
- vMotion 的操作应在其自身独立网络中进行。理想情况下，使用单独的物理网络，甚至使用 VLAN 来分割 vMotion 流量。
- 如果在 Linux 内核中使用直连设备，请尽量避免使用 MSI 和 MSI-X 模式。在 Linux 以后的版本中可能会兼容。
- 尝试为特定的网络服务规划物理网卡。网络服务也可以通过使用具有不同 VLAN ID 的端口组来分离。
- PVLAN 及其概念可用于控制虚拟网络之间的流量，并将上行链路连接到没有上行链路的 pNIC 和虚拟网络。
- VMkernel 网络适配器应配置为最大传输单位（MTU）。
- 负载均衡决定了 VM 将使用哪个网卡用于上行链路。在同一个上行链路（物理网卡）上，不应该有高 I/O 活动的虚拟机。
- 使用最新推荐的虚拟适配器。目前是 vmxnet3，但需要遵循最新的最佳实践。不要将默认的虚拟网络驱动用于企业级工作负载。
- 虚拟机保持在正在使用的上行链路上，直到事件触发。了解 NIC 链路状态更改、信标探测、超时等设置。
- 建议使用巨型帧。如果使用巨型帧，需要确保端对端启用。
- 如果使用 IP 哈希，请确保物理交换机支持 IP 哈希（EtherChannel）。
- 确保设计时考虑网络系统故障。最大限度地减少故障点。

其他设置如下。

- 校验和卸载。
- 大容量卸载（LRO）。
- TCP 分段卸载（TSO）。
- 能够在每个发送帧（Tx frame）处理多个 Scatter Gather 元素。
- 对于 VXLAN，请查看 NIC 支持的卸载封装数据包。

11. Esxtop

对于面向 Linux 的 Hadoop 管理员来说，Esxtop 是一个简单易用的工具，特别适用于管理员习惯 top、iostat、vmstat 之类工具的情况。管理员需要了解这些指标以及如何看待这些指标。例如，不同的工作负载可以是相同的利用率（%UTIL），但具有不同的系统开销（%SYS）。

可以使用 Esxtop 快速查看环境是否过载。

关注 Esxtop CPU 面板的第一行。如果平均负载为 1 或以上，则系统过载。

查看 PCPU 行上物理 CPU 的使用百分比。如果使用率在 90%～95%，则系统即将过载。

很多指标可以通过 Esxtop 查看，包括以下内容。

- **MEMSZ**：内存大小，为 VM 配置了多少内存（内存大小）。
- **GRANT**：VM 当前拥有的物理内存量。
- **SZTGT**：目标内存大小；hypervisor 想要分配给资源池或虚拟机的内存。
- **TCHD**：Touched，用于虚拟机的估算内存。
- **TCH_W**：写入工作区。
- **SW***：交换度量标准（当前、目标、读取、写入）。
- **NUMA 统计信息**：本地内存百分比理想情况下应为 100。

CPU 指标如下。

- **%SYS**：系统或 VMkernel 使用的 CPU 使用率。
- **%RUN**：计划运行总时间的百分比。
- **%WAIT**：处于阻塞或繁忙等待状态的时间百分比。
- **%UTIL**：物理 CPU 利用率。

- **%IDLE**：CPU 空闲时间百分比。
- **%WAIT**：%IDLE 用于了解 I/O 等待时间。

存储指标如下。

可以使用 esxtop 查看存储适配器（d）、VM（v）和磁盘设备（u）。关键指标如下。

- **QUED / USD**：命令队列深度。
- **CMDS / s**：每秒命令数。
- **MBREADS / s**：每秒兆字节的读操作次数。
- **MBWRTN / s**：每秒兆字节写操作的次数。
- **DAVG**：数字过大表示应该查看 ESXi 主机存储适配器。问题可能是存储处理器过载，分区不良，或者 RAID 没有足够的主轴来处理所需的 IOPS。
- **KAVG**：数字过高表示 ESXi 存储可能存在问题。查看队列问题（队列满载）或驱动问题。
- **DAVG + KAVG = GAVG**：DAVG 是平均磁盘时延，用于说明存储阵列中操作路径或操作结束时的速度；因此，磁盘时延和 KAVG 是 VMkernel 将存储负载放置到存储路径（以开始存储操作）的平均延迟或时间。GAVG 是 VMkernel 和磁盘延迟总和所占的全局平均值。
- **Aborts**：DAVG 或 KAVG 可能超过阈值（5 000ms）。此时中止命令将被反复触发，这将会造成 VM 的性能延迟。

9.2 小结

Hadoop 虚拟化不仅需要了解虚拟化，还需要了解虚拟化主节点和虚拟化工作节点的策略。主节点需要利用虚拟化功能来最大限度地提高可用性，工作者节点必须配置为虚拟感知，并且要使用虚拟化功能来最大限度地提高性能并减少 Hadoop 集群中对工作节点整体的管理。

Hadoop 虚拟化面临的重大挑战之一是 Hadoop 专家通常不了解虚拟化，或者担心 Hadoop 集群会变得很复杂。然而，虚拟化可以在 Hadoop 目前无法解决的领域提供高可用性。虚拟化还可以改善灵活性、敏捷性和交付时间。因此，这里提供了一条途径来探索可能需要解决的一些关键细节，以便从虚拟大数据项目中获得最好的结果。

第 10 章

Hadoop 虚拟化

纵观历史，拥有新想法的人——那些有不同想法并且努力改变的人——通常称为麻烦制造者。

——Richelle Mead，*Shadow Kiss*

本书讨论了 Hadoop 可用的各种技术选项以及融合数据、云部署、数据驱动应用程序和开源的行业方向。开放源代码改变了企业解决问题的方式，并且正在形成平台和生态系统。开源可以降低风险。随着预测分析和开源创新的高调活动，这些技术选项正蓬勃发展。

我们一直强调要聚集某一领域，应该构建以速度驱动的数据企业的紧迫感和文化。以速度驱动的数据企业的重点是尽可能快地将数据共享至数据分析师和数据科学家手中，从而加速从数据中产生业务价值。Hadoop 和大数据是实现这一目标的平台。

我们也可以看到大数据是上下文驱动。当人们谈论大数据时，通常会谈论 Hadoop，还有像 HBase、Cassandra、Aerospike、MongoDB 等 NoSQL 解决方案；基于内存的解决方案如 Spark 和 Flink；大规模并发处理（MPP）查询引擎如 Cloudera Impala 和 Apache Drill；还有分布式查询工具如 Apache Solr 或 Elasticsearch。在大数据解决方案中，Hadoop 并不是必需的。然而 Hadoop 通常是不同的大数据组件的中央数据中心。多数企业有从 HP、Oracle、IBM、Teradata、Netezza 和 Greenplum 等公司购买的数据仓库平台；也有很多集成解决方案，如 Informatica、Splunk、Ab Initio、Pentaho 和 Quest 等；同样也有很多高性能的数据分析工具，如 SAS、SAP、IBM、HP、Oracle、Revolution Analytics、Datameer、Tableau、Alpine Data Labs、HP Vertica、Microstrategy、Platfora 和 Actian。通过 Hadoop 发行版、NoSQL 平台、内存解决方案、大型供应商和优秀解决方案提供者的不断革新，决定架构、平台、数据治理、集成、安全、SQL 引擎、分析和可视化等领域的最佳组合需要花费时间。随着所有不同软件组件和工具加入 Hadoop 生态，企业必须决定如何管理 Hadoop，并构建高效管理 Hadoop 生态所需要的企业运行效率

重要的是，不要迷失在之前描述过的技术和产品中。选择最能帮助你完成目标的解决方案，并能回答下列一些问题。

- 权衡现有数据平台和新兴平台以获得最快速的业务洞见的最佳方式是什么？
- 使用哪个数据平台持久化数据是最佳的？
- 在当前使用场景下，需要采用哪种查询引擎和计算平台？
- 团队已有哪些技能？在持续发展的企业级数据平台中，我们如何获得运行生产应用的专业知识？
- 如何赢得人才的战争呢？
- 如何权衡已有数据平台，以减少数据孤岛并提高企业数据分析和决策制定的能力。
- 处理现有数据孤岛、数据领域的动态以及现有技术和新兴技术规范的最佳方式是什么？
- 如何维护和发展数据平台的文化和管理？

10.1 如何管理 Hadoop 生态

Hadoop 是一组开源、可扩展的软件框架，可以像乐高块一样堆叠在一起。然而正如上节所讨论的，他们接触到的这些 Hadoop 框架和软件正变得越来越复杂。管理 Hadoop 生态的难度每年都在显著增长。定义围绕安全、合规性、治理、备份和灾难恢复等所有组件的企业级解决方案是一大挑战。像 Pivotal、EMC、IBM、HP 和 Hitachi 等企业为 Hadoop 生态带来了强大的解决方案，从而带来了额外的选择。我们如何才能找到合适的开源软件和专用软件？每家公司都不一样。与此同时，令人难以置信的官僚体系围绕着现有的基础设施团队。让现有基础设施团队管理物理服务器中的 Hadoop 生态的不同组件，以使平台支持快速改变以及所有围绕数据的网络、灾难恢复、治理和安全。解决企业数据碎片和处理构建企业 Hadoop 生态的复杂性会明显放缓通过大数据平台获得收益的进度。

Hadoop 生态系统不能仅仅是最佳软件框架和应用程序的结合。所有组件必须部分集成。还必须有办法控制成本，并降低转型项目固有的风险。企业意识到它们正在进入数据驱动的世界，能够快速分析数据并将其变成业务价值的能力对于成功至关重要。我们又回到了将所有东西结合在一起的挑战中。

10.1.1　构建敏捷和弹性的企业 Hadoop 平台

所以，5 千万美元的问题是，我们是否构建了一个解决方案，帮助企业实现以数据驱动为目标的企业级平台，并且是敏捷和弹性的？低成本地拥抱变化是创新的关键要素。然而，成功部署大数据解决方案的策略并不会介意使用已经工作 10～20 年的数据中心模型来构建物理服务器的硬件解决方案。要使企业以数据驱动，大数据平台必须提供快速部署、快速变化、新概念验证项目的能力和支持环境灵活的持续进化。Hadoop 工作负载并不是持续不变的。现代与 Hadoop 集群相关的数据架构旨在同一集群中运行具有不同类型工作负载的应用程序。Hadoop 环境需要某种程度的自动化以使管理的复杂度并不会随着环境进化而线性增长。创建大数据平台应该像玩乐高游戏一样，人们可以简单地进行增加、删除和快速更改稳定平台的部分。

目前，在交付低成本解决方案时，能提供快速、敏捷、灵活、兼容的最优解决方案的平台是虚拟化和云平台。容器同时是未来的关键解决方案，并在逐渐成熟。然而，使用容器的 Hadoop 的演进是值得关注的。

10.1.2　澄清条款

在关于虚拟化的讨论中，我们关注在通过第一类的管理程序来调度 CPU、内存、网络和存储资源。第一类管理程序直接基于物理硬件运行，而不需要操作系统。这就是为何第一类管理程序被当作裸机管理程序或者硬件虚拟化引擎。

使用管理程序和容器是两种提升运营效率的方式。管理程序围绕虚拟机中的操作系统、驱动程序和应用等软件栈来虚拟化 CPU、内存、网络和存储。容器通过创建可分享软件二进制文件的轻量级软件模块来共享操作系统，如图 10.1 所示。谈到容器时，我们指的是类似于 Docker 的容器。一个 Docker 引擎允许多个隔离的容器各自执行它们自己的操作系统运行时实例。每个容器使用来自主机操作系统的二进制文件和库，然而虚拟机使用虚拟机内部的二进制文件和库来运行自己的客户机（guest）操作系统。虚拟机和容器是抽象物理资源的两种方式。使用虚拟化，具有整个管理、监控和预留的基础设施，同时还有网络和存储虚拟化。虚拟化是一种非常成熟的技术，而 Docker 容器是一种新兴技术。

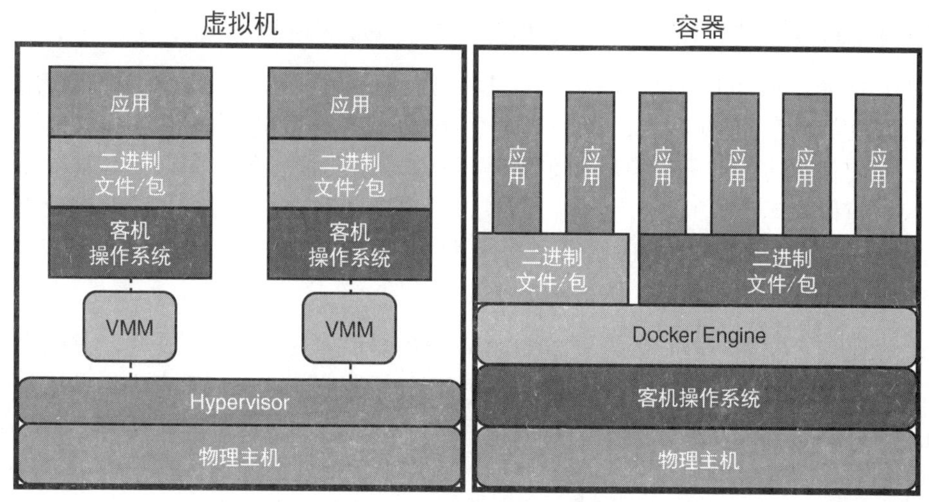

图 10.1　虚拟机与容器对比

10.1.3　从裸机到虚拟化的历程

以前，所有数据中心都是物理的。1998 年，VMware 刚开始出现时，“计算机物理组件可以通过软件替代”的想法被视为非常疯狂。当时的管理员和开发人员也精疲力竭，甚至也被视为疯狂的。为什么他们会精疲力竭？因为他们长时间烦琐而重复地工作，晚上不断打电话，以解决有关争用、可用性和规模之间的脆弱问题。更具讽刺意味的是，那些非常昂贵的硬件通常未被充分使用。

人们的看法是，即使虚拟化可以工作，也将过度利用物理资源，而不会提供任何价值。幸运的是，开发人员知道这将有助于他们快速部署、快速更改，并建立和拆除测试开发和测试环境。截止日期到达时，事情已经完成。

这项技术最初是一个托管解决方案，虚拟机在 x86 硬件上使用 Windows、Linux 以及以后的 Mac OS 进行构建。许多公司通过运行 VMware Workstation、VMware Fusion 或者 VMware Player 来完成各种类型的任务。能在任何操作系统上实际运行任何程序对于 IT 组织来说非常具有吸引力

三四年之后，当 VMware 引入虚拟化软件并可以直接运行在裸机 x86 硬件之上时，突然，你会发现服务器端虚拟化的收益将大于台式机或笔记本端虚拟化。什么收益？首个最明显的特点就是节省时间。快速部署将停止枯燥的工作。接着，具有基础设施投入的人们意识到可以使用硬件虚拟化更好地利用硬件资源，所以在不降低服务质量的情况下，资源利用率从 14%提升至了 70%～80%。最初，它只用于轻量级的服务器上。然而成本在持续减少，由于可以更高效地利用硬件，用更少的服务器处理同样的负载，并且可以降低电力

和冷却成本。IT 突然可以以更低的成本和更少的时间完成事情。

新的功能允许每个虚拟机之间隔离并且将自己的软件栈从操作系统运行至应用。每个虚拟机可以在其自己的功能内完全独立，并且能够从 ESXi 主机至 ESXi 主机之间运行同样的功能。这将简化重新分配虚拟机并在每台虚拟机上获得高性能，同样使其具有高可用的解决方案并可以在运行失败时自动重启。IT 部门也感觉不错，并在虚拟化基础设施上获得更大的信心。久而久之，VMware 提升了软件功能以处理各式各样困难的工作负载。如果没有硬件随着虚拟化不断地创新，这就不可能发生。

为什么是这个发展历程？因为到 2011 年，服务器世界发生了巨大变化，虚拟化服务器已经比裸机服务器多。这让大数据和 Hadoop 变得异常紧张。若未慎重考虑将虚拟化作为一个可行的选择，你将要求数据中心运营人员回到浪费资金、浪费时间和使用过时部署的业务部门的时代。虚拟化软件非常稳定并且运行着许多关键业务应用。在未来一年，业界将看到更多的不同 Hadoop 组件的虚拟化和 Hadoop 迁移至云中的案例。

10.2　为何考虑 Hadoop 虚拟化

Hadoop 最初被开发并运行在商业物理服务器上。这大大降低了成本，使企业能够以传统数据库和数据仓库成本的一小部分来运行批处理分析任务。Hadoop 同样是虚拟化和资源抽象。今天，Hadoop 跨分布式集群虚拟化计算、存储和网络资源，并将集群组合以面向开发人员透明化。YARN 已进入下一步，虚拟化了如何在 Hadoop 集群中跨所有节点使用操作系统资源。Hadoop 调度器可以保证跨集群的资源在面向不同类型的应用时具备不同的运行时特征。容器将为 Hadoop 集群提供下一层次的隔离。所以，对于 Hadoop 来说，虚拟化和抽象的概念并不新颖。虚拟化管理程序可以将 Hadoop 带至抽象的下一层次。

当前，Hadoop 生态拥有许多框架、内存解决方案、分布式搜索引擎、NoSQL 数据库、集成层、分析工具和虚拟化软件等，这些都是大数据平台的一部分。显著的新功能在以一个令人吃惊的比例增长。随着系统的发展和成长，所有组件需要共同工作。将所有这些组件以单独组件的方式处理在管理上非常复杂。如何构建快速，敏捷性和灵活性，并不是使用大数据平台各个框架和组件的标准和实现最佳实践。必须有一些一致的基础设施管理方式，这是黏合剂，有利于环境以速度驱动。

使用物理服务器的问题在于太僵化，不能根据大数据环境的速度、敏捷和弹性需求而改变。同样，许多大数据组件并不内置高可用的解决方案。虚拟化的高可用特征非常容易实现并可强化总体大数据平台。所有大数据系统被设计为类似于 LEGO 块，可以简单地添加和删除。然而，网络、安全、资源管理和监控需要作为一个单独的环境进行管理。

虚拟化是关键。基础设施团队可以像使用软件容器一样使用虚拟机，并可抽象来自硬件供应商的不同驱动、接口、依赖和所有硬件问题。硬件已经过时。几年前，Hadoop DataNodes（数据节点）的内存在 48～64GB，但现在已增长至 96GB、128GB、256GB 甚至更高。物理服务器在容量上是固定的，所以管理员必须在此种容量大小下配置软件。通过在 ESXi 主机上引入虚拟机，可以调整 ESXi 主机和虚拟机的容量大小来适配合适的工作负载。相对于移动物理硬件或者更改至一个新的物理硬件平台来说，将虚拟机从一个硬件平台或者一个数据中心移动至另一个是非常简单的。由于软件栈已经从硬件层、专用驱动和软件栈中抽象出来，当虚拟机迁移至新的环境时将极大减少测试工作量。当硬件基础设施随着时间而发展，虚拟机抽象出硬件可以使基础设施的更新以更少的时间和更低的成本进行管理。

10.2.1 Hadoop 虚拟化的好处

Hadoop 虚拟化的优点在于可以显著提高 Hadoop 集群的管理效率。其优点如下。

- 提供一致的管理基础架构以促进速度驱动的数据环境。虚拟基础架构可以显著改善 Hadoop 的弱点，如安全性、治理、灾难恢复、监控和企业基础设施管理等。
- 分离计算和存储层的灵活性。相比数据层，你可能更希望扩展或使计算层更灵活。将计算层位于单独的（虚拟）机器上可以更快地实现这些能力。
- 使用虚拟化，当服务器空闲时可以与其他团队或业务单元共享硬件。许多硬件集群以 60%或更低的 CPU 和内存容量运行。空闲能源可以通过虚拟化使用。
- 减少所有权总成本。随着 Hadoop 集群增加的框架日渐增多，NoSQL 数据库、BI/虚拟化工具和更多的租户加入其中，将软件工作负载与固定大小的物理服务器绑定是低效的。
- 减少配置的时间和管理成本。在数分钟而不是数天、数周和数月完成配置，从而加快数据中心的管理。
- 按需快速扩张和缩小集群。控制 Hadoop 集群的大小以服务特定的应用将会非常困难。虚拟化通过允许用户扩大或缩小集群以帮助在不同的配置下快速运行应用。
- 通过降低实施变革的成本来加快创新。
- 多租户安全；高效地与强虚拟机隔离环境共享资源。
- 虚拟化使得建立自助服务环境更加容易，从而提高了开发人员的生产力，并提高了测试质量。它还可以使不同业务部门轻松探索工作负载、框架、配置等。
- 提升所有大数据框架和环境的安全和网络。
- 为业务部门降低大数据入门成本。对于业务部门来说，尝试新环境（POC）的困难可能会阻碍尝试采用大数据解决方案。虚拟化可以显著减少应用程序开发生命周期。

10.2.2 虚拟化可以跟本地运行一样快甚至更快

虚拟基础架构可以比物理服务器更具性能优势。同一个 ESXi 主机中的多个虚拟机可以减少工作负载的网络开销。促进计算和存储资源分离的虚拟化可以更好地利用硬件资源，从而具备更好的性能。虚拟化 Hadoop 集群应该以单数字开销运行，在某些情况下运行速度与本机性能一样快或更快。

VMware 最近开展了使用 vSphere 6 虚拟化 Hadoop 的性能研究，其中使用 TeraSort 进行的测试显示，虚拟化 Hadoop 可以比本机性能高 12%。此测试将多个虚拟机堆叠到一个主机服务器上。所以在某些情况下，虚拟 Hadoop 可以胜过本地配置。ESXi 主机的大小、虚拟机的大小和工作负载活动决定了在 ESXi 主机上运行的最佳虚拟机数量。在这个 TeraSort 配置的性能研究中：

- 每个 ESXi 主机配置一个虚拟机的性能比本地配置慢。
- 每个 ESXi 主机配置 2 个虚拟机的性能跟本地配置类似。
- 每个 ESXi 主机配置 4 个虚拟机的性能比本地配置快 12%。
- 每个 ESXi 主机配置 10 个或 20 个虚拟机仍然比本地配置快。

图 10.2 显示了每个主机配置多个虚拟机的性能对比。

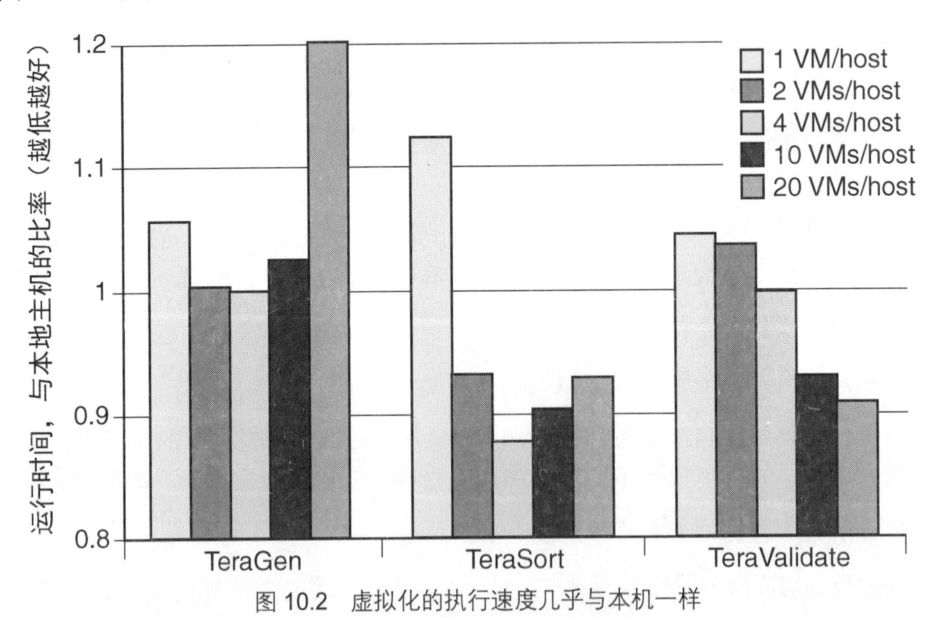

图 10.2 虚拟化的执行速度几乎与本机一样

强烈推荐阅读白皮书 DOC-28678，即《使用 VMware vSphere 6 虚拟化的高性能 Hadoop》。白皮书帮助说明合理配置硬件环境大小的重要性、Hadoop 调优、虚拟设施性能调优与这些任务在降低延迟和提高吞吐量方面如何带来巨大影响。

基于工作负载，如果可以创建更小的虚拟机，那么每个主机便能执行更多的任务。虚拟化可以使得调整Hadoop环境中的服务器大小变得更加简单，从而允许为需要的服务器（虚拟机）提供更多的资源。这是可以促进更快性能的特征领域。对于低延迟的需求，一些生产和性能测试环境可能仍然需要物理服务器。但并不意味着相对应的开发和测试集群不能被虚拟化。同样，在 Hadoop 生态中可以虚拟化部分服务器。

正如第 9 章所提到的，内存配置非常重要。Hadoop 的很大一部分由跨分布式集群运行的 Java 虚拟机（JVM）组成。Hadoop 守护进程运行在 JVM 中。容器中运行的 YARN mapper 和 reducer 同样在 JVM 中。调整 Hadoop 集群的一个方面是调整集群中的 JVM。Java 指标，例如 JVM Free / Total memory、Guest OS 内存占用、垃圾收集率（GC）和 GC 持续时间都需要深入理解。Hyperic 也可用于监视 JVM。

重要的是要清楚地了解如何对 Hadoop 的虚拟化基础架构进行调优，并遵循最佳实践。NUMA、缓冲区缓存、内存 DIMM 和 Translation Lookaside Buffer（TLB）都是需要考虑的重要因素。我们在第 9 章中讨论了遵循虚拟化最佳实践和 Hadoop 指南的重要性。相比两个 NUMA 节点上构建一个虚拟机，每个 NUMA 结点都构建两个虚拟机可以将性能提升 10%。

基于虚拟机的隔离将提供安全能力，更加容易保护数据，并且不同类型的工作负载的资源利用率更高。虚拟化支持不同的配置以允许企业最大化配置来充分利用硬件资源。这使得企业不再通过新增额外节点来突破瓶颈。下面列表描述了启动工作节点的 3 种方式。

- **结合计算和存储**：这是 Hadoop 传统的配置，也是默认配置。ResourceManager 和 DataNode 进程运行在同一个工作节点上。
- **分开计算与存储**：如果工作负载使用了更多的计算和存储资源，那么通过分开计算与存储，可以更加高效地分配更多的资源。可以考虑两件事情：第一，使计算层比数据层的增长更快、灵活更佳。确保各层位于独立的（虚拟）机器上，可使得这些特点更快实现。第二，许多客户希望以 HDFS 形式保护对其业务数据的访问。这意味着他们想要集中控制它，而不要将其传播到数据中心的许多服务器。将 HDFS 存储层与计算层分开有助于这一点。目前关于这方面配置的专业知识并不多。需要时间来建立支持此配置的团队的专业知识。
- **多个租户共用存储**：会有不同的 Hadoop 集群需要共享同样的数据。相比维护不同的 Hadoop 集群而言，需要有一个共享存储的解决方案。这样即可支持不同的租户或 Hadoop 资源共享同一个存储。但仍然需要时间来理解使用此种方式解决多租户问题的动态性。

为Hadoop考虑虚拟基础设施的一部分原因是企业级虚拟基础设施和软件定义数据中心（SDDC）可以为整个Hadoop生态带来长期效益。同样重要的是，需要正确的人做正确的决定。许多短期来看最佳的决定，通常其最终的结果都不太好。通常会犯的错误是构建Hadoop集群比维护花费了更多的心血。

随着Hadoop集群逐渐扩大，拥有更多的租户并且在企业中使用场景的增长，会有更多的管理任务需要被自动化或简化。随着Hadoop集群的增长，集群的管理并不会增加工作负载或复杂性。管理员经常想到使用自动化工具，如Chef或Puppet，这些自动化工具传统上被Linux系统管理员用于配置和维护多个服务器。尽管这些都是非常好的工具，所有管理人员团队创建的脚本也都会由于其高维护性而最终变成“怪物”。他们需要大量的工作以处理每天的管理任务、失效、备份、更新、升级和灾难恢复。超前思考一到两年企业如何管理Hadoop生态非常重要。

10.2.3 协调和交叉目的专业化是未来

许多虚拟化管理员已从事虚拟化多年。也有很多的书籍和白皮书介绍如何虚拟化。令人惊奇的是，当前的问题是许多经验丰富的虚拟化管理员并不理解大数据的复杂性。在IT领域有许多孤岛，管理员太关注于自己的领域而看不到其他技术领域。将Hadoop和虚拟化相结合不仅需要在两方面都有很强的技术专业性，同时也需要大量的知识。虚拟化管理员必须理解构建正确的企业级平台所面临的大数据方面的技术挑战。Hadoop管理员必须足够理解虚拟化以平衡它的诸多特性，同时能自信地解决问题和优化虚拟设施环境。最好确保时间足够以使Hadoop专家了解虚拟化的基础设施优势。

已达成一致的关键事情是定义好集成的路线。企业需要虚拟化、云服务和Hadoop的操作能力以最大化基于数据速度驱动的企业愿景。这几乎可以与DevOps主题进行比较。传统上来说，Hadoop一直像开发环境一样运行，现在它需要适应日常的运作模式。

有许多方式可以做到。如果你的团队Hadoop能力非常强，并在逐渐开始构建虚拟化技能并通过开始虚拟化低配环境的方式，逐渐转向更高配置的环境。从虚拟化开发、概念验证环境（POC）、测试到生产，这都需要时间，但它是一个相对安全的方式，它使团队建立围绕Hadoop虚拟化的自信和技能。如果你是Hadoop的新手，你可以从大数据扩展（BDE）开始，并随Hadoop环境的增长而建立技能。这需要团队在Hadoop集群投入生产之前，有时间构建Hadoop虚拟化的相关技能。

云服务、虚拟化和容器将逐渐在Hadoop集群中扮演重要角色。关键是对于如何管理Hadoop和其基础设施具有选择权。这关乎于将不了解各自优缺点的不同领域的技术专家汇集在一起，并建立能力意识。双方都是技术性的，需要表现出合作的优势。技术专家所言就是详细内容。在此种环境下，成功需要同时像虚拟化管理员和Hadoop管理员一样思考。开发人员与任何全使用 Hadoop 开发环境、POC 和测试集群的人都会喜欢虚拟化带来的运维优势。然后随着技能、专业知识和信心的增加，在生产 Hadoop 环境中利用这些优点将变成现实。

10.2.4 障碍可以是在企业之前

虚拟化专家可以为 Hadoop 带来许多运维优势，他们已经在运维效率、自动化、安全等领域深耕多年。Hadoop 管理员仍在尝试定义和构建运维平台，其中包括安全和运营管理等领域仍然有待成熟。许多 Hadoop 管理人员甚至都未曾思考过站点恢复。技术团队未来的发展将是协调和跨领域的技术专长。跨不同团队的协调需要一个可持续性的解决方案。所有这些移动部分的整合也是一个不断发展的故事。

虚拟化提供了很多优点，可直接满足大数据平台所需的速度、敏捷性、灵活性和适应性的要求。然而，虚拟化有许多非技术性的挑战需要克服。这些挑战与缺乏虚拟化相关的详细技术知识有关，当意识到使用物理服务器的局限性时，领导者是否愿意引入变革。另一个挑战是软件供应商仅关注他们的软件和解决方案的实现。这些都是重要的障碍，但可以通过教育团队使其了解，并意识到虚拟化的好处来克服这些障碍。这也强调了大数据的部分旅程是企业转型。

10.2.5 虚拟化不是全部或不是一个选项

虚拟化作为混合解决方案表现非常出色。所有东西都不需要同时进行虚拟化。将虚拟化用于概念验证（POC）项目、开发和测试环境是将虚拟化与大数据的生产套件相结合的自然过程。构建生产级别的 Hadoop 虚拟化环境所需的技术和专业知识需要时间。同时也需要时间提升团队使用虚拟化环境的信心。逐步虚拟化 Hadoop 是建立基础设施团队和业务部门信心的好方法。

10.2.6 快速配置并提高开发和测试环境质量

随着越来越多的项目开始使用大数据解决方案，POC 项目、不同的开发场景、质量保证测试等也在不断涌现。这便是虚拟机带来大量正面影响的优点。混合应用场景和混合工作负载的应用可以同时在一个已经排好优先级的虚拟环境中运行。资源池可以区分这些工作负载，并为其中一部分设置高优先级。

虚拟设备为不同的测试场景提供灵活性支持。一个虚拟设备是一台虚拟机的镜像，并已为某特殊环境进行了预配置。虚拟设备可以开启或关闭。已开启的虚拟设备可以被修改。已关闭的虚拟设备作为一个完整的系统提供，并不是为了更改其环境。虚拟设备为开发人员、业务分析师和质量保证测试人员提供了可以使用的下载环境。每个人都拥有一个独立环境。此种方式减少了基础设施团队的运维管理工作，同时也使得开发人员可按需获得工作环境。虚拟设施可以非常方便地使用，并可以带来规模经济。

vApp 将虚拟设备的概念带到了新的层次。vApp 是预先配置为协同工作的一组虚拟机。当实现 vApp 时，可以为部署创建唯一 IP 地址、服务器名字等。几乎只需按一下按钮，整个已预先测试的环境就可以交付给技术团队。以下是一小部分 vApp 示例。

- 采用拥有客户端、元数据仓库、主服务器和工作节点的多层次的 Hadoop 集群。
- 采用类似于 Solr 或者 ElasticSearch 等不同分布式搜索引擎的配置。
- 采用类似于 Spark 或 Impala 等 NoSQL 和内存解决方案的多层次的 Hadoop 集群。
- 完整配置的 NoSQL 环境，例如 HBase、Accumulo、Cassandra、Mongo、Riak、Aerospike 等。
- 数据洞察环境如下。
  - Flume and Kafka。
  - Kafka and Storm。
  - Kafka and Spark Streaming。
- 例如 Eclipse、Maven、An、Snappy、Spring、Java、Python、Scala 等开发环境。这些环境可以是帮助开发团队轻松部署到 Windows、Mac 和现有群集上的复杂环境。
- 例如 Cloudera、Hortonworks 和 MapR 等不同的 Hadoop 发布版的部署。
- 拥有不同的安全和网络配置的 Hadoop 集群。
- 部署具有不同框架的 Hadoop 发行版的不同版本。

在大型企业中，业务部门使用 Cassandra、Spark 或 Solr。随着时间的推移，其他业务部门将尝试确定哪些用例是最佳配置。当 vApp 可以在短时间内部署时，它使组织能够轻松地尝试不同的部署，以确认哪些是最适合的使用场景。以这种方式使用虚拟化可以极大加速业务部门向大数据转移并更快利用它的优势。我们已经谈到了当成本快速降低的时候，如何简单实现创新。虚拟化提供了更低的占有成本，能促进快速变化以支持创新环境。

在许多 Hadoop 环境中，可能需要花费数月为某些类型的部署准备硬件，然后使用数周的时间启动环境。在拥有 vApps 和虚拟设备的虚拟化环境中，团队的预测试环境可以在数分钟内部署。在测试、减少异常和降低错误率的同时大大加速团队交付时间方面的提高是不可估量的。技术基础设施团队可以将环境构建为 vApps 以方便未来简单部署。同时需要意识到的是虚拟基础设施和 vApps 相关专业知识和意识相对匮乏，对于 Hadoop 环境来说还比较新，并没有许多他人的使用经验。要与它们共同缓慢启动。它们已经在 Hadoop 中得到长期的验证；然而，它们有一些应该考虑的优点。注意：就 Hadoop 而言，这是一个前沿的解决方案。

能够在虚拟机上运行 Hadoop 组件为这些组件带来了许多特性和功能。虚拟化可以提供许多物理服务器并不具备的特性和功能。除了容器之外，利用虚拟化的云服务将为大数据解决方案增添更多选择。

10.2.7　使用虚拟化提升高可用性

Hadoop 集群由许多高可用的组件组成。

- 主服务器进程，比如 NameNod、ResourceManager、ZooKeeper、Falcon Server、Ambari 或 Cloudera Manager、Application History Server、WebHCat Server、HBase Master、元数据仓库等。
- 工作节点进程，比如 DataNode、NodeManager、HBase RegionServer 等。
- 客户端节点。
- Edge 或演示服务器。
- LDAP 或目录服务器。
- 支持 BI、可视化、治理、数据洞见等软件节点。

一些 Hadoop 主进程具备高可用特性，比如 NameNode、ResourceManager、Oozie、ZooKeeper 和 HBase 主进程。其他 Hadoop 主进程和元数据仓库一样，都不具备内置高可用性。客户端节点（Client）、边缘服务器（Edge Servers）和软件供应商节点通常也不具备内置高可用性。工作节点使用 Hadoop 软件解决高可用性问题。YARN 和 HDFS 为工作节点提供高可用性。

VMware 高可用性、分布式资源调度器和 vMotion 等功能可以对硬件故障、软件故障甚至维护主服务器、软件服务器和不具有高可用性的客户端节点的可用性产生非常积极的影响。许多这些功能需要共享磁盘解决方案，但这些节点的虚拟化和共享磁盘解决方案通常是成本较低的解决方案，并提供了更易于维护的软件环境。

10.2.8　使用虚拟化处理 Hadoop 工作负载

Hadoop 工作负载差别非常明显。有些 Hadoop 集群的工作负载非常大，而其他 Hadoop 集群可能会出现峰值。计算和存储传统上集中在一起。然而，固定的计算和存储耦合在一起会导致利用率低并且缺少灵活性。问题在于并不是所有 Hadoop 都会使用同等级别的计算和存储资源。当没有足够的计算资源或缺乏存储资源时，解决方案便是添加更多的节点。将计算资源和存储资源分区可以更好地利用硬件资源，当只有一个地方出现瓶颈时，降低增加更多节点的可能性。在同一台 ESXi 服务器上创建多个合适大小的虚拟机同样可以带来性能优势。

10.2.9　基于云的 Hadoop

越来越多的企业在探索如何将云服务与 Hadoop 结合。比如 Rackspace、Altiscale、硬件供应商和通信企业提供按需的解决方案以减轻组织内部的压力。例如 Amazon、Google、IBM、Microsoft 和 HP 为大数据平台提供托管服务。IBM Bluemix 为在云中部署应用提供开源云架构。虚拟化的需求虽然不是来源于云服务，但虚拟化通常是利用云服务所有优势的关键组件。

提供 Hadoop 即服务的企业正在提供可靠的、开箱即用的解决方案。云企业将是一个可选择的方向，能使企业可在数分钟内构建环境，而企业内部则需要等待几个月才能获得硬件并启动。虚拟化环境可以帮助内部基础设施团队以云托管企业的速度和灵活性提供解决方案。云企业将对内部基础架构团队施加压力，以提高服务质量和加快交付时间。

10.2.10　大数据扩展

Vmware 的大数据扩展套件（BDE）是一组设计用于在虚拟化平台上运行 Hadoop 的管理工具。Serengeti 是一个由 VMware 启动的开源项目，用于支持在虚拟环境部署 Hadoop。

- BDE 是 Serengeti 项目的商业版。
- BDE 是 VMware vSphere 的一部分，而不是一个独立的产品。
- 与 vSphere vCenter 集成以帮助在 vSphere 环境中管理 Hadoop。BDE 支持 Apache Hadoop、Hortonworks、Cloudera 和 MapR 的发行版本。
- BDE 通过 vCenter 服务器进行管理和控制。
- BDE 有助于在虚拟基础设施中快速配置 Hadoop，并支持领先的 Hadoop 管理工具，如 Cloudera Manager 和 Ambari。
- BDE 可为 Hadoop 提供管理接口，或通过 API 使用现有的 Hadoop 管理工具。

BDE 可以创建虚拟机，但是在 BDE2.1 中，Hadoop 管理工具将为管理人员透明地安装软件。BDE 可以调用合适的 API 进行安装。这使得 BDE 可以专注于最擅长的工作，并利用 Hadoop 发行版的管理工具，而不是 BDE 试图做所有事情。BDE 可以使用类似于 vRealize

Automation 等工具与用户自助服务协同工作。这种自助服务可以通过 IT 目录交付基础设施和应用服务。一些虚拟化功能并不支持 BDE，比如 vSphere Storage DRS。BDE 的其他功能如下。

- 允许使用 vCloud Automation Center 在私有云中自助配置 Hadoop 集群。这为终端用户提供了 Hadoop 即服务。
- 支持部署 Hadoop 和 HBase。
- 通过将计算和存储层分离以提供弹性可扩展能力。提升了多租户能力。
- 可为本地存储、共享存储和混合存储提供灵活的解决方案。

BDE 是 vCenter Server 插件集成的虚拟设备。虚拟设备包括两台虚拟机：一台 Serengeti 管理服务器和一台 Hadoop 模板服务器。Serengeti 管理服务器关注于构建集群、配置虚拟机与定义主服务器与工作节点。Serengeti 管理服务器同时通过克隆 Hadoop 模板来支持集群扩展。

与 VMware 合作非常重要，不仅可获得 Hadoop 的最佳实践和指导方针，还要获得最新的 BDE 清单。有一个项目清单用以确保环境已经正确配置，以使用 BDE 软件运行 Hadoop。

10.2.11 虚拟化的途径

Hadoop 虚拟化环境有很多不同的方式，在私有云、公有云和混合云之间并存，同时也支持虚拟化不同区域的 Hadoop。下面描述一种成功的方式。

在虚拟低延迟的服务器时，确保虚拟化满足低延迟服务级别协议（SLA）。VMware 已经完成了大量的性能研究和参考架构，可以帮助解决这个问题。记住，CPU、内存、存储和网络配置是一种定义集群资源的吞吐能力的数据模型。性能测试数据必须关联 CPU、内存、存储和网络等硬件能力。除了识别由于不平衡造成的瓶颈之外，还必须识别物理硬件的可扩展性和吞吐量、延迟，特别是围绕存储和网络相关的延迟。如果虚拟化不能满足 SLA，则不要虚拟化这些服务器。确保在进入下一个级别的虚拟化之前具备适当级别的专业知识和信心。

- 查看专门从事 Hadoop 虚拟化的云托管公司。这是启动开发或者快速完成 POC 项目的一种非常好的方式。
- 以 POC 项目为起点，目标是测试一些使用场景。这将以简单、低成本的方式进入 Hadoop 虚拟化。
- 构建虚拟化的开发环境。

- 构建虚拟化的质量保证和测试环境。
- Hadoop 虚拟化主节点和工作节点之外的服务器。
- 虚拟化 NoSQL 数据库。
- Hadoop 虚拟化主服务器。
- Hadoop 虚拟化从属服务器。

我们发现越来越多的 Hadoop 部署在私有云中。它们以测试和开发集群开始。即使是生产服务器也会在私有云中获得帮助。Amazon Web Services（AWS）、Amazon Elastic Compute Cloud（Amazon EC2）、Microsoft Azure、Rackspace Cloud、IBM Bluemix、Altiscale 以及电信和硬件巨头让配置 Hadoop 即服务变得越来越简单。内部基础设施团队提供的以物理机方式运行 Hadoop 可能是简单而安全的短期解决方案，但是如果不考虑虚拟化，将很难在成本和交付结果上形成竞争优势。

我们也期望企业在探索如何利用 S3 等外部存储解决方案。企业越是注重成为一个以速度驱动的企业，虚拟化和云便会越重要。同样需要考虑新加入的 Linux 容器隔离和镜像管理，特别是许多公司由于基础设施团队在落实 Hadoop 生态的缓慢速度而推迟的大数据之旅。

10.2.12　软件定义数据中心

软件定义的数据中心从本质上来说可以像任何数据中心的所有组件来简单理解。什么是支撑企业的计算需求所必需的？VMware 已经编写了一系列相互关联的产品，可以通过软件完成对数据中心的所有控制。这意味着可按业务的需求自动化、集成和重新配置数据中心。例如，配置延迟与吞吐量之间存在固有的冲突，这在性能优化中尚未得到解决。管理团队需要围绕吞吐量和延迟设置度量标准。

这在不断变化的行业中是一个巨大的优势。你是在为当前或未来构建一个大数据环境吗？你是否陷入了 20 世纪 90 年代的技术困境，或者你正在建设的服务会根据项目的需求变成私有或者公共的？企业需要确保他们的云和大数据策略是一致的。如果在这两个重要的领域未保持一致，将会变得更加困难和不畅。企业可能希望灵活地在虚拟平台上运行大数据工作负载，然后，如果需要，可以将其无缝迁移至公共云环境，而不必更改应用程序或基础设施。

我们的一些读者是 Hadoop 专家并且愿意接受培训，以了解如何协调大数据平台的所有复杂性。你否考虑到培训机构或部门需要不断启动和关闭环境？那么它们是怎么做的？ 大多数培训机构正在使用某种形式的虚拟化——使用云配置的 Hadoop 或虚拟机提供培训环境。还有另一个非常好的虚拟化的理由——尝试快速部署和拆除不同大小的集群。这与我们在 2000～2013 年看到的模式相同，当时开发人员在数据中心使用虚拟化处理不太关键的工作负载，然后演变为虚拟化业务关键型应用程序。这个趋势如此普遍，以至于现在更多的新服务器被虚拟化，而不是被配置为裸机。这不是一种时尚或炒作循环；这是一个不可逆转的趋势。企业并未计划回到裸机服务器，特别是企业部署更多云服务的时候。借用 Marc Andreessen 在《华尔街日报》上发表的文章标题——“软件正在吃到世界”，包括你的数据中心在内。随着类似 VMware 软件定义数据中心（VMware Software Defined Datacenter，SDDC）这样更成熟和稳定的产品需要更多 Hadoop 生态中的组件，虚拟化只是时间问题。

关键是需要勇气去适应。在 Hadoop 和软件定义数据中心方面具有多种层次的复杂性。然而，我们正处在 IT 环境的某个阶段，需要我们放开硬件并让软件来管理所有复杂性。这意味着我们需要从大数据获得重要价值，需要新的重心以帮助我们为所服务的企业提供服务。从另一个角度说，改变意味着确保人员、流程、技术和业务成本达成一致。这就是企业转型如此重要的地方。Hadoop 和大数据的目标无法通过仅安装软件达到。创建一个速度驱动的企业和一个创新环境需要对企业将要达到的目标有一个非常清晰的认识。作者选择使用 VMware Press 的原因是 VMware 多年来在企业支持方面有着良好的记录。简单来说，通过对相互关联的产品介绍，让我们看看虚拟化可能带来的大数据部署方面的哪些优势。

首先，考虑 Hadoop 如何持续运作，因为它假设硬件会发生故障，故基于数据冗余构建，同时在工作节点上通过软件提供高可用性。vCenter 和 vSphere 软件内置在其他物理节点重启失效虚拟机的高可用的能力。它同时能选择 4 个或少于 4 个 vCPU 的关键节点，并通过容错（FT）保护以零停机时间运行它们。因此，虚拟化优势的一个关键部分是让 Hadoop 生态中不具备高可用功能的关键节点具备高可用性。考虑以虚拟化整个企业而不是 Hadoop 生态系统中每个单独组件的视角解决高可用性问题。

其次，vSphere 系统通过使用分布式资源控制将负载从一个服务器或存储组转移至其他地方来突破瓶颈，以按需满足内存和处理的要求。这是非常重要的日常运营功能，它可以使企业更加稳定和可靠。所有这些软件中的功能都已经历经多年。虚拟化让数据湖管理员在日常的操作中能站在安全和性能的高度。虚拟化的演进跟 Hadoop 类似。VMware vSphere 虚拟化已经发生的一个明显的改变是如何抽象网络和存储，以完成软件定义数据中心。要考虑在没有软件定义的功能的情况下需要付出多少努力来提高效率、敏捷性和控制能力。近年来，企业可以在分钟级别部署虚拟机，但是现在需要花费数天来配置网络和预留存储。软件定义数据中心简化网络和存储管理。

10.2.13 虚拟化网络

最近，NSX 已经赋予网络区分控制层（网络如何表现和配置）和数据层（网络数据从一个位置传输至另一个）。此种隔离隐含的是革命性的变化，允许网络快速配置。VMware 也承诺从开始便将安全融入产品。vSphere 为 Hadoop 的部署带来一个明显的优势。为什么？比如，当前的安全仍在随着一批 Apache 项目而演进。受物理节点管理的限制，网络安全解决方案通常是存在边界的。许多企业都发生过很多不幸的事件，攻击者突破了边界，然后在企业数据中心内随意移动。网络细分在手动操作网络时无法达到，但内置了 NSX，可以允许安全控制从一组虚拟机下沉到甚至一台虚拟机进行操作。这些软件定义的自动化能力和继承至 NSX 的安全能力可以为 Hadoop 的部署提供高效的服务。Hadoop 生态系统中明确的一点是不断创新。为了应对变化，具有前瞻性的领导者可以使用软件定义网络来实现 Hadoop。

网络并不是软件定义计算的唯一创新。存储经历了融合产品和闪存技术的巨大变化。然而，软件定义的优化可能会产生最有价值的好处。VMware 在 vSphere 5.5 vRealize Suite 中引入了 vSAN，现在又引入了虚拟卷。这些改进的核心是对象存储的概念。关键问题是基于策略的管理，你可以在其中定义最低和最高要求的规则，例如 ReadOps、WriteOP、ReadLatency 或 WriteLatency。策略本质上决定了 VM 所需的容量、性能和可用性要求。基于对象的存储确保虚拟机的存储始终遵守其构建的规则。这是非常强大的，因为现在无论虚拟机在哪里，只要符合其策略，虚拟机存储将提供相同级别的性能。很少有人意识到在虚拟机面临的按需重新配置存储方面，对象存储具备的强大能力。这种重新配置存储的功能可以非常精确地控制虚拟机的关键存储需求。

换句话说，考虑一下 Hadoop 生态系统中的所有应用程序。一些数据平台（如 NoSQL）可能需要容忍一定数量的故障，或每个对象有多个磁盘条纹，或保留闪存缓存和读取缓存，或预留对象存储空间（精简或精简预配置）。这些属性通常是与 CAP 定理相关的组件示例。粗略地说，CAP 理论指出在网络分区（P）的情况下，系统可以被设计为具备一致性（C）或可用性（A）。这个定理导致了 3 个概括中的两个。唯一的问题是在对象存储方面，粒度被重新定义。通过对象，你可以单独定义诸如可用性、一致性、持续性、持久性、延迟、吞吐量、缩放比例或局部性等特征，仅列出一些属性。这不再是不考虑权衡的一次性决定，而是基于不同应用的不同策略的动态决策。这意味着可以设置策略、维护策略。如果策略匹配，可以重置策略并检查结果。虚拟化存储正逐渐成为 Hadoop 项目中所有各种需求的强大盟友。软件定义的存储延续了控制、敏捷和效率的故事。另外，策略中可以保持安全策略。这些是每个 Hadoop 管理员需要解决或至少需要理解的功能。

总的来说，vSphere 是软件定义数据中心的基础，让云管理之路更加合理。Hadoop 可以通过多个阶段从概念转移到生产，而且不会错过任何需求。虚拟化具有令人难以置信的架构和操作灵活性，快速发展的 Hadoop 环境可以利用这种灵活性。

10.2.14 vRealize Suite

考虑到 VMware 在 vRealize Suite 下针对数据中心新增了一系列的管理工具。尤其是其中的 4 款工具在大数据处理上具有明显的优势。vRealize Automation 允许常规用户和开发者通过自服务门户配置整个系统，通过基于角色的访问控制来管理这些系统，并管理配置系统的整个生命周期，包括删除任务已经结束的虚拟机。这意味着可以构建一幅蓝图，所有操作系统、应用和 Hadoop 每个组件的应用配置都可以部署在物理机、虚拟机或云，并且在各地方使用同样的设置运行。这将快速提高创建、测试和生产的开发周期。通过使用软件自动化部署 Hadoop 集群或组件，而不是使用手动或脚本的方式，可以更简单地解决出现的问题。通过帮助监控和管理数据中心，vRealize Operation 不仅可以监控影响性能的趋势，也能预测 CPU 周期、内存、网络和存储的容量需求。

vRealize Operations 使用一套稳定的分析技术来决定系统中每个指标的趋势或远程动态阈值，使用此种方式可以更早收到性能问题告警。你可能会问，我的企业将为此花费多少？vRealize Business 是一种可以追踪所有 IT 重要成本的工具，它将成本信息显示在仪表盘，这样每一个业务部门都知道它们的花费。同时，产品之间相互关联以提供纯手动无法达到的新层次的控制、灵活性和高效。企业希望在他们每天的运维中有更多的选择和自定义能力。因此企业可以在数据中心的每个方面选择最合适的产品。

最后强调的管理工具可以简单地视为软件定义数据中心背后的“黏合剂”。此工具是 vRealize Orchtestrator。这种产品在 VMware 中具有超过 7 年的追踪记录，并且与基本 vCenter 安装保持同等标准。vRealize Orchestrator 的自动化非常灵活。如果任何产品具有 REST API 或 SOAP API 或模块，vRealize Orchestrator 可以在两种产品间完成操作。使用预构建的工作流或 JavaScript，Orchestrator 可以替换任何 VMware 产品和第三方软件之间的手动任务，并且自动化这些操作。

所有这些工具都已在 Hadoop 领域测试，并且在此方面有相关 Hadoop 开发经验的人员可以为如何管理和交付 Hadoop 平台提供新的可能性。从草稿开始完成，所有工作会是一个巨大的任务，但是现实是大部分财富 1 000 强公司已经拥有部分或所有虚拟化基础设施。问题在于将它与 Hadoop 发行版结合使用。这就是为什么虚拟化 Hadoop 的问题更多的是一个心理问题而不是一个技术问题。如果想构建一个支持当今和未来数据科学的 Hadoop 生态系统。一个虚拟化的数据中心可以使所有日常操作变得更加敏捷，高效和可管理。

作者并不想强迫每个人在任何一个方向上做出选择，但是希望你能做出好的选择。关键点在于围绕云和大数据战略做好调研。许多虚拟化已经存在于每个 Hadoop 生态系统中，所以它流行于世界只是时间问题。这就是“软件正在蚕食世界”的原因。

10.3 小结

Hadoop 虚拟化或大数据环境在加快部署速度、提升运维灵活性、提升平台适配性、减少死机时间、简化管理和降低成本等方面有非常积极的影响。最佳成本降低策略通常很难量化，特别是在部署速度、灵活性、适应变化和减少死机时间等方面。这些都是非常重要的成功因素，但通常很难评估。

许多企业可能并未准备好将生产集群部署在虚拟环境中。不是所有原因都是技术的。其他原因可能是没有合适的使用场景和工作负载来运行弹性数据和计算节点。减少虚拟化 Hadoop 和虚拟化工作节点还有待成熟。企业在挣扎于所有供应商都想为开源的廉价商业硬件环境添加昂贵的专用软件。然而，虚拟化并不是一个要么全用、要么不用的解决方案。重点是你如何选择。困难点在于选择通常不仅关乎技术。同样关乎于人员、人事、成本和个人方便程度等。正如我们一直所说的，Hadoop 是通过尽快从数据中产生业务价值而为企业带来竞争优势。正如一直希望以速度驱动的企业，虚拟化可以通过很多方式帮助它更快、更简单地实现目标。

Hadoop 虚拟化仍然处于 Hadoop 世界的风口浪尖。请注意 vSAN、NSX、虚拟设备和 vApps 对于 Hadoop 世界来说仍然很新。许多虚拟化功能在 Hadoop 环境中尚未被充分测试，需要时间使其变得成熟，同时需要人们培养 Hadoop 方面的专家。我们在此介绍它们的原因是因为理解工具箱中的所有工具是非常重要的。同样，我们尝试指出未来可能的选项，但同时指出在 Hadoop 平台方面需要更深入的理解。同时，虚拟设备和 vApps 具有充足的优势，至少随着围绕它们的 Hadoop 相关知识逐渐丰富，可以考虑使用在开发和 POC 环境中。掌握 vSAN 和 NSX 的能力同样有助于理解随着 Hadoop 集群演进，如何管理网络和存储。然而，虚拟化为 Hadoop 带来的优势是显著的。同样，Hadoop 需要高灵活性来协调环境，同时虚拟基础设施可以作为 Hadoop 生态环境的黏合剂。

普遍是朝着混合云解决方案发展，本地私有云解决合规性、安全和数据保护，其他一些领域迁移至公有云中，同时保留同样的使用体验。Hadoop 在数据分析方面演进的重要路径主要是使用私有云，某些方面使用公有云。我们尝试展示具有多种路径、不同级别的速度和复杂性，包含从最初步的采用到一次性全部投入。我们同时期望使用容器来增加 Hadoop 集群，特别是在开发和测试领域。

参考文献

[1] DOC-28678, “Virtualized Hadoop Performance with VMware vSphere6 on High-Performance” whitepaper.

[2] Marc Andreessen’s article from the *Wall Street Journal*, “Software Is Eating The World”.

第 11 章

Hadoop 虚拟化主服务器

七八年的经验告诉我们，当客户开始使用虚拟化时，他们对虚拟化是什么有一个初步的概念。但一旦他们着手开始使用虚拟化时，他们就会把它当作一把瑞士军刀，而且可以有不同的使用方式。

——Raghu Raghuram

虚拟化就像一把瑞士军刀，有很多用法。然而，这带来了许多挑战。首先，当今大多数人仍然不了解虚拟化是如何工作的，或者如何利用它众多的特性和功能。其次，构建企业虚拟基础架构不是一件容易的事。但如果构建得当，虚拟化和软件定义数据中心的概念将彻底改变组织管理 Hadoop 生态系统服务器的方式。Hadoop 虚拟化有一个过程，技术技能和经验必须一步一步地积累和发展。基础架构团队必须学习如何设计基础架构、如何实施最佳实践以及如何排查和调整在虚拟基础架构上运行的 Hadoop 环境。即便是一家有虚拟化经验的公司，对 Hadoop 进行虚拟化仍然是一个全新的挑战。软件供应商希望尽可能地减少影响软件性能的因素。大多数软件供应商的首要任务并不是降低环境的总拥有成本（TCO），而是提高 Hadoop 生态系统的运营效率、敏捷性和灵活性。但是，虚拟化将会带来所有这些好处，确保机构如愿地推动 Hadoop。

11.1 Hadoop 虚拟化集群服务器

基础架构团队和 Hadoop 团队必须对虚拟化基础架构充满信心。这源于已虚拟化的系统，并且能够对其进行故障排除和调整。当遇到问题时，团队相信他们能够识别是虚拟基础架构问题还是操作系统、软件或 Hadoop 问题。信心同样来自于，如果调配得当，虚拟机中运行的软件可以以最小开销运行。基础架构团队必须培养 Hadoop 集群不同方向的虚拟化技能，例如度量设置、不同类型的票据跟踪以及票据处理。在虚拟化下一个层级前，需要确认每层虚拟化所需的技能的成熟度。

不愿虚拟化工作守护进程（计算和存储）的客户通常也不会虚拟化主守护进程。主守护进程通常是第一批被虚拟化的服务。主守护进程不会受到像工作守护进程所承受那样的性能压力。对于开发、测试或概念验证（POC），Hadoop 集群的主守护进程可能与工作守护进程在同一 ESXi 主机上，但除非硬件资源有限，否则不建议这样做。在配置集群时，应始终遵循最佳实践的可复制模式。在 Hadoop 环境中，主守护进程和工作守护进程分开存放。

有以下几种开始虚拟化 Hadoop 环境的方法。

- 一次虚拟一个层次。
  - 虚拟化接触 Hadoop 集群的服务器。
  - 虚拟化安全和第三方软件服务器。
  - 虚拟化出于不同的原因需要在 Hadoop 网络中运行的框架、NoSQL 数据库和 SQL 引擎，但作为单独的集群运行。
  - 虚拟化 edge/gateway/staging 服务器。
  - 虚拟化主服务器。
  - 虚拟工作节点。
  - 虚拟化 DR 站点。
- 一次虚拟一个 Hadoop 集群。
  - 虚拟化开发环境。
  - 虚拟化测试和 QA 环境。
  - 虚拟化生产环境。
  - 虚拟化 DR 站点。

11.1.1　Hadoop 周边环境虚拟化

从 Hadoop 集群的服务器开始虚拟化是一个不错的开端。LDAP 或 AD 服务器很容易虚拟化，它们自带高可用性解决方案，并且具有虚拟化的高可用功能。许多大中型企业已有多年认证服务器虚拟化经验。虚拟化用户认证服务器后，最好检查一下同 Hadoop 集群相关联的软件服务器。使用额外的安全服务器是虚拟化的理想选择。

下一组要虚拟化的服务器是边缘或开发用服务器（Staging Server）。这些服务器是加载到 HDFS 中的数据的起点。在边缘或开发用服务器上还将运行 Hadoop 集群应用。运行 Hadoop 集群相关的第三方软件服务器都应被虚拟化。

11.1.2 Hadoop 主服务器虚拟化

虚拟化主服务器是构建 Hadoop 虚拟平台的关键步骤之一。主服务器的设计和配置的主要目标之一是高可用性，这使它们成为虚拟化的理想对象。虚拟化主服务器显著提高了企业服务器的健壮性。

Hadoop 服务器虚拟化列表取决于使用哪个发行版本以及随版本安装了哪些框架。其他可能用到的框架不是开源框架，但同样可以认为是核心框架特定的一部分。开放数据平台（ODP）的目标之一是创建 Hadoop 核心框架的标准分布，使软件供应商能够对软件进行测试和验证。

以下对可虚拟化框架进行举例。附加进程，如 LDAP、分布式 PRC（DRPC）、端口映射进程（portmap）、网络文件系统进程（nfs3）、Storm 进程（nimbus、supervisor ……）等，根据 Hadoop 配置可能需要进行虚拟化。根据每个 Hadoop 守护进程的高可用性（HA）要求，主服务器应在不同主机上。如果使用诸如 vSphere 分布式资源调度（DRS）或 VMware 高可用性等功能，则关于虚拟机所处的位置有不同规则。例如，你不希望备用 ResourceManager 的虚拟机和运行主 ResourceManager 的虚拟机在同一主机上。Hadoop 守护进程 VM 可以具有不同优先级与不同关联性和反关联性的规则。

根据 HA 和管理要求，需要在虚拟机和 ESXi 主机中配置 Hadoop 守护进程。如果 Hadoop 生态系统包含 NoSQL 和 Spark、Impala、Flink、Storm 和 Kafka 等产品，那么它们也需要围绕虚拟机和主机进行配置，以满足软件资源需求；确保这些虚拟机规则定义清晰。例如，不要将主守护程序及其备用守护程序放在同一个 ESXi 主机上。

虚拟机的另一个好处是很容易创建和使用。大多数物理 Hadoop 集群有 3～4 台 Hadoop 守护进程主机。使用虚拟机，最好有 4～6 台虚拟机来管理 Hadoop 主守护进程。需要了解 Hadoop 主服务器在 ESXi 主机中的分布。使用虚拟机来定义守护进程的管理规则比使用物理服务器更灵活。然而，如果想要更细的粒度来控制高可用性、关联性和反关联性规则以及 VMware DRS/HA 规则，那么通过使用一些额外的虚拟机来运行守护进程，可以更灵活地构建合适的基础设施管理。每个 Hadoop 守护进程以及在虚拟基础架构中的存在位置都有一个重要的特定原由。Hadoop 集群的性能需要工作节点和主服务器之间的通信具备低延迟。

为了保持低延迟，最好让 NameNode 和 ResourceManager Hadoop 守护进程在自己的专用虚拟机中运行。群集的配置虽然是唯一的，但关键是使用虚拟机可以有更多的选择。在创建虚拟机计划时不要忽视这一点。请记住，随着生态系统的发展和变化，必须对规则进行定期评估。应支持定期票据评估，以确认 Hadoop 守护程序在 vSphere DRS/HA 群集中运行正常。以下是 Hadoop 生态系统中关键的主服务器守护程序列表。该列表会根据特定的配置或软件版本而改变。

- Oozie Server。
- NameNode。
- Standby NameNode。
- ResourceManager。
- Standby ResourceManager。
- Falcon Server。
- Ambari Server。
- Ganglia/Nagios。
- ZooKeeper。
- Knox Gateway。
- HBase Master。
- JobHistoryServer。
- ApplicationHistoryServer。
- HiveServer。
- HiveServer2。
- WebHCat Server。

图 11.1 展示了 Hadoop 主守护进程的虚拟化。

Hadoop 主守护进程分布至不同的虚拟机后，虚拟机可以根据工作负载需求进行适当的调整。因此，将主服务器放置到其他虚拟基础架构后，可以保留剩余资源或在高活动期间将未分配资源动进行动态分配。物理服务器不具备这样的灵活性。

尽管高可用性是 Hadoop 主守护进程的首要事项，但其性能也很重要。遵循相关的最佳实践，确保 Hadoop 守护程序拥有满足 SLA 所需的资源。不要为主 Hadoop 守护进程和相关环境进行资源超额配置，并确保资源池开启资源保护。

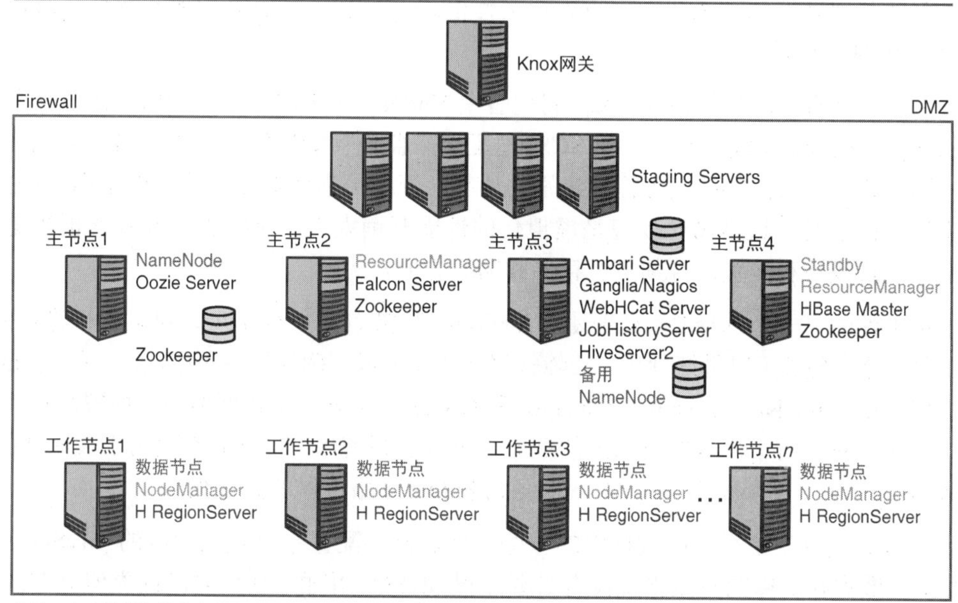

图 11.1　Hadoop 主守护进程虚拟化示例

是否使用共享存储是虚拟化主服务器的决策之一。两个选择各有优缺点。共享存储可以避免 Hadoop 主守护进程发生磁盘故障，但这增加了 Hadoop 环境的额外成本、复杂性和所需的专业知识。共享磁盘还允许虚拟化的所有功能可用于 Hadoop 主守护进程。但是，如果在现有虚拟化数据中心上部署该Hadoop集群，那么可能某些共享存储可供主虚拟机使用。例如 vSphere HA、应用程序 HA、分布式资源调度程序（DRS）和容错功能可用于 Hadoop 主守护进程。通过确保资源均匀分布在 vSphere 主机上，DRS 还可提升性能。同供应商合作并确认这些功能是否已在 Hadoop 平台上进行过测试是很有必要的。更高级的功能需要确认已经过测试，并确认可在 Hadoop 上运行。

前面的章节讨论了 SAN、iSCSI 和 NFS。每种不同的存储解决方案都有优点和缺点。确保选择的存储能够满足性能要求。磁盘性能也很重要。VSAN 可以写入固态磁盘（SSD），并通过 SSD 读取命中缓存。SSD 和 HHD 在存储中的比例会对性能产生影响，但速度和成本一直是一个普遍争论。虽然 1GB 链接也能正常工作，但建议在 ESXi VSAN 群集主机间使用 10GB 链接。确保 SATA 或 SAS 磁盘速度能够满足性能要求。RAID 控制器和会写缓存大小也会对性能造成影响。确保回写式缓存具备非易失性，不会造成数据丢失或损坏。

另一个重要决策是，使用物理（原始设备映射）还是虚拟文件格式（VMFS）。这两种文件格式之间确实没有性能差异，因此取决于哪种格式更适合于特定的配置。如果目的是尽可能多地利用虚拟化功能，则使用虚拟文件格式。除非需要快速切换至物理系统，否则建议使用 VMFS 格式。

确保遵循所有标准化的最佳实践。将包含主 Hadoop 守护进程数据的所有磁盘配置为预分配的 eager-zeroed 模式。通过物理 SCSI 适配器来监视存储性能，可以获得主活动和副本活动信息、数据存储性能以及虚拟机级别的性能。管理员需要对这些领域的指标了如指掌。当发生性能问题时，通常第一反应是虚拟化的性能开销太大。事实上，问题的根源是没有遵循最佳实践设计和配置，特别是在存储和网络方面。

高可用性的另一个选择是，是否使用 VMware 容错（FT）。容错可以对虚拟机进行保护，以便在服务器出现故障时继续使用。故障转移至从虚拟机可确保服务不中断。一些主 Hadoop 守护进程（如 NameNode\ResourceManager 和 Oozie 服务器）在其框架中已内置高可用性，但另一些却没有。对于没有内置 HA 的框架，可以选择使用 FT。FT 也适用于关系数据库，这些数据用于存储 Ambari 服务、Hive 服务器和 Oozie 服务器的元数据。

管理员必须决定是否使用数据库的一些选项，例如配置带有复制功能的 MySQL 服务器。对于元数据存储库的负载来说没有必要配置 MySQL 集群。使用复制或类似分布式块复制设备（DRBD）也是一个选择。开启容错后，就会有额外开销，但是这为没有内置高可用性的 Hadoop 守护进程提供了一种简单的方法来实现高可用这一重要特性。关于是否使用 VMware HA 选项、数据库 HA 选项等，有多种选择。综合成本、管理的复杂性、团队的技能以及 Hadoop SLA 将得出恰当的解决方案。

如果使用 SAN 或虚拟 SAN，可以使用 vMotion 进行维护。管理员可以使用 vMotion 将虚拟机从一台主机移动到另一台主机，而不需要停机。使用 vSphere DRS/HA 和应用程序 HA，可以让没有内置 HA 的 Hadoop 组件具备可用性。vSphere DRS/HA 的优点在于易于维护，且运行后不会增加管理的复杂性。由于 Hadoop 是开源的，如果不谨慎使用，大量不必要的第三方产品会增加 Hadoop 集群的复杂性和开销。

11.1.3 无 SAN 虚拟化

不使用 SAN 或虚拟 SAN 意味着某些功能将不可用，例如 VMware DRS/HA。但对主 Hadoop 守护进程虚拟化仍然具有巨大的价值。敏捷、灵活以及按需的资源管理仍然可以被利用。虚拟化网络也能在很大程度上对 Hadoop 集群进行保护。这一点很重要，因为 Hadoop 安全性还在发展过程中。网络可以像计算资源一样被抽象虚拟化。这使得网络可以选择性地划分成逻辑区域网络，以附加给特定的环境和应用。逻辑网络可以跨越物理边界。这提供了改变和扩展逻辑网络而不需要重新配置物理网络硬件的能力。随着 Hadoop 集群的发展和工作负载的变化，防火墙、VPN、负载均衡器和网络设置都能够轻易调整。

逻辑网络消除了负载迁移时的 IP 寻址问题。随着越来越多的业务部门访问数据湖中的数据，虚拟网络可实现大规模多租户。逻辑网络也支持网段隔离，这意味着两个 POC Hadoop 集群可以拥有相同的服务器名称和 IP 地址，因为它们在独立的环境中运行。这不仅使得配置新的 Hadoop 集群更容易，而且减少了错误和管理成本。

大多数 Hadoop 环境没有重视的一个重要领域是具备高质量的开发和测试环境。Hadoop 开发和测试集群的质量会影响 Hadoop 生产集群的质量。随着 Hadoop 的发展，将会有不同类型的概念验证（POC）项目需求。快速构建 Hadoop 集群的能力非常重要。vApp（作为一个单元进行部署的一组虚拟机）是搭建经过配置验证的新 Hadoop 集群的绝佳方式。通过将 vApp 作为多个虚拟机的容器，可以创建主服务器的 vApp，以在开发、测试和 POC 环境中部署完全相同的副本。这样，所有环境都和生产环境配置相同。vApp 包含资源控制和网络配置，以确保是生产环境的精确副本。部署前需要在多个场景中对 vApp 进行测试。

11.2 小结

首先，高可用是运行 Hadoop 主守护进程平台的首要设计目标。其次，Hadoop 主服务器需要灵活地支持 Hadoop 软件、物理硬件服务器、软件、网络和存储硬件以及需求的变化。为实现这两个目标，虚拟化为 Hadoop 集群增加了许多重要功能和特性。

本章阐述了虚拟化如何为 Hadoop 主服务器带来众多好处和功能，这些功能可以被基础架构团队加以使用。机构有更多的选择来配置 Hadoop 集群虚拟化，选择多多益善。虚拟化专家希望通过虚拟化来解决问题；Hadoop 专家将希望使用 Hadoop 和开源框架来解决问题，等等。配置 Hadoop 集群以实现概念性能验证（POC）与为生产环境配置 Hadoop 集群（包含生产所隐含的管理）之间是有区别的。虚拟化、基础架构以及 Hadoop 专家们需要坐在一起探讨并阐述如何维护和管理 Hadoop 集群以满足当前的 SLA 以及 Hadoop 生态系统的不断发展。每个人都需要放下自己的观点，仔细聆听团队中的所有方案。通过这样的方式，数据湖消除了数据孤岛，运行在虚拟基础架构中的 Hadoop 群集减少了不同技术团队的技术孤岛。通过在虚拟基础架构上运行 Hadoop，可以提高敏捷性、灵活性、可维护性和弹性。

第 12 章

虚拟化工作节点

黄色的树林里分出两条路，我选择了人迹罕至的那条，一切便不同了。

——Robert Frost

本章将介绍在 Hadoop 集群中虚拟化工作节点的不同方式。这些节点包括 NodeManager、Application Master、Containers 和 DataNode 进程等 Hadoop 角色。到目前为止，可能你看过的标准本地配置结合了每个 Hadoop 工作节点的计算进程（NodeManager、Application Master、Container）和存储（DataNode）。在虚拟化工作节点时，我们先使用这种方法，然后出于灵活性的原因再展示如何超越它。

本章中的设计方法假设 Hadoop 工作人员对 Hadoop 主服务器有各自的考虑——它们可能托管在不同的虚拟机和物理机上。虽然已经有 Hadoop 集群成功将两种主要类型的节点混合至同一主机服务器，但是对于较大的 Hadoop 集群，我们认为将两者分离很重要。

12.1 Hadoop 中的工作节点

在本次讨论中，我们将“工作节点”视为“过去在物理机器上运行的 Hadoop 特定的一组进程或守护进程”。随着虚拟化方式的发展，我们发现这些进程在一组虚拟机上也运行良好。实际上过去几年关于这两种方式（本地和虚拟化）的对比，有一部分的性能测试是在 VMware 和其合作者的实验室完成的。Hadoop 虚拟化工作节点，让我们可以选择新的设计模式，并且从其他设计中获取优势。

Hadoop 节点的概念相当于虚拟机在物理机开始时，采取最直接的方法来虚拟化。

NodeManager 进程运行在工作节点中，管理节点的计算处理。工作节点上的 DataNode 进程负责存储和检索该节点上的数据块。

每个运行在 YARN 环境中的任务都会拥有一个 Application Master 进程运行在其中一个工作节点上。Application Master 负责为容器获取资源（CPU 和内存），并执行特定任务的部分计算工作。可以将容器视为 Java 进程，尽管也可以使用其他类型的容器，比如 Linux 容器（LXC）。在 Application Master 的指导下，容器分布在各个工作节点上。

启动和停止容器是每个节点中的 NodeManager 的职责。当 NodeManager 从 Application Master 获得容器需要的特定计算资源后，容器才会启动。如果由 ResourceManager 主进程指示，NodeManager 可能会过早地停止容器。

将之前所述的所有进程结合至一个物理节点是启动本地 Hadoop 集群完成任务的常用方式。第一个设计要点是考虑到 Hadoop 虚拟化工作节点，则不必以不同的方式构建工作节点。虚拟化的 Hadoop 工作节点（虚拟机中运行的 Hadoop 进程）可能是本地物理工作进程的拷贝。

正如我们所看到的，在分配和使用多种资源时，分离计算和数据存储的功能可以提供额外的灵活性。

从工作节点的设计角度有如下考虑。

- 将计算进程和数据进程结合至同一虚拟机或分离至不同的虚拟机。
- 每个 ESXi 主机（物理服务器）拥有一个虚拟机或者同一 ESXi 主机拥有多个虚拟机。包含决定每个虚拟机的大小和每个虚拟机可以运行多少 YARN 容器以进行计算。
- 两种主要角色（NodeManager 和 DataNode）需选择何种存储设计。这对于任何 Hadoop 集群来说都至关重要。考虑因素包括本地直连存储（DAS）、基于 SAN 的存储、闪存、网络附加存储（NAS）和使用多种存储机制的混合模型。
- 是否需要完全独立的集群或者组合数据存储，同时，不同的 Hadoop 集群是否共享相同的存储。这有助于解决管理不同 Hadoop 集群具有大量公共数据的问题。

12.2 Hadoop 集群的部署模式

本节介绍 Hadoop 集群工作节点的不同部署设计布局。图 12.1 显示相关拓扑图。这里的计算（compute）指 Hadoop 架构中的 NodeManager 守护进程及其相关的容器；数据（data）

是指 DataNode 守护进程。

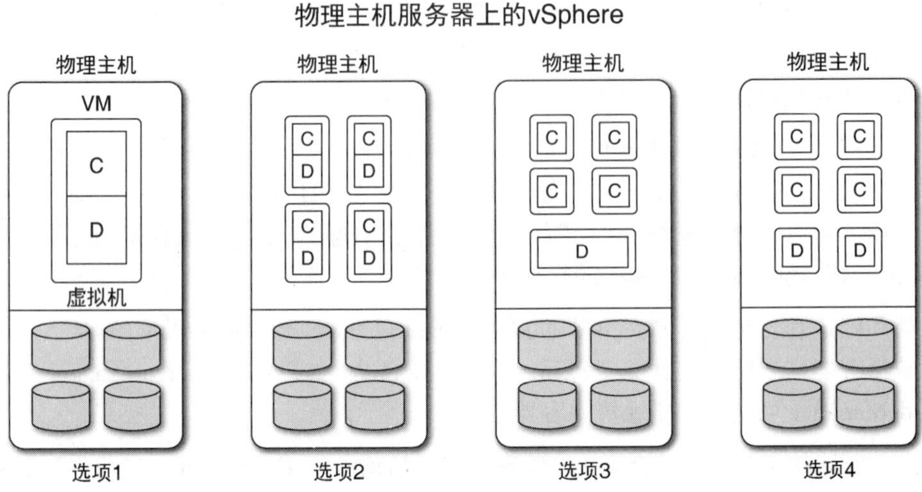

图 12.1 在虚拟机中部署 Hadoop 进程的多种选择

从存储的角度有许多通用的方式虚拟化工作节点，包括针对 HDFS 数据和其他数据使用直接附加存储或共享存储，当然也可以在同一设计中结合两种存储类型。我们将随同统一或分离计算和数据 Hadoop 组件的概念一起讨论这些存储选项。

在图 12.1 中的选项 1 和选项 2，计算和数据守护进程组合至同一虚拟机。在选项 3 和选项 4 中，它们分离至独立的虚拟机。这些组合和分离进程的模式具有不同的优势，本章节下面中将会与各种方式的架构因素共同讨论。从这一点来说，NodeManager 这个术语也指它所控制的容器和 Application Master，特别是当涉及已完成的 I/O 访问时。

12.2.1 组合模式

在相组合的模式中，NodeManager 和 DataNode 进程在同一虚拟机中运行。这是一种可以在本地环境中使用的方式。这不是唯一可用的部署模式，但可以用于比较虚拟 Hadoop 集群与本地集群。图 12.2 展示了选项 1 的组合模式的示例。为了方便解释，一个主机 ESXi 服务器（虚拟化主机）仅显示一个工作虚拟机（比如 Hadoop 虚拟节点）。多个类似的虚拟机可以同时运行在同一 vSphere 主机服务器中，这是一种更加普遍的使用场景。多个 vSphere 服务器可以存在于一个集群中。我们已经看到，在更大的 Hadoop 集群中以此种方式部署数百个 vSphere 服务器的示例，每个服务器上有多个工作虚拟机。

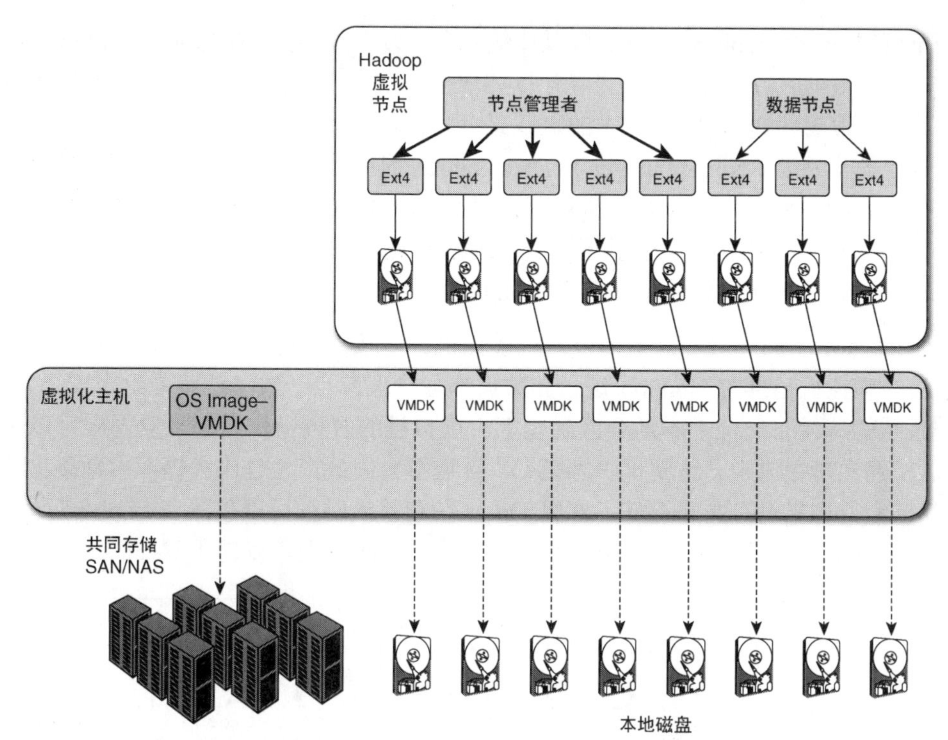

图 12.2 组合计算-数据模式下的虚拟化部署

示例展示了一个 vSphere 主机服务器拥有 8 个本地直连磁盘和一条连接至 SAN 或 NAS 共享存储设备的连接。即便没有可用的本地磁盘存储，也存在备选的部署设计方案，这将在本章节后面讨论。在示例中，存在 8 个虚拟机磁盘（VMDK）文件，存储并映射到 8 个本地附加磁盘的各个数据存储上，即每个磁盘对应一个 VMDK 文件。

对于刚接触虚拟化的人来说，数据存储是 vSphere 中用于存储的一个术语，它是从它所代表的磁盘或物理磁盘的特定性质抽象出来的。数据存储是虚拟机 VMDK 文件的容器，由 vCenter 管理员在 vSphere 工具中作为正常 vSphere 配置阶段的一部分而创建。当数据存储被挂载至服务器后，它将与虚拟管理程序中的特定磁盘设备关联。VMDK（与它相关的文件）是由虚拟管理程序管理的文件。它是虚拟机存储操作系统数据或应用数据的虚拟磁盘。当首次创建虚拟机时，VMDK 文件将被放置在数据存储中。

这些 VMDK 文件包含操作系统数据、HDFS 数据或其他虚拟机需要的数据。对于更加重要的弹性 Hadoop 集群来说，我们推荐从“应用”数据中分离“系统”数据或操作系统数据，并存储至独立的 VMDK 文件和数据存储中。但对于小的开发和测试集群来说并不是特别重要。

如果可以，一个 vSphere 服务器可以挂载多个直联存储磁盘。在当前的 Hadoop 部署中，一些 vSphere 主机服务器拥有超过 24 个 DAS 磁盘。出于性能的原因，Hadoop 版本发行商推荐挂载的直联磁盘越多越好。更多的直联磁盘将提供更大的 I/O 带宽，这对于优化 Hadoop 的性能来说非常重要。NodeManager 和 DataNode 进程可能被配置为通过通用的数据存储共享物理磁盘，但在此示例中，每个进程都通过分离的数据存储对自主的物理磁盘进行独立访问。这是通过一个数据存储映射至一个物理磁盘完成的，并为不同虚拟机操作系统进程的特定分区或目录分配单独的数据存储/VMDK。

图 12.3 显示了同一服务器中的一系列虚拟机。可按需为每台服务器选择两个或多个虚拟机。这些虚拟机包括的 Hadoop 进程和数据都与物理节点一致（这就是组合模式）。客户机操作系统的传统布局位于本地分区磁盘上。虚拟机的客机操作系统磁盘同样可以放置在基于 SAN 的共享存储中。这将保护客机 OS 磁盘不会失效，并且比存储在本地磁盘的客机 OS 更加安全。如果没有共享存储，客机 OS 系统和置换磁盘可以放置在 vSphere 数据存储中，并且可以映射至使用 RAID0 配置的一对专用本地磁盘上，以提供额外的安全保护。

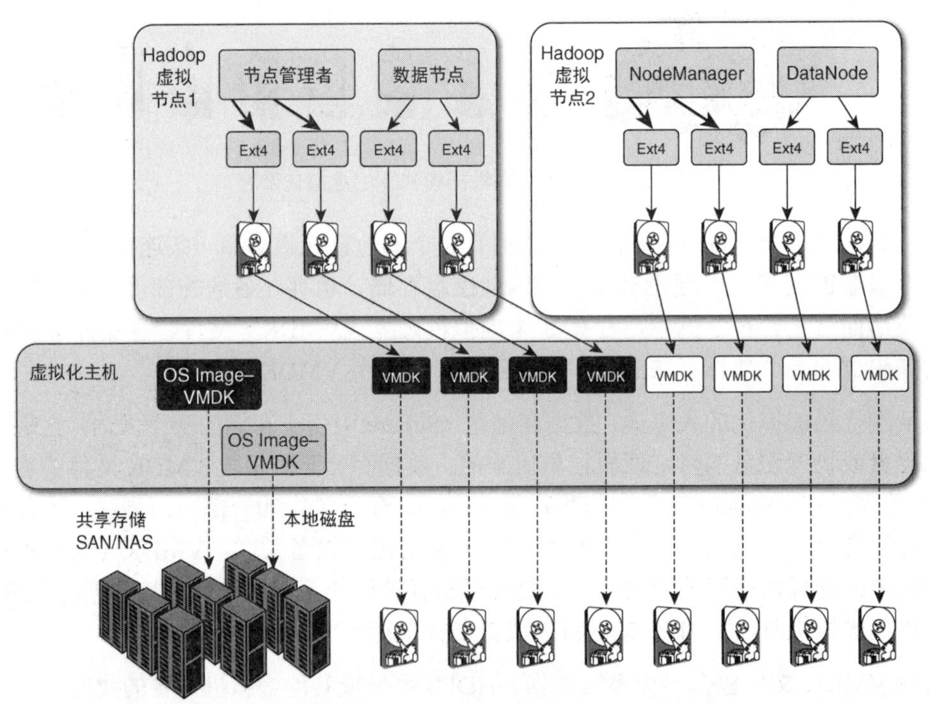

图 12.3 每台主机服务器包含多个虚拟化的 Hadoop 节点

若一台 vSphere 服务器主机中同时部署多个虚拟机，当工作负载与硬件匹配时可更好地利用资源。每台主机服务器拥有多个 Hadoop 节点，每个节点仅处于一个虚拟机中，相比于本地或物理的实现，此种方式可提高总体系统性能。这些学习案例显示，通过为主机服务器添加更多的虚拟机可以减少任务整体完成时间，然而，物理服务器的容量可能会被完全占用，收益会减少。决定最佳虚拟机数量的准则已经在之前的参考文献和第 9 章提及。

图 12.3 中的组合模型的部署（每个 ESXi 服务器主机拥有多个工作虚拟机）拥有 8 个 DAS 磁盘，跨各种工作负载（即跨虚拟机）进行划分。

如图 12.3 所示，两个虚拟机中的每个虚拟机都有 4 个 VMDK 文件被分配给 4 个数据存储。每个数据存储映射至一个本地物理磁盘。这意味着一个 VMDK 的所有流量都使用一个专有物理磁盘。分离磁盘访问可防止两个虚拟机之间争用同一磁盘。每个虚拟机的 NodeManager 和 DataNode 进程都不会共享 VMDK 文件和物理磁盘。就访问磁盘而言，这两个进程是相互分离的。如果部署的应用具有特殊的性能需求，可以使用此种方式为虚拟机或其内部的进程分配一系列的磁盘。这种方法的缺点是在任何时候，都将导致更少的磁盘驱动轴用于处理来自其他虚拟机或虚拟机内部进程的 I/O 请求。根据你的性能需求，你可以选择通过使用 vSphere VMDK 和数据存储等方式在虚拟机之间使用共享或分离磁盘。

12.2.2 分离模式

相对于组合模式，DataNode 和 NodeManager 进程可被分离至不同的虚拟机中。此种分离带来的好处是虚拟机级别的 NodeManager 节点的生命周期与 DataNode 节点的生命周期相互隔离。

因此，DataNode 虚拟机可以独立于 NodeManager 虚拟机运行，反之亦然。NodeManager 虚拟机的数量在任何时间都独立于 DataNode 虚拟机。此种计算处理与存储的分离称为数据/计算分离模式。

此种模式的优势在于允许扩张计算层（通过增加更多的虚拟机），同时存储/数据层仍然稳定。可为不同类型的工作负载添加计算节点。比如，可以在系统添加或删除 NodeManager 时不影响 DataNode（存储组件），然而在前面的组合模式中两者共享虚拟机。

同样的规则适用于增加 DataNode 的数量，尽管这并不常见。如果新的 DataNode 加入 Hadoop 集群中，那么数据均衡程序会将部分 HDFS 数据集扩展至新的 DataNode。此种数据均衡工作非常耗费网络带宽和时间，特别是当有任务正在运行时。更多的情况是用户选择 NodeManager 虚拟机的数量随时间扩展或收缩，以满足当前执行任务时需要的计算层能力。

管理员可以选择在新的工作虚拟机中启动新的 NodeManager，并将其加入已有的集群，或者从 Hadoop 集群中解除 NodeManager，并删除该进程所运行的虚拟机。此种类型的灵活性允许资源分布与工作负载的利用率相匹配。如图 12.4 所示，两台虚拟机运行于同一个主机服务器中，计算与数据分离。

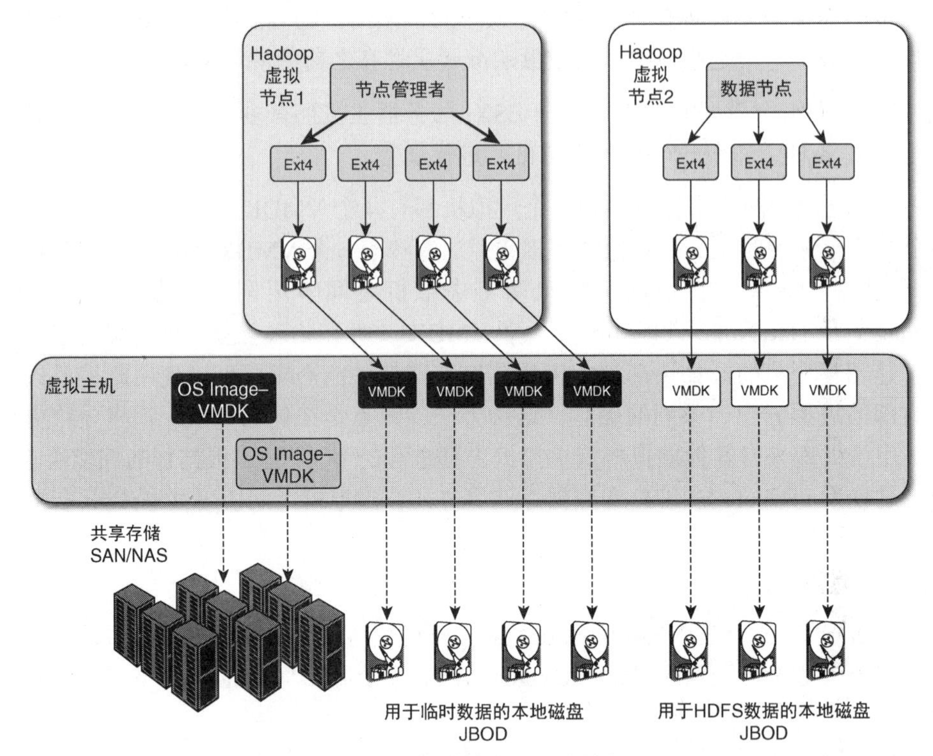

图 12.4　数据计算分离模式的部署

一台虚拟机专门运行 NodeManager，同时另一台运行 DataNode 进程。这两个虚拟机紧密通信以产生与组合模式相同的影响。然而，现在我们可以添加新的 NodeManager 虚拟机，以提升 Hadoop 集群中计算层的能力。

如前面的设计所示，客机操作系统磁盘和置换磁盘在共享存储上的放置可以按照与组合模型部署相同的方式完成。在此种架构下，在 DataNode 和 NodeManager（或计算）之间可通过通用的数据存储共享一些本地磁盘。然而，在图 12.4 的设计中描述了 I/O 带宽消费者的最佳分离模式，换言之，不在两个虚拟机之间共享物理磁盘。分离本地存储，通过映射至数据存储，然后满足 NodeManager（混洗和临时数据）和 DataNode（HDFS 数据）的 VMDK 需求。Hadoop 中的混洗数据和临时数据是在 MapReduce 处理过程中使用的数据，用于处理从存储器溢出的数据以及在 Mapper 和 Reducer 进程之间传输的数据。临时和混洗数据写入工作节点的本地目录中而不是存储至 HDFS 中。

这种方式的优势在于所有可用的磁盘都能分担 I/O 流量。跨虚拟机之间共享磁盘的一个劣势在于两个重要的进程（NodeManager 和 DataNode）可以同时完成访问。举例来说，此种情况将发生在 NodeManager 写入临时数据时，DataNode 在读写 HDFS 数据。这种场景可以通过将虚拟机与自己的磁盘或数据存储隔离来避免。

在管理本地或直连存储方式的独立磁盘时需要额外的努力，因为跨服务器分布的磁盘数量很多。然而，本地存储具有成本效益，并在很多场景下具有性能优势。这里是将管理所有本地 DAS（直接附加存储）磁盘的成本（相对于管理中央存储的模式）与获得的可扩展性进行权衡。DAS 方法将数据分散到数据中心内的服务器上，与更集中的存储系统相比，控制数据访问、备份和还原数据将变得更具挑战性。

12.2.3 数据—计算分离的网络影响

数据-计算分享的部署设计模式导致 Hadoop 组件之间网络数据流的变化，如图 12.5 所示。

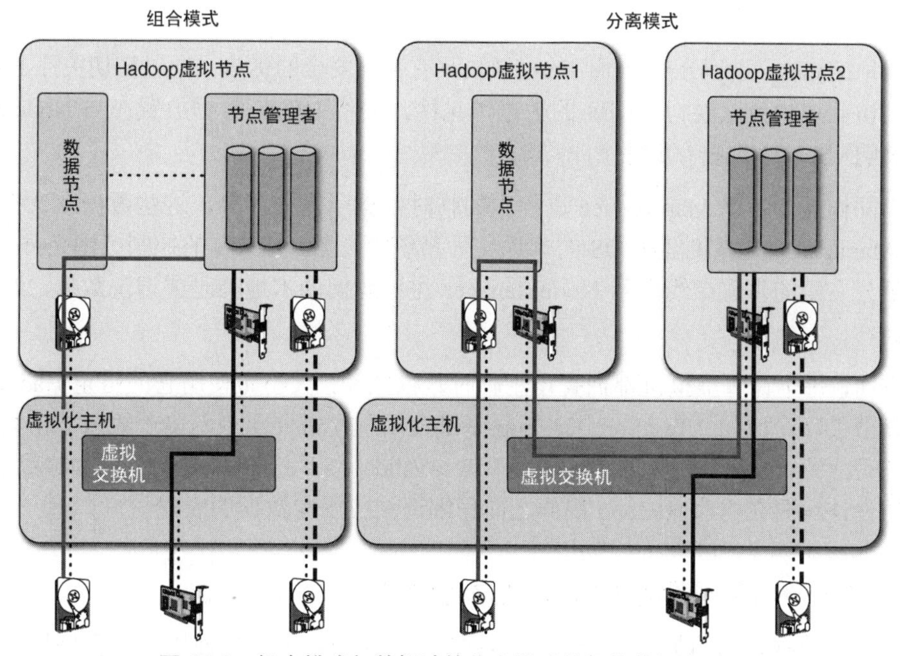

图 12.5 组合模式与数据计算分离模式的网络数据流对比

图 12.5 左侧的浅灰线显示 NodeManager 与 DataNode 进程在同一台虚拟机运行时的数据通信流。浅灰线同样展示了 DataNode 需要访问的磁盘。黑线表示当前虚拟机与网络中的其他虚拟机之间的通信。

图 12.5 右侧显示 NodeManager 和 DataNode 在分离至独立的虚拟机时它们之间的网络通信。当分离这两个进程时，它们之间的网络流量穿过各个虚拟机的客机操作系统的网络层，然后进入 vSphere 的虚拟交换机实现层，如图 12.5 右侧灰线所示。

虚拟交换机是 vSphere 虚拟化平台的软件组件，除了其他功能外，它还逻辑连接两台虚拟机。虚拟交换机可以关联至一台物理交换机，虚拟交换机也可以独立于任何物理交换机存在。

当两台虚拟机位于同一台 vSphere 主机服务器，并且连接至同一台虚拟交换机时，它们之间的网络流量将穿过内存中的虚拟交换机。这种流量不需要在物理交换机上进行或者由主机上的物理网络适配器处理。这增强了虚拟机之间网络流量的性能，尽管影响不大。

两种部署模式（组合与分离模式）之间的区别已经被评估，并且在 http://labs.vmware.com/vmtj/toward-an-elastic-elephant-enabling-hadoop-for-the-cloud 中描述了技术细节。这里的平衡是这些虚拟机都是在同一个 vSphere 主机或者通过分离 Hadoop 进程以获得集群大小的灵活性。

将两种 Hadoop 进程分离至不同的虚拟机具有数据安全的优势。通过密切关注 DataNode 虚拟机的访问控制可以限制 HDFS 的数据可见性，并将 HDFS 数据放置在与 NodeManager 数据分离的 vSphere 数据存储中。

我们同样需要考虑 MapReduce 进程中的临时数据所需的存储。这些数据默认存储在运行 NodeManager 的虚拟机客机 OS 的本地文件系统中，且在 HDFS 的控制范围之外。图 12.5 中每个部分右侧的垂直虚线表示 NodeManager 进程访问的本地临时或混洗数据，通常称为临时数据。

一方面，每个计算虚拟机都拥有自主临时数据空间，大小跟使用它的特定 Hadoop 应用的设计紧密关联。比如，TeraSort Hadoop 基准应用程序需要至少两倍于输入数据大小的临时数据空间。另一方面，相关的 TeraGen 和 TeraValidate 应用并不需要明显的临时数据空间。这部分的设计需要在构建 Hadoop 集群之前仔细评估应用与数据的表现。

12.2.4　数据—计算分离模式下的共享存储方式

本节讨论数据存储的另一种模式，该模式在设计的某些部分使用共享存储机制，并保留之前讨论的计算节点（NodeManagers）与数据/存储节点（DataNode）之间的分离。

图 12.6 显示一个基于 SAN 或 NAS 的数据—计算分离的部署模型的混合拓扑。

使用共享存储的优势在于它通过 VMware HA 和其他功能为其托管的虚拟机带来的灵活性。配置 Hadoop 使用部分共享存储同样可为现有 vSphere 部署提高存储利用率。此种模式可用于替换之前展示的存储机制，将 NodeManager 的 VMDK 文件放置于共享存储并且将 DataNode 的相关文件放置于本地存储。此种方式相对少见，因为临时数据所需要的带宽可能超过 HDFS 数据所需要的带宽。无论是哪种情况，都要仔细衡量共享存储设备的可用磁盘带宽，并将其与虚拟机和托管它们的服务器所需的总带宽进行比较。

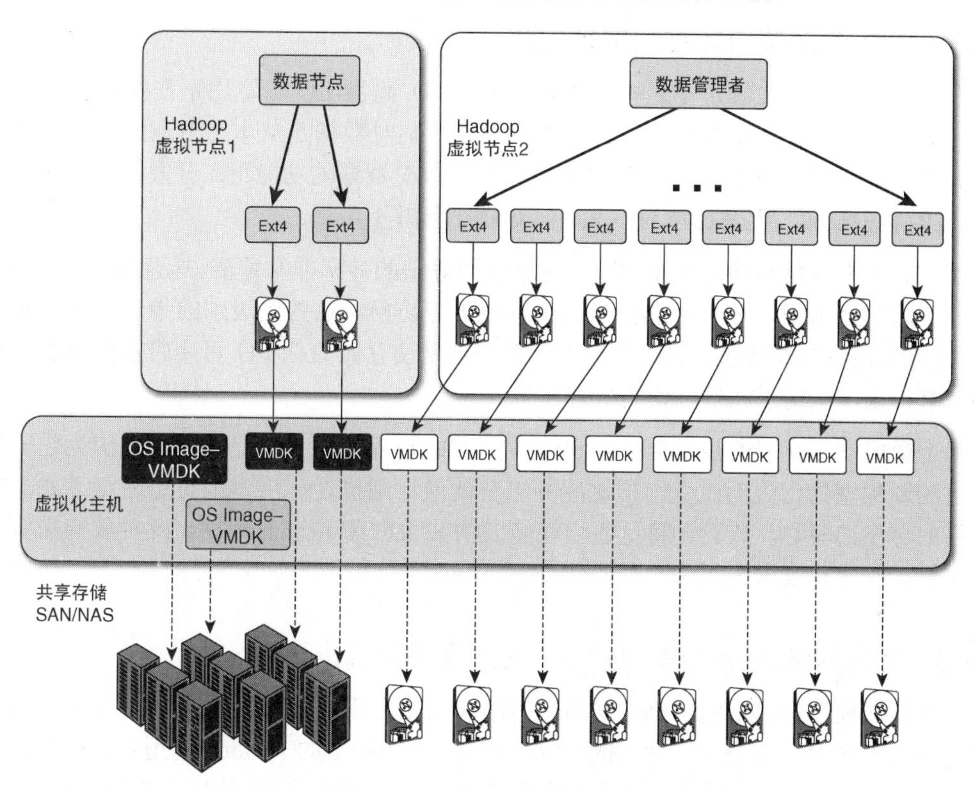

图 12.6 使用 SAN 存储的数据-计算分离的部署模式

图 12.6 的部署模型显示、DataNode 虚拟机的数据磁盘可以随应用的 HDFS 数据集的增长而增长。mapper 输出阶段、混洗阶段的 MapReduce 算法和 map 与 reduce 阶段等需要的临时数据由 NodeManager 及其关联的容器处理。

如前所述，临时数据的大小跟应用紧密关联。推荐在早期设计阶段评估数据的大小和增长率。为两种类型的数据在 SAN 或本地存储中提供合适的空间是设计中不可缺少的一步。

如果在用户的数据中心中没有 SAN 或 NAS，但又需要可扩展性，以下是备用选项。

- 使用直连磁盘用于临时数据存储。
- 使用基于 NFS 的存储。

- 使用本地固态磁盘（SSD）用于存储临时数据。

第二个和第三个选项可用于在刀片服务器上部署虚拟化 Hadoop，这些服务器上的物理插槽对于直连的磁盘来说无法充分利用。

12.2.5　用于应用临时数据的本地磁盘

在一些应用中，大部分（某些场景下达到 75%）磁盘 I/O 带宽用于在执行 MapReduce 排序和混洗阶段时读写临时数据。正如之前所述，临时数据是从本地节点的文件系统目录读写，并不是存储在 HDFS 中。在 HDFS 中存储临时数据的功能正在开发，以便在未来的 Hadoop 版本中发布，但是在撰写本文时，这项工作并不常用。

访问 HDFS 数据和临时数据的速度对于应用算法的效率非常重要。这意味着对于 HDFS 数据和临时数据来说，理想的选择是高带宽的磁盘访问。这些高级别的带宽可能需要使用 SAN 等类似存储技术来存储这些类型的数据。这是使存储的总 I/O 可用带宽除以服务器数量的计算结果，适用于此处讨论的所有模型。

每个供应商和模型的共享存储或 SAN 设备的 I/O 带宽特征都是不同的，因为它们随着市场上的新模型的出现而改变，但这些并未在此做详细描述。当本地直连磁盘方式支持更高规格的带宽读写时，该设计将更适合存储 HDFS 数据和/或临时数据。此种权衡需要仔细计算容量、带宽和成本。

12.2.6　使用网络附加存储（NAS）的共享存储架构模型

共享存储模型最典型的示例是对所有 HDFS 数据使用网络附加存储（NAS）。EMC Isilon 存储机制为部署 HDFS 提供了优雅的方式，在基于 vSphere 的 Hadoop 使用者之间非常受欢迎。Isilon 存储设备由一系列可扩展的文件服务器组成，并使用高速无限带宽网络连接。管理这些基础设施的操作系统——OneFS 提供了软件层以暴露 HDFS 接口并且支持标准 Hadoop RPC 通信协议。Isilon 机器内部的文件服务器包含一系列的 NameNodes 和 DataNodes，从请求者角度来看表现得非常像之前讨论的 Hadoop 进程。此种方式的一种优势在于管理 HDFS 数据，OneFS 使用数据存储算法来减少数据块拥有多个备份的需求。

图 12.7 的模型显示，所有应用的 HDFS 内的数据都被存储在 Isilon NAS 设备上。其他数据，如虚拟机操作系统的系统磁盘，保存在 VMDK 文件中并被映射至图左侧的独立的共享存储机制。如果可用，这些客机操作系统的 VMDK 文件也同样可以存储在本地附加磁盘上。

当实现 Hadoop 集群时，用户经常希望使用现有的虚拟基础设施，通常是共享存储或者 SAN。这主要是希望减少改变，所以保留现有服务器并使用 Isilon 存储系统也是一种选择。

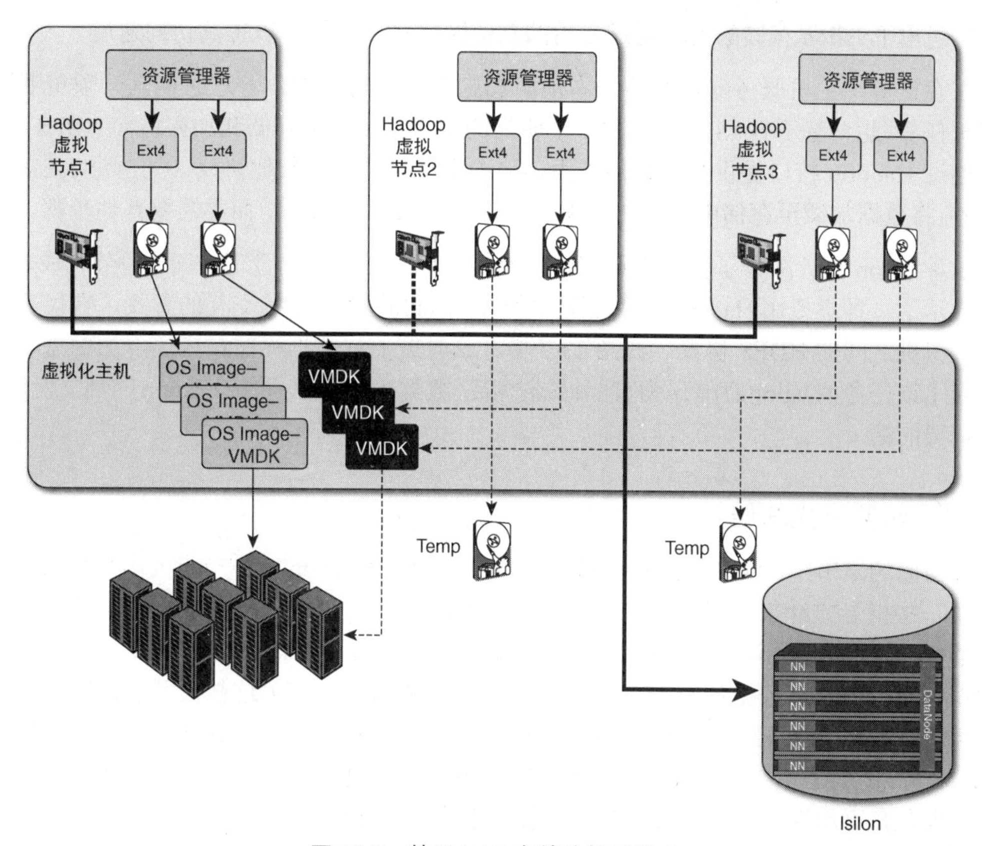

图 12.7 基于 NAS 存储的部署模式

当主机系统的本地存储数量有限或缺少时，Isilon 方法简化了 HDFS 数据的设计。决定了此种方式之后，虚拟化的重点将转移至 ResourceManager 和 NodeManager 进程或“计算”角色的存储上。NodeManager 使用的临时数据将在直连磁盘中显示，如之前模型所示。临时数据并不需要像 HDFS 数据一样备份和加密。如前所述，当性能是主要因素并且带宽的需求非常明显时，临时数据将放置在本地存储中。如果本地存储选项受限或不可用时，可以使用如下方法。

- 如果可能，则使用 SSD 存储临时数据。
- 如果只有 SAN 共享存储可用，则临时数据必须存放在共享存储中。此种方式可能会限制系统的可扩展性。
- 临时数据同样可以存储至 Isilon 设备中，但应注意这种流量不会干扰 HDFS 流量。

所有其他可以被 NameNode 和 DataNodes 处理的应用数据都可以安全地存放在 Isilon 设

备上。进出于 Isilon 存储的流量通过专用的高速网络接口传输，以提高访问速度。

在存在多个主机服务器拥有多个本地附加磁盘的的场景中，管理它们是一项重要的系统管理任务。此种基于 NAS 的设计的一个明显的优点在于集中存储和加密访问 HDFS 数据，同时通过 Hadoop 接口提供数据访问能力。另一个优点是通过其他协议（如 NFS、SMB 和 HTTP）将数据加载至存储中的方式，现在可以通过 HDFS 完成，而不需要其他步骤。

这种 Isilon 设计减少了管理人员在主机上的本地附加磁盘的管理时间，即节约成本。图 12.7 显示了一种虚拟化 Hadoop 计算层通过网络与 Isilon 存储系统交互的方式，它代表了与计算虚拟机之间的 HDFS 协议。在图 12.7 中，临时或混洗数据存储在直连附加磁盘上，从而减轻了该任务的 Isilon 存储压力。此种临时/混洗数据同样可以存储在 Isilon 的独立区域中，如果需要的话。

12.2.7　部署模式总结

在前面的章节中，我们学到在虚拟基础设施上部署 Hadoop 工作节点的多种模式。我们提供了一些指导方针来选择它们，并将几种模型的思想融入你自己的设计中。并没有所谓正确的模型，特别是当部署的应用拥有不同的存储和性能需求时。可以优先考虑性能以外的情况，比如安全、数据备份/恢复、总体解决方案的成本。有关这些模型的详细部署步骤和参数，请参阅“*VMware vSphere Big Data Extensions Administrator Guide*”和《用户指南》。当选择一个符合应用需求的设计后，就可以为服务器需使用的计算资源（包括存储大小、CPU、内存、可用性、网络和硬件布局配置）创建一个详细的计算资源的计划。

1．存储大小

Hadoop 集群部署通常开始很小，后面的集群随着其负载的增加而增长。通过使用本章前面讨论的设计模式，比如为现有集群增加一个全功能工作节点或增加一个仅计算的工作节点，vSphere 大数据扩展工具可为部署集群的扩张或收缩提供支持。

存储容器是最初需要决定的重要因素。这需要用户预测数据随时间的增长和考虑 MapReduce 和 HDFS 算法需要的临时数据以及复制数据。同时需要数据空间是 3 倍或更多倍于首次加载进集群的数据大小。后面将给出一个存储大小的练习示例。

2．调整数据空间

数据块默认在 HDFS 中复制 3 份，故在为 DataNode 虚拟机调整数据空间大小时要特别注意。如果 HDFS 存储机制是使用 EMS Isilon 存储设备，则计算方式会有所不同。更多的信息参见“*EMC Hadoop Starter Kit*”。

根据用户的要求，HDFS 数据块复制因子也可以针对不同的 Hadoop 应用程序进行不同的配置。下列是一个磁盘大小练习示例。

- 假设数据量每周增长约 3TB。
- 默认情况下，HDFS 设置为每个数据块包含 3 个备份。
- 因此，每周需要 9TB 的额外存储空间。
- 添加 100%的输入数据大小作为临时空间，即每周 12TB。
- 假设服务器拥有 12×3TB 磁盘驱动，计算支撑一年数据的服务器数量为(52×12)/36，即 17 台机器。然而，这个数字并未包含 vSphere 管理程序本身需要的数据存储，这也是需要考虑的。可以在 vSphere Administrator 文档中找到更多的存储指南。

3．可用性

Hadoop 的设计确保了 Hadoop 集群能够抵御许多常见的故障，例如服务器或存储故障。Hadoop 集群中的大部分服务器都是工作节点。当工作节点失效时，Hadoop 拥有内置的失效-恢复算法来检测和修复任务。当 Hadoop 调度器检测到工作节点中的任务失败时，它将在同一节点或包含正确数据的另一个节点重启任务。数据块在 HDFS 中复制，故如果包含任意数据块备份的虚拟机不可用时，可以从同一个备份组的另一个主机中找到此数据块的备份。VMware 已经在 Apache Hadoop 代码中添加代码以处理虚拟机复制各自数据块的场景。为安全考虑，这些贡献至 Apache 的源代码将确保这些虚拟机在不同的服务器中。这将在本章的后面介绍。

12.3 Hadoop 虚拟化工作节点的最佳实践

本书有一整章介绍虚拟化最佳实践，然而讨论虚拟化工作节点之后，我们觉得应该花一些时间考虑这些因素。本章介绍设置主要计算资源——磁盘 I/O、CPU、内存——并基于 Hadoop 的工作负载运行等的最佳实践。这些最佳实践跟 vSphere 上其他类型工作负载等同。

通常的建议是，虚拟化 Hadoop 集群应驻留在最新的硬件上，这将实现时钟速度、内核数量、超线程和缓存的最佳配置。

磁盘 I/O

以下最佳实践适用于 Hadoop 虚拟化时使用的磁盘 I/O 机制。

- 对于优化性能来说，服务器上用于支持 Hadoop 工作节点为可用的直连附加磁盘越多越好。因为 NodeManagers 和 DataNodes 严重依赖磁盘 I/O 带宽，拥有更多的可用磁盘可以降低所有请求在一个磁盘共同运行并造成 I/O 瓶颈的可能性。本章前面介绍了不少主机服务器拥有 8 个本地磁盘的示例，当前拥有 24 个直连磁盘处理 Hadoop 负载的情况并不常见。一个 Hadoop 供应商最近推荐为大型服务器使用 32 个本地直接附加磁盘。这样的环境有资格作为“超级用户”，但有一些缺点。在 VMware 上完成的性能工作表明，每个 DataNode 进程有 3～4 个磁盘会得到更好的结果，因此这是一个通用的指导原则。

- 如果可能，每个核心或虚拟 CPU 应使用 1～1.5 个磁盘。此种推荐与 Hadoop 发行版供应商一致。相对于集中式和共享磁盘系统，拥有更多的独立磁盘将增加管理难度。从架构层面来讲，这里的平衡是在性能收益与管理独立磁盘之间做出权衡。
- 每个核心或每个虚拟 CPU 提供至少每秒 120MB 的磁盘带宽。对于 SATA 磁盘，相当于每个虚拟 CPU 大约一个磁盘。
- 对于超级用户应用，7 200r/min 或更高的磁盘将运行良好。这种类型的磁盘设置比集中的 SAN 设置需要更多的管理监督。
- 包含 HDFS 数据的磁盘不需要 RAID，因为 HDFS 系统无论如何都会复制其数据块。如果正在使用的存储子系统中存在 RAID 控制器，则应将磁盘配置为使用直连模式（如果可用）。如果 RAID 控制器的直连功能不可用，应在每个物理磁盘上以 RAID0 格式创建单个 LUN 或虚拟磁盘。

注意： 这里的术语“虚拟磁盘”是特定于供应商的概念，并不涉及 VMDK。

- 为了与 Hadoop 发行商对本地系统的建议保持一致，选择的灵活性、LVM、RAID 和 IDE 技术不应用于 I/O 密集型领域的虚拟化 Hadoop 系统。
- 确保本地磁盘控制器拥有足够的带宽来支撑所有本地磁盘。
- 确保当使用 DAS 设备作为虚拟机数据存储时，写缓存是可用的。

当选择此平台作为 HDFS 存储机制时，请参考 Isilon 最佳实践文档。

1. 确保分区与磁盘设备保持一致

为了存储虚拟磁盘，vSphere 使用数据存储，这是逻辑容器，用于隐藏虚拟机的物理存储细节，并提供统一的模型来存储虚拟机文件。数据存储使用 VMFS 格式部署在块存储设备上，这是一种高性能文件系统格式，对存储虚拟机进行了优化。

磁盘-数据存储对齐对提供虚拟化环境中的 I/O 操作效率非常重要，因为在物理环境中。需要在两个层次的对齐：在 vSphere 主机服务器层次和每个虚拟机的客机操作系统层次。

2. 在 vSphere 服务器主机层次对齐

当在磁盘上创建数据存储时，使用 vSphere Web Client 用户接口确保对齐。vSphere 会自动在其控制的磁盘上对齐分区。

可能会出现以下情况：必须在多个磁盘上进行对齐，并且使用 vSphere Web Client 用户界面的情况下会涉及许多重复且容易出错的工作。对于这些情况，可开发自定义脚本并由操作人员使用，以便更大规模地执行。

3. 客机操作系统磁盘对齐

vSphere 大数据扩展工具在配置 Hadoop 集群时，自动处理虚拟机中客机操作系统级别的磁盘对齐。在 Linux 客户操作系统中，使用 fdisk -lu 命令验证分区是否已对齐。

4. 虚拟 CPU

以下是一组虚拟机中编排虚拟 CPU 的最佳实践，可支持 Hadoop 中的工作节点。

- 对于任意需要执行重要 Java 进程（比如主要 Hadoop 工作进程）的虚拟机，推荐至少两个虚拟 CPU。详细内容参见“*Enterprise Java Applications on VMware - Best Practices*”。
- 就优化性能而言，推荐不要过度使用 vSphere 主机中的物理 CPU。理想情况下，一个主机服务器中所有虚拟机的虚拟 CPU 数量应该等于此服务器的物理核心数量。这确保虚拟 CPU 在运行之前无须等待物理 CPU 可用。发生这种情况时，我们通常会看到 vSphere 性能工具衡量的就绪时间百分比有所增加。当 BIOS 中的超线程可用时，如果目标是要实现系统的最大性能结果，vCPU 的总数可以配置为二倍物理核心的数量。
- 当主机服务器在处理 Hadoop 工作负载时，应该允许 vSphere 管理的主机服务器的超线程。
- 虚拟机符合套接字的核心数，并且使用此套接字关联的内存，通常比跨多个套接字的虚拟机更加高效。然而，推荐限制任意虚拟机中的虚拟 CPU 数量至小于等于目标硬件中套接字的核心数量。查看如下“内存”章节中关于 NUMA 的讨论。

在“*Virtualized Hadoop Performance with VMware vSphere 5.1*”描述的虚拟化 Hadoop 性能工作中，每个服务器所用的特定硬件有两个插槽，每个插槽有 4 个核心。启用超线程，故总共有 16 个逻辑处理器。在对 4 个虚拟机，每个虚拟机拥有 4 个 CPU 运行系统的测试中，性能结果与本地运行非常接近（5%以内）。在“*Virtualized Hadoop Performance with VMware vSphere 6 on High-Performance Servers - Performance Study*”所描述的示例中，运行结果比本地运行结果性能高出最多 12%，比如在 TeraSort 示例中。随着不同的硬件拥有大量的套接字或者每个套接字有多个核心，大量虚拟机可以以此方式执行，同时遵守使套接字大小适合虚拟机的准则。

5. 内存

以下最佳实践适用于支持 Hadoop 工作节点的虚拟机内存组织。

- 一台服务器的所有虚拟机所配置的内存总和不应该超过主机服务器的物理内存。
- 避免耗尽虚拟机内的客户操作系统的内存。每个虚拟机拥有一个内存大小配置以限制其内存空间地址。当一些内存饥渴的进程（如 Hadoop 进程）在客机 OS 中执行时，确保有足够的客机操作系统内存空间以允许这些进程在不发生客户操作系统级别的内存页置换的情况下运行。
- 为了提高速度和效率，非均匀内存访问（NUMA）将服务器的主内存分割成与单个处理器紧密关联的部分。每个部分是一个 NUMA 节点，并且在各服务器架构中有一个特定的大小。通过设计虚拟机的内存大小以符合 NUMA 节点的限制，驻留 Hadoop 工作负载的性能不应该受到跨 NUMA 节点迁移或访问的影响。一组虚拟机也可以设计成在一个 NUMA 节点，这具有同样的优势。具有跨多个 NUMA 节点的内存空间的虚拟机可以通过使用跨节点内存访问来产生性能影响。
- vSphere 主机服务器的物理内存应满足 vSphere 虚拟机管理程序的内存要求以及每台虚拟机的开销。一般的指导方针是为管理程序自我使用留出 6%的物理内存。
- 使用每个核心或每个虚拟 CPU 拥有至少 4GB 内存的内存核心比。

6. 虚拟化网络

在 Hadoop 工作节点的环境下虚拟化网络的最佳实践如下。

- 为 Hadoop 集群使用专用网络交换机并确保所有物理服务器连接至一个机架顶部（TOR）交换机。
- 使用至少每秒 1GB 的带宽连接服务器以运行虚拟化的 Hadoop 工作负载。如果可用，使用每秒 10GB 连接服务器会带来明显的收益。
- 根据系统的网络要求，提供每秒 200MB/核心和每秒 600MB/核心的聚合网络带宽（示例：100 个节点的 Hadoop 集群）。

- 100×16 核心数 = 1 600 核心数。
- 每秒 1 600×50MB = 每秒 80GB。
- 1 600×200MB = 320GB 网络流量。
- 每秒 1 600×600MB=每秒 960GB 网络流量。

典型的服务器拥有两个网络端口。对于 ESXi 主机，在许多情况下两个端口不够。在配置 ESXi 主机联网时，请考虑以下流量和负载要求。

- 网络管理。
- 虚拟机端口组。
- IP 存储（NFS/iSCSI，以太网光纤通道）。
- Fault tolerance（容错性）。

Hadoop 集群中的虚拟机可能仍需访问企业网络。在设计这部分基础设施时，不应该依赖于单个网络适配器或与单个物理交换机连接。应该在设计中考虑虚拟机与虚拟机之间的流量冗余。

可扩展性是另一个考虑因素。环境越大，其动态性越强，管理网络配置并使其在集群中的所有主机上保持一致变得越困难。

12.4 Hadoop 虚拟化扩展

拓扑知识或者所管理的数据中心、机架和主机的物理分布是初始 Hadoop 设计的核心部分。使 Hadoop 软件发现其托管的虚拟化拓扑将在性能和稳定性方面带来明显的好处。本节描述了 VMware 为开源 Apache Hadoop 项目做出的一系列贡献。VMware vSphere 5[8] 中的 Hadoop 虚拟化扩展已经成为 Apache 项目的核心功能，并被主要的 Hadoop 分销商实现。Hadoop 虚拟化扩展在多个方面的创新使得 Hadoop 可以实现虚拟化拓扑发现，以更好地放置数据、发现数据和放置组件。本节中我们着重关注 HVE 的数据放置部分。对于 HVE 其他部分的更多信息，读者可以参考详细的技术描述。

当基于本地或物理系统实现时，Hadoop 基础设施可以通过标准配置文件中用户提供的条目来发现物理拓扑。这些信息告知 Hadoop 关于数据中心、机架和节点（或者原来示例中的物理机器）部署在什么地方，如图 12.8 所示。

在图 12.8 中，Hadoop 系统以一种包含的关系感知主机、机架和数据中心。可以为 Hadoop 集群配置机架感知。机架感知确保同一个机架不会包含一个数据块的所有备份。

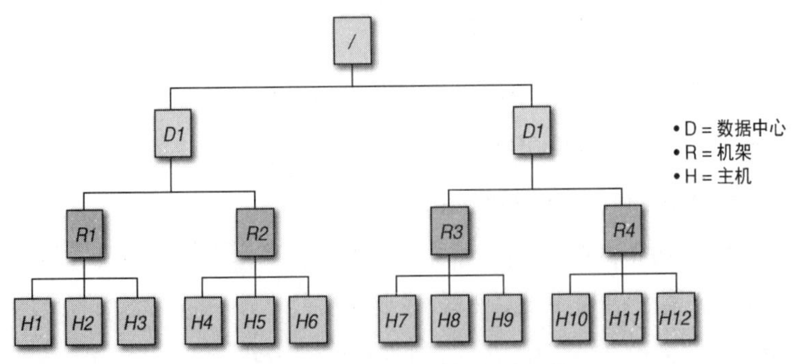

图 12.8　本地 Hadoop 拓扑组件

然而，当虚拟化引入 Hadoop 布局中时，拓扑中需要另外一层，以使系统能够理解部署在一台或多台服务器上的虚拟机上的组件。这种新的概念称为 NodeGroup。一个 NodeGroup 代表运行在同一个主机服务器上的一组虚拟机（一个 NodeGroup 下的所有虚拟机共享同一主机服务器）中。这使得用户可以在 Hadoop 拓扑中表达一个事实，即两个 DataNode 进程，它们在各自独立的虚拟机中运行且有可能包含同一数据块的备份，但不应该运行在同一个物理主机中。这被视为虚拟感知。可以为同一集群定义机架感知和虚拟感知。这将确保给定数据块的所有备份不会存在于同一机架，并且数据块备份的放置符合一个节点组的概念。节点组的所有虚拟机在同一个 ESXi 主机中运行。图 12.9 中的 NodeGroup 或 NG 级别显示了拓扑中的这个附加层，可以更好地理解 Hadoop 中的虚拟化概念。

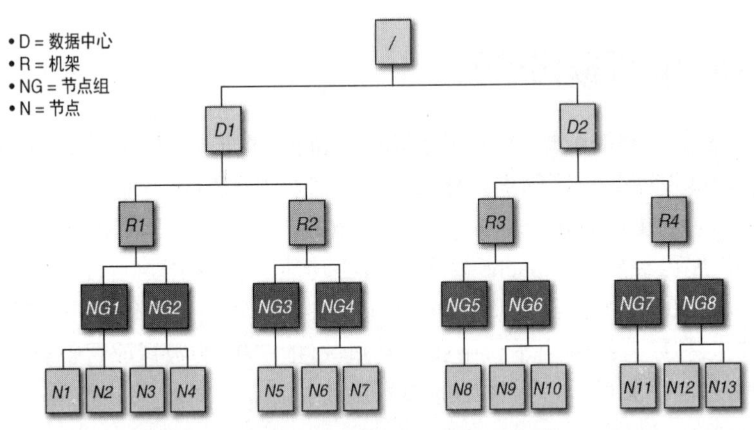

图 12.9　Hadoop 拓扑新增加的 NodeGroup 层

通过基于 HVE 的 Hadoop 系统拓扑结构，现在可以分离出包含 DataNode 的虚拟机，这样就不会有两个 DataNode 维护同一个数据块的副本并且运行在同一个主机服务器上的。如果允许后者，当主机服务器失效时，停止两个或多个虚拟机运行的情况便可能存在。这些虚拟机可能备份各自的数据块。这会使这些数据块处于危险之中。图 12.10 给出了两种形式的数据块放置的例子。

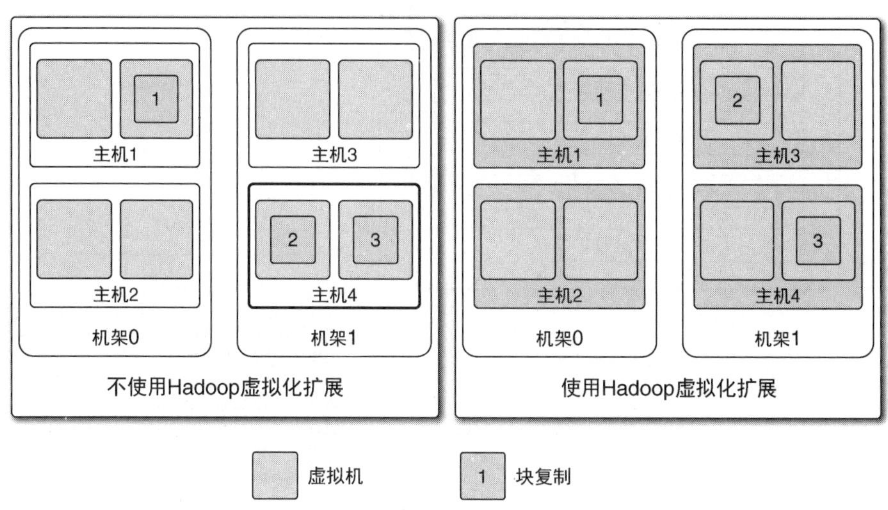

图 12.10　使用 HVE 和不使用 HVE 的备份数据块放置

在图 12.10 中，图的左侧代表未启用 HVE 的系统。由于在环境的数据放置算法中无虚拟化感知，故有可能存在一个数据块的两个备份包含在同一主机服务器的两个虚拟机中。Hadoop 集群中通过以下 3 步启用 HVE。

（1）上传包含机架和服务器详细信息的拓扑文件至 BDE 管理服务器。

（2）连接至 BDE 管理服务器（如 BDE 的用户和管理员指南所述）。

（3）输入以下命令到 BDE 命令行界面，如下例所示。

```
` cluster create --name myCluster --topology HVE`
```

为集群启用 HVE 之后，数据块复制方法如图 12.10 右侧所示。在此示例中，包含各自 HDFS 数据块备份的 DataNode 的两台虚拟机不允许存在于同一主机服务器中，这为主机失效带来更高的可用性。

HVE 同样支持其他功能，比如备份选择策略，因此不管何时，HDFS 客户端查找一个数据块，都能找到最近的备份。这是获取数据块的路径的优化，在“VMware vSphere 5 上的 Hadoop 虚拟化扩展”中有更详细的描述。

图 12.11 总结了 HVE 在 Hadoop 中对子项目的贡献。如图 12.11 所示，Hadoop 的所有主要组件都受到 HVE 的影响。

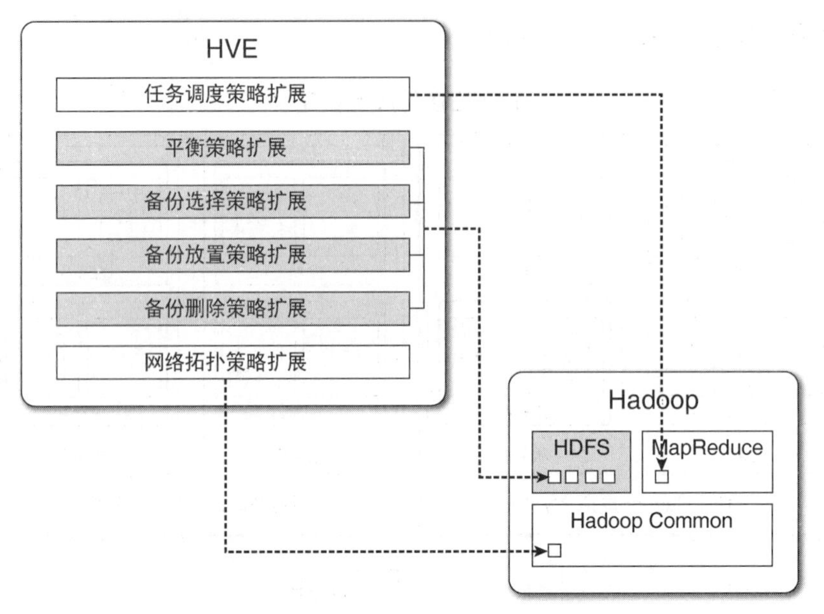

图 12.11　总结 HVE 所涉及的 Hadoop 模块

HDFS 的 HVE 技术在本书写作时已经在所有主要的 Hadoop 的发行版中实现，包括 Cloudera CDH 5.3 和 Hortonworks HDP 2.2。

12.5　小结

随着 Hadoop 生态增长并变得更加复杂，运行 Hadoop 环境的平台需要具备处理工作负载变化的能力，以及兼容该平台的不同版本和用例。Hadoop 虚拟化工作层提供了这种灵活性，虚拟化同时提高了性能监控的水平，使基础架构团队能够主动管理 Hadoop 生态系统。本章讨论的不同设计的场景为 Hadoop 集群中的工作虚拟机提供了许多解决方案。虚拟化环境包含支持 Hadoop 生产环境所需的管理和监视功能。HVE 扩展使 Hadoop 集群能够了解虚拟化部分，同时使得机架和主机知道数据的放置和检索。虚拟化为架构师提供了新的设计方法，并简化了 Hadoop 集群的操作功能。

参考文献

[1] A Benchmarking Case Study of Virtualized Hadoop Performance on VMware vSphere 5.

[2]Virtualized Hadoop Performance with VMware vSphere 6 on High-Performance Servers.

[3]Toward an Elastic Elephant—Enabling Hadoop for the Cloud.

[4] VMware vSphere Big Data Extensions Administrator's and User's Guide.

[5] Enterprise Java on VMware vSphere—Best Practices.

[6] Virtualized Hadoop Performance with VMware vSphere 5.1.

[7] Virtualized Hadoop Performance with VMware vSphere 6 on High-Performance Servers - Performance Study.

[8] Hadoop Virtualization Extensions on VMware vSphere 5.

资源

[1] vSphere Big Data Extensions.

[2] Apache Hadoop 1.0 High Availability Solution on VMware vSphere.

[3] Project Serengeti.

[4] Scaling the Deployment of Multiple Hadoop Workloads on a Virtualized Infra- structure.

[5] Deploying Latency-Sensitive Applications on VMware vSphere.

[6] Protecting Hadoop with VMware vSphere 5 Fault Tolerance.

[7] Apache Hadoop Storage Provisioning Using the VMware vSphere Big Data Extensions.

[8] VMware vSphere VMFS: Technical Overview and Best Practices.

[9] VMware vSphere Resource Management Guide.

[10] Deploying Virtualized Hadoop Systems with VMware Big Data Extensions:A Deployment Guide.

[11] EMC Isilon Hadoop Starter Kit.

第 13 章

私有云中部署 Hadoop 即服务

曾几何时，每个家庭、城镇、农场或村庄都有各自的水源。如今，只需打开水龙头，就有干净的水，这得益于公共设施的共享。云计算的原理与此类似，就像厨房里的水龙头一样，云计算服务可以根据需要快速打开或关闭。同理，就像自来水公司一样，有一支敬业的专业团队，确保提供安全、可靠的服务，并且提供 7×24 小时服务。当水龙头关闭时，不但节约用水，而且不必为暂不需要的资源付费。

——Vivek Kundra

13.1 云概念

目前许多机构致力于发展云策略。与此同时，其他部门正在制定大数据战略。在某些方面，这些策略必须保持一致性。有时，在 Hadoop 的世界中，很有可能混合有原生/物理和虚拟实现。在构建开发和测试环境方面，虚拟化技术取得了巨大的优势。随着时间的推移，可以期待在一些大数据项目中使用云技术或对一些生产服务器进行虚拟化。当机构开始使用 Hadoop 时，应从一开始就进行虚拟化。但有些机构选择了观望，准备待 Hadoop 成为高知名度的应用程序平台后，再考虑如何配合现有的云和虚拟化战略。但是，一些案例研究表明，尽早引入 Hadoop 虚拟化，可以更快地学习，并获得更多的灵活性。

13.1.1 Hadoop 的受益者

本章将对私有云 Hadoop 解决方案进行介绍，即涵盖机构或企业中的云部署。安全性、隐私和数据安全通常是机构选择私有云而非公有云的原因。私有云中也需要公有云的快速配置和硬件独立性；这两种形式的云部署有许多相同的地方。将这两种形式混合起来也是可行的，称之为混合云，应用程序可以在私有云和公有云之间灵活移动。接下来，将对私有云的 Hadoop 即服务进行介绍。

机构中的不同利益相关者出于自己的目的希望单独使用 Hadoop 集群，尽管他们可能在某些情况下共享公共数据。其中一些利益相关者包括大数据应用程序开发人员、质量保证测试人员、生产阶段测试团队和生产运维团队。另外，负责向机构业务部门提供 IT 服务的团队需要给内部用户提供各种 Hadoop 平台的配置。开发人员需要在不影响其他环境的安全沙盒中试验其应用。测试团队必须有一套自动测试框架。中央架构和服务提供商通过共同的基础设施和设计方法来服务这些用户，从而寻求规模经济。

所有这些组织都希望能够在需要时快速配置 Hadoop 集群，而无须处理存储和网络细节等较低层次的基础设施问题，也不需要通过集中授权手动进行权限配置。这些用户的 Hadoop 集群通常会不定期出现；基于业务需求，可能出现一段时间，然后消失。使用云管理平台和使用虚拟机作为系统各部分的部署单元，理想情况下可以实现这种快速配置和取消。基础云管理平台常用于在独立资源池中将虚拟化的计算和存储资源分配给不同的用户群。

在机构内，由于硬件资源有限，因此需要对 Hadoop 集群供应进行控制。这些控制通常是一个流程，包含了在供应操作完成前要采取的一些步骤。例如，流程中的一个步骤是自动批准创建特定大小的群集；另一个步骤可能是手动检查过程，以确定群集的大小是否超过预定义大小。

为了说明私有云的存在是为了实现上述目标，系统需要满足如下因素。

- 终端用户可以从自定义 Web 门户创建 Hadoop 集群实例，而无须考虑基础设施。
- 提供各种大小的 Hadoop 集群的模板供终端用户选择并根据特定需求进行定制。
- 集群的部署是自动化的，因此很少需要用户干预。
- 部署集群的工作流程可能需要一些管理干预。
- 部署过程不需要用户了解单个物理机器、存储机制或网络。Hadoop 组件预期可以部署在便携式虚拟机上。
- 任何一个 Hadoop 集群在回收前，都有生存时间和空间限制。

下面的讨论给出了这方面的私有云观点，在企业内完整部署 Hadoop 集群。

VMware 创建了一个定制化集成方案以实现上述目标。该解决方案基于 VMware vCloud Suite 产品系列中的两个产品：vRealize Automation（vRA）平台（以前称为 vCloud Automation Center）和 vSphere 5.5 及后续版本的 vSphere Big Data Extensions（BDE）。

vRA 是一个云管理平台和工具包，允许使用 Web 门户作为接口，实现多租户、应用程序目录、应用程序模板、授权以及终端用户应用分配。vRA 使用 BDE 和 vCenter 管理功能来处理基础结构组件（如将虚拟机部署到服务器上），并根据用户的角色向用户暴露适当的抽象层。有关 vRA 功能的完整说明，请参考 *VMware vRealize Automation - Documentation Site*。

1．集成功能

这里介绍的解决方案处理不同类别的 Hadoop 即服务用户。其中包含了两个重要的用户角色：租户管理员（TenantAdmin）和租户（Tenant User）。将 vRA 和 BDE 产品集成在一起时，提供了一种解决方案，可以为租户用户提供 Hadoop 服务。该解决方案中，后续操作通过 Web 浏览器界面提供。该接口基于 vRA 云管理平台网络门户功能实现。

2．创建 Hadoop 基础集群

该操作使用户可以从目录选项中创建 Hadoop 基础集群。如果服务架构师希望将此特殊功能提供给终端用户，那么将会放置该选项。Hadoop 集群由 3 种类型的节点组成：主节点、工作节点和客户机节点。当用户部署完整个集群时，每种节点都被部署在虚拟机中。主节点包含 NameNode 和 ResourceManager 守护进程。工作节点包含 DataNode 和 NodeManager 进程。客户机节点包含客户机、Pig、Hive 和 Hive-server 等角色。有关各种 Hadoop 节点的更多信息，请参阅第 7 章。

3．创建计算集群

这将创建一个没有 HDFS 功能的 Hadoop 集群。这个想法源于 HDFS 组件是由一个单独的文件系统或一个存储设备提供。这类集群有 3 个组成部分：主节点、工作节点和客户机节点。租户用户在集群创建时提供满足 DataNode 和 NameNode 的外部 HDFS 路径地址。此部署方案中的主节点虚拟机仅包含 ResourceManager Hadoop，而工作节点仅包含 NodeManager。客户机节点同 Hadoop 基础集群中的相同。

4．创建数据-计算分离集群

对于这种部署类型，数据和计算资源将被分离到不同的虚拟机上。这里有 4 种类型的节点：主节点、数据节点、计算节点和客户机节点。主节点包含 NameNode 和 ResourceManager，数据节点包含 Hadoop DataNode，计算节点包含 NodeManager，客户机节点同本章“创建 Hadoop

基础集群”一节中提到的节点相同。

vRA 的服务架构师为之前的 3 种操作创建了一个 blueprint 服务。在创建 blueprint 服务时，服务架构师会配置大数据扩展域（资源池、网络和数据存储）中定义的基础架构资源，以隔离租户之间的基础架构层资源。

终端用户使用 vRA 接口创建上述一种类型的 Hadoop 集群后，租户用户可以对该集群执行一系列操作，例如启动、停止和调整集群的大小。这些操作在第 14 章介绍。

5. 用户体验

当在 vRA 中发布了一系列服务后，租户用户可以查看目录中的这些项目，然后使用其中的一个选项作为类型来请求部署 Hadoop 集群。

6. 创建 Hadoop 集群

拥有 Hadoop 即服务权限的租户用户可以使用 vRA 工具中的 Hadoop 集群创建选项，例如创建群集、创建仅计算群集以及创建数据计算分离群集。

当用户选择了所需的部署类型时，如果有需求，vRA 工具可以提供描述和理由选项以供新集群审批。

然后，用户需要为新的 Hadoop 集群命名。完成此操作后，租户用户将以正常的 BDE 样式为每种节点进行特定配置。例如允许配置虚拟 CPU 的数量或指定用户虚拟机的内存大小。BDE 提供了小型、中型和大型配置示例文件，使用户在这方面更容易选择。虚拟机大小定制的一种类型如图 13.1 所示，这同样适用于工作节点。在图 13.1 所示的截图中，用户可以选择将要创建的主虚拟机的虚拟 CPU 数量、内存和存储大小。

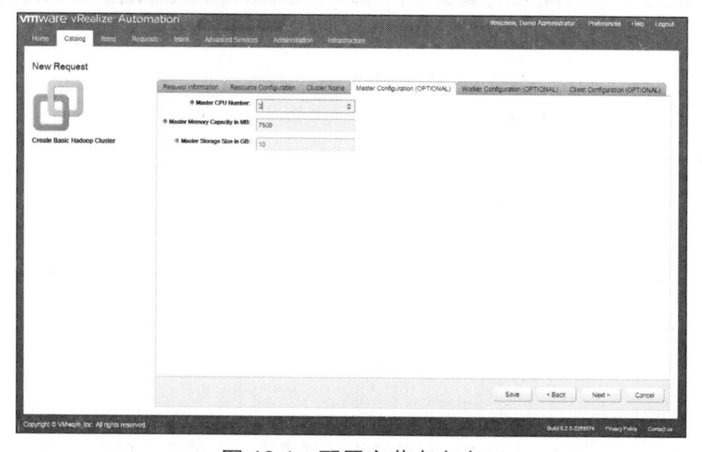

图 13.1 配置主节点大小

提交相应数据后，vRA 请求窗口将显示一个新的请求，用户通过使用 vCenter 窗口或 BDE Management Server 的命令行来查看配置过程。这里使用的 BDE 命令是 cluster list 命令，其输出如图 13.2 所示。尽管示例中可以使用任何已发行的 Hadoop 版本，但此处使用的是 Apache 版本。不同的 Hadoop 角色有不同的 Group Name，表示虚拟机类型。最终部署中可能有多个同类型的虚拟机。

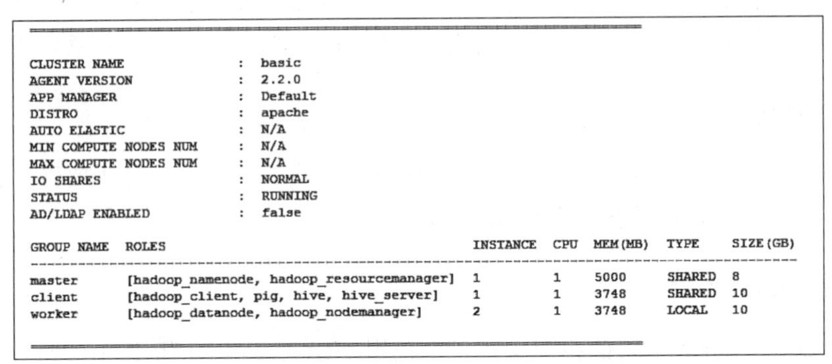

```
CLUSTER NAME              :  basic
AGENT VERSION             :  2.2.0
APP MANAGER               :  Default
DISTRO                    :  apache
AUTO ELASTIC              :  N/A
MIN COMPUTE NODES NUM     :  N/A
MAX COMPUTE NODES NUM     :  N/A
IO SHARES                 :  NORMAL
STATUS                    :  RUNNING
AD/LDAP ENABLED           :  false

GROUP NAME  ROLES                                          INSTANCE  CPU  MEM(MB)  TYPE    SIZE(GB)
----------------------------------------------------------------------------------------------------
master      [hadoop_namenode, hadoop_resourcemanager]      1         1    5000     SHARED  8
client      [hadoop_client, pig, hive, hive_server]        1         1    3748     SHARED  10
worker      [hadoop_datanode, hadoop_nodemanager]          2         1    3748     LOCAL   10
```

图 13.2　通过 BDE CLI 显示新集群 cluster list 命令的输出

运行 cluster list 命令后，新的 Hadoop 群集将马上显示为已创建，并作为一个条目显示在 vRA Items 页面。

7. 调整 Hadoop 集群大小

租户用户使用 vRA 创建 Hadoop 集群后，可以执行资源操作。参考图 13.3 vRA 上的新集群可用操作，用户可以单击 Actions 框中的 Resize Cluster 选项。

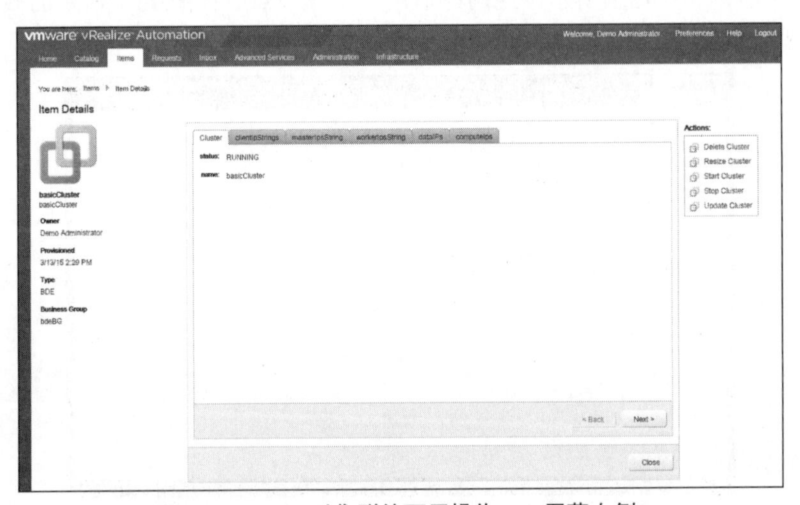

图 13.3　vRA 对集群的可用操作——屏幕右侧

在 Resize Cluster 对话框中，用户需要对调整操作进行描述，并提供变更的原因。然后选择被调整的节点类型。BDE Server 支持通过增加或减少服务该集群虚拟机的数量来扩展或减少工作节点的规模。用户选择新的工作节点数量。提交请求后，群集状态变为 UPDATING。

如图 13.4 所示，调整 Hadoop 集群大小的参数。图中，集群被调整为含有两个工作虚拟机，可配置为系统可支持的任何数量。

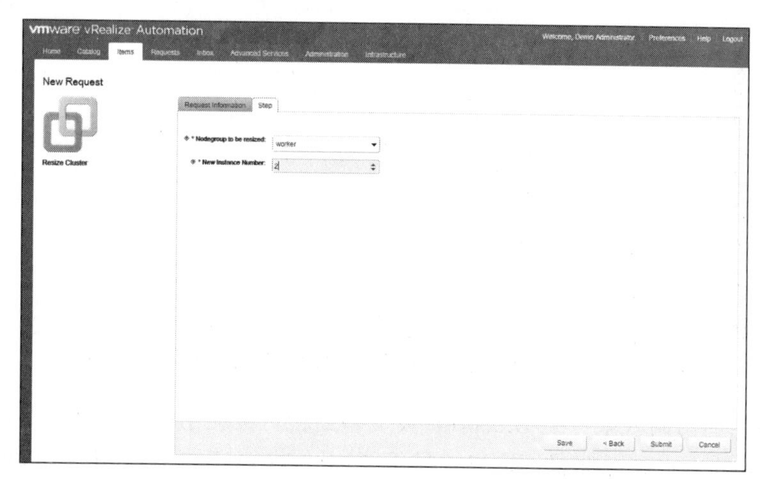

图 13.4 vRA 中调整 Hadoop 集群的截图

一段时间后，调整任务完成。要验证调整操作是否成功完成，可以检查“Worker IPs”字段，该字段提供虚拟机正在使用的 IP 地址组。

13.1.2 解决方案架构概述

作为 vSphere Big Data Extensions 与 VMware vRealize Automation 集成的一部分，VMware 工程团队开发了一款自定义 vCenter Orchestrator（vCO）插件。vCenter Orchestrator 是 VMware vCenter Server 的标准组件，用于管理虚拟机及其基础硬件。使用 VMware 技术的绝大多数数据中心中都有 vCenter Server，它是 VMware vCloud Suite 产品的基础组件。

vCenter Orchestrator（作为 vCenter 的一部分）使虚拟机和相关资源的一系列操作能在工作流中有序进行，从而使操作更加简单，且内置了一个工作流设计工具。为特定集成而构建的 vCO 插件中，一些工作流也会调用其他 vCO 插件，这是为了配置 Big Data Extensions 主机和 REST 操作。所有工作流都被设计为调用 Big Data Extensions Server 的 REST API 来执行多种 Hadoop 部署操作。在 vCenter Orchestrator 服务器中构建的工作流将暴露给 vRealize Automation，用于在 vRA 目录中配置 Blueprint 服务或对终端用户可见的资源操作。图 13.5 显示了在 vRA 中创建 Blueprint 的示例。

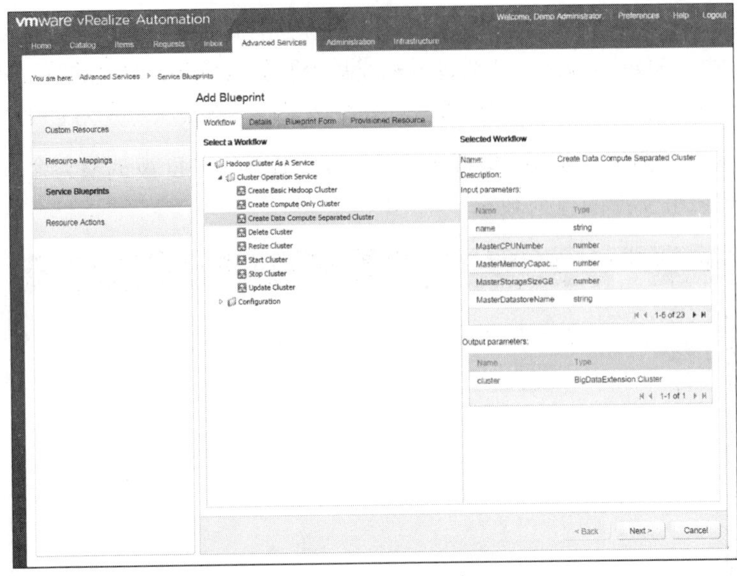

图 13.5　在 vRA 环境中新建 Blueprint

当获得恰当的访问权限并且 Blueprint 被发布到相对应应用的 vRA 目录后，租户便可以以 Hadoop 即服务方式进行部署。图 13.6 显示了通过 VCO 工作流将 vRA（以前叫作 vCloud Automation Center 或 vCAC）与 BDE 工具集成的架构。

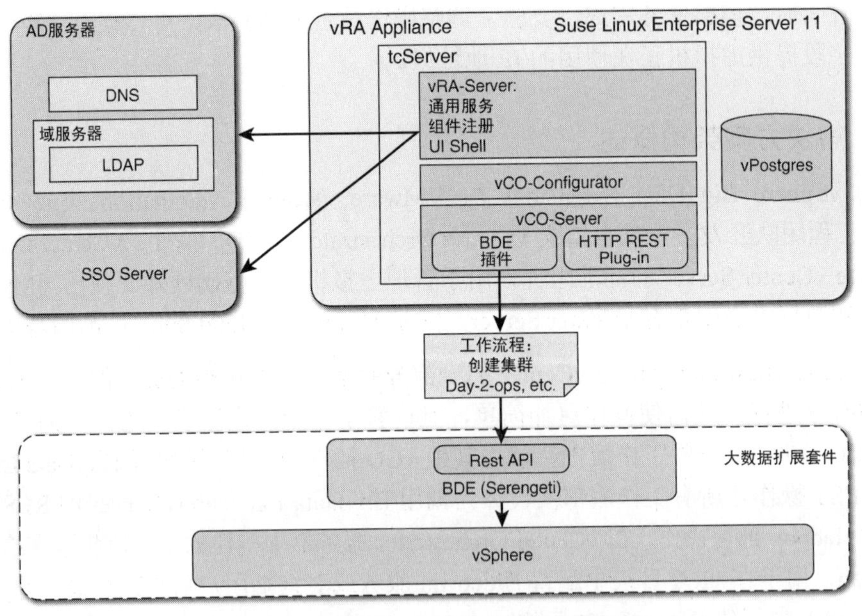

图 13.6　BDE 和 vRA 集成解决方案架构

13.2 小结

为 Hadoop 即服务提供设施是许多组织的重要目标。简而言之，它们想要实现的是提供各种不同的 Hadoop 基础架构，以将应用程序托管到其用户侧，同时让终端用户不去考虑低层次技术实现细节。本章介绍的集成解决方案为云租户用户提供了 Hadoop 即服务的最终目标。该解决方案将云管理技术 vRealize Automation 和 Hadoop 群集配置技术 VMware Big Data Extensions 结合在一起，以实现此功能。这个解决方案已被一些使用 Hadoop 的机构定制化，以满足企业需求。

在 Hadoop 即服务环境中，租户可以轻松执行常见的 Hadoop 群集配置和处理管理任务。租户在各自的 Hadoop 集群中拥有独立的资源池和集群，进而相互独立。根据业务需要，这些独立的环境可以由管理员赋予不同的优先级。实现了 Hadoop 虚拟化的主要目标之一，即可用硬件资源在企业中不同 Hadoop 用户群之间的安全共享。如果有意向采用该虚拟化方法，关于此架构的更多技术细节，请参阅相关网站。

参考文献

[1] VMware vRealize Automation—Documentation Site.

[2] VMware vSphere Big Data Extensions User's and Administrator's Guide.

[3] VMware vSphere Big Data Extensions website.

[4] Virtualizing Hadoop in Large Scale Infrastructures.

[5] Adobe Deploys Hadoop-as-a-Service on VMware vSphere.

第 14 章 掌握 Hadoop 的安装

技术假定正确的做事方式只有一种，其实从来都不是这样。

——Robert M. Pirsig

技术什么都不是，重要的是对人有信心，如果他们基本是好的并且聪明的，只要提供工具，他们就能做出非常卓越的事情。

——Steve Jobs

14.1 为正确的场景使用正确的解决方案

让我们澄清为什么会引用两个名人的名言。首先，这些话并不适用于所有技术，但适用于大多数技术。其次，Steve Jobs 是完全正确的。即使是最好的技术，如果被错误的人以不正确的方式使用，也不会高效。

在引言中，我们说了一些关于 Hadoop 的什么呢？

首先，永远不要相信任何跟你说 Hadoop 会拯救你的生活或者 Hadoop 是唯一能给你正确答案的技术或者 Hadoop 是世界上“最先进”的技术的人。这并不正确，除非你明确知道需要解决哪些业务挑战和使用案例。这一点对于 Hadoop 技术的快速发展尤为重要。人们参加最近的大会或阅读最近的白皮书，并且听到或读到使用 NoSQL、Spark、Hadoop 和其他第三方工具是最好的方式。要放慢速度，确保正在考虑的解决方案与使用案例相匹配。

其次，世界上没有任何技术，可以在不需要正确的人参与到技术背后的设计和想法实现上独自使用。多年来，作为架构师和管理员，我通常用的是 Hadoop，有时也用 HDP。在安装、优化和解决世界上最大的 Hadoop 安装的一些问题后，我会告诉你如下情况。

- 在大规模实施之前，一定要做好功课和尝试。
- 永远不要相信“自动化的过程”，除非你的确明白在这种情况下会发生什么。
- 总是试着明确定义自己的目标和需求。为客户或管理层提供这一点非常重要。直到你非常明白自己想要完成的事情，否则你将无法正确地呈现事物。
- 解决问题的办法通常不止一个。不要被限制在一个解决方案上。
- 最重要的是，相信自己。

关于安装 Hadoop 的想法

每一次新的发布，都会使 Hadoop 的安装明显变得更加简单。比如 Ambari 和 Cloudera Manager 等工具都提供 Hadoop 的安装和配置。VMware BDE 支持仅一键创建蓝图并同时部署 Hadoop 集群和其他所有用于支持 Hadoop 生态系统的服务器。

有一件事需要非常小心，即所有漂亮的自动化工具和简单的点击按钮。当某些事情中断或某个按钮被按下时，有人必须了解 Hadoop 的工作方式。同样，有时公司需要自定义安装和配置，并为自动部署创建了一个“蓝图”。本章将介绍 Hadoop 手动安装的方法，因此你可以理解为使 Hadoop 工作而需要完成的所有部分。

对于 Hadoop 管理员来说，理解手动安装和配置过程，同时对 Hadoop 的基础设施布局和配置有深入理解非常重要。同样重要的是在安装 Hadoop 集群时拥有正确的心态。比如，关注细节非常重要。清理局部工作的集群要比启动新集群更加困难。第一次把事情做正确是至关重要的。需要的技能也重要。理解人们在安装某一个特定发布版本或生态时会遇到的典型问题。用户有时在安装 Hadoop 时，看到警告但忽视了它们。警告是跟主机名、网络配置和集群环境中的一些其他问题相关的内容。当你开始安装时，应该有一个关于所有参数和配置设置的列表。没有正确安装的集群无法启动，即使运行之后也会出现许多问题。接着仍需要重新安装 Hadoop 集群。因此，仔细安装每个步骤对于成功安装至关重要。

1. 关于最佳实践的一些话

如果集群大小允许，试着保持 Hadoop 集群在一个单独的网段。将 Hadoop 跨多个网络段部署虽然不会引起中断，但会明显增加产品级系统的管理复杂度。

始终将 Hadoop 集群包围在防火墙内。用户不应该直接连接集群节点（除非用户是管理员）。Hadoop 服务器包含日志和其他敏感信息；这些信息被访问时需要受到保护。

2. 安装 Hadoop 的一些想法

始终考虑两个重要规则：RTFM（“阅读最喜爱的手册”等这类的话）和 KISS（“保持简单，傻瓜式”）。换句话说，在提问前做好准备，不要过分复杂化。复杂系统失效的方式也复杂。安装 Hadoop 之后，考虑 Hadoop 的运维。关注集群的长久运维，而不仅仅是一个特定配置的安装。

现在来看一个小规模的 Hadoop 集群的真实实现案例，完成练习后会拥有一个完全工作的分布式系统。

此次选择 Hortonworks 数据平台（HDP）来完成手动安装，因为其承诺 100%开源并且 100%免费。我们使用 HDP2.2 用于安装示例，同时会使用 Hortonworks 托管仓库完成手动安装。我们的实验环境包含 3 个节点，都安装了最少的 CentOS 6.6 程序。所有必需的先决条件都已安装在所有节点上（ntp、wget、unzip、JDK 等）。使用 Oracle 安装的 Java 开发套件（JDK）在默认目标（/usr/java）提供 RPM 包管理工具（rpm）。使用默认 JDK 安装，我们使用静态 JAVA_ HOME:/usr/java/default，当 JDK 升级或更新时也不会改变。这将为升级提供一个稳定的环境。

符合所有先决条件是非常重要的，因为在安装期间或安装后，如果错过一些先决条件，那么集群将无法运行。请使用相关 URL 检查所有 HDP 先决条件。

最后，所有安装说明似乎都假设必须以 root 身份执行安装，但是没有选择使用“非 root”账户安装 HDP。企业至今也不希望使用 root 账户来安装软件组件。

14.2 配置仓库

为完成 HDP 安装，应该为每台服务器都配置 Yum 仓库，因此我们将下载 HDP 仓库文件至每个集群节点。要安装 HDP 仓库，运行如下命令。

```
[root@hdp22-1 ~]# wget -nv http://public-repo-1.hortonworks.com/HDP/
  centos6/2.x/GA/2.2.0.0/hdp.repo -O /etc/yum.repos.d/hdp.repo
2015-02-17 21:43:39 URL:http://public-repo-1.hortonworks.com/HDP/
  centos6/2.x/GA/2.2.0.0/hdp.repo [605/605] -> "/etc/yum.repos.d/
  hdp.repo" [1]
```

当下载安装 repo 文件之后，应该执行仓库同步。

```
[root@hdp22-1 ~]# yum repolist
```

为验证仓库的配置，执行如下命令。

```
[root@hdp22-1 ~]# yum list "hadoop*"
```

JDK 必须在所有节点上安装。群集中安装的所有 JDK 必须相同。

清单 14.1 显示了如何在所有节点上安装 JDK。查看正在安装的 Hadoop 发行版的文档，同时选择最新的、稳定的 JDK，验证支持哪些 JDK 版本。

清单 14.1 安装 Java JDK

```
[root@hdp22-1 ~]# yum install jdk-7u75-linux-x64.rpm
Loaded plugins: fastestmirror
Setting up Install Process
Examining jdk-7u75-linux-x64.rpm: 2000:jdk-1.7.0_75-fcs.x86_64
Marking jdk-7u75-linux-x64.rpm to be installed
Loading mirror speeds from cached hostfile
 * base: mirrors.kernel.org
 * extras: centos.mirrors.tds.net
 * updates: mirror.spro.net
Resolving Dependencies
--> Running transaction check
---> Package jdk.x86_64 2000:1.7.0_75-fcs will be installed
--> Finished Dependency Resolution
Dependencies Resolved
==================================================================
Package
Arch Version  Repository Size
==================================================================
Installing:
 jdk x86_64 2000:1.7.0_75-fcs  /jdk-7u75-linux-x64 197 M
Transaction Summary
==================================================================
Install 1 Package(s)

Total size: 197 M
Installed size: 197 M
Is this ok [y/N]: y
Downloading Packages:
Runningrpm_check_debug
Running Transaction Test
Transaction Test Succeeded
```

```
Running Transaction
  Installing : 2000:jdk-1.7.0_75-fcs.x86_64                1/1
Unpacking JAR files...
    rt.jar...
    jsse.jar...
    charsets.jar...
    tools.jar...
    localedata.jar...
    jfxrt.jar...
  Verifying  : 2000:jdk-1.7.0_75-fcs.x86_64                1/1

Installed:
  jdk.x86_64 2000:1.7.0_75-fcs

Complete!
[root@hdp22-1 ~]#
```

当仓库已经配置并可访问且 JDK 已经在所有节点上安装时，便可以开始进行 HDP 安装。

14.2.1　安装 HDP2.2

本书的目的是，我们会安装配置一个基本的 3 个节点的集群，包含如下核心组件：HDFS、YARN、MapReduce2 和 Hive。

14.2.2　环境准备

在开始安装之前，需要完成一些任务。确保已经拥有每个节点的信息，比如服务器名、IP 地址等之类的。还要验证是否已经确定每个节点上将要执行的进程和软件。首先，需要创建用户账号和组。

表 14.1 显示了一系列关键 Hadoop 服务以及运行它们的用户 ID 和组。

表 14.1　典型的系统用户和组

Hadoop 服务	用户	组
HDFS	hdfs	Hadoop
YARN	yarn	Hadoop
MapReduce	mapred	Hadoop、mapred
Hive	hive	Hadoop
ZooKeeper	zookeeper	Hadoop

清单 14.2 配置了 Hadoop 需要使用的主要用户和组。

清单 14.2 为 Hadoop 配置用户和组

```
# Adding HDP internal users and groups（添加 HDP 内部用户和组）
groupadd -f -g 1024 hadoop

# HDFS user（HDFS 用户）
useradd -c "Hadoop HDFS" -d /var/lib/hadoop-hdfs -s /bin/bash --groups
  hadoop -u 1001 -U hdfs
echo "export JAVA_HOME=/usr/java/default" >> /var/lib/hadoop-hdfs/.bash_
profile
echo "export PATH=\$PATH:\$JAVA_HOME/bin" >> /var/lib/hadoop-hdfs/.bash_
profile

# YARN user（YARN 用户）
useradd -c "Hadoop Yarn" -d /var/lib/hadoop-yarn -s /bin/bash -groups
  hadoop  -u 1002 -U yarn
echo "export JAVA_HOME=/usr/java/default" >> /var/lib/hadoop-yarn/.bash_profile
echo "export PATH=\$PATH:\$JAVA_HOME/bin" >> /var/lib/hadoop-yarn/.bash_profile

# MapReduce user（MapReduce 用户）
useradd -c "Hadoop MapReduce" -d /var/lib/hadoop-mapreduce -s /bin/bash
  --groups hadoop -u 1003 -U mapred
echo "export JAVA_HOME=/usr/java/default" >> /var/lib/hadoop-mapreduce/.
  bash_profile
echo "export PATH=\$PATH:\$JAVA_HOME/bin" >> /var/lib/hadoop-mapreduce/.
  bash_profile

# ZooKeeper user（ZooKeeper 用户）
useradd -c "ZooKeeper" -d /var/run/zookeeper -s /bin/bash --groups hadoop
  -u 1004 -U zookeeper
echo "export JAVA_HOME=/usr/java/default" >> /var/run/zookeeper/.bash_profile
echo "export PATH=\$PATH:\$JAVA_HOME/bin" >> /var/run/zookeeper/.bash_profile

# Hive user（Hive 用户）
useradd -c "Hive" -d /var/lib/hive -s /bin/bash --groups hadoop -u 1006 -U hive
echo "export JAVA_HOME=/usr/java/default" >> /var/lib/hive/.bash_profile
echo "export PATH=\$PATH:\$JAVA_HOME/bin" >> /var/lib/hive/.bash_profile
```

Hortonworks 提供了一组配套文件，其中包括组件的配置模板以及一些有用的脚本。

从仓库服务器下载配套文件：

```
[root@hdp22-1 ~]# wget http://public-repo-1.hortonworks.com/HDP/
  tools/2.2.0.0/hdp_manual_install_rpm_helper_files-2.2.0.0.2041.tar.gz
```

使用清单 14.3 所示的脚本设置环境变量并创建需要的目录。推荐将这些脚本引入.bashrc 文件中。必须编辑脚本 directories.sh 文件以提供目录信息。

清单 14.3 这些脚本用于在启动安装之前配置 Hadoop 环境

```
[root@hdp22-1 scripts]# cat usersAndGroups.sh
#!/bin/sh

#
# Users and Groups
#

# User which will own the HDFS services.
export HDFS_USER=hdfs

# User which will own the YARN services.
export YARN_USER=yarn

# User which will own the MapReduce services.
export MAPRED_USER=mapred

# User which will own the Pig services.
export PIG_USER=pig

# User which will own the Hive services.
export HIVE_USER=hive

# User which will own the Templeton services.
export WEBHCAT_USER=hcat

# User which will own the HBase services.
export HBASE_USER=hbase

# User which will own the ZooKeeper services.
export ZOOKEEPER_USER=zookeeper

# User which will own the Oozie services.
export OOZIE_USER=oozie

# User which will own the Accumulo services.
export ACCUMULO_USER=accumulo
```

```
# A common group shared by services.
export HADOOP_GROUP=hadoop

[root@hdp22-1 scripts]#

[root@hdp22-1 scripts]# cat directories.sh
#!/bin/sh

#
# Directories Script
#
# 1. To use this script, you must edit the TODO variables below for your
# environment.
#
# 2. Warning: Leave the other parameters as the default values. Changing these
# default values will require you to
# change values in other configuration files.
#

#
# Hadoop Service - HDFS
#

# Space separated list of directories where NameNode will store file system
# image. For example, /grid/hadoop/hdfs/nn /grid1/hadoop/hdfs/nn
export DFS_NAME_DIR="/data1/hdfs/nn";

# Space separated list of directories where DataNodes will store the blocks.
# For example, /grid/hadoop/hdfs/dn /grid1/hadoop/hdfs/dn /grid2/hadoop/hdfs/dn
export DFS_DATA_DIR="/data1/hdfs/dn /data2/hdfs/dn";

# Space separated list of directories where SecondaryNameNode will store
# checkpoint image. For example, /grid/hadoop/hdfs/snn /grid1/hadoop/hdfs/
# snn /grid2/hadoop/hdfs/snn
export FS_CHECKPOINT_DIR="/data2/hdfs/snn";

# Directory to store the HDFS logs.
export HDFS_LOG_DIR="/var/log/hadoop/hdfs";

# Directory to store the HDFS process ID.
```

```
export HDFS_PID_DIR="/var/run/hadoop/hdfs";

# Directory to store the Hadoop configuration files.

export HADOOP_CONF_DIR="/etc/hadoop/conf";

#
# Hadoop Service - YARN
#

# Space separated list of directories where YARN will store temporary
# data. For example, /grid/hadoop/yarn/local /grid1/hadoop/yarn/local /grid2/
# hadoop/yarn/local
export YARN_LOCAL_DIR="/data1/yarn/local /data2/yarn/local";

# Directory to store the YARN logs.
export YARN_LOG_DIR="/var/log/hadoop/yarn";

# Space separated list of directories where YARN will store container log
# data. For example, /grid/hadoop/yarn/logs/grid1/hadoop/yarn/logs /grid2/
# hadoop/yarn/logs
export YARN_LOCAL_LOG_DIR="/data1/yarn/logs /data2/yarn/logs";

# Directory to store the YARN process ID.
export YARN_PID_DIR="/var/run/hadoop/yarn";

#
# Hadoop Service - MAPREDUCE
#

# Directory to store the MapReduce daemon logs.
export MAPRED_LOG_DIR="/var/log/hadoop/mapred";

# Directory to store the mapreduce jobhistory process ID.
export MAPRED_PID_DIR="/var/run/hadoop/mapred";

#
# Hadoop Service - Hive
#

# Directory to store the Hive configuration files.
```

```
export HIVE_CONF_DIR="/etc/hive/conf";

# Directory to store the Hive logs.
export HIVE_LOG_DIR="/var/log/hive";

# Directory to store the Hive process ID.
export HIVE_PID_DIR="/var/run/hive";

#
# Hadoop Service - WebHCat (Templeton)
#

# Directory to store the WebHCat (Templeton) configuration files.
export WEBHCAT_CONF_DIR="/etc/hcatalog/conf/webhcat";

# Directory to store the WebHCat (Templeton) logs.
export WEBHCAT_LOG_DIR="var/log/webhcat";

# Directory to store the WebHCat (Templeton) process ID.
export WEBHCAT_PID_DIR="/var/run/webhcat";

#
# Hadoop Service - HBase
#

# Directory to store the HBase configuration files.
export HBASE_CONF_DIR="/etc/hbase/conf";

# Directory to store the HBase logs.
export HBASE_LOG_DIR="/var/log/hbase";

# Directory to store the HBase logs.
export HBASE_PID_DIR="/var/run/hbase";

#
# Hadoop Service - ZooKeeper
#

# Directory where ZooKeeper will store data. For example, /grid1/hadoop/
  zookeeper/data
export ZOOKEEPER_DATA_DIR="/data1/zookeeper/data";
```

```
# Directory to store the ZooKeeper configuration files.
export ZOOKEEPER_CONF_DIR="/etc/zookeeper/conf";

# Directory to store the ZooKeeper logs.
export ZOOKEEPER_LOG_DIR="/var/log/zookeeper";

# Directory to store the ZooKeeper process ID.
export ZOOKEEPER_PID_DIR="/var/run/zookeeper";

#
# Hadoop Service - Pig
#

# Directory to store the Pig configuration files.
export PIG_CONF_DIR="/etc/pig/conf";

# Directory to store the Pig logs.
export PIG_LOG_DIR="/var/log/pig";

# Directory to store the Pig process ID.
export PIG_PID_DIR="/var/run/pig";

#
# Hadoop Service - Oozie
#

# Directory to store the Oozie configuration files.
export OOZIE_CONF_DIR="/etc/oozie/conf"

# Directory to store the Oozie data.
export OOZIE_DATA="/var/db/oozie"

# Directory to store the Oozie logs.
export OOZIE_LOG_DIR="/var/log/oozie"

# Directory to store the Oozie process ID.
export OOZIE_PID_DIR="/var/run/oozie"

# Directory to store the Oozie temporary files.
export OOZIE_TMP_DIR="/var/tmp/oozie"

#
```

```
# Hadoop Service - Sqoop
#
export SQOOP_CONF_DIR="/etc/sqoop/conf"

#
# Hadoop Service - Accumulo
#
export ACCUMULO_CONF_DIR="/etc/accumulo/conf";

export ACCUMULO_LOG_DIR="/var/log/accumulo"
[root@hdp22-1 scripts]#
```

清单 14.3 所示的脚本为 Hadoop 集群设置工作环境，并创建所需的文件夹。它使你能够在封面底下看到如何设置 Hadoop 目录等。这需要具备 Shell 脚本的相关知识来浏览。

在执行中，清单 14.4 的脚本显示了环境配置的反馈。

清单 14.4　显示正在配置的环境

```
[root@hdp22-1 scripts]# cat helper.sh
#!/bin/bash
. ./usersAndGroups.sh
. ./directories.sh

env

echo "Create namenode local dir"
mkdir -p $DFS_NAME_DIR
chown -R $HDFS_USER:$HADOOP_GROUP $DFS_NAME_DIR
chmod -R 750 $DFS_NAME_DIR

echo "Create secondary namenode local dir"
mkdir -p $FS_CHECKPOINT_DIR
chown -R $HDFS_USER:$HADOOP_GROUP $FS_CHECKPOINT_DIR
chmod -R 750 $FS_CHECKPOINT_DIR

echo "Create datanode local dir"
mkdir -p $DFS_DATA_DIR
chown -R $HDFS_USER:$HADOOP_GROUP $DFS_DATA_DIR

chmod -R 750 $DFS_DATA_DIR

echo "Create yarn local dir"
```

```
mkdir -p $YARN_LOCAL_DIR
chown -R $YARN_USER:$HADOOP_GROUP $YARN_LOCAL_DIR
chmod -R 755 $YARN_LOCAL_DIR

echo "Create yarn local log dir"
mkdir -p $YARN_LOCAL_LOG_DIR
chown -R $YARN_USER:$HADOOP_GROUP $YARN_LOCAL_LOG_DIR
chmod -R 755 $YARN_LOCAL_LOG_DIR

echo "Create zookeeper data dir"
mkdir -p $ZOOKEEPER_DATA_DIR
chown -R $ZOOKEEPER_USER:$HADOOP_GROUP $ZOOKEEPER_DATA_DIR
chmod -R 755 $ZOOKEEPER_DATA_DIR
```

清单 14.5 显示了 Hadoop 安装配置关键目录。

清单 14.5　Hadoop 安装的关键目录

```
[root@hdp22-3 scripts]#./helper.sh
YARN_USER=yarn
OOZIE_PID_DIR=/var/run/oozie
FS_CHECKPOINT_DIR=/data2/hdfs/snn
HOSTNAME=hdp22-3.lfedotov.com
MAPRED_USER=mapred
HBASE_USER=hbase.
OOZIE_TMP_DIR=/var/tmp/oozie
SHELL=/bin/bash
TERM=xterm-256color
PIG_PID_DIR=/var/run/pig
HISTSIZE=1000
SSH_CLIENT=192.168.56.1 55971 22
ZOOKEEPER_USER=zookeeper
YARN_PID_DIR=/var/run/hadoop/yarn
MAPRED_LOG_DIR=/var/log/hadoop/mapred
HBASE_LOG_DIR=/var/log/hbase
ACCUMULO_USER=accumulo
WEBHCAT_LOG_DIR=var/log/webhcat
ZOOKEEPER_DATA_DIR=/data1/zookeeper/data
ACCUMULO_LOG_DIR=/var/log/accumulo
SQOOP_CONF_DIR=/etc/sqoop/conf
SSH_TTY=/dev/pts/0
```

```
WEBHCAT_CONF_DIR=/etc/hcatalog/conf/webhcat
USER=root
HDFS_USER=hdfs
OOZIE_LOG_DIR=/var/log/oozie
DFS_DATA_DIR=/data1/hdfs/dn /data2/hdfs/dn
YARN_LOCAL_LOG_DIR=/data1/yarn/logs /data2/yarn/logs
ACCUMULO_CONF_DIR=/etc/accumulo/conf
ZOOKEEPER_CONF_DIR=/etc/zookeeper/conf
HIVE_PID_DIR=/var/run/hive
HIVE_LOG_DIR=/var/log/hive
PATH=/usr/local/sbin:/usr/local/bin:/sbin:/bin:/usr/sbin:/usr/bin:/root/bin
MAIL=/var/spool/mail/root
HADOOP_GROUP=hadoop
PIG_LOG_DIR=/var/log/pig
WEBHCAT_USER=hcat
HBASE_CONF_DIR=/etc/hbase/conf
PWD=/root/hdp_manual_install_rpm_helper_files-2.2.0.0.2041/scripts
ZOOKEEPER_LOG_DIR=/var/log/zookeeper
PIG_CONF_DIR=/etc/pig/conf
OOZIE_DATA=/var/db/oozie
HDFS_LOG_DIR=/var/log/hadoop/hdfs
LANG=en_US.UTF-8
HADOOP_CONF_DIR=/etc/hadoop/conf
OOZIE_CONF_DIR=/etc/oozie/conf
WEBHCAT_PID_DIR=/var/run/webhcat
YARN_LOG_DIR=/var/log/hadoop/yarn
PIG_USER=pig
HISTCONTROL=ignoredups
HOME=/root
SHLVL=2
HIVE_USER=hive
ZOOKEEPER_PID_DIR=/var/run/zookeeper
DFS_NAME_DIR=/data1/hdfs/nn
YARN_LOCAL_DIR=/data1/yarn/local /data2/yarn/local
LOGNAME=root
SSH_CONNECTION=192.168.56.1 55971 192.168.56.17 22
LESSOPEN=||/usr/bin/lesspipe.sh %s
OOZIE_USER=oozie
MAPRED_PID_DIR=/var/run/hadoop/mapred
HBASE_PID_DIR=/var/run/hbase
G_BROKEN_FILENAMES=1
```

```
HDFS_PID_DIR=/var/run/hadoop/hdfs
HIVE_CONF_DIR=/etc/hive/conf
_=/bin/env
Create namenode local dir
Create secondary namenode local dir
Create datanode local dir
Create yarn local dir
Create yarn local log dir
Create zookeeper data dir
```

如下命令将验证执行清单 14.5 的脚本后，数据目录是否正确配置。

```
[root@hdp22-1 scripts]# ls -l /data*
```

当配置好所需环境变量并创建所需目录后，便可以开始安装。

安装 HDFS 和 YARN

HDFS 和 YARN 是核心 HDP 服务，通常被安装在所有集群中。仅需要 HDFS 作为冗余存储，而不需要运行任何处理的集群非常少见。因此，我们会在集群中安装 HDFS 和 YARN。

首先，我们应该安装 HDP 二进制文件。所有产品需要的依赖都自动通过 YUM 抽取。

```
[root@hdp22-1 scripts]# yum install hadoop hadoop-hdfs hadoop-libhdfs
  hadoop-yarn hadoop-mapreduce hadoop-client openssl -y
```

为了提高集群可用容量，HDFS 使用数据压缩。必须安装压缩库才能使用数据压缩，因此下一步是安装 LZO 和 Snappy 压缩库。

```
[root@hdp22-1 scripts]# yum install snappy snappy-devel -y
```

完成包安装后，应该配置核心服务。

14.3 设置 Hadoop 配置

相应的样例配置文件已经提供。将配置文件拷贝至 HDP 配置目录，接着将其修改为可以反映环境的名字和地址。这些样例配置文件是配置环境的模板。

（1）为了正确设置 YARN 和 MapReduce 内存，我们需要使用帮助脚本以及其他帮助文件，如清单 14.6 所示。

清单 14.6 YARN 容器、MapReduce 和 Tez 配置参数

```
[root@hdp22-3 scripts]# ./hdp-configuration-utils.py -c 1 -m 4 -d 2 -k
  False
Using cores=1 memory=4GB disks=2 hbase=False accumulo=False
 Profile: cores=1 memory=3072MB reserved=1GB usableMem=3GB disks=2
 Num Container=3
 Container Ram=1024MB
 Used Ram=3GB
 Unused Ram=1GB
 yarn.scheduler.minimum-allocation-mb=1024
 yarn.scheduler.maximum-allocation-mb=3072
 yarn.nodemanager.resource.memory-mb=3072
 mapreduce.map.memory.mb=1024
 mapreduce.map.java.opts=-Xmx768m
 mapreduce.reduce.memory.mb=2048
 mapreduce.reduce.java.opts=-Xmx1536m
 yarn.app.mapreduce.am.resource.mb=1024
 yarn.app.mapreduce.am.command-opts=-Xmx768m
 mapreduce.task.io.sort.mb=384
 tez.am.resource.memory.mb=2048
 tez.am.java.opts=-Xmx1536m
 hive.tez.container.size=1024
 hive.tez.java.opts=-Xmx768m
 hive.auto.convert.join.noconditionaltask.size=134217000
[root@hdp22-3 scripts]#
```

（2）编辑 core-site.xml 并修改相关属性。

```
<property>
  <name>fs.defaultFS</name>
  <value>hdfs://hdp22-1.lfedotov.com:8020</value>
</property>
```

（3）编辑 hdfs-site.xml 文件并修改清单 14.7 所示的属性。

清单 14.7 为 HDFS 定义主要数据位置

```
<property>
  <name>dfs.datanode.data.dir</name>
  <value>/data1/hdfs/dn,/data2/hdfs/dn</value>
  </property>
```

```
<property>
  <name>dfs.namenode.checkpoint.dir</name>
  <value>/data2/hdfs/snn</value>
</property>
<property>
  <name>dfs.namenode.checkpoint.edits.dir</name>
  <value>/data2/hdfs/snn</value>
  </property>
  <property>
  <name>dfs.namenode.name.dir</name>
  <value>/data1/hdfs/nn</value>
</property>
  <property>
  <name>dfs.namenode.http-address</name>
  <value>hdp22-1.lfedotov.com:50070</value>
</property>
  <property>
  <name>dfs.namenode.secondary.http-address</name>
  <value>hdp22-2.lfedotov.com:50090</value>
</property>
```

（4）编辑 yarn-site.xml 文件并修改清单 14.8 所示的属性。

清单 14.8 设置 YARN 主目录、端口和内存参数

```
<property>
  <name>yarn.log.server.url</name>
  <value>https://hdp22-3.lfedotov.com:19888/jobhistory/logs</value>
</property>
<property>
  <name>yarn.nodemanager.local-dirs</name>
  <value>/data1/yarn/local,/data2/yarn/local</value>
  </property>
<property>
  <name>yarn.nodemanager.log-dirs</name>
  <value>/data1/yarn/logs,/data2/yarn/logs</value>
</property>
<property>
    <name>yarn.resourcemanager.address</name>
    <value>hdp22-3.lfedotov.com:8050</value>
</property>
```

```
<property>
    <name>yarn.resourcemanager.admin.address</name>
    <value>hdp22-3.lfedotov.com:8141</value>
</property>
<property>
    <name>yarn.resourcemanager.hostname</name>
    <value>hdp22-3.lfedotov.com</value>
</property>
<property>
    <name>yarn.resourcemanager.resource-tracker.address</name>
    <value>hdp22-3.lfedotov.com:8025</value>
</property>
<property>
    <name>yarn.resourcemanager.scheduler.address</name>
    <value>hdp22-3.lfedotov.com:8030</value>
</property>
<property>
    <name>yarn.resourcemanager.webapp.address</name>
    <value>hdp22-3.lfedotov.com:8088</value>
</property>
<property>
    <name>yarn.scheduler.maximum-allocation-mb</name>
    <value>3072</value> <!-- Example: "2048" -->
</property>
<property>
    <name>yarn.scheduler.minimum-allocation-mb</name>
    <value>1024</value> <!-- Example: "682" -->
</property>
<property>
    <name>yarn.nodemanager.resource.cpu-vcores</name>
    <value>2</value> <!-- Example: "2" -->
</property>
<property>
    <name>yarn.nodemanager.resource.memory-mb</name>
    <value>3072</value> <!-- Example: "2048" -->
</property>
<property>
  <name>yarn.nodemanager.resource.percentage-physical-cpu-limit</name>
  <value>100</value> <!-- Example: "100" -->
</property>
```

```
<property>
    <name>yarn.timeline-service.address</name>
    <value>hdp22-3.lfedotov.com:10200</value>
</property>
<property>
    <name>yarn.timeline-service.webapp.address</name>
    <value>hdp22-3.lfedotov.com:8188</value>
</property>
<property>
    <name>yarn.timeline-service.webapp.https.address</name>
    <value>hdp22-3.lfedotov.com:8190</value>
</property>
```

（5）编辑 mapred-site.xml 文件并修改清单 14.9 所示的属性。

清单 14.9　设置 MapReduce 主要参数

```
<property>
  <name>mapreduce.jobhistory.address</name>
  <value>hdp22-3.lfedotov.com:10020</value>
</property>
<property>
  <name>mapreduce.jobhistory.webapp.address</name>
  <value>hdp22-3.lfedotov.com:19888</value>
</property>
<property>
  <name>mapreduce.map.java.opts</name>
  <value>-Xmx768m</value> <!-- Example: "-Xmx546m" -->
</property>
<property>
  <name>mapreduce.map.memory.mb</name>
  <value>1024</value> <!-- Example: "682" -->
</property>
<property>
  <name>mapreduce.reduce.java.opts</name>
  <value>-Xmx1536m</value> <!-- Example: "-Xmx546m" -->
</property>
<property>
  <name>mapreduce.reduce.memory.mb</name>
  <value>2048</value> <!-- Example: "682" -->
</property>
<property>
```

```
    <name>mapreduce.task.io.sort.factor</name>
    <value>100</value> <!-- Example: "100" -->
  </property>
  <property>
    <name>mapreduce.task.io.sort.mb</name>
    <value>384</value> <!-- Example: "273" -->
  </property>
  <property>
    <name>yarn.app.mapreduce.am.resource.mb</name>
    <value>1024</value> <!-- Example: "682" -->
  </property>
  <property>
    <name>yarn.app.mapreduce.am.command-opts</name>
    <value>-Xmx768m</value> <!-- Example: "682" -->
  </property>
```

（6）编辑 container-executor.cfg 文件。

```
yarn.nodemanager.local-dirs=/data1/yarn/local,/data2/yarn/local
yarn.nodemanager.linux-container-executor.group=hadoop
yarn.nodemanager.log-dirs=/data1/yarn/logs,/data2/yarn/logs
banned.users=hfds,bin,0
```

至此，主要 HDP 服务的安装和配置就完成。接下来可以继续启动主要的服务了。

14.4 启动 HDFS 和 YARN

在本节中，让我们从格式化和启动 HDFS 开始。我们在同一台机器上执行所有命令，因为 HDFS 和 YARN 是单节点安装。

（1）从格式化 HDFS 开始。

```
[root@hdp22-1 ~]# su - hdfs
[hdfs@hdp22-1 ~]$ hadoop namenode -format
DEPRECATED: Use of this script to execute hdfs command is deprecated.
Instead use the hdfs command for it.
```

（2）设置 secondary NameNode 守护进程的命令如下。

```
[root@hdp22-2 ~]# su - hdfs
[hdfs@hdp22-2 ~]$ /usr/hdp/2.2.0.0-2041/hadoop/sbin/hadoop-daemon.sh
  --config /etc/hadoop/conf start secondarynamenode
```

```
starting secondarynamenode, logging to /var/log/hadoop/hdfs/hadoop-
  hdfs-secondarynamenode-hdp22-2.lfedotov.com.out
```

（3）验证 secondary NameNode 的运行情况。

```
[hdfs@hdp22-2 ~]$ /usr/java/default/bin/jps
16186 SecondaryNameNode
16247 Jps
[hdfs@hdp22-2 ~]$
```

（4）使用如下命令在工作节点中启动 DataNode 守护进程。

```
[hdfs@hdp22-1 ~]$ /usr/hdp/2.2.0.0-2041/hadoop/sbin/hadoop-daemon.sh
  --config /etc/hadoop/conf start datanode

[hdfs@hdp22-2 ~]$ /usr/hdp/2.2.0.0-2041/hadoop/sbin/hadoop-daemon.sh
  --config /etc/hadoop/conf start datanode

[hdfs@hdp22-3 ~]$ /usr/hdp/2.2.0.0-2041/hadoop/sbin/hadoop-daemon.sh
  --config /etc/hadoop/conf start datanode
```

（5）接下来需要验证 HDFS 的功能。通过连接浏览器至 NameNode URL:http://hdp22-1.lfedotov. com:50070/dfshealth.html 来检查 NameNode UI。NameNode 页面如图 14.1 所示。

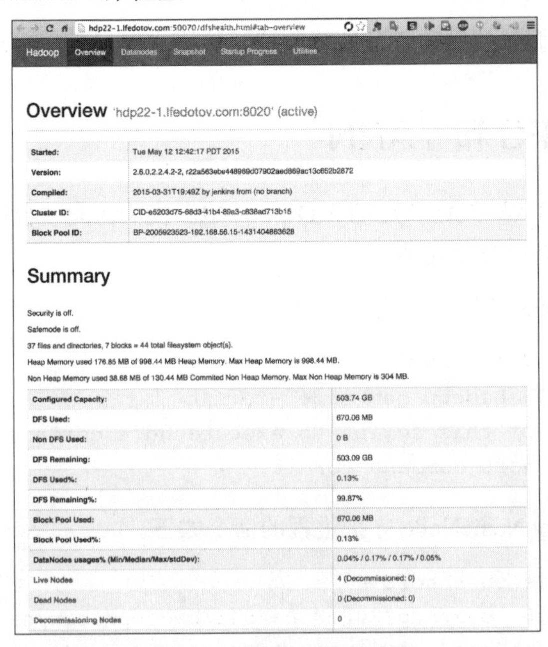

图 14.1　NameNode UI

（6）在 HDFS 中创建 hdfs 用户目录。

```
[root@hdp22-1 ~]# su - hdfs
[hdfs@hdp22-1 ~]$ hadoop fs -mkdir -p /user/hdfs
[hdfs@hdp22-1 ~]$ hadoop fs -ls /
```

（7）拷贝一个文件至 HDFS 并显示文件。

```
[hdfs@hdp22-1 ~]$ hadoop fs -copyFromLocal /etc/passwd passwd
[hdfs@hdp22-1 ~]$ hadoop fs -ls /user/hdfs
```

恭喜，现在你已经拥有一个完整功能的 HDFS，如图 14.2 所示。

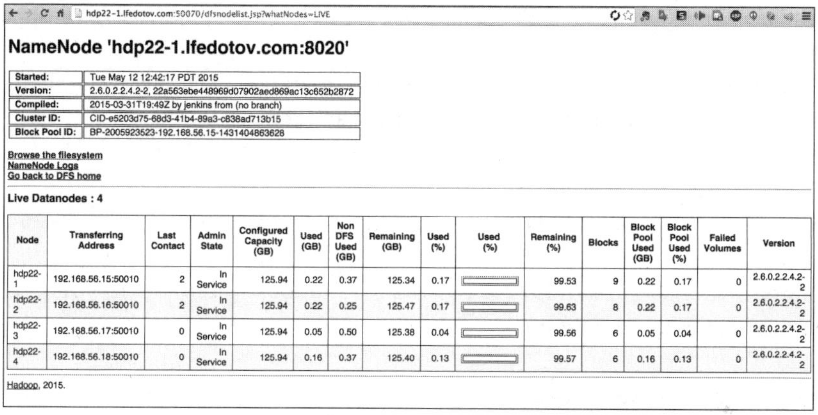

hdp22-1.lfedotov.com:50070/dfsnodelist.jsp?whatNodes=LIVE

NameNode 'hdp22-1.lfedotov.com:8020'

Started:	Tue May 12 12:42:17 PDT 2015
Version:	2.6.0.2.2.4.2-2, 22a563ebe448969d07902aed869ac13c652b2872
Compiled:	2015-03-31T19:49Z by jenkins from (no branch)
Cluster ID:	CID-e5203d75-68d3-41b4-89a3-c838ad713b15
Block Pool ID:	BP-2005923523-192.168.56.15-1431404863628

Browse the filesystem
NameNode Logs
Go back to DFS home

Live Datanodes : 4

Node	Transferring Address	Last Contact	Admin State	Configured Capacity (GB)	Used (GB)	Non DFS Used (GB)	Remaining (GB)	Used (%)	Used (%)	Remaining (%)	Blocks	Block Pool Used (GB)	Block Pool Used (%)	Failed Volumes	Version
hdp22-1	192.168.56.15:50010	2	In Service	125.94	0.22	0.37	125.34	0.17		99.53	9	0.22	0.17	0	2.6.0.2.2.4.2-2
hdp22-2	192.168.56.16:50010	2	In Service	125.94	0.22	0.25	125.47	0.17		99.63	8	0.22	0.17	0	2.6.0.2.2.4.2-2
hdp22-3	192.168.56.17:50010	0	In Service	125.94	0.05	0.50	125.38	0.04		99.56	6	0.05	0.04	0	2.6.0.2.2.4.2-2
hdp22-4	192.168.56.18:50010	0	In Service	125.94	0.16	0.37	125.40	0.13		99.57	6	0.16	0.13	0	2.6.0.2.2.4.2-2

Hadoop, 2015.

图 14.2 NameNode UI 中的 DataNodes 视图

14.4.1 启动 YARN

ResourceManager 是为 Hadoop 集群管理资源的主守护进程。在启动工作守护进程之前必须先启动主守护进程。

（1）在 ResourceManager 服务器中执行清单 14.10 所示的命令，以启动 ResourceManager 和验证它是否正在运行。

清单 14.10 启动 YARN ResourceManager 守护进程并且使用 jps 命令验证它是否正在运行

```
[root@hdp22-3 ~]# su - yarn
[yarn@hdp22-3 ~]$ export HADOOP_LIBEXEC_DIR=/usr/hdp/2.2.0.0-2041/hadoop/
  libexec
[yarn@hdp22-3 ~]$ /usr/hdp/2.2.0.0-2041/hadoop-yarn/sbin/yarn-daemon.sh
  --config /etc/hadoop/conf start resourcemanager
starting resourcemanager, logging to /var/log/hadoop-yarn/yarn/yarn-yarn-
 resourcemanager-hdp22-3.lfedotov.com.out
```

```
[yarn@hdp22-3 ~]$ /usr/java/default/bin/jps
16752 Jps
16592 ResourceManager
[yarn@hdp22-3 ~]$
```

（2）在所有 NodeManager 节点执行清单 14.11 所示的命令，以启动所有 NodeManager。我们将每个系统当作一个工作节点，因为它的配置小。

清单 14.11 启动 NodeManager 守护进程

```
[root@hdp22-1 ~]# su - yarn
[yarn@hdp22-1 ~]$ export HADOOP_LIBEXEC_DIR=/usr/hdp/2.2.0.0-2041/hadoop/
 libexec
[yarn@hdp22-1 ~]$ /usr/hdp/2.2.0.0-2041/hadoop-yarn/sbin/yarn-daemon.sh
  --config /etc/hadoop/conf start nodemanager

[root@hdp22-2 ~]# su - yarn
[yarn@hdp22-2 ~]$ export HADOOP_LIBEXEC_DIR=/usr/hdp/2.2.0.0-2041/hadoop/
 libexec
[yarn@hdp22-2 ~]$ /usr/hdp/2.2.0.0-2041/hadoop-yarn/sbin/yarn-daemon.sh
  --config /etc/hadoop/conf

[root@hdp22-3 ~]# su - yarn
[yarn@hdp22-3 ~]$ export HADOOP_LIBEXEC_DIR=/usr/hdp/2.2.0.0-2041/hadoop/
 libexec
[yarn@hdp22-3 ~]$ /usr/hdp/2.2.0.0-2041/hadoop-yarn/sbin/yarn-daemon.sh
  --config /etc/hadoop/conf
```

（3）启动 MapReduce JobHistory 服务器。容器执行器程序以执行应用程序的用户身份运行容器。NodeManager 使用此程序启动和停止容器。为此程序定义了 setuid，以便容器可以切换到执行容器的用户。容器执行器脚本为容器使用的所有本地文件设置权限，比如 jars、共享文件、中间文件、日志文件等。在所有 NodeManager 节点上更改容器执行器文件权限，如清单 14.12 所示。

清单 14.12 为容器执行器文件配置权限并验证是否正确

```
[root@hdp22-1 ~]# ls -l /usr/hdp/2.2.0.0-2041/hadoop-yarn/bin/container-
  executor
---Sr-s--- 1 root yarn 36504 Nov 19 11:56 /usr/hdp/2.2.0.0-2041/hadoop-
  yarn/bin/container-executor
[root@hdp22-1 ~]# chown -R root:hadoop /usr/hdp/2.2.0.0-2041/hadoop-yarn/
```

```
  bin/container-executor
[root@hdp22-1 ~]# chmod -R 6050 /usr/hdp/2.2.0.0-2041/hadoop-yarn/bin/
  container-executor
[root@hdp22-1 ~]# ls -l /usr/hdp/2.2.0.0-2041/hadoop-yarn/bin/container-
  executor
---Sr-s--- 1 root hadoop 36504 Nov 19 11:56 /usr/hdp/2.2.0.0-2041/hadoop-
  yarn/bin/container-executor
[root@hdp22-1 ~]#
```

（4）从 JobHistory 服务器执行清单 14.13 所示的命令，在 HDFS 上设置目录。

清单 14.13 为 JobHistory 服务器设置权限并验证它是否正确

```
[root@hdp22-3 ~]# su - hdfs
[hdfs@hdp22-3 ~]$ hadoop fs -mkdir -p /mr-history/tmp
[hdfs@hdp22-3 ~]$ hadoop fs -chmod -R 1777 /mr-history/tmp
[hdfs@hdp22-3 ~]$ hadoop fs -mkdir -p /mr-history/done
[hdfs@hdp22-3 ~]$ hadoop fs -chmod -R 1777 /mr-history/done
[hdfs@hdp22-3 ~]$ hadoop fs -chown -R mapred:hdfs /mr-history
[hdfs@hdp22-3 ~]$ hadoop fs -mkdir -p /app-logs
[hdfs@hdp22-3 ~]$ hadoop fs -chmod -R 1777 /app-logs
[hdfs@hdp22-3 ~]$ hadoop fs -chown yarn /app-logs
  [hdfs@hdp22-3 ~]$
[hdfs@hdp22-3 ~]$ hadoop fs -ls /
Found 3 items
drwxrwxrwt    - yarn   hdfs          0 2015-02-19 14:40 /app-logs
drwxr-xr-x    - mapred hdfs          0 2015-02-19 14:40 /mr-history
drwxr-xr-x    - hdfs   hdfs          0 2015-02-19 14:20 /user
[hdfs@hdp22-3 ~]$
```

（5）从 JobHistory 服务器执行命令以启动 History 服务器。

```
[root@hdp22-3 ~]# su - mapred
[mapred@hdp22-3 ~]$ export  HADOOP_LIBEXEC_DIR=/usr/hdp/2.2.0.0-2041/
  hadoop/libexec
[mapred@hdp22-3 ~]$ /usr/hdp/2.2.0.0-2041/hadoop-mapreduce/sbin/
  mr-jobhistory-daemon.sh --config /etc/hadoop/conf start
  historyserver
```

14.4.2 验证 MapReduce 功能

尝试浏览 ResourceManager UI，如图 14.3 所示。

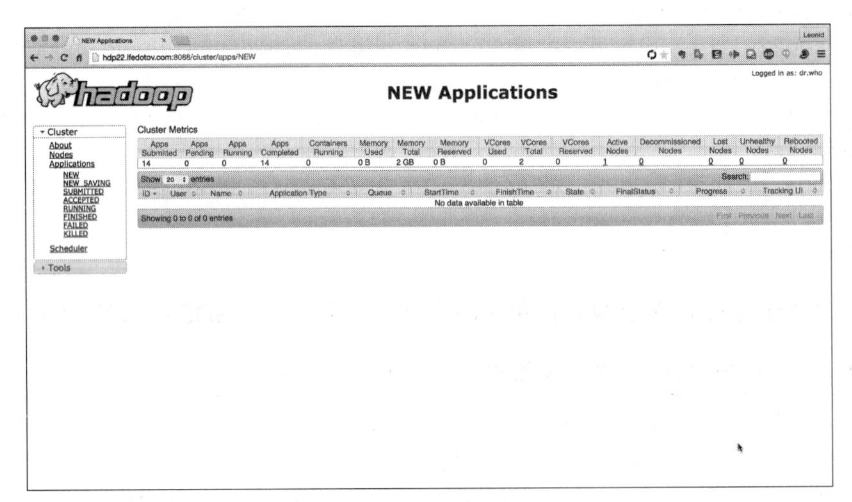

图 14.3　ResourceManager UI

为了验证 MapReduce 功能性，请按照下列步骤操作。

（1）创建一个$CLIENT_USER 并且将其加入用户组（此用户应该存在于所有集群节点）。

```
[root@hdp22-3 ~]# useradd client
[root@hdp22-3 ~]# usermod -a -G users client
```

（2）使用 HDFS 用户创建/user/client。

```
[root@hdp22-3 ~]# su - hdfs
[hdfs@hdp22-3 ~]$ hdfs dfs -mkdir /user/client
[hdfs@hdp22-3 ~]$ hdfs dfs -chown client:client /user/client
[hdfs@hdp22-3 ~]$ hdfs dfs -chmod -R 755 /user/client
[hdfs@hdp22-3 ~]$ hadoop fs -mkdir /tmp
[hdfs@hdp22-3 ~]$ hadoop fs -chmod 777 /tmp
```

（3）在 HDP 2.2 中仍然需要运行 map/reduce 任务所需的额外准备。

```
[root@hdp22-3 ~]# su - hdfs
[hdfs@hdp22-3 ~]$ hadoop fs -mkdir -p /hdp/apps/2.2.0.0-2041/mapreduce
[hdfs@hdp22-3 ~]$ hadoop fs -chown mapred /hdp/apps/2.2.0.0-2041/ mapreduce
[hdfs@hdp22-3 ~]$ logout
[root@hdp22-3 ~]# su - mapred
[mapred@hdp22-3 ~]$ hadoop fs -put /usr/hdp/2.2.0.0-2041/hadoop/ mapredu-
  ce.tar.gz /hdp/apps/2.2.0.0-2041/mapreduce
```

```
[mapred@hdp22-3 ~]$ hadoop fs -ls /hdp/apps/2.2.0.0-2041/mapreduce

Found 1 items
-rw-r--r-- 3 mapred hdfs 191314810 2015-02-19 14:56 /hdp/ apps/2.2.0.0-
  2041/mapreduce/mapreduce.tar.gz
[mapred@hdp22-3 ~]$
```

（4）使用 Terasort 并以$CLIENT_USER 用户运行冒烟测试以排序 10GB 的数据。

```
[root@hdp22-3 ~]# su - client
[client@hdp22-3 ~]$ hadoop jar /usr/hdp/2.2.0.0-2041/hadoop-mapreduce/
  hadoop-mapreduce-examples.jar teragen 10000 /tmp/teragen
```

此时，我们拥有完整的 YARN 和 MapReduce 组件。核心 HDP 集群已安装，配置并运行，如图 14.4 所示。

All Applications

hdp22.lfedotov.com:8088/cluster/apps

Logged in as: dr.who

Cluster: About, Nodes, Applications (NEW, NEW_SAVING, SUBMITTED, ACCEPTED, RUNNING, FINISHED, FAILED, KILLED), Scheduler; Tools

Cluster Metrics

Apps Submitted	Apps Pending	Apps Running	Apps Completed	Containers Running	Memory Used	Memory Total	Memory Reserved	VCores Used	VCores Total	VCores Reserved	Active Nodes	Decommissioned Nodes	Lost Nodes	Unhealthy Nodes	Rebooted Nodes
9	0	1	8	4	2 GB	2 GB	0 B	4	2	0	1	0	0	0	0

Show 20 entries Search:

ID	User	Name	Application Type	Queue	StartTime	FinishTime	State	FinalStatus	Progress	Tracking UI
application_1432855604508_0009	ambari-qa	QuasiMonteCarlo	MAPREDUCE	default	Thu May 28 16:36:48 -0700 2015	N/A	RUNNING	UNDEFINED		ApplicationMaster
application_1432855604508_0008	ambari-qa	TeraGen	MAPREDUCE	default	Thu May 28 16:35:44 -0700 2015	Thu May 28 16:36:50 -0700 2015	FINISHED	SUCCEEDED		History
application_1432855604508_0007	ambari-qa	QuasiMonteCarlo	MAPREDUCE	default	Thu May 28 16:34:57 -0700 2015	Thu May 28 16:36:05 -0700 2015	FINISHED	SUCCEEDED		History
application_1432855604508_0006	ambari-qa	TeraGen	MAPREDUCE	default	Thu May 28 16:34:28 -0700 2015	Thu May 28 16:35:10 -0700 2015	FINISHED	SUCCEEDED		History
application_1432855604508_0005	ambari-qa	QuasiMonteCarlo	MAPREDUCE	default	Thu May 28 16:33:20 -0700 2015	Thu May 28 16:34:43 -0700 2015	FINISHED	SUCCEEDED		History
application_1432855604508_0004	ambari-qa	TeraGen	MAPREDUCE	default	Thu May 28 16:32:29 -0700 2015	Thu May 28 16:33:40 -0700 2015	FINISHED	SUCCEEDED		History
application_1432855604508_0003	ambari-qa	QuasiMonteCarlo	MAPREDUCE	default	Thu May 28 16:32:01 -0700 2015	Thu May 28 16:33:03 -0700 2015	FINISHED	SUCCEEDED		History
application_1432855604508_0002	ambari-qa	TeraGen	MAPREDUCE	default	Thu May 28 16:31:50 -0700 2015	Thu May 28 16:32:10 -0700 2015	FINISHED	SUCCEEDED		History
application_1432855604508_0001	ambari-qa	QuasiMonteCarlo	MAPREDUCE	default	Thu May 28 16:30:31	Thu May 28 16:31:33 -0700 2015	FINISHED	SUCCEEDED		History

图 14.4 Resource Manager UI 中已经完成的任务

14.5 安装和配置 Hive

现在已经安装、配置并运行了集群，我们可以为其增加 Hive 和 HCatalog。Apache Hive 是一个使用 HiveQL 创建高层次 SQL 查询的工具；工具的原生语言会被编译成一系列 MapReduce 程序。HCatalog 是 Hadoop 的表和存储管理层，它使用户能够用不同数据处理工具以更方便地在网格上读写数据。

14.6 安装和配置 MySQL 数据库

为了运行 Hive，必须先为 Hive 的元数据存储安装和配置数据库。默认元数据存储数据库是 MySQL，因此需要在集群节点进行配置。

首先，安装 MySQL。

```
[root@hdp22-2 ~]# yum install mysql-server
```

安装完成之后，需要启动 MySQL 并为 root 用户设置密码。我们将使用单词 hadoop 作为 root 用户的密码。

```
[root@hdp22-2 ~]# /etc/init.d/mysqld start
```

现在需要为拥有 Hive 元数据存储数据库的用户创建和分配必要的权限。我们将使用用户名 hive 和密码 hive。

```
[root@hdp22-2 ~]# mysql -u root -phadoop
```

14.7 安装和配置 Hive 和 HCatalog

为 Hive 元数据仓库运行和配置 MySQL 数据库之后，可以继续安装和配置 Hive 和 Hcatalog。

```
[root@hdp22-2 ~]# yum install hive hive-hcatalog
```

将 Mysql Java connector 复制到/usr/hdp/2.2.0.0.-2041/hive/lib 目录。

```
[root@hdp22-2 ~]# cp /usr/share/java/mysql-connector-java-5.1.17.jar /usr/
  hdp/2.2.0.0-2041/hive/lib
```

运行 directories.sh 帮助脚本时，所有本地目录都应该被创建完毕。

现在需要设置 Hive 配置。为此，编辑/etc/hive/conf/hive-site.xml 文件，并在其中设置下列属性，如清单 14.14 所示。

清单 14.14 为 Hive 在 hive-site.xml 文件中配置参数

```
<property>
  <name>javax.jdo.option.ConnectionURL</name>
  <value>jdbc:mysql://hdp22-2.lfedotov.com:3306/
```

```
    hive?createDatabaseIfNotExist=true</value>
   <description>Enter your JDBC connection string. </description>
</property>
<property>
  <name>javax.jdo.option.ConnectionUserName</name>
  <value>hive</value>
  <description>Enter your MySQL credentials. </description>
</property>

<property>
  <name>javax.jdo.option.ConnectionPassword</name>
  <value>hive</value>
  <description>Enter your MySQL credentials. </description>
</property>

<property>
  <name>hive.metastore.uris</name>
  <value>thrift:// hdp-book.1fedotov.com:9083</value>
</property>
```

为了使 Hive 正常工作，需要在 HDFS 中创建所需的目录。

- Hive 主目录。

```
[root@hdp22-2 conf]# su - hdfs
[hdfs@hdp22-2 ~]$ hadoop fs -mkdir -p /user/hive
[hdfs@hdp22-2 ~]$ hadoop fs -chown hive:hdfs /user/hive
```

- Hive 仓库目录。

```
[hdfs@hdp22-2 ~]$ hadoop fs -mkdir -p /apps/hive/warehouse
[hdfs@hdp22-2 ~]$ hadoop fs -chown -R hive:hdfs /apps/hive
[hdfs@hdp22-2 ~]$ hadoop fs -chmod -R 775 /apps/hive
```

- Hive 暂存目录。

```
[hdfs@hdp22-2 ~]$ hadoop fs -mkdir -p /tmp/scratch
[hdfs@hdp22-2 ~]$ hadoop fs -chown -R hive:hdfs /tmp/scratch
[hdfs@hdp22-2 ~]$ hadoop fs -chmod -R 777 /tmp/scratch
```

至此，Hive 设置和配置就完成了。启动服务并验证 Hive 功能也准备好了。

```
[root@hdp22-2 ~]# su - hive
[hive@hdp22-2 ~]$ nohup /usr/hdp/2.2.0.0-2041/hive/bin/hive --service
  metastore>/var/log/hive/hive.out 2>/var/log/hive/hive.log &
[1] 27413
```

运行如下命令启动 HiveServer2。

```
[hive@hdp22-2 ~]$ nohup /usr/hdp/2.2.0.0-2041/hive/bin/hiveserver2 > /var/
  log/hive/hiveserver2.out 2 >/var/log/hive/hiveserver2.log &
[2] 27999
```

Beeline 是一个命令行工具，用于与 HiveServer2 通信并提交查询。

现在可以用 Hive 来加载和查询数据了。例如，使用 HCatalog 功能，将/etc/password 文件作为表加载至 Hive 中，然后在之上运行多个 select 查询。每个查询会初始化一个 MapReduce 任务。MapReduce 任务的结果和状态可以通过 YARN UI（见清单 14.15）监控。

清单 14.15　使用如下简单命令验证 Hive 是否被正确配置

```
[hive@hdp22-2 ~]$ hcat -e "drop table passwd"
OK
Time taken: 1.024 seconds
[hive@hdp22-2 ~]$ hcat -e "create table passwd (name string, passwd string,
uid int, gid int, commentary string, home string, shell string) ROW FORMAT
  DELIMITED FIELDS TERMINATED BY ':' location 'hdfs:///user/hive/passwd'"
OK
Time taken: 1.546 seconds
[hive@hdp22-2 ~]$ hcat -e "describe passwd"
[hive@hdp22-2 ~]$

[hive@hdp22-2 ~]$ hadoop fs -ls .
[hive@hdp22-2 ~]$

[hive@hdp22-2 ~]$ hive
hive> describe passwd;
hive> select * from passwd;
hive> select count(*) from passwd;
hive> select name, home, shell from passwd where uid > 1000;
hive> exit;
[hive@hdp22-2 ~]$ hadoop fs -ls .
  [hive@hdp22-2 ~]$ hadoop fs -ls passwd
  [hive@hdp22-2 ~]$
```

图 14.5 显示由 Hive 启动的已完成的 MapReduce 作业。

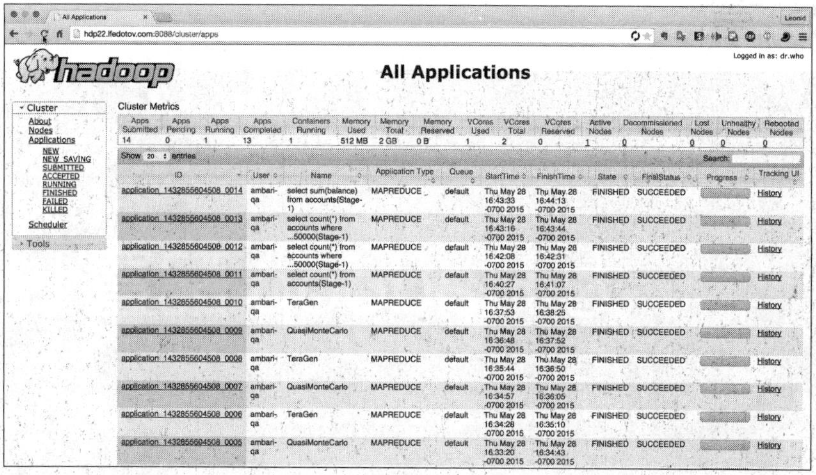

图 14.5 ResourceManager UI 显示由 Hive 启动的已完成的 MapReduce 作业

14.8 小结

本章完成了 Hadoop 集群的基本安装和验证。在安装结束时，Hadoop 可启动并运行 HDFS、YARN、MapReduce 和 Hive/HCatalog 功能。但是，目前已没有多少人进行手动安装。HDP 通过名为 Ambari 的产品提供安装和管理功能。Big Data Extensions 同样支持自动安装。虽然使用 GUI 工具进行安装具有许多优点，但是我们建议 Hadoop 管理员了解 GUI 工具的功能，以便了解配置。

提示：

- 始终在系统配置期间预安装所有需要的 HDP 包。这将为启动和配置集群节省许多时间。
- 如果你在通过增加新的节点以扩展现有集群，那么不仅需要在执行系统配置的同时安装 HDP 包，也需要加载所有需要的配置文件（取自现有的一个工作节点）。按照此种方式，新的节点将在配置之后立即生效。它们将在安装后的第一次重新启动时自动添加至正在运行的集群中。

始终考虑为 HDP 组件和用作元数据存储的 MySQL 数据库配置 HA。

- 无须为 HDFS 中的数据提供备份。HDFS 提供了内置的数据冗余。但是，定期备份 NameNode 数据是一种很好的做法。同样还应备份集群配置文件和 Hive 元数据存储数据库。

第 15 章

为 Hadoop 配置 Linux

实现目标、获得成就固然重要，但从中获得成长更难能可贵。

——Henry David Thoreau

安装和管理 Hadoop 生态系统是一个过程，而不是最终目的。Hadoop 生态系统不断发展，客户考虑使用“Hadoop 即服务”，并将大数据策略与云策略进行整合。他们可以利用不同的管理工具进行自动化安装，但仍需人工确保所有组件（如 Linux 操作系统）安装成功并针对 Hadoop 及其组件的运行进行优化。Hadoop 目前可以使用一套代码运行在 Windows 或 Linux 上。本章将重点介绍 Linux。

一个为 Hadoop 集群精心设计的 Linux 架构是成功的关键。在本章中，我们将为 Hadoop 集群的 Linux 相关架构奠定基础。

平台架构为 Hadoop 奠定了成功的基础。合理规划是另一个重要的部分，包括恰当的 CPU 架构、RAM 容量、存储容量、网卡设置以及不同工作负载模式的交换机配置等。稳定的 Linux 配置也同样重要。我们专注于为 Hadoop 创建一个精简且安全的 Linux 基础架构，该架构能够兼容其他组件。关于如何为 Hadoop 集群构建企业 Linux 平台的最佳实践和相关经验需要分享。Hadoop Linux 配置的目标是尽量减少管理和维护，同时实现 Hadoop 主服务器的最大可用性和工作节点的最大性能。关键主题有优化内核参数、磁盘布局、文件系统注意事项、适当的分区对齐、设置网络接口以及查看存储注意事项。

15.1 支持的 Linux 平台

首先，让我们讨论一下支持 HDP2 的 Linux 部署平台。以下 Linux 发行版支持 HDP2。

- Red Hat Enterprise Linux 5.x 或 6.x。
- CentOS（Community Enterprise Operating System）5.x 或 6.x。
- Oracle Linux 5.x 或 6.x。
- SLES 11 SP1+。
- Ubuntu 12。

x86 平台只支持 64 位架构。本章中关于 Linux 的讨论主要针对 Red Hat。RHEL、Centos、Oracle Linux、SLES 和 Ubuntu 都是 Linux 常用的版本。为了验证概念或测试 Hadoop，只需要将 Hadoop 集群启动并运行 30～45 天。这种情况下，使用不支持的 Linux 版本可能是最具成本效益的选择。如果需要超过 30 天的概念验证，可以使用 CentOS。CentOS 是免费的企业级社区支持的 Linux 发行版。

15.2 不同部署模式

Hadoop 有 3 种部署模式。生产环境应该使用完全分布式模型。以下概述每个模型的优点。

- **独立（Standalone）**：Hadoop 部署在本地文件系统上运行的单个 JVM 中。这个模型是专为开发人员开发和测试代码而设计的。这使开发人员能够单步执行代码。
- **伪分布式（Pseudo distributed）**：这个 Hadoop 集群部署了所有配置文件定义的程序；然而，整个集群部署在单一的系统上。这是开发人员或希望学习 Hadoop 管理的人员的绝佳平台。即使没有资源来运行多个 VM 或物理服务器，同样可以使用 Hadoop。供应商对使用此配置的 VM 提供了下载服务。
- **全分布式（Fully distributed）**：主服务器和工作者节点分布在多个服务器上（虚拟或物理）的 Hadoop 集群。

15.3 Linux 黄金模板

必须花时间和精力去了解 Linux“黄金映像”模板在虚拟化基础架构中应包含的内容。

可以选择为主节点和数据节点服务器创建和维护黄金映像 VM。主节点服务器的磁盘/LUN必须从存储阵列分配，并且具备高可用性。例如，单个磁盘驱动可以用于操作系统；但是，如果使用 RAID 1 镜像模式，配置两个驱动器是更好的选择。同样，可以为主节点和数据节点创建一个模板，并使用 Shell 脚本进行翻转配置；或者可以选择维护两个单独的模板，因为两者之间的设计和体系结构可能在当前场景中有所不同；还可以考虑使用 PXE 启动，PXE 可以在物理或虚拟服务器上工作，这也提高了更新时的灵活性。

创建“黄金映像”的概念适用于所有层次栈。不只是虚拟机层，同样需要为 OS 层、群集软件层和网络组件层创建“黄金映像”。对这些组件进行适当的校验后，可以创建一个包含所有层次的“黄金映像”VM 模板。

在创建“黄金映像”虚拟机模板之前，必须创建一个“黄金映像”操作系统。这虽然不会一蹴而就，但也不难。模板需要从 Linux 操作系统的最小安装选项开始，禁用所有不必要的守护进程。该模板必须具备基本组件，例如 VMware Tools。不要安装 X Windows（X.org、KDE、GNOME 等）、RPM 或可执行文件等组件。“黄金映像”需要针对 Hadoop 进行优化；因此，不应安装任何 Hadoop 节点不使用的软件包。所有不必要的服务都应从 Hadoop 节点的 Linux 映像中删除，只运行所需服务即可。安装 Hadoop 时，通常只需要 SSH 和 NTP 等服务。谨慎使用 IPTables，因为 Hadoop 工作负载在网络中可能会有很大差异，而 IPTables 可能会增加识别网络问题的难度。

系统管理员之间应该就标准和策略进行深入协作。此外，必须有人来主导该模板，以确保将整个构建适用于“金色映像”模板。随着对机构的了解，可以开发自动化来简化构建流程以及需要手动干预的部分。自动化程度决定了配置 Linux VM 所需的时间，因此，从一开始，自动化就非常重要。Hadoop 集群是一个高性能并行处理环境，旨在线性扩展，集群可以增长到成百上千个节点。

虚拟化的最大好处之一是只需点击几下即可克隆新的虚拟机。克隆虚拟机会指数级地增加裸机服务器上的配置时间。VMware 的克隆流程为虚拟化环境带来了极大的价值，可以快速配置 Hadoop 节点。

15.3.1　构建企业级 Linux Hadoop 平台

Hadoop 集群的稳定性只与其运行的基础设施相关。一个好的 Hadoop 集群架构包含以下几点。

- 通过相关架构和兼容性列表进行硬件设计和选择。
- 硬件配置应考虑到其他框架或软件，如 Spark、Impala、HBase、Hawq 等。需要有足够的内存和 CPU 来运行 MapReduce 以及其他软件包。如果增加了内存和 CPU，需要确保磁盘 I/O 和网络带宽没有成为瓶颈。有可能需要使用 10GB 网卡，如果数据节点更庞大则可能需要考虑更大的网卡。

- 10GB 网卡的价格已经大幅下降。随着时间的推移，如果硬件配置越来越高，那么 10GB 网卡将具备更长的使用寿命。使用 10GB 网卡时，需要进行主动/被动（active/passive）配置。使用 1GB 网卡时，建议使用绑定（bond）模式，并将其设置为 active/active 模式。建议在 bond 4 模式下（lcap）使用 1GB 网卡。光纤目前依然昂贵，使用铜缆后，Twinax 和 Cat6 RJ-45 都能正常工作，但请记住，有效距离约为 7m。
- 网卡选择在某种程度上取决于使用的硬件和驱动。关注 TCP 卸载引擎（TOE）技术；可以将大量的 TCP 协议栈解析转移到 NIC 上。TOE 也需要自定义驱动，同时，注意 TCP 分段卸载（TSO）功能，它能够将以太网帧传递给内核前将其重组成数据包。如果出现故障，可以考虑关闭此功能。
- 操作系统和文件系统必须针对 Hadoop 集群的工作负载进行优化。
- 使用最新版 Java，用于在 Java 虚拟机（JVM）中运行 Hadoop 守护进程和程序。

图 15.1 显示了一个 Hadoop 生态系统中可以包含多个框架。

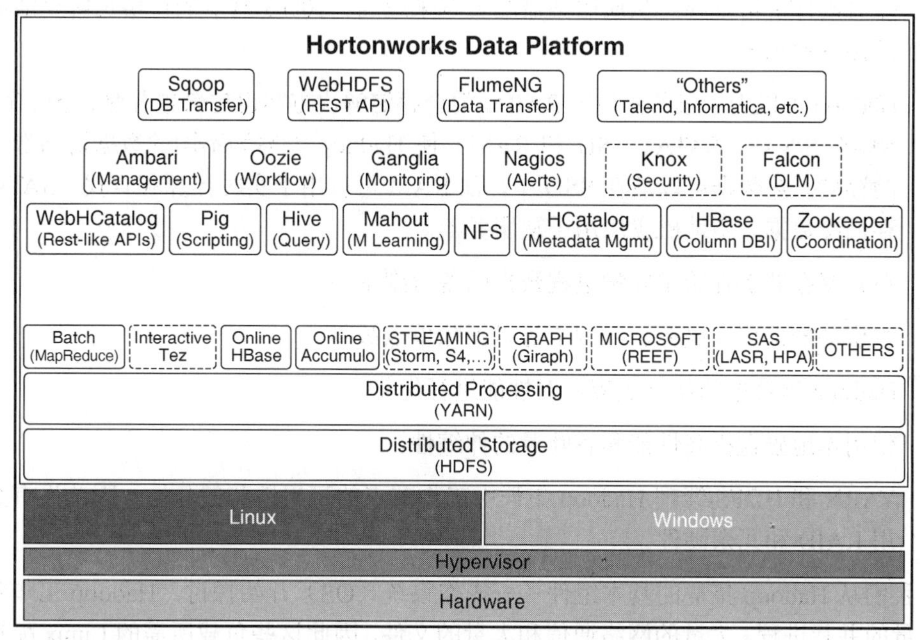

图 15.1　Hadoop-Hortonworks 数据平台

Hadoop 管理员需要专注于为 Hadoop 生态系统中不同类型的节点创建“黄金映像”，需要为主节点、工作节点、Hadoop 客户端、管理服务器、边缘节点、LDAP 节点以及将在 Hadoop 集群中使用的任何其他类型节点创建一个“黄金映像”。可以通过自动化所有上述组件来简化和减少配置 Hadoop 集群的时间。

Hadoop 集群的相关架构根据数据获取的类型、工作负载以及与企业中其他数据平台的集成而大不相同。以下是一些针对大多数 Hadoop 平台的最佳实践。

- Hadoop 平台应独立，不与任何外部系统共享任何网络流量。
- Hadoop 集群针对临时数据，通常具有作为边缘服务器的网关系统，包括 Hadoop 客户端、NFS 网关服务器等。
- 必须为机架和虚拟拓扑配置机架和虚拟感知功能。
- 在 Hadoop 集群中运行主守护程序的服务器应针对可用性进行优化。
- 具有高可用功能的主服务守护进程（如 NameNode 和 ResourceManager）应配置 HA。
- Hadoop 使用了大量的日志、本地临时文件等。在 HDFS 或本地存储之外运行 Hadoop 任务将会失败。需要对这些动态目录位置进行适当监控。
- 随着硬件价格下降，从属服务器配置越来越高。10GB 网卡的价格也降至能够被广泛接受的水平。
- Hadoop 可以为主服务器使用 RAID。混合存储解决方案也越来越普遍。分层存储（如 NL-SAS/SAS、SATA、SSD 和 RAM）使 Hadoop 能够为不同的数据访问选择恰当的存储。热数据可以放在 SSD 中，而 RAM 可以用于实时计算和查找，SATA 用于存档冷数据。本地磁盘应用于从服务器。
- 在共享存储上存储主守护进程数据的备份副本。
- 主服务器采用双电源、双网卡等以消除单点故障。
- Hadoop 集群中的从节点应针对性能进行优化。
- 使用本地磁盘提高性能和吞吐量的伸缩性。
- YARN 和 HDFS 管理 Hadoop 集群中工作节点的可用性和健壮性，因此没有必要使用 RAID 和冗余硬件。

让我们从 Hadoop 集群的基本组件——操作系统（OS）开始探讨。Hadoop 工作负载会创建大量的并行进程、大量的网络通信和大量的文件，因此这些负载所需的 Linux 配置类型与数据库服务器或 Web 服务器上的不同。创建一个合理优化的操作系统不能一蹴而就，但可以通过架构审查和仔细规划来一步步地建立。系统管理员们必须就公司的标准和政策方面进行大量的合作。此外，团队中必须指定一个“责任人”，并支持“黄金映像”模板的演变。许多公司在“黄金映像”模板建立后没有进行必要的维护，这是不可取的。

创建好 OS 模板后，接下来需要进行部署。随着对架构的了解，我们可以构建自动化来简化过程，并慢慢去除需要手动干预的部分。自动化的水平决定了配置 Linux VM 需要多长时间——自动化程度越高，花费的时间就越少。

15.3.2 Linux 版本选择

管理员决定使用哪个已支持的操作系统版本。根据操作系统许可协议，客户可以使用企业许可证在群集中的所有节点上部署 Red Hat、Oracle Linux、Suse 等，也可以使用多种操作系统的混合解决方案。例如，在所有主节点上安装 Red Hat Enterprise Linux（RHEL），并为所有工作节点使用 CentOS，且免费版 CentOS 可以降低许可费用。如果采用混合解决方案，则建议读者对所有节点使用相同的版本。例如，所有主节点使用 RHEL 6.6，所有工作节点使用 Centos 6.6。

15.4 最优 Linux 内核参数和系统设置

Linux 环境从默认安装到最优配置为虚拟化基础架构中的 Hadoop 任务处理带来了革新和功能增强。企业级 Linux 管理技术需要对高性能 Hadoop 集群进行操作。后续小节中将介绍主要行业的最佳实践。

15.4.1 epoll

为了避免在 Hadoop 集群中出现 out-of-file 描述符错误，我们需要限制单个用户或进程可以打开的文件数量。

如果使用 Linux 2.6.28 内核，默认的 128 epoll 文件描述符限制是不够的。这个设置对于 Hadoop 过低，应增加至“4096”。可以通过添加或修改/etc/sysctl.conf 文件来修改此参数。

```
fs.epoll.max_user_instances = 4096
```

或修改/proc 动态文件系统。

```
echo 4096> /proc/sys/fs/epoll/max_user_instances
```

对/etc/sysctl.conf 文件进行相应更改后，可以执行 sysctl -p 命令动态地重新加载内核参数。可以通过执行 sysctl -a 命令来验证设置。或者，你可能希望通过修改/proc 文件系统的条目来动态地创建条目。修改/proc 文件系统设置在下次重新启动时会丢失，但这对于尝试不同的值非常方便。

15.4.2　禁用交换空间

在 Linux 服务器上禁用交换空间对于一些企业的 Linux 系统管理员来说可能是难以理解的，因为他们一直以来都会启用交换空间。应积极使用 Ganglia 等工具和本地命令（如 top、mem 和 vmstat）来监视交换空间的使用情况。

对于数据节点，为了获得最佳性能和遵从最佳实践，应禁用交换功能。有两种方法可以禁用交换功能，第一种极端的方法是通过使用-a 选项执行 swapoff 命令来禁用交换。

```
#swapoff -a
```

为了确保在服务器重启后交换功能不会重新启用，需要注释掉/etc/fstab 文件中的交换项，如下所示。

```
LABEL=SWAP-sda2  swap  swap defaults  0 0
```

最小化或禁用交换的另一种方法是设置 vm.swappiness Linux 内核参数。默认情况下，Red Hat Linux 6 上的此参数为 60。vm.swappiness 参数的有效范围是 0～100，100 表示 Linux 内核应尽可能地将 Hadoop 应用程序数据交换到磁盘。在频繁使用的 Hadoop 集群上进行过多的交换会导致 Hadoop 操作超时甚至失败，因为有过多的磁盘 I/O 操作。要完全禁用交换功能，请将此参数设置为 0。

15.4.3　安装过程中的安全性禁用

最初由美国国家安全局（NSA）开发的安全增强型 Linux（SELinux）是一个提供访问控制安全策略的 Linux 安全内核模块。强烈建议在安装阶段禁用集群中所有节点上的安全性。SELinux 和 IPTables（防火墙）都应被禁用。安装完成后，可以启用安全功能。

1．禁用 SELinux

默认情况下，SELinux 在 Red Hat 6 中会被启用。可以执行 sestatus 或 getenforce 命令来获取 SELinux 状态和当前使用的 SELinux 策略。

```
#getenforce
```

运行 SELinux。

```
# sestatus
SELinux status:  enabled
```

```
SELinuxfs mount:                    /selinux
Current mode:                        enforcing
Mode from config file:               enforcing
Policy version:                      24
Policy from config file:            targeted
```

可以通过执行以下命令动态地将 SELinux 当前状态从“enforcing”更改为“permissive”。

```
# setenforce 0
```

要完全禁用 SELinux，请在/etc/selinux/config 文件中设置 SELINUX = disabled 选项。

```
# This file controls the state of SELinux on the system.
# SELINUX= can take one of these three values:
#       enforcing - SELinux security policy is enforced.
#       permissive - SELinux prints warnings instead of enforcing.
#       disabled - No SELinux policy is loaded.
SELINUX=disabled
```

如果修改了/etc/selinux/config 文件，那么需要重新启动服务器才能完全禁用 SELinux。

2．禁用 IPTables

IPTables 是大多数 Linux 内核发行版中内置的强大防火墙。在安装阶段，建议禁用 IPTables。可以通过命令 service iptables status 来确认 IPTables 服务是否正在运行。为了避免自动启动 IPTables，请执行 chkconfig 命令。如果要立即停止 IPTables，使用 service iptables stop 命令。将状态参数传递给 service 命令可以控制 IPTables 的当前状态。

```
# service iptables stop
iptables: Setting chains to policy ACCEPT: filter          [  OK  ]
iptables: Flushing firewall rules:                         [  OK  ]
iptables: Unloading modules:                               [  OK  ]
# chkconfig iptables off
# service iptables status
iptables: Firewall is not running.
```

或许还需要使用 service ip6tables stop 命令停止 ip6tables。在群集正常工作前，都需要禁用 IPTables。

```
chkconfig -level 345 iptables off
chkconfig -level 345 ip6tables off
```

15.4.4　IO 调度器调优

完全公平队列（CFQ）适用于常见的 Linux 工作负载。对于裸机实现的 Hadoop，期限调度器（deadline scheduler）是首选的选项。但是，对于虚拟化的 Hadoop 集群，等待调度器（noop scheduler）是最佳实践建议。调度器在 Linux 内核参数文件中配置。例如，在/boot/grub.conf 文件中，将 elevator 参数设置为 noop。

15.4.5　检查透明大内存页面配置

Linux 6 有一个被称为透明大内存页面（THP）的新功能，默认启用。THP 旨在屏蔽系统管理员和开发人员配置大内存页面的复杂性，难以进行手动配置。大页面在启动时进行分配，通常用于高度静态的内存分配，如 Oracle 数据库，而 Hadoop 正朝着弹性化发展。THP 是一个抽象层，可以自动创建、管理和使用大页面。

THP 对于 Hadoop 的性能十分重要，但有一个被称为 Compaction 的子功能，会导致 Hadoop 工作负载性能问题。必须使用以下命令禁用 Compaction。

```
echo never > /sys/kernel/mm/redhat_transparent_hugepage/defrag
```

15.4.6　Limits.conf

由于 Hadoop 集群是一个多用户系统，因此需要为系统中的用户设置一些资源约束。限制服务账户中每个用户的进程数可以提升系统稳定性。如果要限制用户进程，可以在/etc/security/limits.conf 文件中添加条目来对用户、组或系统级别的 shell 进行限制。

/etc/security/limits.conf 文件定义用户的进程资源限制。Linux 管理员可以为 pam_limits 模块中的用户指定硬限制和软限制。软限制就像一个警告，硬限制就是上限限制。硬限制不能由用户改变，只能由 root 用户更改。软限制可由用户更改，但不能超过硬限制。必须在 limits.conf 文件中对两个参数进行设置。

- **nproc：**将最大进程数设置为地址空间限制。
- **nofiles：**设置用户进程一次可以打开的文件数量的软限制。

从 Oracle/Red Hat Linux 6 开始，建议在/etc/security/limits.d 目录中创建一个用于设置 nproc/nofile 值的文件：/etc/security/limits.d/90-hadoop.conf。要验证更改，可以执行 ulimit -a 命令查看最大用户进程设置。

避免将软限制和硬限制设置得过低，因为这只是一些限制，实际上并不占用系统资源。

```
*    soft    nofile    32768
```

```
*    hard    nofile    32768
*    soft    nproc    65536
*    hard    nproc    65536
```

15.4.7 RDM 分区对齐

非对齐的文件系统可能会导致 Hadoop 工作负载性能下降。在 Linux 上，前 63 个块保留给主引导记录（MBR）。第一个数据分区以 31.5KB 的偏移量开始。这种偏移通常会在内存缓存或许多存储阵列的 RAID 配置上产生错位，从而产生 I/O 重叠而导致性能下降。

对于原始设备映射（RDM），有一些程序和工具可以正确配置分区对齐，例如 GNU Parted、fdisk 或 sfdisk。建议使用单独的本地操作系统可执行文件，以针对任何设备名手动进行对齐配置。GNU Parted 是利用分区编辑器来操控分区。使用 Parted 命令，可以添加、删除、调整、克隆或修改磁盘上的分区。下面列举了使用 GNU Parted 可执行文件创建 1MB 大小分区的对齐命令：

```
# /sbin/parted -s /dev/sdb mklabel gpt mkpart /dev/sdb1 xfs 2048s 32.0GB
```

以下列表包含了可以使用 GNU Parted 执行的其他任务。

- 使用-s 选项，可以编写命令行选项脚本，以避免用户交互提示。
- mklabel 选项会为分区表创建一个新的磁盘标签。必须使用 gpt（GUID 分区表）值作为标签类型。
- 可以使用 mkpart 选项来创建一个分区；只需指定设备名称、文件系统类型以及分区的开始点和结束点，其中开始点和结束点可以是扇区、MB 或 GB（每个扇区是 512 字节，所以 1MB 是 2 048 字节）。

最重要的是，更多时候我们会使用 GNU Parted 而不是 fdisk，因为使用 GNU Parted 可以创建超过 2TB 的分区。要检查设备上的分区对齐方式，可以运行以下命令。

```
# /sbin/parted -s /dev/sdb print
Model: VMware, VMware Virtual S (scsi)
Disk /dev/sdb: 34.4GB
Sector size (logical/physical): 512B/512B
Partition Table: gpt

Number  Start   End     Size    File system  Name       Flags
 1      1049kB  32.0GB  32.0GB               /dev/sdb1
```

15.4.8 文件系统注意事项

Hadoop 分布式文件系统是独立于平台的，可以在 Linux 上的任何底层文件系统上运行。

Linux 提供了多种文件系统选择，每个都有关于 HDFS 的注意事项。Linux 为 Hadoop 的文件系统提供了 3 种常用选择。

- ext3。
- ext4。
- XFS。

雅虎已经公开表示为其 Hadoop 部署采用了 ext3 文件系统。对于保守用户，ext3 上的 HDFS 是一个不错的选择，因为它已经在雅虎的集群上公开测试过，是底层文件系统的安全选择。

从 Red Hat 6 开始，ext4 作为默认的文件系统，ext4 是 ext3 的继承者。ext4 有许多新功能，如下所示。

- 更好的大文件性能。
- 数据延迟分配，服务器计划外停机时增加了一点风险。
- 减少碎片并提高性能。

ext4 是在 2008 年推出的，它支持大文件和文件系统。单个大文件可以达到 16TB。ext4 文件系统可以达到 1EB。ext4 中的目录最多可以包含 64 000 个子目录，ext3 中只有 32 000 个子目录。ext4 引入了基于扩展的分配，它将连续的块存储在一个更大的存储单元中。这对于 Hadoop 来说尤其重要，因为读取和写入数据通常发生在较大的块中。同 XFS 相比，许多有经验的管理员更喜欢 ext3 或 ext4，因为 ext3 和 ext4 的支持更广泛，并且有更高可靠性。推荐在主节点上使用 ext4 文件系统。

XFS 由 Silicon Graphics Inc.于 1993 年创建，并于 2001 年移植到 Linux，是一个 64 位高性能日志文件系统。XFS 提供了许多功能和高性能，使其成为所有 DataNode 磁盘处于性能考虑而首选的文件系统类型。XFS 文件系统在分配组之间被平均分配。可以将每个分配组视为管理其 inode 和可用空间的独立文件系统。拥有文件系统的多个分配组可实现并行性而不降低性能。每个分配组的大小可以达到 1TB。

此处不能讨论 XFS 的所有功能，但下面的列表涵盖了最相关的部分。

- XFS 提供了大量的可扩展性，如可变块大小和基于范围分配。
- 64 位文件系统理论上支持高达 8 EB 的文件系统。
- XFS 为文件系统缓冲写入提供了延迟分配空间。此功能利用惰性算法技术，根据底层存储设备的配置分配盘区，有效减少了碎片问题并提高了性能。

- XFS 可以提供接近 raw 的 I/O 性能。
- XFS 可以通过在应用程序和存储设备之间分配直接内存访问来提供直接 I/O 高吞吐量。
- XFS 具有内置的内部机制来冻结文件系统，以简化基于硬件的快照。
- Oracle Linux 6.4 作为其发行版的一部分提供对 XFS 的支持。
- 红帽支持 XFS，但需要提供额外的许可费用，并将其称为可扩展文件系统附加组件。尽管 XFS 文件系统可以扩展到百兆字节，但红帽只支持小于 100TB 的文件系统。
- CentOS 默认提供 XFS 支持，不需要额外费用。
- mkfs.xfs 是 xfsprogs RPM 软件包的一部分，但并不包含在 Red Hat 或 Oracle Linux 的基本服务器安装中。如果数据节点上没有 mkfs.xfs，则应该使用 yum 来安装。

以下示例显示了使用 XFS 时建议使用的 mount 选项和文件系统设置的命令：

```
# /sbin/mkfs.xfs -f -L DISK1 -l size=128m,lazy-count=1 -d su=512k,sw=6 -r
  extsize=256k /dev/sdb1
  mkdir -p /data1
  mount /dev/sdb1 /data1
```

对于 I/O 控制器配置，通常配置磁盘组（JBOD）和 RAID0-per-spindle。通过在每个主轴上使用 RAID0，控制器能够提供额外的缓存层，以提升性能。如果使用直连驱动，则不使用 RAID 卡。

15.4.9 XFS 惰性计算参数

通过使用大型日志缓冲区格式化文件系统并启用惰性计数（lazy-count），可以带来性能提升。lazy-count 参数更改了在超级块中记录各种持久计数器的方式。将 lazy-count 的默认值设置为 1，超级块将不会修改或记录持久计数器的更改。信息被存储在文件系统的其他地方，以便能够维护持久计数器的值，而无须将其保持在超级块中。这样配置可以提高某些方面的性能。

15.4.10 Mount 选项

Linux 有两个有意思的文件系统挂载选项：noatime 和 nodiratime。作为 Hadoop 文件系统的通用最佳实践，应始终在/etc/fstab 中为 ext3、ext4 和 XFS 文件系统启用 noatime。下面有几条重要提示。

- 隐式启用 noatime 意味着 nodiratime 也被启用。

- 读访问不会导致 atime 信息更新。
- 不要混淆最近访问时间和最近修改时间。关于最近修改时间，当文件被更改后将更新修改时间。
- 如果不设置 noatime，则对文件和目录的每次读访问都会引入写操作。
- 该挂载选项会带来显著的性能提升，因为不对文件和目录的访问进行记录。

/etc/fstab 中的条目应与以下条目类似。

```
LABEL=DATA1 /data1 xfs    allocsize=128m,noatime nodiratime,logbufs=8,
  logbsize=256k nobarrier   0    0
```

在 XFS 中默认启用写屏障。即使在断电的情况下，写屏障使用写缓存也能够确保文件系统的完整性。对于带有掉电保护控制器缓存的 RAID 配置，应禁用屏障功能。在写入文件之前，XFS 文件系统上的 allocsize 参数会预先分配磁盘空间，并使你能够对流性能进行优化。这避免了 XFS 文件系统碎片的产生。通过增加日志缓冲区的数量及其大小（由 logbufs 和 logbsize mount 选项控制），可以使 XFS 更有效地处理排队挂起的文件和目录操作。

有两个 XFS 的 mount 选项值得一提，它们能够进一步优化流性能：largeio 和 inode64。largeio 参数使文件系统能够暴露文件系统条带宽度而不是页面缓存大小。这使得 Hadoop 集群能够利用高带宽确定底层文件系统的最佳 I/O 大小。对于大于 1TB 大小的文件系统，还必须在 mount 选项中指定 inode64 参数。默认情况下，使用 32 个 inodes，XFS 将所有 inode 信息放在磁盘的第一个 1TB 上。例如，如果你恰巧有一个 32TB 的磁盘，那么，所有 inode 信息都存放在第一个 1TB 上。这会导致一个奇怪的现象：文件系统会上报磁盘已满状态，虽然文件系统有足够的可用空间，并且性能将会下降。通过为大于 1TB 的文件系统指定 inode64 选项，将 inode 放置在数据所在的位置，从而最大限度地减少磁盘寻道。

15.4.11　I/O 调度器

Linux 上的 4 个 I/O 调度器适合在不同的情况下使用。

- 默认使用公平队列调度器，在延迟和吞吐量之间进行了合理的折中。
- Noop 是最简单的 I/O 调度程序，并利用了 FIFO 队列模型以及请求合并。Noop 假定 I/O 性能优化是在 I/O 堆栈的其他地方进行的。Noop 非常适用于公认的读写头不会影响应用性能的基于固态硬盘或闪存的系统。Noop 调度器是虚拟化环境的最佳实践。简而言之，Linux OS 具有调度器，管理程序也有。我们希望使用管理程序调度器关闭虚拟机操作系统调度器，因为同时使用两个调度器被证明效果不是最佳的。

- 预调度类似于期限调度器，但它是启发式的。预调度器“预测”后续的块请求并缓存以供使用。预调度器已证实可以提高诸如 Apache Web 服务器等工作负载的性能，但会降低数据库工作负载的性能。
- 期限调度器比较轻量化，通过确保请求的开始服务时间来对延迟进行硬性限制。

从 Red Hat 5 开始，任何特定块设备上的 I/O 调度器都可以在运行时被动态更改，而无须重启。虚拟化改变了如何在来宾 VM 上设置 I/O 调度器的方式，因为虚拟机管理程序会进行 I/O 优化和磁盘调度。你不会希望在虚拟机管理程序层或来宾系统层进行 I/O 调度，因为这会影响到 VMDK 和 RDM 的 I/O 性能。来宾 VM 应允许虚拟机管理程序将 I/O 请求进行分类，而不是通过将调度器设置为 Noop，并在来宾 VM 层执行此操作。

可以通过执行以下命令将 I/O 调度器动态设置为 Noop。

```
echo noop > /sys/block/DEV1/queue/scheduler
echo noop > /sys/block/DEV2/queue/scheduler
```

可以执行以下脚本来验证磁盘设置是否为 Noop。

```
# find /sys/block/*/queue -name scheduler -exec sh -c 'echo -n "$0 : " ;
  cat $0' {} \;
...
/sys/block/sdaaa/queue/scheduler : [noop] anticipatory deadline cfq
/sys/block/sdaab/queue/scheduler : [noop] anticipatory deadline cfq
/sys/block/sdaac/queue/scheduler : [noop] anticipatory deadline cfq
/sys/block/sdaad/queue/scheduler : [noop] anticipatory deadline cfq
/sys/block/sdaae/queue/scheduler : [noop] anticipatory deadline cfq
/sys/block/sdaaf/queue/scheduler : [noop] anticipatory deadline cfq
...
```

注意：上述设置 I/O 调度程序的方法在重启后将失效。可以编辑/etc/grub/grub.conf 文件，在活动内核上设置启动参数 elevator=noop，以使更改永久有效。以下对此进行举例说明。

```
default=0
timeout=5
splashimage=(hd0,0)/grub/splash.xpm.gz
hiddenmenu
title Red Hat Enterprise Linux Server (2.6.18-238.el5)
        root (hd0,0)
        kernel /vmlinuz-2.6.18-238.el5 ro root=/dev/VolGroup00/LogVol00
          rhgb quiet elevator= noop
        initrd /initrd-2.6.18-238.el5.img
```

15.4.12　磁盘读写选项

通过 blockdev 命令将 read-ahead（预读）选项设置为更大的值，可以显著提高磁盘的读性能。默认为 256 个扇区，也就是在默认情况下，Linux 操作系统将提前读取 128KB(256×512 字节）的数据，以便数据在程序需要之前已经在内存缓存中。建议将此值设置得更大，以实现大文件上顺序文件读取的性能。建议从 2 048 开始，逐步验证性能提升。读者可以使用 blockdev 命令设置 read-ahead 的大小。read-ahead 智能算法实际上是自适应的，所以设置较高的值不会影响小随机读取的性能。

要检查所有块设备的当前 blockdev 状态，可以使用命令 blockdev --report。要检查特定磁盘，可以通过指定 blockdev --getra [device name]（如：blockdev--getra /dev/sda）来缩小检查范围。另一种方法是查看/sys/block/[device name]/queue/read_ahead_kb 文件（如：cat/sys/block/sda/queue/ read_ahead_kb）。

将 read-ahead 值设置为 1 MB，可以使用--setra 参数。

```
# blockdev --setra 2048 /dev/sda
```

要在系统重新启动后更改依旧有效，需要在/etc/rc.local 文件中添加 blockdev 命令条目。

如果 Hadoop 集群有很多 I/O 请求，则可以通过增加/sys/block//queue/nr_requests 中的值来增加队列长度：

```
# echo 512 > /sys/block/sda/queue/nr_requests
```

每个请求队列对每个读写 I/O 的请求描述符数量都有限制。默认情况下，读写队列深度为 128。建议将可调度请求深度改为 512。与 blockdev 命令类似，必须将这些命令添加到/etc/rc .local 文件，以使系统重启后依旧有效。

15.4.13　存储基准测试

存储 I/O 校准和基准测试是 Hadoop 强负载的关键部分。大多数公司在部署之前或之后都不做任何 I/O 基准测试。建议在安装软件之前都进行基准测试。基准测试的目标是确定提供给集群节点存储的每秒 I/O 能力、延迟和吞吐量，同时确定时延。通过基准测试，可以在使用任何软件前主动识别存储、HBA、磁盘布局或多路径问题。基准测试的目标是生成一份报告，显示存储的读写能力，确定特定工作负载的最大吞吐量，并确定存储子系统内潜在的延迟问题。

I/O 基准测试是一个相对简单的过程。基准测试必须包括读/写比率、时延需求和模拟工作负载的吞吐量。需要为预设的工作负载估算写操作所在百分比，同样就可以得出读操作所占比例。根据读写比例和 RAID 模式，便可以通过以下各种工具得到结果。

- VMware I/O Analyzer。
- Bonnie ++。
- IOzone。
- Linux/Unix dd。
- Oracle Orion。

上述所有工具中，首选 VMware 的 I/O Analyzer 来进行 Hadoop I/O 基准测试。I/O Analyzer 是虚拟化基础架构推荐的工具，因为它集成了来自 ESXi 的主服务器性能数据。VMware 将 I/O Analyzer 作为虚拟应用，可在 https://labs.vmware.com/flings/io-analyzer 页面下载。可以使用 I/O Analyzer 收集存储性能测试数据，自动进行存储性能分析后输出图表。I/O Analyzer 可以利用 IOmeter 计算综合负载，也可以通过 trace 重放工具来模拟应用负载。

15.4.14 Java 版本

Hadoop 支持以下 Java 版本。

- Oracle JDK 1.6.0_31 64-bit。
- Oracle JDK 1.7 64-bit。
- Open JDK 7 64-bit。

HDP 1.3.2 和 HDP2 支持 Java 7。Java 6 已经不再使用，要避免使用该版本。可以从 Oracle 下载站点下载最新的 Oracle 64 位 JDK（jdk-7u76-linux-x64.tar.gz）。在编写本书时，HDP 2.2 是最新的稳定版本，首选 Java 7。

应该下载 64 位的 Java、RPM 版或 tar.gz 版。建议在安装新版本前先卸载以前的版本。

Red Hat 6 基于 Java 1.7u45 从 5 升级。

```
# java -version
java version "1.7.0_45"
OpenJDK Runtime Environment (rhel-2.4.3.3.el6-x86_64 u45-b15)
OpenJDK 64-Bit Server VM (build 24.45-b08, mixed mode)
```

15.4.15 设置 NTP

应该通过启用 NTP 守护进程来同步主服务器和数据节点之间的系统时间。将 NTP 配置为始终使用数据中心内部的时钟服务器，避免使用公共域（.ntp.org）的时钟服务器。

对于 Hadoop 集群，建议使用-x 选项启用 NTP 以逐步更改时间，这也被称为“回转”。

要使用-x 选项设置 NTP，需要修改 /etc/sysconfig/ntpd 文件，将所需参数添加到 OPTIONS 变量，然后使用 service ntpd restart 命令重新启动服务。

```
# Drop root to id 'ntp:ntp' by default.
#OPTIONS="-u ntp:ntp -p /var/run/ntpd.pid -g"
OPTIONS="-x -u ntp:ntp -p /var/run/ntpd.pid"
```

在修改 ntpd 文件 -x 选项后，必须跨所有主服务器和数据节点进行文件同步。以下是一个简单的 scp 单行脚本，用于跨集群同步所有节点的 ntpd 文件。

```
# for i in rhel02 rhel03 rhel04; do scp ntpd ${i}:$PWD; done

   ntpd                                100%  255        0.3KB/s   00:00
   ntpd                                100%  255        0.3KB/s   00:00
   ntpd                                100%  255        0.3KB/s   00:00
```

可以通过检查进程状态并过滤 NTP 守护进程的结果来检查当前的 NTP 配置。下面的例子中，启动了 ntpd 服务并通过 ps 命令检查设置是否正确。

```
# service ntpd start
Starting ntpd:                                           [  OK  ]
# ps -ef |grep -i ntp
ntp       3496     1  0 10:38 ?       00:00:00 ntpd -x -u ntp:ntp -p /var/
  run/ntpd.pid
root       3500  2420  0 10:39 pts/1    00:00:00 grep -i ntp
```

最后，必须将 NTP 设置为自动重启。在所有集群节点上执行 chkconfig ntpd on 命令。

15.4.16　启用巨型帧

巨型帧（Jumbo Frame）是 payload 超过 1 500 字节最大传输单元（MTU）的以太网帧。启用巨型帧为以太网帧提供超出 IEEE 802 规范的能力，将 MTU 从 1 500 字节扩展到最大 9 000 字节。当应用程序发送大于 1 500 字节的消息时，它将被分割成 1 500 字节，或从一个端点到另一个端点的较小帧。将消息大小设置为 9 000 字节可以提高网络吞吐量性能。在传输较大的文件时，设置巨型帧还可以减少服务器开销 CPU 使用率。由于数据包较大，发送相同数据所需的数据包较少，所以在传输和接收上可以实现更快的传输和更少的 CPU 开销。

巨型帧的启用应作为标准“黄金映像”的一部分。使用巨型帧时，需要在 OS、分布式交换机和物理交换机上配置网络接口。如果使用 10gigE（10 Gigabit Ethernet）网络接口，那么启用巨型帧尤为重要。

要启用巨型帧，以 root 身份输入如下命令将 MTU 设置为“9000”：

```
# ifconfig eth0 mtu 9000
```

要使更改永久有效，请修改网络接口特定的网络接口配置文件。下面的例子中，我们通过在文件末尾添加“MTU = 9000”参数来修改 eth0 文件。

```
# cat /etc/sysconfig/network-scripts/ifcfg-eth0 |grep MTU
MTU=9000
```

为操作系统启用巨型帧之后，可以使用带有-M，do 和-s 选项的 ping 命令进行巨型帧端到端连接测试，包括交换机支持验证。还可以使用-c 选项来发送两遍 ping 命令。

```
ping -M do -s 8972 -c 2 dn01a

PING dn01a (10.17.33.31) 8972(9000) bytes of data.
8980 bytes from dn01a (10.17.33.31): icmp_seq=1 ttl=64 time=0.017 ms
8980 bytes from dn01a (10.17.33.31): icmp_seq=2 ttl=64 time=0.018 ms
```

-s 参数很重要，可以指定数据包的大小。任何大于 8 972 字节的值都会导致 ping 命令出错。使用 ping 命令，包头保留了 20 个字节的 IP 头和 8 个字节的 ICMP 头数据。如果不包含 ICMP 头数据或 IP 头字节，则 ping 命令的默认数据包大小为 56 字节。

除了启用巨型帧之外，还应禁用 IPV6。禁用原因请查看本章末尾部分。

15.4.17 其他网络方面的考虑

以下两个与网络相关的设置可能会影响 Hadoop 的性能。net.core.somaxconn Linux 内核参数的默认设置是 128。此参数定义了任何监听队列的最大挂起连接请求数或服务器在给定时间内可以创建的连接数。建议将此设置更改为 1 024，以应对来自 NameNode 和 Resource Manager 的突发请求。如果由于同时连接请求太多而导致监听队列饱和，那么将会拒绝其他连接请求。

除了这个内核参数，也建议设置 txqueuelen 网络接口参数。对于通过高速 Internet 连接进行数据传输的服务器，建议使用较高的值。txqueuelen 的默认值是 1 000，建议将其设置为 4 096 或更高，以更好地适应 Hadoop 群集网络中的迸发流量。

以下命令可动态修改网络设置。

```
# sysctl -w net.core.somaxconn=1024
```

可以将“net.core.somaxconn = 1024”添加到/etc/sysctl.conf 文件中，以便重新启动后变更依旧生效。

可以使用以下命令修改网络接口的 txqueuelen。

```
# ifconfig eth0 txqueuelen 4096
```

要使更改永久有效，可以将“/sbin/ifconfig eth1 txqueuelen 4096”添加到/etc/rc.local 文件中。

1．启用 NSCD

Name Service Cache Daemon（NSCD）是为常见的名称服务请求提供高速缓存功能的守护进程。网络不稳定时，启用 NSCD 能够带来好处。NSCD 是一个小型的守护进程，几乎不需要配置。Hadoop 节点是基于网络的应用程序，有大量的名称查找，特别是对于 HBase 和 distcp。启用 NSCD 可以减少服务请求的延迟和对共享基础架构的影响。同时，当使用 DNS、NIS、NIS+和 LDAP 等名称服务时能够看到性能的提升。

在使用 nscd 前，应先修改/etc/nscd.conf 配置文件，并通过将 enable-cache 行修改为“no”来禁用 passwd、group 和 netgroup 的 nscd 选项，如下所示。

```
# cat /etc/nscd.conf |grep enable-cache |grep -v \^# |sort -k3
    enable-cache     netgroup     no
    enable-cache     group        no
    enable-cache     passwd       no
    enable-cache     services     yes
    enable-cache     hosts        yes
```

接下来，使用 service start nscd 命令启动 nscd 服务。通过 chkconfig 命令在服务器重启后启用 nscd。

```
# chkconfig -level 345 nscd on
```

要确认 nscd 已启用，请使用 nscd 命令的-g 参数，该参数将打印当前的配置信息。要列出 nscd 的所有有效选项，请使用 -?参数。

2．禁用 IPv6

Apache Hadoop 目前不支持 IPv6，仅在 IPv4 网络栈上进行了开发和测试。在编写本书时，Apache Hadoop 仅支持 IPv4，只有 IPv4 客户端才能与群集通信。在相应文件中进行以下设置以禁用 IPV6。

```
/etc/sysctl.conf  :  net.ipv6.conf.all.disable_ipv6 = 1
/etc/sysconfig/network  : NETWORKING_IPV6=no
/etc/sysconfig/network-scripts/ifcfg-eth0 : IPV6INIT="no"
```

完成上述步骤后，重启网络并执行 ifconfig -a 命令，验证是否出现 IPv6 地址。

15.5 小结

在设计和配置 Hadoop 集群时，确定 Hadoop 主服务器是否针对可用性进行了优化，以及 Hadoop 工作节点是否针对性能进行了优化非常重要。理想情况下，工作节点应设计为可更换，因为节点很可能会定期添加或偶尔下线。

在本章中，我们回顾了配置 Hadoop 集群所需的 Linux 优化设置。首先，为主节点和 DataNode 确定了恰当的 Linux 发行版本，并着眼于内核参数优化，选择了合适的文件系统以及文件系统选项。然后，讨论了禁用交换内存和内存优化的性能考虑事项。紧接着，介绍了磁盘性能考虑事项和存储基准测试。最后，提供了优化 Hadoop 集群相关网络的考虑因素。

附录

Hadoop 集群创建：先决条件检查表

下表是在设置第一个 Hadoop 集群之前需要准备好的数据项的检查清单。你应该使用类似于 vSphere 大数据扩展之类的工具帮助配置、监控和管理集群。这里使用的许多术语取自《vSphere Big Data Extensions 用户和管理员指南》。

目录	检查执行或列出详细信息	解释
1．网络		
DHCP	可以为所有要配置的虚拟机分配一个 IP 地址和 FQDN	
静态 IP 区间	可以为所有要配置的虚拟机分配一个 IP 地址和 FQDN	
DNS	为所有虚拟机提供主机名	
	支持转发和反向查找	为所有配置的 VM 提供 A 和 PTR 记录
管理网络	管理网络是否与数据网络分离	可能是出于性能原因的理想选择
2．Storage（存储）		
VMDK 文件的存储机制		例如，SAN/本地 DAS/NAS/其他
HDFS 数据的存储机制		例如，Isilon/DAS
混洗/临时数据的存储机制		例如，DAS、闪存
VMDK 文件的存储能力		
HDFS 数据的存储能力		这里需考虑到复制因子（默认为 3）

续表

目录	检查执行或列出详细信息	解释
混洗/临时数据的存储能力		
所有添加的数据存储都有唯一的名称		vSphere 和 BDE 都需要设置数据存储名称
a．直连附加存储（DAS）		
配置为JBOD或RAIDxx磁盘	<在此输入数据>	可以为每台机器预留1或2个主轴用于虚拟机映像
每个主机的磁盘驱动个数		每个主机的磁盘驱动越多越好
每个处理器核心的磁盘驱动		每个处理器核心 1～1.5 个磁盘驱动时性能最理想
转速、带宽（Mb/s）和驱动器类型（SAS，SATA）		例如，7 200r/min，182Mb/s，串行 ATA 磁盘驱动器
b．网络附加存储		
访问时需要用户名、组名和区域		请特别注意 Isilon 上的组和用户 ID 与每个计算节点上的组和用户 ID 的映射
数据存储的注意事项		数据存储空闲容量应该大于 Hadoop 集群数据大小。考虑 Hadoop 复制因子。正常设置为 3，可以更改
3．Hadoop 集群的资源池		
CPU 容量		
内存容量		
4．创建一个新的 Hadoop 集群		
新集群名字		提供唯一集群名字
应用管理器		从下面列表中选择一个已经添加至 BDE 的应用管理器，比如 Cloudera Manager、Ambari
Hadoop 发行版和版本		从应用管理器支持的列表中选择
本地仓库 URL		用于 Couldera Manager 和 Ambari 下载依赖包
集群部署类型	基本，HBase，数据计算分离，仅计算集群（Isilon）， 仅计算节点，仅 HBase 或定制集群	查看 BDE 管理和用户指南中“关于 Hadoop 和 HBase 集群类型”章节
群集配置规范文件		如果选择定制集群，那可能需要提供一个集群规范文件名

虚拟机大小（BDE 中的节点组）	请在下列表中插入值		
DataMaster 节点组（NameNode）	vCPUs：	内存大小：	磁盘大小：
ComputeMaster 节点组	vCPUs：	内存大小：	磁盘大小：
工作节点组（NodeManager，DataNode）	vCPUs：	内存大小：	磁盘大小：
客户端节点组（Hive，Pig 客户端）	vCPUs：	内存大小：	磁盘大小：
HBase 主服务器	vCPUs：	内存大小：	磁盘大小：

新集群拓扑		
拓扑类型		例如：HOST_AS_RACK, RACK_AS_RACK, HVE, NONE
需要使用的网络或一组网络	HDFS 网络： 网络：管理网络	这些是在 BDE 中创建的列表的网络名称。你可以将 HDFS 网络、MapReduce 网络与管理网络分开
资源池		选择新集群需要使用的一个或多个资源池
管理员密码（可以在此设置或生成）		这是为了允许访问新集群中的虚拟机